BIBLIOTHÈQUE DE L'ENSEIGNEMENT AGRICOLE

PUBLIÉE SOUS LA DIRECTION DE

M. A. MÜNTZ

Professeur à l'Institut National Agronomique

LES ENGRAIS

TOME I

ALIMENTATION DES PLANTES

FUMIERS

ENGRAIS DES VILLES — ENGRAIS VÉGÉTAUX

PAR

A. MÜNTZ   A.-CH. GIRARD

Professeur-directeur des Laboratoires | Chef-adjoint des Travaux chimiques
à l'Institut National agronomique.

PARIS

LIBRAIRIE DE FIRMIN-DIDOT ET Cⁱᵉ

IMPRIMEURS DE L'INSTITUT

56, RUE JACOB, 56

BIBLIOTHÈQUE DE L'ENSEIGNEMENT AGRICOLE

PRINCIPAUX RÉDACTEURS

MM.

BARON, professeur à l'École vétérinaire d'Alfort.

BOITEL (O. ✻), inspecteur général de l'Enseignement agricole, professeur à l'Institut National Agronomique, membre de la Société Nationale d'Agriculture.

CORNEVIN (✻), professeur à l'École vétérinaire de Lyon.

GAUWAIN (✻), maître des requêtes au Conseil d'État, professeur à l'Institut National Agronomique.

AIMÉ GIRARD (O. ✻), professeur au Conservatoire des Arts-et-Métiers et à l'Institut National Agronomique, membre de la Société Nationale d'Agriculture.

A.-CH. GIRARD, adjoint dés Travaux chimiques à l'Institut Agronomique.

GRANDEAU (O. ✻), doyen de la Faculté des Sciences de Nancy, directeur de la Station Agronomique de l'Est.

LAVALARD (O. ✻), administrateur de la Compagnie Générale des Omnibus, professeur à l'Institut National Agronomique, membre de la Société Nationale Agronomique.

LECOUTEUX (O. ✻), professeur au Conservatoire des Arts-et-Métiers et à l'Institut National Agronomique, président de la Société Nationale d'Agriculture.

MUNTZ (✻), professeur à l'Institut National Agronomique, membre de la Société Nationale d'Agriculture.

PRILLIEUX (O. ✻), inspecteur général de l'Enseignement agricole, professeur à l'Institut National Agronomique, membre de la Société Nationale d'Agriculture.

PULLIAT (✻), professeur à l'Institut National Agronomique, membre de la Société Nationale d'Agriculture.

RISLER (O. ✻), directeur de l'Institut National Agronomique, membre de la Société Nationale d'Agriculture.

RONNA (C. ✻), ingénieur, membre du Conseil supérieur de l'Agriculture.

ROUX (✻), directeur du laboratoire de M. Pasteur.

TISSERAND (G. O. ✻), conseiller d'État, directeur au Ministère de l'Agriculture, membre de la Société Nationale d'Agriculture.

SCHLŒSING (O. ✻), membre de l'Académie des Sciences et de la Société Nationale d'Agriculture, directeur de l'École d'application des Manufactures Nationales, professeur au Conservatoire des Arts-et-Métiers et à l'Institut Agronomique.

SCHRIBAUX, directeur de la Station d'essai de semences à l'Institut Agronomique.

LES ENGRAIS

BIBLIOTHÈQUE DE L'ENSEIGNEMENT AGRICOLE

PUBLIÉE SOUS LA DIRECTION DE

M. A. MÜNTZ

Professeur à l'Institut National Agronomique

LES ENGRAIS

TOME I

ALIMENTATION DES PLANTES

FUMIERS

ENGRAIS DES VILLES — ENGRAIS VÉGÉTAUX

PAR

A. MÜNTZ | A.-CH. GIRARD

Professeur-directeur des Laboratoires | Chef-adjoint des Travaux chimiques
à l'Institut National agronomique.

PARIS

LIBRAIRIE DE FIRMIN-DIDOT ET Cⁱᵉ

IMPRIMEURS DE L'INSTITUT

56, RUE JACOB, 56

1889

PRÉFACE

Sous l'influence des notions scientifiques, l'application des principes fertilisants à la terre est entrée dans une nouvelle phase. Pendant longtemps, l'agriculture n'a eu à sa disposition pour féconder ses champs que les fumiers obtenus à la ferme, et se trouvait condamnée à une production restreinte. Aujourd'hui les circonstances économiques obligent l'agriculture indigène à accroître ses rendements, pour diminuer les prix de revient et lutter ainsi contre la concurrence des contrées plus privilégiées. Ce but peut être atteint par l'introduction dans l'exploitation rurale, soit des engrais chimiques, soit des engrais organiques, en un mot des matières fertilisantes qui viennent s'ajouter aux fumiers naturels. L'engrais est en effet le principal facteur de la production agricole.

C'est dans cette direction que doivent porter les efforts et que doit être surtout cherché le remède aux souffrances de l'agriculture. La science a, depuis quelques années, tracé la route dans laquelle la pratique agricole commence aujourd'hui à entrer avec confiance. Nous avons eu pour objectif, en publiant cet ouvrage, de donner aux agriculteurs l'explication des causes et des effets de l'emploi des substances destinées à servir d'aliment aux plantes. La connaissance des phénomènes naturels qui président à l'alimentation végétale, de la composition et de l'action des matières fertilisantes, s'impose comme une nécessité absolue à tout agriculteur désireux d'entrer dans la voie du progrès, la seule féconde et rémunératrice.

La science, vérifiée et appuyée par l'expérimentation, possède aujourd'hui un certain nombre de faits précis qui doivent se substituer aux données empiriques et servir de guide au praticien intelligent et soucieux de ses intérêts. Il était, croyons-nous, utile, et c'était combler une lacune dans la littérature agricole, que de faire, pour ainsi dire, l'inventaire des notions que nous possédons actuellement sur les engrais. Tel est le but de notre ouvrage.

C'est un livre d'enseignement renfermant l'exposé critique des théories actuelles et des données scientifiques sur lesquelles repose l'application des matières fertilisantes; nous y faisons connaître les travaux de nos devanciers et des savants français et étrangers ; nous y ajoutons aussi nos recherches et nos observations personnelles. C'est en même temps un répertoire que le praticien pourra consulter avec fruit lorsqu'il voudra se rendre compte de la composition et de la valeur fertilisante des matières employées comme engrais, du mode rationnel de les apprécier et de fixer leur prix, de les employer dans différents sols et pour différentes cultures, de leur conserver toute leur efficacité et d'éviter les déperditions.

Nous avons en un mot cherché à faire connaître les procédés propres à augmenter la fertilité de la terre et à tirer, des substances pouvant servir d'aliment aux plantes, le parti le plus avantageux.

Novembre 1887.

LES ENGRAIS

PREMIÈRE PARTIE

PRINCIPES GÉNÉRAUX
DE L'ALIMENTATION DES PLANTES

INTRODUCTION

Le rôle des engrais consiste à fournir aux plantes les éléments dont elles ont besoin pour leur développement et que la nature ne met pas en quantité suffisante à leur disposition. En abordant l'étude des engrais, nous devons donc savoir de quels éléments la plante est composée, quelle est la source de ces éléments et leur distribution, envisagée au point de vue de la production végétale; quelles sont les conditions dans lesquelles ils peuvent être assimilés et le rôle de chacun d'eux. Ces considérations nous conduisent à étudier le végétal et les milieux où il vit : le sol, les eaux, l'atmosphère.

Cherchons d'abord les matériaux constitutifs de la végétation. En chauffant une plante quelconque dans un vase clos, nous obtiendrons du charbon, de l'eau et de l'ammoniaque qui comprennent quatre éléments, le carbone, l'hydrogène, l'oxygène et l'azote que tout organe végétal nous donnera. Si d'un autre côté nous brûlons cette plante à l'air, jusqu'à ce que toute combustion soit terminée, il nous reste un résidu fixe, les cendres.

L'analyse nous montre, dans celles-ci, un certain nombre de principes minéraux, toujours présents et toujours les mêmes, l'acide phosphorique, la potasse, la chaux, la magnésie, etc.

Ces corps forment une partie indispensable de la plante et il est démontré que la végétation est impossible, là où l'un d'eux fait entièrement défaut.

Pour produire la plante, il faut lui fournir ces éléments dans la proportion nécessaire à ses besoins, lorsque la nature ne se charge pas elle-même de les mettre à sa disposition. La connaissance de la composition des végétaux est donc la base sur laquelle repose l'emploi des engrais.

La plante a la faculté d'assimiler les matériaux de sa nutrition, lorsque ceux-ci se présentent sous une forme très simple, la forme minérale, et de les amener à l'état de composés organiques complexes qui forment la matière vivante aux dépens de la matière inerte.

Ce n'est qu'après avoir été assimilés par les plantes que les éléments constitutifs de tout être vivant peuvent être utilisés par les animaux. Ceux-ci, ne tirant les matériaux de leur propre substance que des végétaux, ne sauraient avoir une composition chimique différente. Aussi y trouvons-nous les mêmes éléments : carbone, hydrogène, oxygène, azote, acide phosphorique, chaux, etc. quoique répartis dans d'autres proportions.

Les animaux dépendent donc absolument des végétaux, ils en sont les tributaires dans l'acception la plus étroite du mot et ils n'ont pu se développer à la surface de la terre, qu'à la suite de la végétation; si celle-ci disparaissait tout à coup, les animaux disparaîtraient aussitôt; car les plantes sont l'intermédiaire indispensable entre le monde minéral et le monde animal.

Où la plante prend-elle les matériaux nécessaires à la production de ses tissus? Nous la voyons en rapport, d'un côté avec le sol par ses racines, de l'autre avec l'atmosphère par ses organes aériens. Dans le sol, la plante puisera les substances minérales que nous retrouverons dans les cendres; elle y trouvera également, sous des formes variées, un des principes essentiels de la végétation, l'azote. Quelques-uns de ces principes sont abondamment fournis par la nature et la plante en trouve toujours assez pour ses besoins; d'autres au contraire existent en quantité limitée et leur rareté peut être un empêchement au développement végétal.

L'atmosphère fournit le carbone et l'oxygène ainsi que l'hydrogène qui s'y trouve à l'état d'eau.

Nous voyons ces formes très simples de la matière s'organiser en végétal sous l'influence des forces vives de la nature et entrer dans le cycle de la vie.

Les éléments ainsi conquis au monde organique sont utilisés par les animaux, pour la formation et l'entretien de leurs tissus, ainsi que pour leurs fonctions vitales; mais ces éléments ne restent pas accumulés dans les organes des animaux. Ceux-ci ont besoin de les renouveler et les rendent sous forme de déjections, à mesure qu'ils ont terminé leur rôle comme soutiens de la vie.

Les animaux eux-mêmes restituent à leur mort ce qui était accumulé dans leurs tissus.

Que devient cette matière qui constitue le résidu de la vie animale? Nous la voyons, sous des influences chimiques et plus encore sous l'influence d'êtres microscopiques, retourner à l'état minéral. A ce moment

la plante peut de nouveau s'en emparer et recommen-
cer indéfiniment le cycle de ses transformations.

Certains éléments de nutrition existent en abondance
ou se renouvellent sans cesse. C'est le cas de ceux que
nous trouvons dans l'atmosphère. Il n'en est pas ainsi
des matériaux contenus dans le sol; leur stock est toujours limité et toute production organique, végétale ou
animale, enlève à la terre une certaine quantité de
principes fertilisants et produit par suite un appauvrissement.

Si après leur mort les végétaux ou les animaux restaient sur le sol, auquel ils ont soustrait les éléments de
leur existence, la matière enlevée retournerait à la terre
qui conserverait indéfiniment sa richesse primitive.
Mais si, comme cela a lieu généralement, l'agriculture
exporte les produits retirés du sol, celui-ci subit un
appauvrissement graduel et il peut arriver un moment
où certaines substances indispensables se trouvent en
trop petite quantité pour subvenir aux besoins de la
végétation. Afin d'entretenir la fertilité du sol, il faut
donc lui rendre les matériaux que lui avaient enlevés les
récoltes. C'est la loi de la restitution, sur laquelle repose
l'emploi des engrais; cette loi qui sert de base à l'agriculture moderne n'a été formulée d'une façon précise
que vers le milieu de ce siècle.

Partout où la restitution des principes fertilisants
exportés ne peut pas s'opérer intégralement; dans toutes
les circonstances où, pour des raisons quelconques, on
néglige d'apporter aux terres les matières utiles qui manquent totalement ou qui n'existent pas en quantité suffisante, nous voyons la culture extensive s'établir.
Cette culture à grandes surfaces et à petits rendements
était représentée autrefois, et l'est encore aujourd'hui
dans de vastes régions, par le système semi-forestier,

par le système semi-pastoral, systèmes où l'on fait intervenir, pour l'enrichissement des sols en culture, de longues périodes de temps et de grands espaces de terrains, où l'on épuise une partie des terres pour donner de la fertilité à une autre, où on a recours à la jachère et à l'écobuage, mais où forcément les produits du sol sont très limités.

Si nous suivons la marche de l'agriculture à travers les siècles, nous voyons les procédés culturaux et les pratiques agricoles se perfectionner peu à peu; des plantes nouvelles s'introduire; un outillage plus approprié s'établir dans les fermes, mais sans que la connaissance des lois fondamentales de l'agriculture ait fait un pas; aussi ces perfectionnements ne portaient-ils que sur des détails et ne pouvaient-ils faire entrer l'agriculture dans une nouvelle phase. Notamment la connaissance des matières fertilisantes et de leur emploi restait stationnaire. De même que Caton recommandait « d'accorder tous ses soins à grossir le tas de fumier, » de même Olivier de Serres répétait sous une autre forme et dans un langage imagé : « Le fumier réjouit, réchauffe, dompte et rend aisées les terres..... » Et si nous consultons les ouvrages des agronomes qui, au commencement du siècle, ont jeté un si vif éclat et rendu de si grands services à l'agriculture, nous constatons que leurs écrits ne nous apprennent rien de nouveau sur les faits essentiels de la nutrition végétale, et nous les trouvons presque aussi ignorants que les anciens des lois de la fertilité du sol et de la restitution. Toute la fumure, d'après eux, consiste dans la matière organique. Quels que soient le sol et le climat, quelles que soient les plantes cultivées, on met du fumier, toujours du fumier, et on arrive à cette conclusion : Le bétail mal nécessaire. Ce n'est qu'à la suite

des recherches successives de Lavoisier, de Saussure,
de Liebig, de M. Boussingault qu'on a pu établir les
règles qui ont été résumées plus haut.

Aujourd'hui ces théories, après avoir subi l'épreuve
de l'expérience dans le laboratoire d'abord, et en pleins
champs ensuite, sont devenues des axiomes fondamen-
taux qui ont amené une véritable révolution agricole.

L'agriculture n'est plus tributaire comme jadis de la
jachère et de la règle inflexible des assolements; elle n'est
plus condamnée à ces rendements dérisoires de 8 à 10
hectolitres de blé à l'hectare.

Autrefois, elle n'était intensive que dans les endroits
privilégiés situés près des centres populeux, où une intelligence particulière des habitants avait conduit à utiliser les matières de vidanges et divers détritus accumulés dans les villes; tel était le cas de la culture si ré-
putée des Flandres. Maintenant, grâce à l'engrais, on
porte la richesse là où régnait la misère; avec l'acide
phosphorique, nous voyons la Bretagne, la Sologne,
la Vendée, etc., transformées d'une façon magique; avec
la potasse et l'azote nous voyons verdir certaines parties de la Champagne pouilleuse.

On s'inquiète vivement aujourd'hui des causes de déperdition et d'épuisement : parmi elles, il faut citer les
villes qui tirent leur subsistance des campagnes. Les
agriculteurs fabriquent de la viande, du pain, du lait ;
ils envoient, sous cette forme, dans les centres populeux, l'azote, l'acide phosphorique, la potasse ; ils en perdent beaucoup en route, comme nous le verrons ; mais
cela serait peu inquiétant, si les villes restituaient aux
campagnes ; malheureusement il n'en est rien, l'atmosphère et les fleuves emportent à tout jamais, pour ainsi
dire, ces éléments de fécondité. C'est pour compenser
ces exportations incessantes, que l'ancien continent ex-

pédie ses bateaux sur les nouveaux continents, pour chercher la fertilité sous forme de nitrates, sous forme de guanos, etc.; on fouille la terre, la mer elle-même pour en extraire l'acide phosphorique, la potasse, la chaux; on a même songé à prendre l'azote à l'atmosphère.

Peu soucieuses au contraire de pratiquer les lois de la restitution, l'Amérique du Nord, l'Amérique du Sud, l'Australie, les Indes, battant monnaie sur la fertilité d'un sol vierge, inondent nos pays de leurs produits; elles nous envoient des tonnes de blé, d'avoine, de maïs, de laine, etc., c'est à dire des tonnes d'azote, d'acide phosphorique, de potasse; elles épuisent leur terre par une agriculture vampire, elles mettent en circulation la richesse accumulée dans des sols vierges; mais dans un nombre d'années qu'il est impossible de calculer, elles se trouveront dans la même situation que l'Europe, c'est-à-dire soumises à la loi de restitution, et peut-être alors n'aurons-nous plus à compter avec l'agriculture de ces pays neufs.

Mais à l'heure actuelle les agriculteurs européens, peu habitués à cette concurrence, et peu préparés à cette lutte, ont eu un moment de découragement. On comprend, aujourd'hui mieux que jamais, que l'ignorance des principes scientifiques conduit à de fâcheux résultats; et que toute agriculture qui reste réfractaire aux idées nouvelles, est destinée à péricliter; tandis que de meilleurs jours sont réservés à ceux qui n'hésitent pas à entrer dans la voie du progrès, en adoptant les règles culturales qu'enseignent la science et la pratique éclairée.

Mais, pour appliquer ces nouvelles conquêtes de l'esprit humain, il faut bien se pénétrer des conditions multiples qui influent sur la production végétale. Il est donc indispensable à ceux qui veulent modifier la pratique séculaire de leur exploitation, d'acquérir certaines connaissances fondamentales. Faute de comprendre les phénomènes de l'utilisation des matières fertilisantes, le cultivateur s'expose à des mécomptes qui auraient des conséquences d'autant plus graves qu'ils le rendraient défiant à l'endroit des perfectionnements dont le judicieux emploi peut conduire au relèvement et à la prospérité de l'agriculture.

CHAPITRE PREMIER

NUTRITION DES PLANTES

La composition des plantes et leur nutrition constituent un sujet dont la connaissance est d'une importance capitale pour la production agricole; aussi est-il nécessaire de se pénétrer des données scientifiques qui président à l'alimentation des végétaux, si l'on veut appliquer à la pratique les conquêtes que nous devons à l'intervention des savants.

Nous savons que la plante a une vie aérienne; elle est en rapport avec l'atmosphère par ses feuilles; elle a une vie souterraine, elle pénètre dans le sol par ses racines. On peut facilement connaître quelle est dans une plante la partie qui provient de l'air et celle qui provient du sol. En la brûlant, on obtient d'un côté des gaz qui retournent à l'atmosphère, d'où ils provenaient presque en entier, et d'autre part des cendres ou éléments terreux, qui doivent leur origine à la terre.

§ I. — ORIGINE DES MATIÈRES ORGANIQUES

La partie combustible de la plante contient du carbone, de l'hydrogène, de l'oxygène et de l'azote; ces éléments réunis et groupés diversement forment ce qu'on appelle les matières organiques.

Carbone. — En cherchant l'origine du carbone des plantes, trois sources différentes se présentent à nous : l'acide carbonique qui se trouve à l'état libre dans l'atmosphère, celui qui existe à l'état combiné dans le sol sous forme de carbonate, enfin l'humus ou matière organique provenant surtout de la décomposition des débris végétaux. Le carbone vient donc ou du sol ou de l'atmosphère.

Les anciens agronomes considéraient l'existence de l'humus comme la condition essentielle de la fertilité du sol et même comme le seul élément utile : Thaer et Mathieu de Dombasle professaient que l'humus constituait la nourriture exclusive des plantes et l'élément indispensable de leur développement. De Saussure, Braconnot, Sprengel montrèrent que ce corps n'était qu'un intermédiaire chargé de faciliter le passage des éléments nutritifs dans la plante. Enfin, Liebig renversa complètement la théorie de l'humus, qui fut dès lors regardé comme n'intervenant que d'une manière tout à fait indirecte dans l'alimentation des végétaux. L'humus en effet n'est pas la source du carbone contenu dans ces derniers, non plus que les carbonates existant dans le sol; les plantes vivent et se développent dans des terres absolument dépourvues d'humus et de carbonates. Ces deux formes du carbone se trouvent donc ainsi éliminées.

Le carbone des végétaux a sa source dans l'acide carbonique de l'air : ce gaz, qui existe dans l'atmosphère dans la proportion d'environ 3 litres pour 10 000 litres d'air, est décomposé par les organes verts des plantes sous l'influence de la lumière solaire. Le carbone est fixé à l'état de combinaison organique et de l'oxygène s'élimine à l'état gazeux. Cette action n'a lieu que sous l'influence des rayons solaires et par une température qui ne soit pas trop basse; pendant la nuit c'est l'effet inverse qui se produit, les plantes rejettent de l'acide carbonique; elles désassimilent donc dans l'obscurité et perdent une partie du carbone qu'elles avaient fixé pendant le jour. L'acide carbonique est absorbé par les feuilles sous l'influence de la chlorophylle ou matière verte des végétaux. Si une maladie comme le mildew, un accident comme la grêle, une pratique inconsidérée comme l'effeuillage, viennent à diminuer les organes foliacés, on constate que la production végétale s'abaisse dans de fortes proportions, les fonctions d'assimilation exercées par les feuilles étant supprimées par la disparition des organes qui en sont le siège.

Les racines aussi peuvent puiser l'acide carbonique dans le sol, qui en contient de grandes quantités; cet acide carbonique n'est d'ailleurs utilisé par la plante, comme source de carbone, que par son passage dans les feuilles où il subit l'action de la lumière solaire, sous l'influence de la chlorophylle.

Les deux effets que nous venons de signaler, d'un côté l'assimilation du carbone à la lumière, de l'autre le rejet de l'acide carbonique à l'obscurité, n'ont pas une intensité égale, car les plantes ne pourraient pas s'accroître; l'effet du jour est supérieur à l'effet inverse de la nuit; c'est une condition indispensable du développement des végétaux. Cette action de la végétation se fait sentir sur le taux de l'acide carbonique existant dans l'air. Le jour, la proportion d'acide carbonique aérien diminue, puisque les plantes en absorbent; la nuit elle augmente, puisqu'elles en rejettent. Ce n'est que dans les régions privées de végétation que l'acide carbonique de l'air se maintient constant le jour et la nuit.

L'acide carbonique de l'air joue un rôle considérable dans les phénomènes de la vie : c'est lui qui est la source première du développement des végétaux, et, par suite, du développement des animaux. La vie n'a été rendue possible à la surface du globe terrestre que par l'acide carbonique qui existe dans l'air, et, si ce gaz venait à être enlevé de l'atmosphère par une cause naturelle, la vie disparaîtrait rapidement.

« Si nous remontons à une époque de l'existence du globe terrestre où les phénomènes géologiques seuls étaient en jeu, antérieurement à l'apparition des êtres organisés, nous devons nous trouver en présence d'une atmosphère très riche en acide carbonique. La masse non gazeuse du globe terrestre se trouvait constituée par des roches silicatées, les éléments basiques étant combinés à la silice, comme dans les roches éruptives telles que nous les voyons encore de nos jours. Dans le cours des temps, par l'action de l'acide carbonique et de l'eau, ainsi que par celle d'agents physiques, les roches se sont décomposées ; la silice est devenue libre et s'est séparée de la base à laquelle elle avait été unie sous l'influence d'une température élevée ; l'acide carbonique, dans les conditions de température où nous sommes placés à l'heure actuelle, a chassé cet acide silicique et s'est lui-même uni aux bases ; de là, la formation des quantités énormes de carbonates dont nous constatons aujourd'hui l'existence à la surface de la croûte terrestre et principalement dans les roches sédimentaires. Le carbonate de chaux est le résultat le plus important de cette transformation.

« En supposant que ce phénomène d'immobilisation de l'acide carbonique aérien pût se continuer indéfiniment et atteindre sa dernière limite, nous verrions ce gaz entièrement fixé à l'état de carbonates ; et alors, la vie serait arrêtée à la surface du globe. Cette diminution de l'acide carbonique aérien peut avoir lieu sous l'influence de différentes causes : la première et, sans contredit, la plus importante, puisqu'elle est déterminée par un phénomène géologique continu, c'est la transformation des silicates en silice libre et en carbonates. D'autres causes peuvent tendre à amener cette diminution ; c'est l'immobilisation du carbone dans les résidus de la vie, la houille, les anthracites, les tourbes, etc. Le carbone de ces substances ne revient à l'état d'acide carbonique, dans les conditions actuelles, que par l'intervention forcément très limitée de l'homme.

« Il semble donc que, dans la période géologique actuelle, nous marchons vers une diminution graduelle de l'acide carbonique qui est à la disposition des êtres vivants ; car, en réalité, les causes de restitution de ce gaz sont minimes, tandis que les causes d'absorption sont considérables.

« Nous avons trouvé, dans l'air pris en divers points du globe, les chiffres suivants, représentant des moyennes :

« Dans la plaine de Vincennes l'air contenait, le jour, 2,84 d'acide carbonique pour 10 000 volumes d'air.

« Si nous nous rapprochons des lieux habités, la proportion augmente par suite de la respiration des êtres vivants et des combustions de nos foyers : nous trouvons, en effet, dans la cour de la ferme de Vincennes, 2,98 d'acide carbonique, et à Paris, dans la rue Saint-Martin, 3,19.

« En nous transportant au sommet du pic du Midi, à une altitude voisine de 3 000 mètres, nous avons obtenu une moyenne de 2,79.

« En diverses régions du globe, nous avons eu les résultats suivants :

Haïti	2,78
Floride	2,92
Martinique	2,80
Mexique	2,73
Patagonie	2,66
Chili	2,69
Cap Horn	2,56
Océan Atlantique	2,68

« Ces résultats montrent que, dans l'hémisphère austral, la moyenne du taux d'acide carbonique est un peu inférieure à ce qu'elle est dans l'hémisphère boréal; la moyenne générale pour l'atmosphère terrestre serait 2,738 pour 10 000 volumes d'air (1). »

Ces proportions de gaz acide carbonique sont faibles à la vérité; mais quand on songe à la masse de l'atmosphère terrestre et qu'on fait le calcul de la quantité réelle de ce gaz qui se trouve à la disposition des plantes, on arrive à des chiffres énormes.

L'acide carbonique ne fait donc jamais défaut à la végétation et même si en un point déterminé un développement très considérable de plantes en enlevait une grande quantité à l'atmosphère, celle-ci ne resterait pas longtemps appauvrie, car la diffusion rapide des gaz ramènerait sans cesse de l'acide carbonique qui rétablirait la composition primitive de l'air.

Les quantités de carbone fixé par la récolte d'un hectare sont cependant considérables; ainsi une culture de blé, produisant 20 hectolitres de grains, aurait absorbé plus de 1 800 kilogrammes de carbone; une culture de betteraves à sucre, donnant 40 000 kilogrammes de racines, en aurait enlevé 3 500 kilogrammes, correspondant pour le premier cas à 7 000 kilogrammes

(1) MM. Müntz et Aubin.

d'acide carbonique, quantité contenue dans 16 millions de mètres cubes d'air ; pour le second cas, à plus de 12 000 kilogrammes d'acide carbonique correspondant à près de 30 millions de mètres cubes d'air. Le renouvellement de l'air à la surface de ces cultures a dû être par conséquent extrêmement rapide.

Nous voyons, d'après tout ce qui précède, que l'agriculteur n'a pas à se préoccuper du carbone nécessaire à ses cultures ; celui-ci est apporté gratuitement et en quantité pour ainsi dire illimitée à la végétation. Les engrais carbonés ont du reste été directement étudiés, notamment par Lawes et Gilbert, et, dans aucun cas, leur intervention n'a produit de résultats. Le carbone ne doit donc pas être regardé comme un engrais, si nous désignons par ce mot les principes fertilisants qu'il faut ajouter au sol pour augmenter la production végétale.

Hydrogène. — L'hydrogène, étant un des éléments de l'eau, se trouve également en abondance à la disposition des plantes ; c'est l'eau qui le leur fournit par une assimilation concomitante de celle du carbone. Les pluies, les rosées, l'humidité atmosphérique suffisent à l'apport de l'hydrogène nécessaire à la constitution des tissus. Ce corps ne doit pas plus que le précédent, être regardé comme un élément des engrais.

Mais, si, au point de vue de la nutrition propre des plantes, l'eau se trouve en quantité supérieure aux besoins en hydrogène, il n'en est pas toujours de même pour le rôle qu'elle joue dans la circulation des principes nutritifs à travers la plante elle-même. Les eaux météoriques apportées par les pluies, les rosées, les condensations nocturnes, sont généralement insuffisantes pour subvenir aux besoins de la transpiration végétale ; car une partie de ces eaux est éliminée dans le sous-sol ; les plantes ont donc dans beaucoup de cas besoin de compter sur les eaux souterraines et sur celles qu'on peut leur fournir par l'irrigation.

Les plantes contiennent de grandes quantités d'eau dans leurs tissus; c'est une condition indispensable de leur vie. Cette eau est en perpétuel état de circulation; elle s'évapore abondamment, surtout par les organes foliacés. Non seulement elle est nécessaire à la vie des tissus végétaux, mais encore elle apporte aux plantes, par l'intermédiaire des racines, les éléments nutritifs qu'elle tient en dissolution; elle les laisse dans l'intérieur de la plante à mesure qu'elle se volatilise. Elle joue par conséquent, dans la nutrition végétale, une action de premier ordre. Le rôle qu'elle remplit dans l'utilisation des engrais n'est pas moindre. Nous verrons dans la suite que l'action de certaines matières fertilisantes, telles que le nitrate de soude, est intimement liée à la répartition des eaux. Une terre abondamment fumée peut, faute d'eau, donner de médiocres récoltes. C'est là un fait d'observation courante.

Dans la nature l'eau n'est jamais pure; elle contient en dissolution ou en suspension diverses substances dont le rôle est utile. Nous développerons ailleurs ce qui est relatif à l'eau, envisagée au point de vue général de ses apports et de son action.

Une autre source d'hydrogène peut être l'ammoniaque, qui en contient environ un tiers de son poids.

Oxygène. — Il n'y a nullement lieu de se préoccuper de l'oxygène que les plantes peuvent emprunter soit à l'atmosphère qui en contient, à l'état libre 21 p. 100 de son volume, soit à l'acide carbonique qui en contient son propre volume, soit enfin à l'eau dans laquelle il entre dans la proportion de huit neuvièmes.

Toutes les parties de la plante respirent et, par suite, ont besoin d'oxygène pour l'entretien de la vie; si elles en étaient privées, elles ne tarderaient pas à être asphyxiées à l'instar des animaux. Dans le sol, l'oxygène fait quelquefois défaut, c'est le cas des terres mal assainies ou contenant des substances qui absorbent ce gaz; dans de pareilles terres, les racines ne peuvent pas vivre, ou tout au moins ne peuvent pénétrer qu'à une faible profondeur; de là une cause d'infertilité.

L'oxygène est surtout indispensable à la germination des graines, dont les conditions d'existence sont analogues à celles des animaux. Aussi, dans les sols mal aérés, les semences ne peuvent pas lever et ne tardent pas à pourrir.

En résumé l'agriculteur n'a dans aucun cas à s'inquiéter de l'apport des trois éléments : carbone, hydrogène, oxygène, qui sont fournis en quantité illimitée par l'atmosphère; il n'a pas à s'occuper de leur restitution et jamais, il ne doit les faire entrer en ligne de compte dans l'achat des engrais. Ils jouent cependant un rôle capital dans la production agricole, car ce sont eux qui constituent la grande masse des organes des plantes et qui forment quelques-uns des produits immédiats servant de base à de grandes industries : le sucre, l'huile, l'amidon, les textiles, etc. sont composés uniquement de carbone, d'hydrogène et d'oxygène. Leur production et leur exportation se font donc aux dépens des éléments gratuits et n'appauvrissent pas le domaine.

Azote. — Il n'en est pas de même de l'azote. Les plantes contiennent des éléments azotés, appelés corps protéiques ou albuminoïdes; ces éléments formés d'azote, de carbone, d'hydrogène et d'oxygène, et auxquels on donne souvent le nom de composés quaternaires, jouent un rôle des plus importants, tant au point de vue de la constitution des végétaux dont ils sont la partie vivante, le protoplasma, qu'au point de vue de l'alimentation des animaux auxquels ils fournissent les matériaux essentiels de leurs tissus. Ce sont eux qui forment le gluten dans le blé, la caséine végétale dans les graines de légumineuses, l'albumine des divers organes des plantes.

Outre les substances protéiques, les plantes renferment quelquefois d'autres matières azotées, alcaloïdes, corps amidés, etc., dont le rôle, au point de vue alimentaire, peut être considéré comme nul.

1° *Azote libre.* — L'azote est très abondant dans l'air, qui en contient 79 p. 100 de son volume ; mais il a des affinités très faibles et s'unit difficilement aux autres corps ; aussi les plantes ne profitent-elles pas de l'énorme quantité d'azote qui les entoure. C'est seulement lorsque ce gaz est entré en combinaison, sous l'influence de forces vives et qu'il est présenté aux plantes sous cette nouvelle forme, que celles-ci peuvent en tirer parti pour l'élaboration de leurs tissus.

C'est là l'opinion qui a généralement cours aujourd'hui et celle qui s'appuie sur des expériences devenues classiques. Cependant une théorie contraire s'est produite ; elle attribue aux plantes la faculté d'emprunter directement à l'atmosphère l'azote libre et d'en former la matière organique. On a proposé dans ces derniers temps de baser sur cette hypothèse une pratique agricole consistant à soutirer l'azote à l'atmosphère par des végétaux qui serviront ainsi d'engrais. Nous en reparlerons en traitant des engrais verts.

Dans l'état actuel de nos connaissances, il est difficile de trancher cette question d'une manière absolue. Si d'un côté on constate que les fumures azotées produisent en général sur la végétation une action favorable, ce qui serait difficile à expliquer dans le cas d'une assimilation directe de l'azote atmosphérique, on voit de l'autre des sols s'enrichir en azote, sous l'influence de la végétation.

Bien des questions se rattachant à l'étude des sources de l'azote sont donc encore obscures; mais les expériences bien connues de M. Boussingault ont démontré qu'une plante vivant à l'air, n'ayant comme source d'azote que celui que l'atmosphère lui fournit à l'état libre, ne contient pas, après un certain temps de végétation, plus d'azote que n'en renfermait la semence. Ces résultats confirmés par ceux qu'ont obtenus en Angleterre MM. Lawes, Gilbert et Pugh, doivent faire admettre que cette assimilation n'a pas lieu. Nous raisonnerons en nous basant sur cette dernière manière de voir.

Plus récemment encore, des savants éminents ont annoncé que le sol lui-même pouvait fixer de grandes quantités d'azote libre qui serait ainsi à la disposition des plantes. Nous suivons avec un vif intérêt ces travaux qui ont une grande importance au point de vue agricole et nous attendons avec impatience les résultats définitifs de ces investigations. En attendant, nous nous bornerons à nous appuyer sur les faits qui sont en dehors de toute contestation.

2° *Azote nitrique*. — En cherchant l'origine de l'azote contenu dans les tissus des plantes, nous trouvons en premier lieu, dans l'électricité atmosphérique, une cause directe de transformation de l'azote en composés nitrés assimilables par la végétation. Le phénomène qui les produit est limité; l'apport en azote combiné qui en résulte est peu important, puisqu'il ne dépasse pas le chiffre de 2,8 par hectare et par an, sous le climat de l'Europe.

L'acide nitrique se forme dans l'atmosphère sous l'influence des décharges électriques; il y a un siècle que Cavendish l'a montré. Cet acide est constitué par les deux éléments principaux de l'air, l'azote et l'oxygène. Sa présence dans l'atmosphère est facile à constater, son dosage est difficile et ce n'est que dans les eaux pluviales, qui ramassent cet acide nitrique et l'apportent au sol, que l'on peut en déterminer la proportion. Liebig a trouvé l'acide nitrique dans les pluies d'orage, depuis on l'a rencontré dans toutes les pluies. Chaque fois qu'il pleut, il se fait donc un apport de nitrate au sol. Les quantités d'acide nitrique que reçoivent ainsi les terres ont été déterminées par de nombreux observateurs, entre autres par M. Boussingault et par MM. Lawes et Gilbert. Les chiffres varient dans des proportions considérables; M. Boussingault a trouvé comme moyenne par litre de pluie $0^{mg},2$ d'acide nitrique; $1^{mg},48$ pour la neige; la grêle, les brouillards, les rosées donnent des chiffres en général compris entre $0^{mg},2$ et 1^{mg}. M. Boussingault a trouvé que l'acide nitrique tombant annuellement sur 1 hectare avec les eaux météoriques représentait seulement une quantité de $0^{kg},33$ d'azote. MM. Lawes et Gilbert ont obtenu en Angleterre un apport d'environ $0^{kg},85$; M. Chabrier a constaté dans le Midi une quantité s'élevant jusqu'à $2^{kg},8$. A mesure qu'on avance vers les régions équatoriales, où les phénomènes électriques ont une intensité beaucoup plus grande, il semble que la richesse des eaux en composés nitrés devient plus considérable et que, par suite, l'apport en azote est plus grand. Des eaux pluviales prises sous l'équateur, dans l'Amérique du Sud, nous ont donné en moyenne $2^{mg},5$ d'acide nitrique par litre; ce qui équivaut à $6^{kg},5$ d'azote par hectare, pour chaque mètre d'eau tombée. Les hauteurs de pluie étant très variables d'une région à l'autre, on pourra calculer avec cette donnée l'apport en azote nitrique suivant les quantités de pluies tombées.

Quand on se place sur les hautes montagnes, au-dessus du siège des décharges électriques, on ne trouve plus d’acide nitrique dans les eaux pluviales.

Nous sommes donc amenés à regarder les phénomènes électriques comme étant la source primordiale de l’azote qui est à la disposition des êtres vivants, et nous devons envisager si les causes de déperdition de l’azote combiné et les causes de restitution s’équilibrent de telle sorte que le stock de cet agent fertilisant reste constant à la surface du globe, ou bien si nous marchons vers un appauvrissement ou vers une augmentation. Les causes de déperdition consistent surtout en une élimination, à l’état libre, de l’azote combiné à la matière organique, lorsque celle-ci vient à être ramenée à l’état de composés minéraux. Ainsi la combustion vive élimine l’azote sous forme gazeuse, tout au moins en presque totalité. La combustion lente qui s’effectue à la surface du globe sur une vaste échelle et qui tend à détruire la matière organique sous l’influence des organismes microscopiques, élimine également, à l’état gazeux, une certaine quantité de l’azote combiné à la matière organique; de là une perte et par suite une diminution des combinaisons dans lesquelles l’azote doit se présenter pour être utilisé par les plantes.

Il est difficile de chiffrer l’importance de ce phénomène, les expériences faites jusqu’à ce jour, par MM. Lawes, Gilbert et Pugh opérant sur des graines, par M. Reiset opérant sur du fumier et de la chair musculaire, font évaluer à 1/7 de l’azote total la déperdition de ce gaz qui s’opère pendant la putréfaction.

Ces expériences, sans nous fixer d’une manière définitive sur ce point, nous permettent cependant de supposer que la destruction des combinaisons assimilables de l’azote est plus grande que la restitution par les influences électriques. Il faudrait alors chercher une autre

cause de production des composés azotés ; nous croyons
pouvoir la placer dans les combustions vives qui se sont
produites à une époque de la formation du globe terrestre, où les éléments, auparavant dissociés sous l'influence d'une température élevée, se sont combinés en
présence d'oxygène et d'azote, entraînant ainsi la formation de composés nitrés. En effet, lorsqu'un corps
brûle dans l'air, il se forme une certaine quantité
d'acide nitreux. Les combustions de l'hydrogène, du
silicium, du carbone, des métaux, qui se sont effectuées
dans la masse terrestre pour produire l'eau, la silice,
l'acide carbonique, les oxydes, etc., ont forcément eu
lieu en présence de l'oxygène et de l'azote et ont ainsi
dû produire des composés nitrés.

A l'origine du développement des êtres organisés, il
devait donc exister un stock considérable de composés
nitrés et peut-être faudrait-il attribuer l'intensité de la
vie végétale et animale, aux époques géologiques, à cette
abondance d'azote combiné qui, de notre temps, est rare
et qu'il faut ajouter au sol, au prix de grandes dépenses,
pour en augmenter la fertilité.

D'après cette interprétation, il semblerait donc que
nous vivons sur un stock d'azote combiné produit à
l'origine et que nous sommes exposés à voir cette
quantité décroître sous l'influence des causes qui rendent à l'état gazeux l'azote qui avait servi à la formation
des tissus des êtres vivants, à moins que l'apport dû à
l'électricité atmosphérique ne soit une cause de ré-
paration suffisante.

Ce que nous venons de dire sur la formation des composés nitrés a principalement trait aux nouvelles quantités d'azote pouvant entrer en combinaison pour se
prêter alors au développement des êtres vivants ; nous
avons à nous occuper maintenant de l'azote qui, exis-

tant déjà à l’état combiné, se trouve à la disposition des plantes.

3° *Azote ammoniacal.* — L’ammoniaque existe dans l’air, de Saussure en a le premier signalé la présence; divers travaux ont été effectués en vue d’en déterminer la proportion. M. Schlœsing, qui a donné le moyen de la doser avec précision et qui a exécuté un grand nombre de déterminations, a trouvé pour l’air pris à Paris une moyenne de $2^{mg},25$ pour 100 mètres cubes d’air; la moyenne du jour a été de 1,93, celle de la nuit de 2,57.

Lorsqu’on se trouve loin des centres populeux, cette quantité est encore inférieure, et généralement comprise entre 1^{mg} et 2^{mg}; au sommet du pic du Midi, à 3 000 mètres d’altitude, elle est de $1^{mg},35$.

Ces chiffres montrent qu’il existe constamment de l’ammoniaque dans l’air, mais que sa quantité est extrêmement faible. Voyons comment cette ammoniaque peut devenir une source d’azote pour les végétaux.

Les organes aériens des plantes, les feuilles, absorbent directement l’ammoniaque qui se trouve à l’état gazeux, combinée à l’acide carbonique. Depuis longtemps déjà cette opinion avait cours; M. Schlœsing a vu un plant de tabac auquel on donnait, comme aliment azoté, du carbonate d’ammoniaque diffusé dans l’air, assimiler l’azote par les organes foliacés. Dans de nombreuses recherches encore inédites, nous avons vu l’ammoniaque gazeuse absorbée par les feuilles de toutes les plantes que nous avons mises en expérience. Une fois introduite dans l’organisme végétal, cette ammoniaque y est transformée et devient de la matière albuminoïde, aussi bien que celle qui serait prélevée dans le sol par les racines. L’utilisation de l’ammoniaque aérienne par les plantes est donc hors de doute, et nous devons essayer de représenter par des chiffres les quantités qui peuvent ainsi être gagnées sur l'atmosphère. D'un côté, nous voyons que l'air contient des quantités extrêmement minimes de cet alcali, soit en moyenne de 1 à 2 milligrammes par 100 mètres cubes; il faut donc que des volumes d'air énormes interviennent pour représenter des quantités appréciables de cet élément fertilisant. De l'autre, nous voyons chez la plante une surface absorbante très considérable et dans l'air lui-même une mobilité qui renouvelle sans cesse les parties où baignent les organes végétaux. M. Boussingault a calculé la surface des feuilles, les deux faces comprises, et des tiges vertes. Il a trouvé pour un hectare :

		Surface totale.
Topinambour: { Surf. des feuilles en sept. 136 000^{mq}		} 142 410^{mt}
— tiges. — 6 410		
Froment en fleur.		35 490
Pomme de terre en fleur. . { Feuilles. . . 36 610		} 39 641
{ Tiges vertes. 3 031		
Betterave champêtre (octobre)		50 000

On peut donc concevoir que des proportions d'ammoniaque relativement importantes soient soutirées à l'atmosphère dans le courant de la période de végétation par les organes aériens des plantes.

Mais des mesures de cette quantité n'ont pas encore pu être faites et nous ne possédons aucune donnée certaine sur la proportion dans laquelle intervient l'ammoniaque atmosphérique dans la nutrition des plantes. Nous savons seulement que les quantités d'air qui circulent à la surface d'un hectare se chiffrent par un grand nombre de millions de mètres cubes et que la proportion d'ammoniaque contenue dans ce volume énorme est notable (10 à 20 grammes par million de mètres cubes).

Nous savons également, par nos expériences, que des surfaces acides exposées au contact de l'air absorbent de fortes proportions d'ammoniaque. Pour nous rendre compte de l'intensité de ce phénomène, nous avons construit des plantes artificielles, ayant des feuilles en papier d'amiante imprégné d'une solution très faible d'acide sulfurique ou d'acides végétaux, tels que ceux qui existent ordinairement dans les plantes. Les quantités d'ammoniaque absorbées étaient importantes et nous avons pu calculer qu'une surface d'un hectare cultivé en topinambours, dont les feuilles auraient un pouvoir d'absorption égal à celui de nos feuilles acides artificielles, pourrait soutirer à l'air, dans une période de végétation de 6 mois, une quantité d'ammoniaque équivalente à 80 kilogrammes d'azote.

Nous avons en outre constaté que les sucs extraits des végétaux absorbaient l'ammoniaque avec la même intensité que les acides les plus énergiques eux-mêmes. Mais en réalité les feuilles n'ont pas à ce point la faculté de fixer ce principe ; formées de tissus recouverts d'une cuticule, elles n'offrent pas directement à l'air les liquides qui les imprègnent, et une véritable dialyse doit s'effectuer à travers les membranes. L'absorption de l'ammoniaque se trouve par ce fait singulièrement retardée. Nous n'avons pas encore de chiffres pouvant exprimer les quantités d'ammoniaque que les feuilles peuvent ainsi utiliser, mais il y a lieu de croire que cet apport n'est pas négligeable. Dans les expériences que nous avons faites avec M. Schlœsing, nous avons constaté que l'air, après son passage sur des plantes, se dépouille en partie de l'ammoniaque qu'il renferme normalement.

Mais ce n'est pas seulement à l'état d'ammoniaque gazeuse que les plantes peuvent tirer parti de cet alcali diffusé dans l'air. Nous savons en effet par les travaux de M. Schlœsing, que la terre a la propriété de fixer l'ammoniaque aérienne et de la nitrifier rapidement. Ce nitre devient un aliment pour les végétaux. C'est dans les sols meubles et suffisamment frais que cette absorption est le plus énergique. L'air qui baigne la surface des terres doit donc être regardé comme y apportant incessamment de petites quantités d'azote qui lui reste acquis sous la forme de nitrate. M. Schlœsing qui a particulièrement étudié ce phénomène a trouvé dans le cas d'une terre formée du limon de la Seine, un gain d'azote représentant par hectare et par an 13 kilog. d'ammoniaque; dans le cas d'une terre argileuse, il y aurait eu fixation de plus de 28 kilog. On voit par là que le sol s'enrichit de son côté en éléments azotés par l'intervention de l'ammoniaque gazeuse de l'air.

Nous avons enfin une troisième source de cet agent fertilisant dans les eaux pluviales : celles-ci, traversant l'atmosphère sous la forme de gouttelettes, ramassent l'ammoniaque qui existe soit à l'état de nitrates ou nitrites, soit à l'état de carbonates, et l'amènent ainsi au sol. Aussi trouvons-nous constamment dans les eaux pluviales des quantités d'ammoniaque assez importantes :

M. Boussingault a trouvé au Liebfrauenberg une moyenne de $0^{mg},52$ par litre; ce qui représente par hectare un apport annuel de $3^{kg},5$ d'ammoniaque.

MM. Lawes et Gilbert à Rothamsted ont trouvé une moyenne par litre d'eau de pluie de $0^{mg},97$, soit par hectare et par an environ 7 kilogrammes.

Au pic du Midi nous avons trouvé des chiffres se rapprochant de ceux de M. Boussingault.

On voit que cette quantité n'est pas très considérable. Si cependant nous réunissons l'absorption directe par les organes foliacés, à l'absorption exercée par le sol et à l'apport des eaux pluviales, nous pouvons admettre que l'ammoniaque diffusée dans l'atmosphère est une source assez importante d'azote pour les végétaux.

Cet apport explique en partie les effets de la jachère qui a pour principal résultat d'enrichir le sol en éléments azotés.

Mais les quantités d'azote exportées par une récolte sont à peu près toujours supérieures à celles que l'atmosphère fournit gratuitement dans l'année. L'agriculteur ne peut donc pas compter uniquement sur cet apport pour la production végétale de sa culture. S'il cessait de donner des fumures azotées, fumier de ferme, déchets animaux, engrais chimiques, malgré l'abondance des autres éléments fertilisants, il ne tarderait pas à voir diminuer le rendement de sa terre, à moins toutefois que celle-ci ne fût de sa nature très riche en azote.

Azote du sol. — Examinons maintenant le sol; celui-ci contient de l'azote sous trois formes : l'azote à l'état organique, résidu de la vie végétale ou animale; l'azote à l'état ammoniacal et à l'état nitrique qui provient des transformations de l'azote organique.

L'azote ammoniacal ou nitrique peut être utilisé directement par la végétation; l'azote organique ne l'est qu'après avoir subi des transformations qui le ramènent à l'une de ces deux formes, c'est-à-dire à l'état minéral. Ces transformations peuvent être activées par l'agriculteur.

Le sol ne contient l'azote qu'en proportion limitée; c'est à lui que la plante en emprunte la plus grande partie; il doit donc arriver un moment où, par suite de l'exportation des produits de la récolte, il n'en contient plus assez pour les besoins d'une bonne production végétale. C'est alors que l'engrais doit intervenir pour maintenir la fertilité, suivant la loi de la restitution.

Nous voyons que nous ne disposons pas de quantités illimitées d'azote utilisable et que nous ne pouvons pas lui appliquer les mêmes raisonnements qu'au carbone, à l'hydrogène, à l'oxygène fournis par la nature en quantités inépuisables.

Liebig, en 1842, déclarait que l'azote est toujours suffisant dans le sol, et que la culture ne peut l'épuiser; que la fertilité d'un sol dépend uniquement des éléments minéraux, en aucun cas des éléments azotés. M. Boussingault combattit ces idées : il établit le rôle prépondérant de l'azote qui, suivant lui, doit servir à mesurer l'activité des engrais. MM. Lawes et Gilbert appuyèrent cette manière de voir par des expériences directes et, après de nombreuses controverses, Liebig, en 1860, abandonna ses idées trop absolues.

La pratique agricole a donné raison aux conclusions des savants. Les engrais azotés sont employés sur une vaste échelle et leurs effets sur la végétation ne font de doute pour personne. Ce sont eux qui occasionnent à l'agriculture les plus fortes dépenses, tant en raison de la forte proportion qu'il convient d'en donner aux plantes que du prix élevé auquel est coté l'élément azote.

Les quantités d'azote contenues dans les terres sont excessivement variables et nous ne pouvons pas donner de moyennes; certains sols dans lesquels la matière organique fait défaut ne contiennent cet élément qu'en faibles proportions, d'autres, riches en humus, en renferment un taux élevé. Une terre qui en contient 2 grammes par kilogramme peut être regardée, sous le rapport de la teneur en azote, comme une bonne terre arable; les sols dans lesquels les débris végétaux se sont accumulés, les terrains tourbeux par exemple, sont bien plus riches. Mais ce n'est pas seulement la proportion d'azote qu'il faut considérer, c'est encore la faculté de cet azote à se transformer en ammoniaque ou nitrate, seules formes assimilables par les plantes. C'est dans la terre végétale proprement dite, au sein de laquelle la nitrification peut s'effectuer, que cet azote devient le plus rapidement utilisable.

Nous reviendrons sur ce sujet. Ce que nous voulons constater ici, c'est que le sol contient en général des quantités d'azote assez élevées, mais qui constituent un stock dont les plantes ne peuvent profiter qu'à la suite de sa transformation lente en nitrates. Cette immobilisation d'une matière si précieuse oblige l'agriculteur désireux d'obtenir des récoltes abondantes à ajouter au sol des substances azotées d'une assimilation directe ou d'une transformation plus rapide, pour remplacer l'azote que les cultures précédentes avaient enlevé.

Où trouverons-nous cet azote que nous devons donner au sol pour lui rendre sa fertilité? Ce sont principalement les résidus de la vie animale et végétale qui le renferment. Les déjections des animaux en particulier et les débris de leurs corps constituent un stock d'azote important; nous trouvons encore dans les produits de nos industries de l'ammoniaque qui fournit un appoint important; enfin les nitrates, accumulés sur certains points du globe, nous apportent de l'azote utilisable par les plantes. C'est à ces diverses sources qu'il faudra puiser pour restituer au sol ce qu'il a perdu, par l'exportation de son azote disponible.

Il est bien évident que ces considérations n'auraient plus de valeur, si une absorption directe de l'azote par le sol était définitivement démontrée.

Circulation de l'azote combiné à la surface de la terre.

— Nous avons examiné les différentes formes sous lesquelles l'azote combiné se présente aux végétaux, il est nécessaire de donner quelques notions sur les transformations successives de cet agent de fertilité et sur sa circulation dans la nature.

Prenons au début l'acide nitrique formé par les décharges électriques, qui est amené au sol avec les pluies et transformé en matière organique par l'intervention des plantes. Que ces plantes restent sur place ou qu'elles soient consommées par des animaux, l'azote qu'elles avaient assimilé retourne à la terre et, là, se trouve transformé en nitrates sous l'influence des ferments. Ces nitrates servent à l'alimentation des plantes, mais ils sont en majeure partie enlevés par les eaux de drainage, et recueillis par les cours d'eau qui les apportent à la mer. Aussi trouve-t-on toujours dans les fleuves de grandes quantités de nitrate qui ont été ainsi soutirées au sol. M. Boussingault a dosé dans l'eau de Seine 11 grammes de salpêtre par mètre cube; et on calcule que chaque jour ce fleuve porte à la mer l'équivalent de 71000 kilog. de nitrate de potasse dans les basses eaux et de 238000 kilog. dans les eaux moyennes. Le Rhin, avant d'être grossi par la Moselle et la Meurthe, en entraîne chaque jour 193 000 kilog.; le Nil apporte journellement à la Méditerranée environ 301 000 kilog. de salpêtre.

La végétation si active des plantes marines transforme rapidement le nitrate en matière organique, qui se détruit pour donner naissance à de l'ammoniaque. Aussi dans la mer trouve-t-on cet alcali en proportion notable, soit environ o^{mgr},5 par litre, suivant M. Schlœsing. En raison de sa tension, il se diffuse dans l'atmosphère, où il joue le rôle que nous avons précédemment exposé. Puisque la surface des continents prélève constamment une partie de l'ammoniaque qui existe dans l'atmosphère, celle-ci s'appauvrirait, si l'eau de la mer ne maintenait pas l'équilibre, en vertu des lois qui règlent l'échange de l'ammoniaque entre l'eau et l'atmosphère.

En résumé l'azote absorbé par les plantes se transforme en nitrate dans le sol; ce nitrate se rend à la mer où il est transformé en ammoniaque par l'intermédiaire des végétaux marins, et l'ammoniaque ainsi formée retourne dans l'atmosphère, où elle est de nouveau à la disposition des plantes qui vivent sur les continents.

Formes sous lesquelles l'azote est utilisé par les plantes. — Nous avons vu que l'azote combiné se présente dans la nature sous trois états différents : uni à l'oxygène, sous la forme de nitrates et de nitrites; à l'hydrogène, sous forme d'ammoniaque; enfin aux substances carbonées, sous forme de matières organiques.

Il est important de connaître le degré d'utilisation de l'azote, suivant qu'il existe sous l'un ou l'autre de ces états; de nombreuses expériences ont été instituées à ce sujet, elles ont eu pour résultat de montrer que seules les formes minérales de l'azote sont directement assimilables, tandis que l'azote organique ne peut servir d'aliment aux plantes qu'à la condition de passer par l'état minéral. Nous devons regarder les nitrates comme assimilables au premier chef et l'ammoniaque comme pouvant également servir à l'alimentation des plantes, soit directement, soit après avoir été nitrifiée. Quant aux matières organiques, leur transformation préalable en ammoniaque et en acide nitrique est une condition exclusive de leur utilisation par les plantes. C'est ordinairement en passant à l'état de nitrate, sous l'action des ferments du sol, que cet azote peut servir aux végétaux.

Nous sommes entrés dans de longs détails sur l'origine de la matière organique; nous serons plus brefs dans l'examen de l'origine de la matière minérale des plantes; non pas que ce point soit moins important que le premier, mais parce que nous nous trouvons en présence de faits moins controversés et d'une explication plus facile.

§ II. — Origine des matières minérales

Nous avons dit plus haut que tous les végétaux laissent comme résidu de l'incinération des principes minéraux, toujours les mêmes et qui tous sont également indispensables à la vie de la plante; si l'un d'eux vient à manquer totalement, celle-ci ne peut pas acquérir une végétation normale. Les cultures faites dans les milieux artificiels, dans lesquels l'un ou l'autre de ces éléments était intentionnellement omis, ont montré quels étaient ceux dont les plantes avaient un besoin absolu. C'est de Saussure qui le premier porta ses recherches sur cette question, à laquelle praticiens et savants n'avaient jusqu'à ce jour prêté qu'une attention médiocre. On croyait en effet que les principes minéraux, les sels, n'existaient dans le végétal que d'une façon accidentelle. Mathieu de Dombasle résume ainsi les idées qui avaient cours à ce sujet : « Les matières minérales, les *sels* sont des *stimulants;* ce ne sont pas des aliments; qu'importe qu'ils soient absorbés; c'est assez indifférent pour la pratique. »

De Saussure montra la présence constante dans les plantes des sels alcalins solubles, du phosphate et du carbonate de chaux, etc.

Dans une leçon célèbre professée en 1841 à l'École de Médecine, M. Dumas présenta les plantes comme des appareils de synthèse, chargés d'organiser la matière minérale pour les besoins des animaux.

Mais il appartient à Liebig d'avoir appelé l'attention des agronomes et des agriculteurs sur l'importance des matières minérales. Jusqu'alors on avait envisagé le sol comme un simple soutien des plantes; à partir de ce moment, on le considéra comme la source des principes minéraux indispensables aux végétaux et on s'inquiéta de vérifier si la terre pouvait fournir ces principes en quantités suffisantes pour leur développement, et de restituer ceux que les plantes enlèvent.

L'analyse de toutes les parties végétales conduira à la constatation des principes minéraux suivants :

Acide phosphorique.	Soude.
— sulfurique.	Chaux.
Chlore.	Magnésie.
Silice.	Fer; Manganèse.
Potasse.	

Ce sont là les substances fondamentales des cendres, celles qui n'y font jamais défaut.

On trouve en outre dans les plantes, à l'état de traces, les oxydes de *lithium,* de *rhubidium* et de *cæsium* et quelquefois du *zinc* et du *cuivre.*

Le *brome,* l'*iode,* le *fluor,* paraissent y exister également en quantités infinitésimales.

Aucun de ces principes n'est fourni par l'atmosphère, si ce n'est en proportions insignifiantes par les eaux pluviales; tous ont pour origine le sol; c'est la partie souterraine des plantes qui va les y chercher.

Acide phosphorique. — Parmi les acides, un surtout attirera notre attention, c'est l'acide phosphorique qui est de toutes les substances minérales celle qui présente le plus d'importance pour la pratique.

Les phosphates se trouvent dans le sol en grande partie à l'état insoluble, mais l'acidité des racines leur permet de se dissoudre à leur contact et d'entrer ainsi dans la circulation végétale. Quoique ce corps se montre dans toutes les parties de la plante, il a une tendance à se concenter dans les fruits et les graines. Cet acide phosphorique est l'origine de la charpente osseuse des animaux; s'il fait défaut dans le sol, comme cela a lieu pour diverses régions de la France, non seulement les plantes végètent misérablement, mais encore les hommes et les animaux présentent un aspect rabougri et sont rachitiques.

L'acide phosphorique est disséminé dans les roches, mais en proportions très inégales; lorsque celles-ci se désagrègent pour former de la terre arable, les phosphates qui y étaient contenus se retrouvent dans cette dernière; quelquefois leur quantité est suffisante pour le besoin des plantes, mais plus souvent il y a pénurie. Il faut alors ajouter au sol, pour augmenter sa fertilité, les phosphates dont nous trouvons des gisements dans certaines formations géologiques ou ceux que nous offrent les débris de la vie animale.

Acide sulfurique. — Toutes les plantes contiennent du *soufre*, en plus ou moins grande quantité, et il en est dans lesquelles cet élément joue un rôle important; les crucifères et les légumineuses, par exemple, en renferment des proportions sensibles. L'acide sulfurique se trouve dans tous les sols, le plus souvent à l'état de sulfate de chaux; les sulfates sont solubles dans l'eau et par suite arrivent facilement à la plante par l'intermédiaire des racines. Le soufre ne reste pas toujours à l'état de sulfate dans le sein du végétal, mais il entre souvent en combinaison avec la matière organique pour former des produits complexes. Le plâtre ou sulfate de chaux est la source la plus abondante d'acide sulfurique dont on dispose, c'est à cette matière qu'on a recours dans le cas d'insuffisance de sulfate dans le sol.

Chlore. — Le chlore existe en général dans tous les végétaux; on ne sait pas au juste quel rôle il remplit, ni si sa présence est absolument indispensable; il paraît être là plutôt comme un corps accidentel dont la proportion augmente ou diminue, suivant que le milieu ambiant est plus ou moins riche en chlorure. La mer est le grand réservoir de chlore; cet élément s'y trouve à l'état de sel marin. Il existe en quantités variables dans les sols, où il est en partie apporté par les poussières atmosphériques.

L'acide sulfurique et le chlore n'existent qu'en quantité minime dans les végétaux et sont en général assez abondants dans le sol pour qu'on n'ait pas à craindre de voir les récoltes en manquer.

Les fumures qu'on donne à la terre pour y apporter les autres éléments, en renferment d'ordinaire des quantités suffisantes pour les besoins de la végétation et c'est seulement dans certains cas particuliers qu'on peut avantageusement employer des engrais contenant de l'acide sulfurique, tels que le plâtre, ou du chlore, tels que le sel marin.

Silice. — La silice ou acide silicique se trouve en très forte proportion dans certains végétaux, notamment dans les graminées et les fougères. On a cru pendant longtemps que cette substance jouait un rôle important dans la nutrition végétale et la constitution des tissus; ainsi on attribuait à son absence la verse des blés. On sait aujourd'hui que son rôle est secondaire; Sacchs a même obtenu des pieds de maïs de grandeur normale ne contenant pas trace de silice. Dans tous les cas cet élément existe en quantité considérable dans les sols et ne doit nullement préoccuper l'agriculteur.

Parmi les bases, nous trouvons comme les plus importantes la potasse, la chaux, la magnésie.

Potasse. — La potasse est abondante dans certaines roches telles que les feldspaths, mais elle n'est pas toujours directement assimilée par les plantes; les roches dures, dans la constitution desquelles elle entre, ont besoin de se décomposer, pour qu'elle soit absorbée par les racines. Toutes les cendres végétales contiennent de la potasse en assez forte proportion. Ordinairement cet élément existe dans les plantes en combinaison avec les acides végétaux.

On trouve la potasse localisée dans certains endroits, à l'état de gisements de chlorure de potassium. Les eaux de la mer en contiennent de notables proportions. La potasse, de même que l'acide phosphorique, ne tarderait pas à faire défaut, si on n'avait soin de la remplacer à mesure qu'elle est enlevée à la terre.

Soude. — La soude est répandue dans tous les sols; elle existe dans diverses roches, mais c'est dans l'eau de mer qu'on la rencontre en plus forte quantité. Elle n'entre dans la composition des végétaux que pour une très faible part et ne paraît pas être, en général, nécessaire à leur existence. Elle ne peut nullement servir à remplacer la potasse. Ce n'est que lorsqu'il existe en excès dans certains sols qu'il y a lieu de se préoccuper de cet élément, à cause des effets nuisibles qu'il peut produire.

Chaux. — La chaux est enlevée en forte proportion par toutes les récoltes et, en se combinant à l'acide phosphorique et à l'acide carbonique, elle entre pour une large part dans le poids du squelette des animaux; la chaux est un des principes les plus abondants du sol, sauf dans des cas bien déterminés. Dans les terrains où elle est rare, une culture qui négligerait la restitution de cet élément et qui laisserait le sol en manquer ne tarderait pas à péricliter. C'est surtout à l'état de carbonate qu'on la rencontre dans la nature ; sous cette forme, elle peut se dissoudre dans les eaux à la faveur de l'acide carbonique. Elle peut également exister dans la terre à l'état de combinaison avec la matière organique.

Un sol dépourvu de chaux n'est plus une terre arable ; outre le rôle d'aliment des plantes, cette base a une action d'une importance capitale dans la décomposition et la minéralisation des engrais, action sur laquelle nous insistons plus loin.

Magnésie. — La magnésie se rencontre en quantités sensibles dans toutes les cendres végétales ; les sols en contiennent de petites quantités ; un certain nombre de roches en sont abondamment fournies. Elle accompagne fréquemment la chaux ; mais on la trouve surtout dans les eaux marines, d'où on peut l'extraire.

On a trop négligé l'étude de cette base et de ses effets sur la végétation ; il est possible que dans certains cas l'addition de fumures magnésiennes produirait de bons résultats.

Fer et Manganèse. — D'autres principes se trouvent encore dans les plantes, tels que le fer et le manganèse. Malgré l'opinion de quelques personnes, nous les regardons comme absolument indispensables. Le fer particulièrement est un agent de la formation de la chlorophylle ; la chlorose dont souffrent certaines plantes est souvent due à son absence et disparaît alors devant un arrosage au sulfate de fer. Le fer et le manganèse existent du reste presque toujours en quantité plus que suffisante pour les besoins d'un nombre infini de récoltes.

Alumine. — On trouve ordinairement un peu d'alumine dans les cendres végétales; mais elle paraît accidentelle et non indispensable. La terre du reste en est abondamment pourvue.

Pour résumer ce qui précède nous dirons que les éléments minéraux indispensables aux végétaux sont la potasse, la chaux, la magnésie, le fer, l'acide sulfurique et l'acide phosphorique; nous ajouterons qu'ils se classent ainsi par ordre d'importance : en première ligne l'azote, l'acide phosphorique et la potasse, généralement peu abondants dans les sols; en seconde ligne la chaux, la magnésie et l'acide sulfurique, qui dans la plupart des cas se trouvent en quantité suffisante à la disposition des plantes mais dont l'apport, surtout pour la chaux, est parfois utile. Enfin en troisième ligne, la silice, le chlore, l'alumine, le fer, le manganèse et la soude, qui existent toujours en proportion assez forte pour les besoins limités des récoltes.

Les faits que nous venons d'énoncer sont aujourd'hui hors de doute; ils sont confirmés par une longue pratique agricole, aussi bien que par les observations des savants. Pour les rendre plus saisissants, on a pratiqué des cultures dans de l'eau additionnée des différents éléments minéraux jugés nécessaires à la végétation. On a pu obtenir ainsi des plantes parfaitement développées, en dehors de l'intervention du sol et de l'humus qu'il renferme. En supprimant l'un ou l'autre des principes que nous venons d'énumérer, on voit immédiatement la végétation péricliter, ce qui a permis de déterminer d'une façon précise quels sont ceux dont la présence est indispensable.

Ces essais ont ensuite montré le mécanisme de l'absorption des éléments minéraux; ils ont enfin mis à néant les idées qui avaient cours anciennement sur le rôle de l'humus.

On a également constitué, pour se rapprocher davantage de la pratique, des sols artificiels dans lesquels un corps inerte comme le sable siliceux servait de support. Dans ce sol, on a ajouté diverses substances: azote, acide phosphorique, potasse, chaux, etc., et on a pu obtenir des récoltes comparables à celles que donnaient les sols naturels.

Nous avons cru devoir exposer ces considérations pour montrer que l'application des engrais repose sur des données positives et que, si bien des points de la nutrition végétale sont encore obscurs, tout au moins connaissons-nous les éléments qui sont nécessaires au développement des plantes. Nous allons maintenant étudier comment la plante absorbe ces éléments; par quel mécanisme particulier elle a le pouvoir de les puiser dans le sol qui les renferme.

CHAPITRE II

MÉCANISME D'ABSORPTION DES RACINES

Les feuilles et les racines concourent à des titres différents à l'alimentation de la plante ; nous n'avons pas à nous occuper des parties aériennes, elles échappent en effet à notre action et il nous est impossible de leur fournir directement des aliments. Dans le cadre que nous nous sommes tracé et qui ne comprend que l'étude des engrais et de leurs effets sur la végétation, nous n'avons donc pas à étudier le rôle des feuilles. Leurs fonctions vis-à-vis de l'atmosphère s'effectuent sans notre intervention et nous ne pouvons pas les modifier.

Il n'en est pas de même des racines ; celles-ci ne trouvent pas toujours, dans le sol, les principes nécessaires au développement de la plante ; nous pouvons les leur fournir sous forme d'engrais et modifier ainsi, à l'avantage du végétal, leurs conditions d'existence. Aussi devons-nous étudier de très près les fonctions des racines et leur manière de se comporter vis-à-vis des matières fertilisantes, contenues naturellement dans le sol ou ajoutées intentionnellement.

C'est par les racines que pénètrent dans la plante les substances enlevées à la terre ; la plus grande partie de l'azote, la totalité des principes minéraux arrivent au végétal par leur intermédiaire.

Constitution des racines. — Toutes n'ont pas la même constitution; suivant les classes végétales auxquelles elles appartiennent, suivant les familles et les espèces, elles affectent des dispositions différentes qui influent sur la manière dont elles pénètrent dans le sol.

Dans les plantes dicotylédones, la radicule s'accroît et forme la racine mère qu'on appelle *souche* ou *pivot*; de cette racine mère partent des ramifications latérales, nommées *radicelles*, sur lesquelles se trouvent des filaments très déliés, des *fibrilles* dont l'ensemble forme le *chevelu*.

Les plantes légumineuses: trèfle, luzerne, fèves, etc.; la carotte, le panais, la betterave, le sarrasin, l'œillette, les choux, navets, raves, le colza, la moutarde, la chicorée, etc. sont dans ce cas et présentent cette subdivision de la racine; c'est là qu'on trouve la catégorie des racines dites *pivotantes*.

Dans les plantes monocotylédones, dont les graminées constituent la famille la plus importante, les racines sont dites *fibreuses;* c'est-à-dire, que la *radicule* ne prend qu'un faible développement, et se trouve remplacée rapidement par des *radicelles* qui naissent au collet ou aux nœuds de la tige, et se développent en touffes sensiblement égales en grosseur (blé, maïs, ray-grass, etc.); elles émettent à leur tour des fibrilles.

L'accroissement des racines se fait par leurs extrémités; c'est-à-dire que l'élongation ne porte pas sur l'ensemble de la racine, mais seulement sur l'extrémité et sur un très court espace de quelques millimètres. De Candolle admettait que cette extrémité, formée de tissus très lâches et gorgés d'eau (spongioles), était l'unique siège de l'absorption. M. Trécul a au con-

traire démontré que ses tissus étaient durs, résistants et
recouverts d'une sorte de fourreau ou coiffe appelée
pilhorize.

Ohlert a prouvé par des expériences directes que l'absorption ne se faisait pas par l'extrémité mais par la surface latérale des racines, et surtout par les parties jeunes
des radicelles et des fibrilles, qui se couvrent en effet
de *poils radicaux*, formés de cellules allongées, très
tendres, et remplies de liquide et de protoplasma. Ces
poils radicaux offrent une très grande surface, ils s'insi-
nuent, pour ainsi dire, entre les particules terreuses, s'y
accrochent, si bien, que, lorsqu'on arrache la plante, on
voit la racine entourée d'une sorte de manchon de terre.
Ces poils ne se développent que sur les parties jeunes;
les parties vieilles et tubérisées en sont dépourvues.

Le chevelu des racines constitué, comme nous l'avons
dit, par des organes très déliés, acquiert un très grand
développement. Les fibrilles s'enfoncent dans le sol
latéralement et longitudinalement, et le cube de terre
qu'elles occupent ainsi et où elles puisent leur nourriture est considérable. On n'a aucune idée de l'importance de l'appareil radiculaire, en arrachant les racines
d'une plante, car toutes les parties déliées qui sont si
profondément enfoncées dans le sol et dans lesquelles
réside la faculté d'absorber l'eau et les matières fertilisantes, restent en terre; seules les parties les plus
grosses des racines se trouvent extirpées. Il ne faut donc
pas juger du développement du système radiculaire
et de la profondeur à laquelle il peut pénétrer, d'après
la partie que nous extrayons par l'arrachage; si l'on
veut s'en rendre un compte exact, il faut pratiquer une
tranchée profonde dans un champ en culture, pour suivre les radicelles sur toute leur longueur; elles peuvent
être rendues plus apparentes en dirigeant un jet d'eau

sur la paroi de la tranchée. La terre étant ainsi enlevée par le délayage, les radicelles sont mises à nu dans tout leur parcours à travers le sol et le sous-sol.

Profondeur à laquelle pénètrent les racines. — Il y a un intérêt particulier à déterminer la profondeur à laquelle s'enfoncent les racines, suivant la nature du sol et les espèces; plus en effet cette profondeur est grande, plus sont considérables les volumes de terre dans lesquels les racines peuvent chercher la nourriture de la plante. C'est un préjugé très répandu et accrédité par certains savants que le végétal puise exclusivement ses aliments dans les parties superficielles du sol; de là sont nées ces idées erronées qui consistent à ne regarder comme à la disposition des plantes que les principes minéraux contenus dans les couches remuées par les instruments de labour. Les plantes n'ont pas ce champ d'action si limité qu'on veut leur assigner. Une étude plus attentive montre que les parties les plus déliées des racines, celles précisément dans lesquelles résident les propriétés absorbantes les plus énergiques, pénètrent à de grandes profondeurs dans le sous-sol et trouvent là des substances fertilisantes dont la plante tire profit.

Des études sur la profondeur à laquelle s'enfoncent les racines ont donc un intérêt pratique très grand. Elles serviront à nous montrer quel est le véritable stock des éléments fertilisants qui est à la disposition de chaque plante.

La pénétration des racines dans le sous-sol montre qu'en tenant compte uniquement de la couche arable, pour faire le calcul de la réserve en éléments fertilisants contenus dans un hectare, on est au-dessous de la vérité, dont on se rapprocherait davantage en envisageant non seulement le stock des parties superficielles, mais encore celui du sous-sol, limité par la profondeur à laquelle les racines s'y enfoncent. Il est vrai que le sous-sol est presque toujours plus pauvre que la terre arable ; mais par contre il offre aux racines des plantes un volume bien plus grand ; le stock d'éléments qu'il renferme, si nous l'envisageons avec l'épaisseur de la couche présentée aux racines, peut être aussi considérable et plus considérable même que celui de la terre labourée.

Les données que nous possédons sur la pénétration des racines, sont encore peu nombreuses et bien imparfaites ; mais déjà nous pouvons fournir un certain nombre de chiffres montrant quelle erreur commettent ceux qui s'imaginent que les racines puisent exclusivement leur nourriture dans les parties superficielles de la terre arable.

M. Schubart constate que les racines du blé atteignent au mois de juin une profondeur de $1^m,17$.

M. Aimé Girard, opérant dans un sol très meuble, à l'aide de procédés ingénieux, a vu la longueur totale des racines d'une betterave à sucre atteindre $2^m,50$.

M. Kayser nous a communiqué les résultats obtenus à l'Institut agronomique de Berlin par M. le professeur Orth ; nous en extrayons les chiffres suivants, représentant la longueur des parties souterraines de différentes plantes, cultivées dans un sol constitué par des sables perméables :

NOM DE LA PLANTE.	Profondeur à laquelle pénètrent les racines.
Esparcette	$1^m,70$
Luzerne blanche	$2^m,65$
Minette.	$0^m,73$
Trèfle rampant.	$0^m,83$
Colza.	$1^m,65$
Lin.	$0^m,67$

NOM DE LA PLANTE.	Profondeur à laquelle pénètrent les racines.
Navet.	$1^m,13$
Rave.	$1^m,52$
Betterave.	$1^m,38$
Pomme de terre.	$1^m,03$
Maïs.	$1^m,00$
Avoine	$1^m,27$
Carotte.	$1^m,30$
Seigle.	$1^m,23$
Orge.	$1^m,35$
Sarrasin	$0^m,90$
Paniculum.	$1^m,55$
Blé.	$1^m,09$
Lupin.	$1^m,38$
Vesces	$0^m,90$
Fève	$1^m,11$
Trèfle des prairies.	$1^m,45$
Anthyllide	$0^m,80$

Nous avons de notre côté institué des recherches sur la distribution des racines dans le sol, en opérant sur les terres de la ferme de Vincennes qui, légères à la surface, deviennent compactes à une profondeur de $0^m,50$ à $0^m,60$.

Nous avons obtenu les résultats suivants :

NOM DE LA PLANTE		Profondeur à laquelle pénètrent les racines.
Blé	plus de	$1^m,50$
Orge.		$1^m,50$
Avoine		$1^m,50$
Herbe de prairie.		$1^m,40$
Colza	plus de	$1^m,75$
Chanvre.		$1^m,00$
Pavot		$1^m,40$
Féverole.		$1^m,00$
Lupin.		$1^m,00$
Luzerne.	plus de	$1^m,75$
Trèfle.		$1^m,70$

Nous donnons ces chiffres uniquement à titre d'exemple; les conditions dans lesquelles le développement radiculaire s'effectue ont une influence considérable sur leur longueur.

Ce n'est donc pas en moyenne à 2 ou 3 décimètres de profondeur de sol que les plantes puisent leur nourriture, mais bien dans un cube d'une épaisseur qui, dans les conditions ordinaires, peut être regardée comme supérieure à 1 mètre et qui, dans beaucoup de cas, va bien au delà de ce chiffre. On a donc tort, nous le répétons, de ne tenir compte pour les calculs de la fertilité des terres que de ce qu'on appelle la terre arable, c'est-à-dire de la couche qui est entamée par les instruments aratoires (20 à 30 centimètres). Notre opinion est d'autant plus fondée que ce sont les parties les plus jeunes des racines, c'est-à-dire celles qui sont situées vers l'extrémité et qui par suite sont les plus profondément enfoncées dans le sol, qui ont au plus haut degré la propriété de puiser l'eau et avec elle les principes fertilisants tenus en dissolution.

Distribution des racines dans le sol. — Il faut rechercher maintenant comment les racines sont distribuées dans le sol. Cette connaissance est d'une grande utilité pour l'application des engrais et pour la succession des récoltes. Toutes les racines n'ont pas la même forme, toutes n'ont pas au même degré la propriété de s'enfoncer profondément. Il en est dont le chevelu se développe surtout dans les parties superficielles du sol et qui exercent là leur principale activité; ce sont les plantes traçantes, parmi lesquelles nous pouvons citer les céréales. Chez d'autres, comme les plantes pivotantes, ce chevelu, distribué d'ailleurs sur toute la longueur de la racine, se trouve à des profondeurs diverses en plus grande abondance que dans la couche arable; telles sont les légumineuses, les racines, etc.

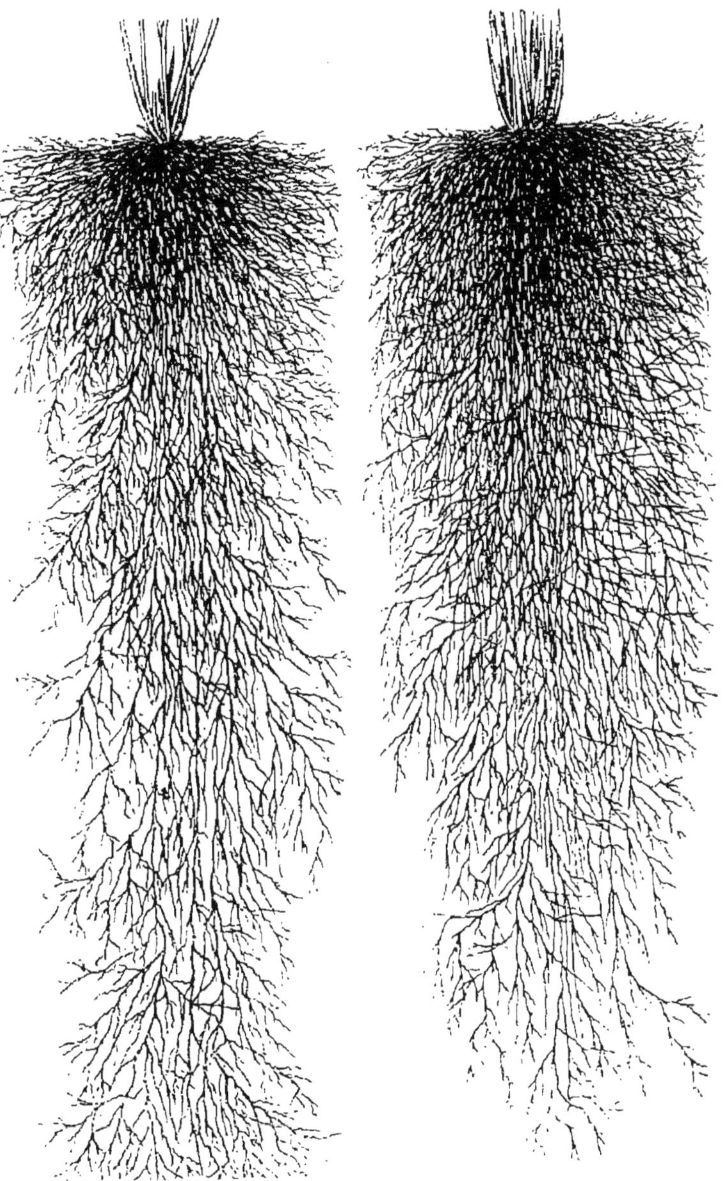

Fig. 1. — Blé.
Fig. 2. — Gazon

Nous pouvons donner ici quelques chiffres obtenus dans le cours de nos recherches sur les racines, en ne tenant compte que du chevelu, c'est-à-dire des parties déliées dans lesquelles résident les facultés d'absorption.

Nous avons divisé la terre en couches de 0^m,25 d'épaisseur et déterminé dans chacune de ces couches le poids des radicelles.

POIDS DES RADICELLES A L'HECTARE (calculé à l'état sec).

	mètres.	Blé. kilog.	Orge. kilog.	Avoine. kilog.	Herbe de prairie. kilog.
1re couche, terre arable.	0.25	921.0	629.0	1120.3	2 705.3
2e — sous-sol. . .	0.25	292.0	185.7	178.0	120.0
3e — — . . .	0.25	248.0	110.4	230.4	70.4
4e — — . . .	0.25	101.4	86.4	113.6	46.4
5e — — . . .	0.25	110.0	16.0	11.2	2.7
			etc.		

Nous voyons dans ces plantes traçantes que le chevelu qui existe dans la couche superficielle, la terre arable, est beaucoup plus abondant que celui des couches sous-adjacentes prises isolément et même réunies. L'activité de ces racines s'exercera donc plus dans les 25 premiers centimètres que dans le sous-sol de 1 mètre de profondeur qui se trouve placé au-dessous.

Les plantes pivotantes que nous allons examiner donnent des résultats bien différents :

POIDS DES RADICELLES A L'HECTARE (calculé à l'état sec).

	mètres.	Pavot. kilog.	Luzerne. kilog.	Trèfle. kilog.	Colza. kilog.
1re couche, terre arable .	0.25	39.5	221.6	149.5	196.8
2e — sous-sol . . .	0.25	56.3	56.0	425.0	128.0
3e — — . . .	0.25	60.2	92.8	230.0	137.0
4e — — . . .	0.25	56.0	75.2	108.8	108.8
5e — — . . .	0.25	4.0	212.8	35.2	115.5
6e — — . . .	0.25	»	113.6	»	148.8
			etc.		etc.

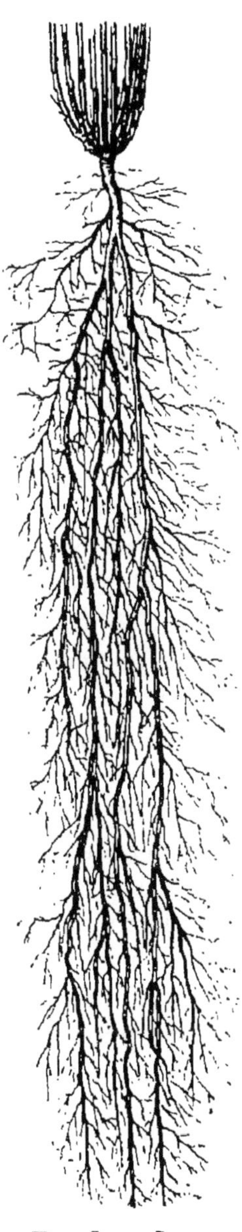

Fig. 3. — Luzerne.

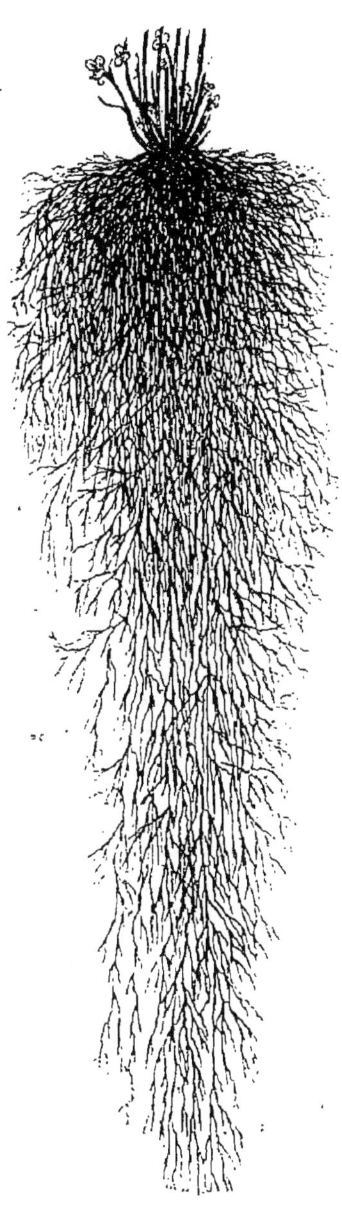

Fig. 4. — Trèfle.

Dans toutes ces plantes nous voyons que les radicelles enfoncées dans le sous-sol sont beaucoup plus abondantes que celles qui ont leur siège dans la terre arable.

Les figures ci-jointes (fig. 1 à 6), dessinées d'après nature, font ressortir ce mode de distribution de la partie active des racines.

Il faut dans la pratique tenir compte des aptitudes spéciales de chaque plante; c'est-à-dire enfouir les engrais plus ou moins profondément et prendre pour règle générale de les placer à la portée des racines. Pour les betteraves, par exemple, on les enterrera par un labour profond; pour le blé au contraire, on se contentera d'un labour superficiel et souvent même l'engrais répandu en couverture produit d'excellents effets.

Les légumineuses en général et la luzerne particulièrement, ont la remarquable faculté d'enfoncer leurs racines à de très grandes profondeurs; au musée de Berne on voit une racine de luzerne de 16 mètres de long. Ces légumineuses vivent dans le sous-sol; aussi les voit-on prospérer dans les terrains meubles, profonds, caillouteux et souvent d'une fertilité très faible; elles portent le nom de plantes *améliorantes,* parce qu'elles empruntent aux couches profondes et ramènent à la surface des principes qui seraient inaccessibles aux autres cultures. Non seulement elles n'épuisent pas le sol, mais elles l'enrichissent si bien par les débris organiques, feuilles et racines, laissés sur place, qu'après le défrichement une fumure est inutile. Par opposition on donne aux céréales, qui vivent surtout dans le sol proprement dit, le nom de *plantes épuisantes.*

Ce sont évidemment les végétaux dont les racines, pénétrant le plus loin, ont à leur disposition les plus grandes quantités de matières fertilisantes, qui peuvent ramener à la surface ce qui était inabordable à des

plantes moins privilégiées. Rozier posait comme principe des assolements, de faire succéder des plantes

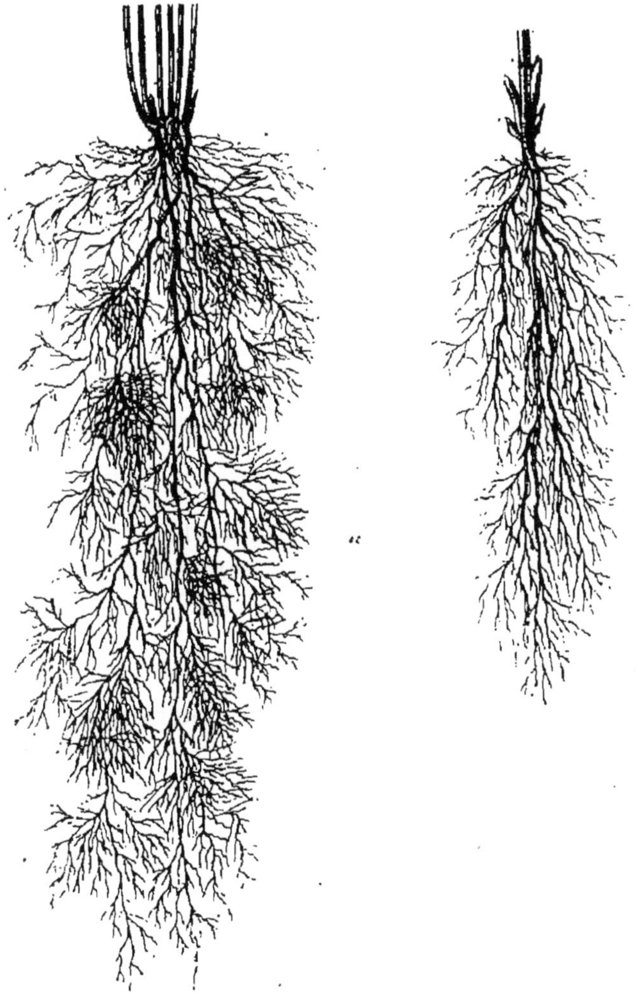

FIG. 5. — CHANVRE.   FIG. 6. — FÉVEROLE.

traçantes aux plantes pivotantes. C'est un fait d'observation qu'il est plus, faciie d'obtenir une série de

récoltes non interrompues avec des plantes à racines fibreuses qui profitent immédiatement des engrais; qu'avec des plantes pivotantes qui puisent leurs matériaux de nutrition dans les couches profondes, moins rapidement sensibles à l'action des engrais et dont la fertilité se renouvelle plus lentement.

Surface absorbante des racines. — Ce n'est pas seulement la longueur des radicelles qu'il y a lieu de considérer, c'est bien plus encore leur surface ; celle-ci est difficile à mesurer : elle peut s'obtenir en multipliant la longueur des radicelles par la circonférence moyenne. Un procédé d'enrobage a servi à M. Aimé Girard à faire cette évaluation pour la betterave. Il a ainsi trouvé pour la surface des radicelles d'une betterave prise à la fin de la végétation, environ 30 décimètres carrés, soit le tiers d'un mètre carré ; à la même époque, la souche de la betterave n'avait que 4,2 décimètres carrés.

Nous avons déterminé la surface des racines de diverses plantes en mesurant directement la longueur totale et la circonférence moyenne des radicelles renfermées dans les couches successives du sol, de même que nous en avons pris le poids.

Voici quels ont été les résultats obtenus pour les plantes traçantes :

SURFACE DES RADICELLES PAR HECTARE

	mètres.	Blé. mèt. carr.	Orge. mèt. carr.	Avoine. mèt. carr.	Herbe de prairie. mèt. carr.
1re couche, terre arable.	0.25	78 700	24 864	77 216	40 240
2e — sous-sol . .	0.25	15 000	4 864	6 400	18 048
3e — — . .	0.25	14 690	2 896	15 584	10 576
4e — — . .	0.25	4 650	2 258	7 840	6 976
5e — — . .	0.25	5 050	416	774	400
Surface totale . .		118 090	35 298	107 814	76 240

Nous voyons que les racines offrent une surface beaucoup plus grande dans la couche arable que dans toute l'épaisseur du sous-sol.

Pour les plantes pivotantes il n'en est pas ainsi :

SURFACE DES RADICELLES PAR HECTARE

		Pavot.	Luzerne.	Trèfle.	Colza.
	mètres.	mèt. carr.	mèt. carr.	mèt. carr.	mèt. carr.
1re couche, terre arable . .	0.25	5 584	1 952	3 360	6 080
2 — sous-sol. . . .	0.25	4 928	496	26 080	3 952
3e — —	0.25	3 824	816	14 144	3 360
4e — —	0.25	7 344	656	8 176	4 320
5e — —	0.25	528	1 872	2 200	6 190
6e — —	0.25	»	1 008	»	etc.
Surface totale		22 208		53 960	

Ici la surface développée par les racines dans le sous-sol est bien supérieure à celle qu'elles déploient dans la terre arable proprement dite.

Les poils radicaux ou suçoirs placés à l'extrémité des radicelles et des fibrilles augmentent encore la surface absorbante des racines; et cette surface des poils peut être très supérieure à celle de la radicelle elle-même. Ces parties fines de la racine constituent l'organe essentiel de l'absorption qui s'opère dans le sol. Quand on fume les arbres fruitiers, ce n'est pas au pied même, là où sont les vieilles racines, qu'on doit déposer l'engrais, mais dans un cercle d'autant plus large que l'arbre est plus développé; les matières fertilisantes sont ainsi placées à la portée des parties jeunes des racines, qui se trouvent assez éloignées de la base.

Cheminement des racines dans le sol. — L'état physique du sol et la nature de la plante ne sont pas seuls à influer sur la direction que prennent les racines. C'est un fait bien connu que ces organes se dirigent vers les éléments fertilisants, lorsque ceux-ci, par suite de leur insolubilité, ne peuvent pas eux-mêmes venir les trouver. Sans entrer dans l'explication de cette faculté des racines, nous pouvons dire qu'elle joue un rôle important dans la nutrition végétale; beaucoup d'éléments fertilisants se trouvent dans le sol à l'état de particules insolubles et il faudrait un hasard exceptionnellement favorable pour les mettre en contact avec les racines, si celles-ci n'allaient pas, par une sorte d'intuition, à leur recherche. Darwin compare la racine à un animal fouisseur, à une taupe s'éloignant des obstacles et se dirigeant du côté où elle trouve des aliments. Lorsque les sols sont pauvres et que d'ailleurs leurs propriétés physiques ne s'opposent pas au développement des racines, celles-ci ont une tendance à aller à de plus grandes. profondeurs pour rechercher la nourriture qu'elles ne trouvent pas en quantité suffisante dans les parties supérieures. Ainsi nous voyons fréquemment des plantes ayant une végétation vigoureuse, dans des sols pour ainsi dire dépourvus de matières nutritives, parce que leurs racines ont pu s'enfoncer et chercher plus bas la nourriture que les couches superficielles n'ont pas pu lui donner. Des exemples frappants nous sont offerts par des cultures forestières ou arbustives et par la vigne notamment, dont il n'est pas rare de trouver les racines à 15 et 20 mètres de profondeur et qui peut ainsi, pendant des siècles, maintenir sa fertilité, sans qu'aucune restitution ne soit pratiquée.

Les labours profonds, les défoncements qui ameublissent le sol, permettent aux racines de pénétrer plus loin et par suite de ramener à la surface les matières fertilisantes existant dans les profondeurs du sol. Ce n'est que dans les conditions où les racines trouvent un sous-sol suffisamment perméable et aéré, qu'elles peuvent ainsi développer leur système radiculaire. Dès qu'elles rencontrent des couches imperméables, telles que de l'argile compacte ou des roches dures, leur développement en profondeur s'arrête et se transforme en un développement latéral qui fait que les radicelles s'étalent et foisonnent à la surface de la couche imperméable, comme elles le feraient dans le fond d'un vase. Mais alors aussi elles se trouvent dans des conditions de nutrition moins favorables et ont une tendance à péricliter ; la luzerne, par exemple, disparaît aussitôt que ses racines ont atteint une couche de terre qui arrête son développement, et sa durée est en quelque sorte proportionnelle à la profondeur du sous-sol, plutôt qu'à la qualité de la terre.

Absorption des principes solubles. — Les racines trouvent dans le sol les matières fertilisantes à deux états bien distincts : les unes sont solubles, les autres ne le sont pas. Les principes dissous dans les liquides qui imprègnent le sol baignent les radicelles, et grâce au pouvoir osmotique dont la surface de ces fibrilles est le siège, ils pénètrent dans l'intérieur des végétaux. Ces liquides adhèrent aux particules terreuses en vertu des phénomènes capillaires ; lorsque sur un certain point les racines les ont puisés, l'équilibre ne tarde pas à se rétablir, puisque l'action capillaire attire incessamment de proche en proche l'eau vers les interstices d'où elle a été enlevée. Ce mouvement se propage progressivement autour de chaque racine et il s'étend peu à peu aux parties les plus éloignées, qui sont ainsi tributaires de la plante.

L'évaporation qui se produit dans les feuilles a pour effet de forcer les racines à pomper incessamment les liquides contenus dans le sol et avec eux les éléments fertilisants qu'ils tiennent en dissolution ; mais ce li-

quide ne pénètre pas avec la composition qu'il a originairement.

En effet on sait que les membranes à travers lesquelles
se diffusent diverses matières en dissolution ne laissent
pas passer indifféremment les unes et les autres, mais
qu'elles classent les substances en deux catégories différentes : les unes qui les traversent facilement, les *cris-
talloïdes* ; les autres qui ne les traversent pas ou du moins
qui ne les traversent qu'avec une extrême lenteur, les
colloïdes.

Certaines substances contenues dans les liquides du
sol se trouvent donc dans l'impossibilité de pénétrer par
les cellules membraneuses des racines. Mais outre cette
propriété osmotique, la plante a une sorte de *faculté
élective* ; elle a une avidité spéciale à l'égard de chaque
principe et elle absorbe l'un ou l'autre sans tenir compte
des proportions relatives qui existent dans le sol. C'est
donc un véritable choix qu'elle opère, qui lui permet
de concentrer dans ses tissus les éléments nécessaires à
sa nutrition, en laissant de côté ceux qui lui sont inutiles. On pourrait dire que la plante sait ce dont elle a
besoin et que si tel élément est absorbé par elle, c'est
qu'il lui est nécessaire. Ces notions sont vraies d'une
manière générale ; mais elles présentent des exceptions.
Dans la pratique agricole on peut les adopter sans
crainte de se tromper et on prendra pour règle d'appro-
prier les cultures aux divers sols d'après leurs exigences particulières. Le topinambour, par exemple, qui est
avide de potasse, conviendra aux sols granitiques plus
qu'aux terres calcaires.

Le pouvoir électif des plantes est hors de doute, puisque les cendres de végétaux différents ayant poussé dans
le même terrain, ont des compositions différentes ; les
lois de l'osmose qui règlent l'introduction de ces élé-

ments par les racines n'en sont pas moins vraies, mais les conditions dans lesquelles elles s'exercent en modifient l'application. En effet, lorsqu'un principe fertilisant, tel que la potasse par exemple, a pénétré dans l'intérieur de la plante, un équilibre semblerait devoir s'établir entre les liquides de la racine et les liquides du sol, équilibre qui s'opposerait à l'entrée de nouvelles quantités de potasse. Mais cette potasse ainsi introduite se combine et peut alors être fixée à des états qui ne se prêtent plus au mécanisme des échanges à travers la membrane végétale; elle est en quelque sorte immobilisée et de nouvelles quantités de potasse peuvent pénétrer et subir les mêmes transformations. Mais il est aussi des sels, tels que les nitrates, qui entrent dans le végétal et s'y accumulent en proportions bien supérieures aux besoins.

On peut dire que les proportions dans lesquelles les plantes absorbent les principes fertilisants dépendent en partie des besoins, en partie de l'intensité de l'évaporation et beaucoup aussi de l'immobilisation à l'état insoluble, qui modifie la concentration des liquides des cellules et sollicite ainsi un nouveau mouvement d'osmose. La composition du sol influe également mais dans une proportion moindre sur l'absorption des principes fertilisants. Ainsi certaines plantes absorbent plus de chaux dans un sol riche en calcaire que dans un sol pauvre.

Quant aux matières colloïdales, alors même qu'elles pourraient servir aux besoins des végétaux, elles se trouvent exclues de leur alimentation, par le fait même de leur état physique, qui ne leur permet pas de s'introduire par les racines. C'est seulement lorsque des transformations chimiques les ont amenées à l'état cristalloïde qu'elles peuvent concourir à la nutrition végétale. Dans ce cas se trouvent l'humus et d'une manière plus générale, les matières organiques du sol. L'azote qu'elles renferment ne peut être absorbé par la plante qu'après une transformation qui l'amène à l'état cristalloïde, c'est-à-dire soluble : nitrate ou composé ammoniacal. Nous expliquerons le mécanisme de cette transformation en parlant du sol et des engrais azotés ; mais on peut déjà voir la conclusion pratique qui découle de ce principe, à savoir que la rapidité d'action des engrais azotés d'origine animale ou végétale dépend, en grande partie, de la résistance qu'ils offrent aux agents chimiques ou physiologiques qui tendent à détruire la matière organique.

Absorption des principes insolubles. — Tout ce que nous venons de dire s'applique aux principes qui sont dissous dans les liquides du sol. Il en est d'autres qui se trouvent à un état à peu près insoluble et dont cependant les plantes peuvent tirer parti dans une certaine mesure. Etudions par quel mécanisme les matériaux insolubles pénètrent dans l'organisme végétal pour concourir à la nutrition.

Nous avons vu que les radicelles des plantes s'étendent dans la terre à d'assez grandes distances et que leur développement est extrêmement considérable ; elles sont donc en contact direct avec un très grand nombre de particules du sol, renfermant ces matières fertilisantes. Or, on a constaté que les racines, soit à la faveur de l'acide carbonique qu'elles dégagent par les actions vitales dont elles sont le siège, soit à la faveur des acides organiques qu'elles renferment et qui agissent sur les produits insolubles du sol, à travers la membrane qui joue le rôle d'un véritable dialyseur, peuvent dissoudre et faire pénétrer à l'intérieur du végétal les principes ainsi solubilisés, au contact même des organes radiculaires. Les racines en effet contiennent généralement des acides organiques ou des substances pouvant jouer le rôle d'acide ; en les écrasant sur une feuille de papier de tournesol bleu on voit celui-ci rougir immédiatement. Ce fait d'une action directe des radicelles ou des poils radiculaires sur les principes minéraux insolubles est facile à mettre en évidence ; il suffit de placer au contact des racines d'une plante en pleine végétation des plaques polies formées de minéraux insolubles, tels que phosphate de chaux, marbre, etc., pour voir une corrosion se produire à l'endroit que les racines ont touché. Cette action s'exerce même sur des roches extrêmement dures, comme le feldspath, l'apatite, etc., et peut produire des corrosions profondes ; on voit des racines perforer des blocs de grès.

Les principes fertilisants qui se trouvent à l'état insoluble dans le sol ou ceux qu'on ajoute sous forme d'engrais insolubles, tels que les phosphates minéraux, ne sont donc en réalité absorbés qu'à la condition d'être en contact avec les organes radiculaires. Or cette rencontre s'exerce sur une échelle d'autant plus grande que la division mécanique de ces substances est poussée plus loin ; c'est-à-dire que la surface sous laquelle se présente la matière est plus considérable. La pratique confirme ces déductions théoriques ; les superphosphates ne doivent en réalité l'efficacité plus grande qu'on leur a trouvée dans certaines conditions qu'à l'état de très grande division qu'ils affectent par suite de la précipitation chimique produite dans le sol même. C'est donc une règle qu'il faut adopter d'une manière générale dans l'application des engrais, que de fournir ceux-ci à un très haut degré de division et de les mélanger aussi uniformément que possible avec le sol, afin de multiplier les chances qu'ont les racines de se

mettre en contact direct avec les particules ainsi dissé-
minées.

Pour les phosphates, par exemple, on doit exiger un
certain degré de finesse et ne pas négliger l'essai au
tamis. Toutes choses égales, une marne qui se délite
facilement vaudra mieux qu'une marne qui reste en
grains assez gros. Les granites, les feldspaths, le verre
même, pulvérisés, porphyrisés, cèdent facilement de la
potasse aux végétaux. Nous ne multiplierons pas les
exemples; nous aurons, à propos des engrais spéciaux,
à insister sur ce principe dont l'importance est hors de
doute.

Certains sols semblent abondamment pourvus de
chaux, parce qu'on y trouve en quantité abondante de
gros fragments de roches calcaires, telles que des calcaires lithographiques; si cependant le chaulage y
donne des effets remarquables, cela tient à ce que le
calcaire n'existait pas à l'état de particules fines; mais
seulement à l'état de gros fragments, offrant par suite
une moindre surface. Dans l'analyse des terres il faut
donc tenir compte non seulement de la totalité des
principes fertilisants, mais beaucoup de l'état de désagrégation dans lequel ils se trouvent.

On a cru pendant longtemps que seuls les engrais solubles pouvaient être absorbés par les plantes et on s'est
efforcé de les leur présenter sous cette forme, de là est
née l'industrie des superphosphates. Nous savons aujourd'hui que cette solubilité primitive n'est pas indispensable et que la plante se charge elle-même de dissoudre les principes dont elle a besoin pour sa nourriture, pourvu qu'ils lui soient fournis sous une forme
se prêtant à l'action des racines.

CHAPITRE III

LE SOL

L'agriculteur ne peut pas agir sur l'atmosphère qui échappe à toute amélioration ; c'est sur la terre seule qu'il doit porter ses efforts, en vue d'obtenir des récoltes. L'étude du sol a donc pour lui une importance de premier ordre. Sa constitution physique influe sur les difficultés qu'il éprouve à le travailler, sur la faculté qu'ont les racines des plantes de se mouvoir pour y chercher les principes nutritifs, sur la perméabilité et la propriété de retenir l'eau, etc. Mais sa constitution chimique a une importance encore plus grande. Il y a à peine quarante ans, les agronomes les plus autorisés ne voyaient dans le sol qu'un support des plantes ; ils ne se doutaient pas que la terre devait être considérée comme le magasin d'une partie importante de leurs aliments. Cette lacune dans leurs connaissances mettait une entrave à tout progrès notable. Nous savons aujourd'hui que la richesse de la végétation est corrélative de la richesse du sol en principes fertilisants et que, suivant l'abondance ou la rareté de tel ou tel élément utile, on obtiendra de bons ou de mauvais rendements.

Les études chimiques et expérimentales nous ont

appris que le sol est pour ainsi dire entre les mains du cultivateur. Aussi entrerons-nous dans quelques développements sur ce sujet important pour montrer que l'application et le choix des engrais sont presque entièrement subordonnés à la constitution chimique des terres.

§ I. — LES ROCHES ET LEUR DÉCOMPOSITION.

Formation de la terre végétale. — Les particules qui constituent les terres arables proviennent de l'altération des roches, sous l'influence des causes naturelles qui se sont exercées de tout temps et qui se continuent encore aujourd'hui de la même manière. La principale de ces causes est l'action de l'eau qui, s'infiltrant dans les roches, produit, par des alternatives de congélation et de dégel, une désagrégation des éléments agglomérés; l'eau a en outre une action mécanique directe en tombant à l'état de pluie à leur surface; enfin les débris de roches roulés dans le lit des torrents et des fleuves subissent des chocs et des frottements qui tendent à les diviser et à les réduire en poussière. Les glaciers produisent des effets du même ordre.

Les racines des plantes, en pénétrant dans les interstices des roches, déterminent des déchirures et des effritements; les végétaux inférieurs, lichens, micrococcus, etc. qui vivent à leur surface, exercent une action désagrégeante très marquée.

D'autres causes sont purement chimiques; l'acide carbonique de l'air, aidé de l'eau et quelquefois de l'oxygène, exerce une action énergique; les roches silicatées, qui constituent la totalité des terrains primitifs, sont formées de silice combinée avec la potasse, la soude, la chaux, la magnésie, l'alumine, l'oxyde de fer, etc. L'acide carbonique aérien s'empare des bases et laisse la silice à l'état libre. Le silicate d'alumine résiste plus que les autres à cette action ; mais il s'hydrate et forme un des éléments les plus importants du sol, l'argile. Les bases solubles dans l'eau à la faveur de l'acide carbonique se trouvent éliminées ; le carbonate de chaux est ainsi entraîné et, par suite du départ de l'acide carbonique en excès qui le tenait dissous, il va se déposer dans d'autres lieux ; c'est ainsi que se sont formés les terrains calcaires.

La plupart des roches sont composées d'éléments hétérogènes, se présentant sous la forme de petits cristaux appartenant à des espèces minéralogiques différentes ; tel est par exemple le cas du granit qui est formé de trois minéraux cristallisés distincts : 1° le quartz qui est de la silice pure ; 2° le feldspath qui est un silicate d'alumine et de potasse ; 3° le mica qui est un silicate de magnésie.

Lorsque les actions désagrégeantes s'exercent, le quartz n'est pas attaqué ; il reste à l'état de grains et forme les sables siliceux. Le feldspath et le mica perdent l'état cristallin ; ils deviennent pulvérulents, friables, et forment les argiles.

Les roches constituées par des silicates de chaux, de magnésie et de fer, telles que l'amphibole et le pyroxène, subissent des actions analogues ; le fer qui se trouvait à l'état de protoxyde passe à celui de peroxyde ; la chaux et la magnésie sont transformées en carbonates et la silice reste à l'état libre.

Les schistes, dont la structure est beaucoup plus fine et qui ont une tendance à s'exfolier, subissent facilement les actions qui les amènent à l'état de particules fines.

Les roches calcaires affectent souvent une grande dureté. Pour être propres à former de la terre arable, elles doivent être amenées à l'état de poussières; elles sont désagrégées par les actions mécaniques d'un côté et de l'autre par l'effet de l'eau chargée d'acide carbonique.

Tous ces débris minéraux, isolés ou réunis suivant les circonstances de leur formation, constituent les particules fines qui par leur mélange forment la terre arable. Souvent ces débris sont restés sur les lieux où ils ont pris naissance; mais plus souvent ils ont été entraînés par les eaux, en se divisant suivant l'ordre de leur grosseur; les parties les plus grosses ne sont portées qu'à une faible distance; les plus fines au contraire sont charriées très loin et, déposées par les eaux qui les tiennent en suspension, elles forment des terrains de transport parmi lesquels les alluvions sont les plus importants.

Il arrive souvent que certains cours d'eau charriant les roches désagrégées ne les laissent pas déposer sous forme d'alluvions, mais les maintiennent en suspension et les entraînent à la mer; dans d'autres cas, ces eaux limoneuses couvrant des surfaces de terre y laissent déposer ces particules terreuses et opèrent ainsi un colmatage.

On voit d'après ce qui précède que les terres doivent avoir une composition en rapport avec celle de la roche qui leur a donné naissance; et c'est de cette composition que dépend leur degré de fertilité. Un grand intérêt s'attache donc à la connaissance de la constitution chimique des roches; et on peut diviser un pays en régions agricoles suivant les éléments minéralogiques qui ont formé les terrains.

Nous étudierons tout d'abord les principales roches, ainsi que la nature et les propriétés des sols auxquels leur désagrégation a donné naissance.

Roches primitives. — Nous pouvons réunir sous ce nom un certain nombre de roches éruptives qui, par leur décomposition, produisent des sols offrant de grandes analogies de composition, qui sont caractérisées par l'absence des mêmes principes fertilisants, qui, au point de vue agricole, exigent les mêmes améliorations et qui produisent une végétation spontanée identique.

Parmi ces roches, les plus importantes sont les *granits*, formés essentiellement de feldspath, de quartz et de mica : les *gneiss* qui ne sont en réalité que des granits schisteux dans lesquels le mica prédomine ; les *schistes* et *micaschistes* formés de quartz et de mica ; les *porphyres* qui contiennent du quartz et du feldspath.

Aux divers éléments minéralogiques qui constituent ces roches, viennent s'en joindre d'autres, moins importants comme quantité, mais qui modifient la composition chimique et par suite la nature des terres formées.

Passons en revue la composition des éléments minéralogiques de ces roches et celle des roches elles-mêmes constituées par leur mélange.

La silice est formée uniquement par la combinaison du silicium avec l'oxygène ; elle est anhydre ou hydratée et contient à l'état d'impureté des traces de divers éléments basiques tels que fer, alumine, etc. ; on peut la regarder comme dépourvue entièrement de toutes traces d'éléments fertilisants. C'est donc un produit inerte, qui, dans le sol, ne peut jouer qu'un rôle physique.

Le *feldspath* n'a pas une composition régulière ; il est essentiellement formé de silicate d'alumine et de potasse, avec des quantités variables, mais généralement très faibles, de soude, de magnésie et de chaux. Nous pouvons lui assigner en moyenne la composition centésimale suivante, se rapportant au feldspath orthose :

Silice.	65 p. 100
Alumine.	19 »
Potasse.	11 »
Soude.	1 à 2 »
Chaux.	0 à 1,0 »
Magnésie.	0 à 0,2 »

Il y a en outre un peu d'oxyde de fer et quelquefois du manganèse.

Un autre feldspath portant le nom d'*albite* se distingue du précédent, en ce que la potasse y est remplacée par de la soude.

D'autres, beaucoup plus rares cependant, comme l'oligoclase, la diorite, contiennent le premier de 1 à 5 p. 100 de chaux; la seconde jusqu'à 12 p. 100 de chaux, mais cette dernière ne se rencontre que d'une manière exceptionnelle.

Les *micas* sont essentiellement formés de silicate d'alumine et de magnésie.

Nous n'entrons pas dans de plus grands détails sur la composition chimique de ces éléments minéralogiques. Nous nous bornons à signaler ceux qui entrent pour une forte proportion dans la composition des roches primitives. Ce qui a plus d'intérêt pour nous au point de vue agricole, c'est d'envisager les roches elles-mêmes, mélange de ces différentes espèces.

On doit s'attendre à des différences de composition très grandes, puisque la proportion des minéraux constitutifs varie à l'infini; mais on peut prendre des types correspondant aux cas les plus fréquents.

Les *granits* peuvent se diviser en deux groupes, dont l'un, de beaucoup le plus abondant, est presque entièrement dépourvu de chaux, et l'autre assez rare dans lequel la chaux existe. Dans le premier groupe, il y a ordinairement de grandes quantités de potasse, quelquefois remplacée partiellement par la soude. Nous pouvons assigner les compositions moyennes suivantes aux diverses roches primitives.

	Silice.	Alumine.	Potasse.	Soude.	Chaux.	Magnésie.	Acide phosphorique.
Granit riche en potasse	70.0	17.0	6.0	2.0	0.5	0.5	0.1
Granit riche en soude	70.0	17.0	4.0	4.0	0.5	0.5	0.1
Granit contenant de la chaux	70.0	17.0	6.0	2.0	1.5	1.0	0.2
Gneiss	65.0	22.0	3.5	2.0	0.5	0.5	0.2
Schistes et Mica-schistes.	60.0	30.0	5.0	5.0	»	»	»
	73.0	13.0	6.0	»	0.2	2.5	»
Porphyres	65.0	15.0	5.0	2.0	1.0	1 5	»

Examinons la manière dont ces roches sont décomposées, les produits de leur décomposition et la nature des terres qu'elles forment. Sous l'influence des agents physiques et chimiques qui agissent d'une manière permanente, les roches se trouvent désagrégées; leurs éléments se séparent et subissent des modifications profondes.

Les granits se résolvent en diverses substances : le quartz, dont la dureté est très grande, reste ordinairement sur place à l'état de grains dont les eaux n'entraînent que les particules les plus fines; le feldspath au contraire, sous l'action de l'eau et de l'acide carbonique aérien, s'hydrate et se réduit en éléments d'une extrême ténuité, qui sont facilement enlevés par les eaux et peuvent être charriés au loin. Ces éléments forment l'argile dont le rôle est si important au point de vue de la constitution des terres. Pendant que se fait cette séparation mécanique suivant l'ordre de grosseur, il s'en produit une autre due à des actions chimiques. Certains principes constitutifs de la roche se trouvent dissous par l'eau, qui contient toujours de l'acide carbonique ; c'est ainsi que la chaux qui pouvait originairement exister dans les granits reste en dissolution à l'état de bicarbonate et n'est pas déposée en même temps que les éléments argileux ; ceux-ci se trouvent par suite moins riches en chaux que la roche qui leur a donné naissance.

Mais l'action désagrégeante ne s'exerce pas intégralement sur tous les grains cristallins qui constituent la roche ; un certain nombre résistent et gardent leur composition primitive, tout en se transformant en particules plus ou moins fines, pouvant constituer un sol propre à la végétation. C'est même généralement ce qui arrive, et cet effet correspond à une simple division mécanique de la roche. Nous voyons ainsi, par la désagrégation des roches granitiques, se former des sables granitiques à des degrés de finesse très variés, outre les argiles entraînées au loin et d'autant plus compactes qu'elles sont moins mélangées de parties sableuses.

Au point de vue physique, des différences très grandes existent entre ces deux natures de formation ; leurs aptitudes à retenir l'eau, à se laisser travailler, sont essentiellement différentes, les unes formant des terres légères, perméables, telles que les landes ; les autres des terres fortes, imperméables.

A première vue, on pourrait croire que l'origine de ces

sols, d'aspect si opposé, n'est pas la même, mais en les examinant au point de vue chimique et en étudiant leurs productions végétale et animale, on s'aperçoit qu'ils renferment les mêmes principes, et que les mêmes principes leur manquent.

Les *gneiss*, les *schistes*, les *porphyres* subissent des décompositions analogues et d'autant plus rapides que leur degré d'agrégation est moins grand. Suivant que les grains constituant la roche sont plus ou moins gros, les terres elles-mêmes, qui en sont formées, contiennent des éléments de grosseur variable ; les plus durs comme la silice restent à l'état où ils se trouvaient dans la roche ; les eaux séparent encore les particules formées, en éléments de diverses grosseurs, les plus fins étant entraînés au loin. Mais les parties grossières finissent elles-mêmes par se résoudre en parties plus ténues, lorsque, charriées par l'eau des torrents, elles s'usent par le frottement des unes sur les autres.

Les schistes plus particulièrement donnent des terres très argileuses, très dures et imperméables ; les porphyres euritiques donnent des terres graveleuses, légères, très peu fertiles. Dans certaines roches d'origine ignée, telles que les talcschistes et les micaschistes, on trouve de la magnésie en assez grande abondance.

D'après la composition de ces roches, qui contiennent extrêmement peu de chaux, et à peine des traces d'acide phosphorique, nous devons nous attendre à voir ces deux matières si importantes faire défaut dans les terres qui en proviennent, par suite les fonctions chimiques du sol entravées et la végétation souffrir de ce manque d'aliment. Il en est en effet ainsi dans tous les terrains qui ont pour origine les roches primitives ; la chaux et l'acide phosphorique manquent ; de là résulte la pauvreté des régions où ces sols dominent. En France de vastes étendues sont de formation granitique ; plus de 1/5 de la surface de notre pays (10 000 000 d'hectares) est occupé par cette nature de terrains. La Bretagne et une partie de la Vendée, le Plateau central, qu'on appelle la Tête Chauve de la France, le Morvan, une partie du Beaujolais, des Vosges, des Pyrénées et des Alpes sont constitués par les terrains granitiques.

Quand on apporte à ces sols la chaux et l'acide phosphorique qui leur manquent, on les transforme d'une manière complète ; de stériles, ils deviennent productifs ; leur flore se modifie ; de belles récoltes se développent là où l'on ne voyait auparavant qu'une maigre végétation. L'application des éléments calcaires et phosphatés est certainement une des plus belles conquêtes agricoles qui soit due à l'intervention de la science.

Par contre, ces terres sont abondamment pourvues de potasse et il est généralement inutile de leur apporter des fumures potassiques.

La caractéristique de tous ces terrains est donc l'abondance de la potasse, l'absence de la chaux et de l'acide phosphorique. Ces indications suffisent pour montrer à l'agriculteur de ces régions quels sont les engrais auxquels il devra recourir de préférence.

Sables. — Ainsi que nous l'avons vu, les roches primitives se décomposent : 1° en parties sableuses constituées principalement par du quartz mélangé des parcelles de la roche qui offrent le plus de résistance aux agents de la désagrégation ; 2° en argile constituée par des éléments d'une extrême ténuité que les eaux emportent au loin, pour les déposer dans des conditions déterminées. Cette séparation des deux éléments constitutifs des terrains primitifs donne naissance à des terres dont les propriétés physiques sont éminemment différentes, mais dont les propriétés chimiques sont sensiblement les mêmes. Les sables restent sur place ou du moins ne sont emportés qu'à une faible distance; ils constituent des terres légères, sèches, chaudes et extrêmement perméables auxquelles, comme nous l'avons dit, la chaux et l'acide phosphorique font presque entièrement défaut. Aussi ces terres, quand elles ne sont pas mélangées à d'autres éléments minéralogiques, ne produisent-elles qu'une chétive végétation. Les fougères, les bruyères, l'ajonc et les genêts s'y développent. Lorsqu'on brûle ces végétaux sur place, on peut obtenir de maigres récoltes de seigle, de sarrasin, de pommes de terre et de topinambours; les terrains non amendés sont utilisés à la production du bois : chêne, hêtre et chataignier.

Nous rencontrons souvent ces sables granitiques en mélange dans les sols, dont ils augmentent l'ameublissement et auxquels ils apportent généralement les éléments potassiques. Cependant tous les sables d'origine granitique ne sont pas riches en potasse; quand le granit est très siliceux, il ne laisse sur place, après lavage par les eaux, que des grains de quartz presque pur.

Argiles. — Les argiles provenant de la décomposition des roches silicatées, opérée sous l'influence des agents atmosphériques, se présentent sous la forme d'une roche excessivement tendre, ayant des propriétés physiques particulières. Quand la roche primitive se décompose, les carbonates alcalins ou alcalino-terreux dissous à la faveur de l'acide carbonique sont emportés au loin par les eaux, ainsi qu'une certaine quantité de silice qui se trouve être soluble. Le résidu de cette décomposition est le silicate d'alumine plus ou moins mélangé d'oxyde de fer; il s'hydrate en se combinant à l'eau, gagnant ainsi de nouvelles propriétés; on lui donne alors le nom d'argile. L'argile peut former avec l'eau une pâte plus ou moins liante qui, en se desséchant, prend de la dureté, se contracte et se fendille ; elle est avide d'eau et happe à la langue. Lorsqu'elle est pure, elle est blanche (kaolin), mais ordinairement elle se présente diversement colorée par l'oxyde de fer. Elle est plus ou moins mélangée de parties sableuses qui diminuent ses propriétés agglutinatives. Plus elle est pure, moins sa perméabilité est grande ; et dans cet état, elle forme des sols que l'eau ne pénètre pas et qui ordinairement sont ou impropres à la culture, ou totalement marécageux.

Les argiles proprement dites forment donc des terres trop compactes pour être travaillées ; trop humides, si elle ne sont pas drainées ; leur destination naturelle, c'est la production de l'herbe ; mais les prés mal assainis ne donnent que de mauvais fourrages ; les légumineuses refusent d'y végéter et les graminées sont bientôt envahies par les joncs, les carex, etc. Ce n'est que lorsque l'argile se trouve mélangée aux autres éléments du sol qu'elle peut jouer un rôle utile. Ainsi les terres très légères acquièrent à son contact plus de cohérence ; elles deviennent aptes à absorber les matières fertilisantes ; elles prennent un pouvoir hygroscopique dont elles étaient dépourvues.

L'argile est essentiellement formée de silicate d'alumine hydraté ; mais elle contient presque toujours de la potasse dans la proportion de 3 à 4 p. 100 environ. Les sols qui contiennent une certaine quantité d'argile sont donc ordinairement riches en potasse.

Souvent l'argile se dépose exempte de tout mélange ; mais le plus souvent par la facilité avec laquelle elle se met en suspension dans l'eau, elle va se mêler à d'autres éléments. Aussi la trouve-t-on répandue dans un grand nombre de sols.

Ainsi qu'on pouvait le prévoir d'après son origine, l'argile manque de chaux et d'acide phosphorique, les terrains qui en sont formés profiteront donc des engrais calcaires et phosphatés.

Lorsque la disposition des lieux s'y prête, de pareils sols se recouvrent d'eau et les végétations qui s'y développent laissent un résidu de matières organiques, se décomposant dans des conditions spéciales en dehors de l'action de l'oxygène et formant alors des tourbières en s'accumulant par couches successives. Le même fait peut se produire dans des sols sableux, quand l'argile forme dans le sous-sol une couche imperméable qui retient l'eau.

Roches volcaniques. — Les principales roches qui constituent cet étage géologique, bien moins important comme étendue que le précédent, sont les suivantes : les *basaltes*, les *trachytes* et les *laves*. Ces produits d'origine ignée, comme les roches primitives, diffèrent de ceux-ci non seulement par leur texture et leurs propriétés physiques, mais encore par la présence d'éléments fertilisants qui font presque entièrement défaut dans les premiers. Ces roches sont formées également de silicates ; mais là encore, comme dans les roches primitives, la composition varie, suivant la provenance, dans des limites très grandes. Leur teneur en silice est généralement moins élevée, elles sont par suite plus basiques et offrent une résistance moindre aux agents de désagrégation.

Les *basaltes* contiennent ordinairement :

40 à 50	p. 100	de silice.
10 à 20	—	d'oxyde de fer.
10 à 25	—	d'alumine.
10 à 12	—	de chaux.
6 à 10	—	de magnésie.
1 à 3	—	de potasse.
1 à 2	—	de soude.

Ils renferment en outre constamment des quantités d'acide phosphorique très sensibles, voisines de 0,5 à 1 p. 100.

Nous voyons donc dans ces roches apparaître la chaux et l'acide phosphorique, qui ont une si grande influence sur la fertilité des terres. Nous y voyons également de la potasse, quoiqu'en moindre quantité que dans les roches primitives. A en juger par cette composition, nous pouvons prévoir que les terres formées par la désagrégation des basaltes ont une fertilité bien supérieure à celles qui dérivent des granits.

Les *trachytes* ne s'éloignent que peu des basaltes, comme composition chimique; là encore nous trouvons une roche contenant moins de silice, des quantités notables de chaux et des phosphates. On peut admettre comme moyenne de composition des trachytes :

55 à 60 p. 100		de silice.
5 à 10	—	d'oxyde de fer.
15 à 20	—	d'alumine.
5 à 10	—	de chaux.
1 à 2	—	de magnésie.
3 à 5	—	de potasse.
0.5	—	d'acide phosphorique.

Les terres formées par des trachytes ne diffèrent donc pas sensiblement, comme composition, de celles qui dérivent des basaltes; elles sont cependant moins riches en chaux.

Quant aux *laves*, elles se rapprochent également des deux roches précédentes. Elles contiennent en moyenne :

50 à 60 p. 100		de silice.
10 à 15	—	d'oxyde de fer.
15 à 20	—	d'alumine.
5 à 10	—	de chaux.
2 à 5	—	de magnésie.
3 à 6	—	de potasse.

et des quantités d'acide phosphorique voisines de 1 p. 100.
Les laves sont en général plus riches en acide phosphorique que les autres roches volcaniques.

Ces roches se réduisent facilement en éléments fins, formant des terres arables d'une très grande richesse et aptes à la production de toutes les récoltes.

Les terrains volcaniques ne couvrent en France que des surfaces très restreintes (520 000 hectares), caractérisées par le bien-être des populations qui les exploitent et les belles races animales qui s'y développent.

Grès. — Les grès sont formés par l'agglomération, au moyen d'un ciment, de grains de quartz plus ou moins gros ; ils sont le résultat de dépôts de sable formés au sein des eaux et dont les grains ont été réunis par des substances agglutinantes, qui d'ailleurs n'existent qu'en très faible proportion ; les grès peuvent donc être considérés comme constitués presque exclusivement de grains de quartz pur avec des traces seulement de substances étrangères. Celles qui doivent nous intéresser plus spécialement au point de vue de la fertilité sont à peu près totalement absentes. La chaux dépasse rarement la proportion de 0,02 p. 100 ; l'acide phosphorique et la potasse ne sont pas en quantité supérieure. On peut donc dire que ces roches sont dépourvues des principes fertilisants les plus importants. Aussi les terrains qu'ils forment, par la séparation des grains quartzeux qui les constituent, sont-ils excessivement pauvres. Ils ne doivent guère être regardés que comme un support de la végétation. Ce sont des sables arides qui nécessiteraient des apports ruineux de tous les éléments fertilisants ; ils ne sont pas susceptibles d'être soumis à la culture intensive et leur destination naturelle est la production des arbres (pin sylvestre, épicéa, sapin argenté), dont les racines peuvent aller au loin chercher leur nourriture. Ce n'est qu'au voisinage des lieux habités, où les fumiers sont abondants, que ces sols peuvent être utilement cultivés.

Mais leur grande perméabilité permet de les irriguer et de mettre ainsi à la disposition des plantes les matières utiles contenues dans l'eau. On a pu établir de cette manière de bons pâturages, principalement dans les Vosges. La terre dans ce cas est, comme nous l'avons dit, un simple support et les masses énormes d'eau que, dans certaines conditions, on peut y déverser, tiennent lieu d'engrais.

Pour donner la fertilité à ces terres, il faut surtout leur apporter la chaux, l'acide phosphorique et la potasse. Les cendres lessivées sont fréquemment employées à cet effet et donnent de bons résultats.

Les grès se trouvent répartis dans tous les étages géologiques. Les principaux sont les *grès des Vosges*, agglutinés par de l'oxyde de fer; les *grès bigarrés*, formés de grains de quartz diversement colorés, réunis par un ciment tantôt argileux, tantôt siliceux et ferrugineux; les *grès verts*, qui sont plus ou moins ferrugineux et contiennent parfois de l'argile en quantité suffisante pour leur donner un certain degré de fertilité. La *molasse* est un grès contenant un peu de chaux et d'argile.

A côté des grès viennent se placer d'autres roches sédimentaires provenant de l'agglomération d'éléments plus grossiers et qu'on désigne sous le nom de conglomérats, poudingues, etc.

Roches calcaires. — Les roches calcaires, comme leur nom l'indique, sont essentiellement formées de carbonate de chaux; elles sont le résultat du dépôt, produit au sein de l'eau, du carbonate maintenu en dissolution par l'acide carbonique. Il y avait, suppose-t-on, à l'origine une sorte de mer intérieure, emprisonnée par les collines granitiques; et c'est dans cette mer, que se sont déposées les couches calcaires qui peu à peu ont émergé et ont formé en se décomposant des couches arables riches en chaux.

Les roches calcaires sont de natures très diverses; les unes sont très dures et ne se désagrègent sous l'action des agents physiques et chimiques qu'avec une lenteur extrême; tels sont les *marbres* et les *calcaires métamorphiques*, les calcaires *compacts*; d'autres au contraire sont moins durs, tels sont les *calcaires jurassiques*, qui constituent des massifs montagneux considérables et les *calcaires oolithiques*. Enfin dans la formation crétacée, nous trouvons des calcaires friables et facilement attaquables qui constituent la *craie*.

Les roches calcaires sont formées par du carbonate de chaux dans des proportions variant de 80 à 90 p. 100 et sont ordinairement accompagnées d'un peu de carbonate de magnésie, d'oxyde de fer, d'alumine; elles contiennent en général des quantités appréciables d'acide phosphorique et peu de potasse; c'est là leur caractéristique générale. Cependant il arrive quelquefois que les roches calcaires sont riches en potasse et pauvres en acide phosphorique : tels sont des calcaires tertiaires de la Touraine et des calcaires de la Beauce, cités par MM. Risler et Colomb-Pradel, dans lesquels on trouve jusqu'à 0,5 p. 100 et au delà de potasse, avec des quantités d'acide phosphorique ne dépassant pas sensiblement 0,01. Ce sont là des exceptions dignes de remarque, qui montrent qu'on ne doit pas trop généraliser dans l'étude de la richesse du sol comparée à sa constitution géologique.

Voici les résultats de l'analyse, rapportée à 100, de quelques-unes des roches calcaires les plus répandues.

	Calcaire de l'oolithe.		Calcaire jurassique.	Craie.	Calcaire métamorphique.
	Moyenne.	Supérieure			
Carbonate de chaux..	88.00	93.00	79.60	94.20	98.60
» de magnésie.	1.40	0.30	1.40	0.85	traces
Alumine.	1.20	1.20	3.00	} 0.14	
Oxyde de fer. . . .	3.00	1.20	0.50		
Potasse.	0.02	0.01	0.05	0.03	»
Acide phosphorique .	0.80	0.85	0.95	0.04	0.46

Les terres qui dérivent de semblables roches, attaquées par les eaux, par les végétaux et par les agents atmosphériques, manquent ordinairement de potasse. A l'état naturel, elles sont presque stériles et la fertilité ne s'y établit que lorsque l'argile et le sable s'y mêlent en proportion convenable, ou bien lorsque le voisinage des villes ou villages permet d'y apporter la potasse et les matières organiques.

Nous trouvons un exemple des sols calcaires purs dans la région jurassique de l'Aveyron qu'on appelle les *Causses*, vastes plateaux déserts, arides et pierreux, où des troupeaux de moutons trouvent péniblement leur nourriture; dans les Charentes où la vigne autrefois donnait de bonnes récoltes; dans le Jura où, suivant l'altitude, on trouve la région des forêts et celle des pâturages avec fruitières, et surtout dans la partie de la Champagne dite pouilleuse (terrain crétacé). Dans ces terres crayeuses, les engrais organiques ont une rapidité d'action très grande, à cause de la nitrification intense dont elles sont le siège; la potasse apportée souvent sous forme de cendres, produit aussi des effets remarquables. Lorsqu'on dispose d'engrais organiques on peut obtenir, comme l'a démontré M. Tisserand au camp de Châlons, des résultats très beaux ; sinon on est obligé de suivre le système semi-pastoral ou le système forestier.

Nous devons signaler une roche calcaire particulière qu'on appelle la *dolomie ;* c'est un carbonate double de chaux et de magnésie qui, partout où il afflue, donne des sols stériles et incultes.

Il ressort des indications sommaires que nous venons d'exposer, que les différentes roches, en se décomposant, donnent naissance à trois éléments bien distincts :

1° Le sable qui est formé dans certains cas de quartz ou de silice pure ; dans d'autres cas de silicates peu attaquables sur lesquels les actions désagrégeantes s'exercent difficilement. Le sable est à des degrés de finesse très différents, mais il donne toujours des terres sèches, perméables où les engrais se consomment très rapidement et qui, abandonnées à elles-mêmes sont à peu près stériles.

2° L'argile qui est le résultat de la décomposition des roches feldspathiques et qui se présente sous la forme de particules d'une ténuité extrême, capables de s'agglomérer pour former des masses plastiques douées d'une grande cohésion. Les argiles pures constituent des terres froides, imperméables, très difficiles à travailler ; riches en potasse mais presque totalement dépourvues de chaux et d'acide phosphorique.

3° Le calcaire qui apporte la chaux et généralement l'acide phosphorique et qui modifie la constitution physique des terres et les phénomènes chimiques qui s'y passent.

§ II. — Composition chimique et propriétés de la terre arable.

Terre arable. — Ce n'est que dans des conditions spéciales que les sols sont constitués exclusivement par l'un ou l'autre des trois éléments dont nous avons signalé le mode de formation, sable, argile, calcaire, et l'on peut dire que partout où ils se trouvent à l'état isolé, ils ne donnent que des terres presque dépourvues de fertilité. Ce qui constitue la terre végétale proprement dite est le résultat du mélange de ces divers éléments, dont chacun apporte son pouvoir fertilisant propre, tout en perdant, par le contact avec les autres, ses propriétés physiques désavantageuses, c'est-à-dire que les qualités individuelles de ces différentes terres persistent, tandis que leurs défauts individuels disparaissent. Un sol ne peut être regardé comme complet qu'à la condition de renfermer une certaine proportion de ces trois principes constitutifs. Quelquefois la main de l'homme peut, dans une certaine mesure, opérer ces mélanges ; mais ordinairement cette modification du sol entraîne à des dépenses trop élevées. C'est seulement dans le cas où l'élément qui fait défaut dans le sol se trouve à une petite distance, ou existe dans le sous-sol d'où le défoncement peut le ramener à la surface, qu'il peut y avoir un avantage économique à modifier ainsi la constitution de la terre ; mais en général la nature a opéré elle-même ces mélanges, en déposant dans les mêmes lieux, soit simultanément, soit successivement, dans le fond des mers géologiques, les matériaux qui forment la terre arable.

Ainsi dans les mêmes eaux, nous pouvons rencontrer en dissolution le bicarbonate de chaux enlevé aux roches calcaires, et en suspension les limons formés d'argile et de sable fin; la précipitation de ces matières charriées ensemble peut se faire sur un même fond. D'ailleurs les cours d'eau qui entraînent avec eux les éléments des roches que chacun d'eux a traversées mêlent leurs eaux et forment ainsi des dépôts complexes qui plus tard, mis à sec, ont constitué des sols complets.

Nous ne nous arrêterons pas plus longtemps aux phénomènes géologiques qui ont opéré le mélange des divers débris de roches; nous ne suivrons pas leur succession dans les différents étages; ce serait sortir du cadre de cet ouvrage que d'insister davantage sur cette question.

Ce qui précède suffit pour nous rendre compte, d'une manière générale, de la composition chimique et de la constitution physique des terres et pour nous mettre sur la voie des améliorations qu'il convient d'y apporter, d'après leur origine. Aussi est-il très utile de consulter les cartes géologiques qui, en indiquant les roches dominantes, nous fixent sur la valeur agricole des terrains qui en dérivent. M. Risler a montré tout le parti qu'on pouvait tirer pour la pratique agricole des connaissances de la géologie.

Un examen sommaire des terres peut aussi donner d'utiles renseignements; si, par exemple, par le délayage dans l'eau, nous constatons la présence de notables quantités d'argile mise en suspension, nous pouvons dire d'un côté que ces terres sont suffisamment compactes, de l'autre qu'elles ne manquent pas de potasse; si nous constatons qu'elles font fortement effervescence avec un acide, nous sommes sûrs d'y avoir une quantité suffisante de chaux et généralement aussi d'acide phosphorique.

Mais l'analyse chimique faite dans le laboratoire peut mieux déterminer les éléments qui font défaut dans un sol; il est toujours utile d'y recourir. Cependant dans notre pensée, il ne faut pas attribuer à l'analyse des terres une importance exagérée. Nos moyens d'investigation sont encore bien imparfaits, surtout en ce sens que nous ne pouvons pas distinguer au laboratoire les proportions des matières fertilisantes dosées qui se trouvent susceptibles d'être assimilées par les plantes.

La plupart des auteurs qui s'adressent aux cultivateurs décrivent dans leurs ouvrages les procédés d'analyse des terres, en laissant supposer que ces déterminations sont à la portée des praticiens. Nous nous garderons de suivre cet exemple; car à notre avis, l'analyse des terres est une opération des plus délicates et n'est abordable qu'aux chimistes de profession.

A défaut de l'analyse chimique, l'observation bien conduite peut fixer l'agriculteur sur la nature de son sol et sur la convenance des fumures qu'il faut lui donner. Ainsi l'examen des plantes qui croissent spontanément sur les terrains montre dans une certaine mesure quelle est la nature de celui-ci :

La digitale pourprée, l'arnica des montagnes, le sureau à grappes, le châtaignier et le framboisier, caractérisent les roches granitiques.

L'orobanche rouge est plus spéciale aux régions basaltiques.

Les légumineuses poussent de préférence dans les sols calcaires qui sont assez bien spécifiés par l'abondance des sainfoins, des trèfles, de la minette, du mélampyre, des fléoles, de l'anémone pulsatile, de l'arête-bœuf; tandis que la matricaire, l'oseille, la bruyère, l'ajonc, la fougère, les houlques, annoncent des sols qui sont dépourvus de chaux.

D'autres plantes telles que le tussilage ou pas d'âne, l'hièble, la potentille ansérine se rencontrent dans les argiles; la chicorée sauvage, l'inule, dans les terres qui ont un sous-sol argileux.

Les terrains tourbeux contiennent, à côté des carex et des sphaignes, la pédiculaire, le jonc et la linaigrette qu'on reconnaît à son duvet cotonneux.

Les sables se recouvrent de spergules et de pensées sauvages, de houlque laineuse, d'élyme et de roseau des sables; le chiendent et l'avoine à chapelet se plaisent sur de tels sols.

Ces indications n'ont pas une valeur absolue; mais elles peuvent cependant donner des renseignements utiles, lorsqu'elles se présentent avec un caractère de généralité.

Un procédé plus sûr, qui demande d'ailleurs un temps très long, est l'expérimentation directe par des essais de culture et de fumure. Cette expérimentation doit toujours être faite, ne fût-ce que sur une petite échelle, par les agriculteurs soucieux de leurs intérêts; elle consiste à essayer dans le sol la production de diverses plantes et à rechercher quelles sont celles qui prospèrent; c'est à ces dernières qu'il faut donner la préférence dans la culture. Ordinairement la pratique agricole a fait l'élimination des végétaux dont la culture n'est pas avantageuse.

Pour être fixé sur les engrais qu'il convient d'apporter au sol, suivant les diverses récoltes qu'on a en vue, il faut essayer sur une petite surface les différentes matières fertilisantes. Si l'une ou l'autre des matières fertilisantes employées ne produit aucun résultat sur la végétation, on peut en conclure que son application est inutile. Celles qui, isolées ou associées, auront augmenté la production végétale, doivent être regardées comme n'existant pas en quantité suffisante dans le sol pour la production de récoltes abondantes. Il y aura lieu en parlant des engrais de développer ces considérations.

Origine de l'humus du sol. — Dans ce qui précède, en étudiant la formation des terres par la désagrégation des roches, nous n'avons pas eu à parler du quatrième élément constitutif de la terre végétale, l'humus. Celui-ci en effet a une autre origine ; nous devons montrer comment il a pu se produire. Sur les terres primitivement constituées par la désagrégation des roches et uniquement formées de matières minérales, la végétation ne tarde pas à se développer et des générations successives de plantes y laissent, sous forme de matières organiques, une partie du carbone qu'elles avaient soutiré à l'atmosphère ; c'est là l'origine de la matière humique dont le rôle est si important au point de vue de la qualité de la terre arable. Suivant que ces résidus de la terre végétale ont trouvé dans le sol des conditions plus ou moins favorables à leur conservation, l'accumulation de matières organiques est plus ou moins grande.

L'humus ou matière brune, dont la présence caractérise la terre végétale et dont la proportion influe dans une mesure considérable sur la fertilité, est le résultat de la décomposition et de la pourriture de corps organiques et spécialement de résidus végétaux, sous l'influence des agents chimiques et plus encore sous celle d'organismes microscopiques ; ces débris de la vie se trouvent dans un état de transformation et de modification permanent, depuis le moment où ils sont apportés à la terre, jusqu'à celui où ils en sont éliminés. Les diverses formes que revêt la matière organique du sol donnent naissance à un certain nombre de substances carbonées dont les unes sont neutres, les autres acides et qui n'ont pas encore pu être isolées à l'état d'espèces chimiques définies ; on les rencontre toujours mélangées les unes avec les autres et leur séparation est impossible. Tous ces corps contiennent du carbone, de l'hydrogène, de l'oxygène et des quantités variables d'azote, qui y est intimement combiné et qui ne peut pas leur être enlevé à froid par l'action des alcalis ou des acides. Ces substances se présentent sous l'aspect de matières brunes ou noires, incristallisables.

Les corps humiques se trouvent ordinairement dans le sol à l'état de combinaison avec les bases telles que la chaux, la magnésie, la potasse, la soude, l'oxyde de fer et l'alumine, combinaisons qui ont un pouvoir colorant très grand et auxquelles le sol arable doit en grande partie sa couleur plus ou moins foncée.

Divers chimistes ont reproduit artificiellement des corps analogues par la décomposition de substances organiques comme les sucres, la cellulose, etc. Suivant qu'on opère cette décomposition en présence ou en l'absence d'oxygène, la nature du corps obtenu est différente. On a donné le nom de *corps ulmiques* à ceux qui se forment en présence de l'oxygène, et de *corps humiques*, à ceux qui se produisent au sein de l'eau, dans laquelle l'oxygène n'a pas un accès suffisant. Cette classification n'a pas beaucoup sa raison d'être, puisque les propriétés des sols qui contiennent l'un ou l'autre de ces deux corps ne diffèrent pas sensiblement. Nous continuerons donc à employer le terme général de matières humiques ou de corps bruns pour désigner les diverses formes que la matière organique peut revêtir dans le sol. Une partie de ces corps bruns se dissout dans les alcalis ; une autre partie y est insoluble, mais l'état de transformation perpétuelle dans lequel ils se trouvent les rend incessamment solubles. Les résultats ultimes de leur décomposition sont l'acide carbonique et l'eau.

Au point de vue chimique, le rôle de l'humus est des plus importants; l'azote qu'il renferme se transforme graduellement en ammoniaque et surtout en nitrate pouvant être utilisés par les plantes. Par sa combustion lente, il donne naissance à de l'acide carbonique qui peut servir d'aliment aux végétaux, et qui a le rôle plus important d'agir sur les éléments du sol dont il facilite la transformation et la solubilisation. De plus il forme, suivant M. Grandeau, des combinaisons avec divers principes fertilisants, comme l'acide phosphorique, la potasse, etc., qu'il peut offrir aux plantes à un état plus assimilable. M. Risler a montré depuis longtemps que l'humus a une action dissolvante vis-à-vis des feldspaths et des phosphates.

L'humus a une propriété précieuse qu'il communique au sol, c'est de pouvoir retenir, en vertu d'une faculté absorbante qui lui est propre, quelques-uns des éléments fertilisants les plus utiles, tels que l'ammoniaque, la potasse, etc.; il empêche ainsi ces principes d'être enlevés par les eaux et perdus pour la végétation. Ce sont surtout les bases sur lesquelles il exerce cette action si favorable.

Pendant longtemps on avait cru que l'humus possédait un pouvoir absorbant pour les gaz; les expériences de M. Schlœsing ont prouvé qu'il n'en est rien et que ce corps n'a pas de propriétés analogues à celles d'autres corps poreux, comme le noir animal.

Les qualités physiques qu'il communique à la terre sont plus importantes peut-être que ses propriétés chimiques; c'est principalement à l'humus que la terre végétale doit cet ameublissement qui est si favorable au développement des plantes. Son apport dans un sol qui

en manque modifie complètement la nature de celui-ci
et la modifie toujours dans un sens favorable, quelle
que soit la terre sur laquelle on opère; c'est ainsi qu'il
donne du corps aux terres trop légères et qu'il ameublit
les terres trop fortes.

Par la coloration qu'il communique au sol, il rend
celui-ci plus apte à absorber les radiations calorifiques
du soleil, ce qui est une propriété utile, surtout dans les
climats tempérés.

Le terreau est donc un élément précieux, indispensable même pour la fertilité des sols; il faut se garder de
le laisser disparaître, ce qui peut arriver par l'emploi
exclusif des engrais chimiques. Un sol qui ne recevrait
pour fumure que des éléments minéraux, sans adjonction de matières organiques, telles que fumiers, engrais
verts, etc., ne tarderait pas à perdre ses qualités.

M. Grandeau attribue à la matière humique un autre
rôle, qui consiste à former avec les éléments minéraux de véritables combinaisons et à les offrir ainsi aux
racines des plantes, sous une forme dont celles-ci
peuvent s'emparer. Ce fait se constate si on dissout dans
l'ammoniaque les éléments noirs du sol, ceux-ci entraînent en dissolution des substances insolubles dans
l'eau, des phosphates par exemple. En dialysant une
pareille solution, les phosphates se séparent de leur combinaison avec la matière organique. Si au dialyseur on
substitue, par la pensée, les racines des plantes qui sont
de véritables dialyseurs, un effet analogue doit se produire. Le phosphate séparé de sa combinaison avec la
matière humique entrera dans l'organisme végétal.

Mais dans les terres où l'humus existe en combinaison avec la chaux, à l'état insoluble, cette action ne
semble pas devoir se produire.

Matières fertilisantes contenues dans le sol.

— **Analyse chimique**. — Le sol est le réservoir naturel des matières fertilisantes nécessaires aux plantes, mais il les contient dans les proportions les plus variables : un sol est fertile quand il en renferme une forte quantité ; il est stérile quand il en est dépourvu ; quelquefois c'est un seul des éléments qui manque, et dans ce cas la stérilité n'est pas moindre, puisque la plante ne saurait se passer d'aucun d'entre eux ; quand l'un ou l'autre fait défaut, on ne peut obtenir de récoltes qu'à la condition de l'ajouter sous la forme d'engrais ou d'amendement. Lorsqu'il n'existe qu'en petite proportion, les récoltes successives qui en enlèvent chaque année une partie, finissent par épuiser la terre et, pour que celle-ci garde sa fertilité, il est indispensable de restituer ce qui a été exporté.

L'étude du stock de matières fertilisantes est de la plus haute importance pratique. L'analyse chimique du sol nous fixe sur les proportions de chacun des éléments qui y sont contenus, mais nous devons dire ici qu'elle est impuissante à déterminer leur degré d'assimilabilité. En effet ces éléments se trouvent à des états différents et la plante ne peut pas dans la même mesure tirer parti des diverses formes sous lesquelles ils se présentent.

D'un autre côté, les chimistes ne sont pas d'accord sur les méthodes qu'il convient d'employer pour l'analyse des sols ; ils trouvent donc souvent des résultats divergents ; aussi les chiffres qu'ils donnent doivent-ils être interprétés avec beaucoup de prudence et sans qu'on y attache une valeur trop absolue. De grands progrès sont certainement encore à réaliser dans l'étude chimique de la terre végétale ; il est à désirer que cette étude soit poursuivie activement ; mais déjà l'utilité de l'analyse des terres est universellement reconnue et des faits généraux ressortent de cet examen chimique. Ainsi, on peut affirmer sans risquer de se tromper que, lorsqu'une terre contient tel élément : l'azote, l'acide phosphorique, la potasse, en fortes proportions, il est inutile d'ajouter des engrais qui renferment ces substances; et au contraire, quand elle en contient de très faibles quantités, on n'obtiendra de bonnes récoltes qu'à la condition de les lui fournir sous forme de fumures. Nous parlerons successivement de ces divers principes.

Azote. — L'azote se présente dans le sol sous trois formes bien distinctes :

1º L'azote nitrique;

2º L'azote ammoniacal;

3º L'azote organique.

Les deux premières formes sont essentiellement et immédiatement utilisables par les plantes; quant à la troisième, elle ne le devient qu'après s'être transformée dans l'une ou l'autre des deux premières. Le stock d'azote organique contenu dans une terre n'est donc à regarder comme utile qu'à la condition de pouvoir subir des transformations qui le ramènent à l'état d'ammoniaque ou de nitrate. Quand un sol est apte à nitrifier, comme dans la grande généralité des cas, cet azote organique doit donc entrer en ligne de compte en tant qu'élément de fertilité; mais si ces conditions ne sont pas remplies, ce qui arrive souvent dans les terres granitiques et dans les terres de défrichement en général, il peut se faire que le sol renferme de grandes quantités d'azote organique dont la plante ne peut tirer aucun parti. Cet azote n'aura de valeur que si l'on modifie la terre de manière à provoquer sa transformation. La Bretagne nous fournit un exemple frappant de ce fait; il y existe d'immenses étendues de terrains excessivement riches en azote organique, mais dans lesquels les plantes ne sauraient puiser cet aliment. Si nous modifions ces sols par l'apport d'amendements calcaires, nous voyons aussitôt des phénomènes chimiques nouveaux s'y produire; la nitrification s'y installe et l'azote qui était immobilisé à l'état de matière organique devient rapidement utilisable. Le stock d'azote dans une terre n'est donc à prendre en considération que s'il est apte à subir les transformations indispensables à son assimilation par les plantes.

Mais même dans un sol où la décomposition de la matière azotée se produit normalement, la nature même de cette matière azotée active ou ralentit cette transformation. Ainsi les éléments du fumier de ferme bien fait nitrifient plus facilement que ceux de la corne, de la laine ou d'autres engrais analogues et plus facilement aussi que l'azote organique qui existe dans le sol.

On voit par là que diverses considérations doivent intervenir dans l'interprétation de la valeur des quantités de matières azotées contenues dans la terre. Ce n'est donc pas seulement le stock d'azote qu'il faut déterminer, mais encore et surtout son aptitude à la transformation. L'azote organique, dit M. Risler, est de l'azote immeuble; l'azote nitrique ou ammoniacal est de l'azote meuble.

La teneur des sols en azote est des plus variables; si nous considérons la terre végétale proprement dite, dans laquelle les diverses fonctions de transformation s'exécutent normalement, nous y trouverons, en nous rapportant aux récentes recherches de MM. Risler et Colomb-Pradel, une moyenne d'environ 1 gramme d'azote par kilog. de terre fine. Mais cette proportion descend souvent jusqu'à $0^{gr},1$, comme dans des sables des landes de Gascogne; elle s'élève au contraire à 2 grammes et au delà dans des terres de prairies et de potagers et peut

atteindre dans les sols tourbeux un chiffre de plus de
10 grammes.

Une faible partie de cet azote seulement se trouve à
l'état de nitrate où de composés ammoniacaux. En général, ce n'est pas à plus de 2 à 3 p. 100 de l'azote total que
s'élève dans la terre le taux de cet azote plus assimilable.
La proportion d'azote organique qui nitrifie dans le
courant d'une année dépend de conditions multiples.
M. Schlœsing estime que la nitrification est assez active
quand 2 1/2 p. 100 de l'azote total se transforment en
nitrate. Avec une moyenne de 1 millième d'azote, il
y aurait donc, par an, dans les couches superficielles
d'un hectare, en ne considérant qu'une épaisseur de terre
de $0^m,30$, environ 100 kilogrammes d'azote transformé
en nitrate, quantité qui est supérieure à celle que prélève une bonne récolte de blé.

Mais tout cet azote nitrique n'est pas absorbé; il se
produit à mesure, même aux époques où la végétation
ne peut pas en tirer parti. Il se perd donc partiellement, entraîné par les eaux pluviales. Les plantes qui
végètent toute l'année sont plus à même d'en éviter
la déperdition que celles qui l'absorbent seulement
pendant quelques mois.

Le sous-sol est en général plus pauvre en azote que
les couches superficielles. Mais les racines profondes
des plantes vont puiser cet élément et le ramènent à la
surface à l'état de matière végétale.

Considérons maintenant le cas des sols dans lesquels
la nitrification ne se produit pas : terres de landes, terres
de bruyères, terres tourbeuses; nous y trouvons une
accumulation très grande d'azote, par le fait même
de sa résistance à une transformation qui le rende
assimilable. Ces sols contiennent souvent 5, 10,
15 millièmes d'azote, sans que la végétation puisse tirer

parti de cette richesse, puisque la production des nitrates est rendue impossible par l'absence de calcaire. Mais si l'on vient à donner des amendements contenant de la chaux, on voit immédiatement l'azote nitrifier et se prêter aux exigences de la végétation.

Dans la terre végétale, la transformation en nitrate solubilise des quantités importantes d'azote organique ; la fermentation ammoniacale est infiniment moins active et nous n'avons pas à y insister ici, à cause du rôle tout à fait secondaire qu'elle joue ordinairement dans l'alimentation des plantes.

Acide phosphorique. — Aucun moyen ne nous permet à l'heure qu'il est de mesurer l'état d'assimilabilité du phosphate contenu dans un sol ; les procédés que la chimie met en œuvre dans l'analyse des terres, agissent également sur les diverses formes de l'acide phosphorique. Des conditions dont nous ne pouvons pas nous rendre compte, telles que l'état de diffusion des combinaisons dans lesquelles se trouve l'acide phosphorique, entrent pour beaucoup dans l'utilisation de cet agent.

Il a donc fallu se contenter de déterminer la proportion totale d'acide phosphorique, sans pouvoir mesurer son degré d'assimilabilité.

Beaucoup de sols manquent de phosphate et se trouvent par ce fait même voués à la stérilité, ils ne donnent naissance qu'à une végétation chétive, composée d'espèces d'une faible valeur. Les hommes et les animaux qui vivent sur ces sols souffrent par contre-coup de cette absence d'acide phosphorique.

De pareilles terres sont faciles à améliorer ; par l'apport des engrais phosphatés on est certain de les transformer en terres de bonne qualité.

La teneur des terres en acide phosphorique est très variable ; celles qui sont d'origine granitique sont ordinairement très pauvres, c'est-à-dire qu'elles n'en contiennent que des quantités inférieures à 0,5 p. 1000.

Les terres volcaniques sont très riches au contraire, elles en renferment jusqu'à 2 p. 1000 ; les terres calcaires en contiennent le plus souvent des proportions moyennes. On peut admettre qu'une terre qui en contient de 0,5 à 1 p. 1000 est moyennement riche ; au-dessous de 0,5 elle est pauvre et a besoin d'engrais phosphatés ; on peut la regarder comme riche entre 1 et 2 p. 1000.

D'après M. Risler, la véritable destination des terrains pauvres en acide phosphorique est la végétation forestière qui exporte très peu de cet élément.

Potasse. — On peut appliquer en partie à la potasse ce que nous avons dit de l'azote, c'est-à-dire qu'elle se trouve dans le sol, d'un côté sous une forme assimilable, de l'autre à un état tel que les plantes ne peuvent pas immédiatement en tirer parti. La première forme est celle de la potasse soluble dans l'eau, ou engagée dans des combinaisons organiques ; l'autre est celle que revêt la potasse, lorsqu'elle se trouve, à l'état de débris de roches, engagée dans des combinaisons silicatées. C'est sous cette forme qu'on la rencontre le plus généralement dans les terres feldspathiques ; la potasse n'est que graduellement assimilée par les plantes, à mesure de la décomposition de l'élément minéralogique dont elle fait partie.

Comme pour l'azote, il peut arriver qu'une terre soit très riche en potasse, sans que les plantes puissent y trouver ce qui leur est nécessaire. Il est donc important de déterminer dans un sol la potasse qui se trouve sous la forme que l'on peut supposer la plus assimilable, c'est-à-dire la forme soluble ; mais il ne faut pas perdre de vue que nous ignorons jusqu'à quel point la potasse insoluble dans l'eau peut être utilisée par la végétation.

Là encore l'interprétation de l'analyse doit se faire avec une grande réserve, imposée par le manque de données précises sur l'aptitude des plantes à tirer parti des diverses formes de la potasse.

Mais dans tous les cas une donnée très utile sera la détermination de la potasse existant à l'état soluble, conjointement avec la détermination de la potasse engagée dans les combinaisons insolubles.

Ce sont les terres d'origine feldspathique et volcanique qui sont les plus riches en potasse; leur teneur s'élève souvent à plus de 5 p. 1000. Dans les terres calcaires la potasse est en général plus rare; cependant dans certains cas, MM. Risler et Colomb Pradel en ont trouvé de notables quantités. Une terre peut être regardée comme ayant une proportion suffisante de potasse, quand elle en renferme de 1 à 1 1/2 p. 1000; au-dessous de ces chiffres les engrais potassiques sont ordinairement utiles. Le rapport entre la potasse totale et la potasse soluble est très variable; MM. Risler et Colomb Pradel ont trouvé souvent le tiers ou la moitié de cet élément, quelquefois la totalité sous cette dernière forme qui est évidemment celle à laquelle il faut attacher la plus grande importance.

Chaux. — Elle joue dans le sol un double rôle; elle apporte d'abord un élément fertilisant indispensable à la végétation; de plus elle a une action prépondérante sur les propriétés physiques et chimiques de la terre. C'est la présence de la chaux qui permet aux matières azotées organiques de se nitrifier et de devenir ainsi assimilables. C'est elle aussi qui dans la terre végétale est combinée à l'humus. Les sols dans lesquels la chaux fait absolument défaut doivent être regardés comme impropres à la culture; l'apport de calcaire les met rapidement à même d'être utilisés.

On doit donc considérer la chaux à deux points de vue différents, d'abord comme élément fertilisant et dans ce cas une faible proportion, soit quelques millièmes du poids de la terre, peut être regardée comme suffisante. Mais si nous l'envisageons au point de vue des modifications qu'elle apporte dans l'état physique et dans les fonctions chimiques du sol, il en faut de plus grandes quantités; une terre doit être regardée comme étant encore pauvre en chaux, quand elle contient 1 p. 100 de cet élément.

L'analyse permet de dire avec exactitude la chaux contenue dans une terre sous les différentes formes chimiques qu'elle revêt : carbonate, humate, silicate, sulfate, etc. Elle n'a pas dans toutes ces combinaisons une même valeur agricole. En effet pour ne parler que de l'aptitude à produire la nitrification, nous dirons que ce n'est que sous la forme de carbonate qu'elle agit; quand elle existe tout entière sous forme d'humate, elle n'est pas apte à jouer ce rôle important.

En outre l'état de division mécanique sous lequel elle se présente influe beaucoup sur son action. A l'état de pierre, elle joue un rôle à peu près nul et des sols qui en contiennent sous cette forme de grandes quantités peuvent avoir besoin d'amendements calcaires. Tel est le cas des sols recouverts de calcaire lithographique. Ce n'est que par une lente désagrégation, produite par l'action des labours et des conditions naturelles, que ces morceaux de calcaire se trouvent désagrégés et finissent par jouer un rôle utile. C'est donc dans la partie fine de la terre qu'il faut doser le calcaire, après avoir éliminé par le tamisage les éléments grossiers.

La teneur de la terre en calcaire ou carbonate de chaux est des plus variables; souvent c'est cet élément qui constitue la presque totalité du sol, comme dans les terrains crayeux de la Champagne, qui en renferment plus de 80 p. 100. Dans les terrains granitiques cette proportion est souvent bien inférieure à 1 p. 1000 et quelquefois presque nulle. On trouve tous les intermédiaires entre ces deux extrêmes.

Magnésie. — Cet élément, dont le dosage est généralement négligé, entre dans toutes les récoltes en proportion appréciable et son absence dans les terres arables peut être une cause d'insuccès pour les cultures. La magnésie existe à l'état de carbonate et aussi à l'état de silicate comme dans les micas et les talcs; sous cette dernière forme, elle n'est pas attaquée par les acides et ne joue aucun rôle dans l'alimentation végétale. On doit seulement regarder comme utile la magnésie que les acides peuvent enlever à la terre.

M. P. de Gasparin nous donne la teneur en magnésie de différents sols pris dans les formations géologiques les plus diverses. On rencontre des terres, provenant de la décomposition des roches dolomitiques, qui contiennent de très fortes proportions de magnésie et qui sont alors à peu près stériles. Presque toutes les terres examinées par ce chimiste contiennent plus de 1 p. 1000 de cet élément qui d'après lui « serait répandu en quantité assez uniforme et suffisante dans tous les sols arables, pour que les agriculteurs n'aient pas à s'en préoccuper ».

Les analyses de MM. Risler et Colomb-Pradel nous montrent également que ce principe varie de 0,5 à 4 p. 1000 et qu'il s'élève dans la plupart des cas à près de 1 p. 1000. Les terres calcaires semblent en général les plus riches en magnésie; mais il n'y a cependant pas une relation forcée entre ces deux éléments.

Acide sulfurique. — On sait que les végétaux contiennent toujours du soufre et ne sauraient se passer de ce principe qui doit être considéré comme indispensable; M. Risler a donc raison d'attirer l'attention sur le dosage de l'acide sulfurique dans les terres arables; il signale des quantités très variables allant depuis des traces jusqu'à 7 p. 1000. Beaucoup de sols et principalement des sols crayeux en sont presque totalement privés et on est en droit de se demander si l'action des superphosphates, dans certains terrains qui semblent assez bien dotés en acide phosphorique, n'est pas attribuable au plâtre qui accompagne cet engrais.

Il est à désirer que désormais on accorde une attention plus grande à la présence de la magnésie et de l'acide sulfurique dans les terres arables.

Éléments divers. — Nous avons signalé dans les plantes la présence de substances minérales diverses, telles que le chlore, la silice, le fer, le manganèse, la soude et l'alumine. Nous n'attachons pas une grande importance à leur détermination dans le sol, qui en contient assez pour les besoins très limités de nos récoltes; nous ferons cependant une observation au sujet de la soude et du fer.

La *soude*, qui la plupart du temps se trouve à l'état de chlorure de sodium et se rencontre surtout dans les terrains situés au bord de la mer, ne peut nous intéresser que lorsqu'elle existe en trop forte proportion; dans ces cas en effet elle frappe les sols de stérilité.

Le *fer* se rencontre dans les terres, quelquefois sous forme de sulfure, de sulfate ou de protoxyde; sous ces différents états, sa présence est une cause d'infécondité.

Le fer existe presque toujours à l'état de sesquioxyde et en quantités ordinairement bien supérieures aux besoins des plantes, si on le considère comme un simple aliment. Mais il joue un rôle physique, en donnant aux sols une coloration plus ou moins rouge qui favorise l'absorption des rayons solaires. Il semble même, d'après de récentes observations, que sa présence en certaine quantité est indispensable à la réussite des plants américains. Ces derniers souffrent de chlorose et dépérissent dans les groies calcaires de l'Aunis et dans tous les calcaires blancs où le sesquioxyde de fer ne donne pas au sol une coloration capable de modifier ses propriétés physiques.

Interprétation des résultats de l'analyse. — M. Joulie exprime les besoins du sol d'une façon particulière ; il admet que le poids par hectare de la couche arable, c'est-à-dire de la couche de terre remuée par les instruments, est en moyenne de 4 000 000 kilogrammes, et que toute terre fertile doit contenir 4 000 kilog. à l'hectare d'acide phosphorique et d'azote et 10 000 kilog. de potasse.

Cette manière de présenter la question ne nous semble pas correcte ; non seulement elle fait admettre que le sous-sol ne concourt en aucune manière à l'alimentation végétale, ce qui est absolument faux ; mais encore elle laisserait supposer que quand un sol ne contient pas cette proportion d'éléments, il faut lui en donner le supplément sous forme d'engrais pour atteindre le degré voulu de fertilité.

Les conséquences économiques qui découleraient naturellement de cette manière d'interpréter les faits conduiraient à des résultats désastreux pour la pratique ; l'agriculteur, peu au courant du langage scientifique, pourrait penser que, pour amener sa terre à produire de bonnes récoltes, il faut tout d'abord combler le déficit ; si par exemple l'analyse dose 1/2 pour 1 000 d'acide phosphorique, soit 2 000 kilog. à l'hectare, il peut se croire obligé d'en importer encore 2 000 kilog., c'est-à-dire de s'imposer un sacrifice pécuniaire énorme. Rien n'est plus faux que cette déduction qui semble naturelle *a priori.*

Nous trouvons bien préférable de représenter les résultats de l'analyse comme le font M. de Gasparin et M. Risler. A la suite de longues recherches chimiques et agronomiques, ils ont été conduits à poser les principes suivants :

Lorsque l'analyse décèle dans la terre moins de 1 pour 1 000 d'azote, d'acide phosphorique ou de potasse, l'agriculteur devra conclure que la terre qu'il exploite sera sensible à l'action des engrais phosphatés, azotés ou potassiques.

Mais de là à appliquer, dans tous les cas, les principes fertilisants qui manquent, il y a loin. Ceux-ci en effet représentent une valeur argent d'une certaine importance et tel sol trop pauvre peut ne pas rembourser en récoltes l'avance qu'on lui a ainsi faite ; en effet les fumures ne doivent être considérées que comme un adjuvant des principes fertilisants existant déjà dans la terre. Si donc un sol est trop pauvre, il convient de le laisser en forêts ou en pâturages, c'est-à-dire de faire de la culture extensive ; M. Risler estime que, par exemple, lorsque la proportion d'azote n'y est que de 1/2 millième, il doit rester en période forestière, jusqu'à ce qu'il soit suffisamment enrichi par les moyens naturels.

Il sera toujours prudent de vérifier les conclusions tirées de l'analyse chimique, au moyen des champs d'expérience. L'analyse servira de guide, évitera les tâtonnements toujours coûteux ; mais, mettant de côté tout scrupule de chimiste, nous devons à la vérité de dire que, dans l'état actuel de nos connaissances, elle n'est pas un guide infaillible.

Nos moyens d'investigation ne sont pas encore assez

parfaits, nos observations ne sont pas assez nombreuses pour que l'application de l'analyse chimique des terres à la pratique agricole, soit arrivée à un degré de perfection absolue.

Il est donc nécessaire de continuer les recherches sur ce sujet important; surtout en les dirigeant dans le sens de la mesure de l'assimilabilité des principes fertilisants de la terre. Les résultats déjà acquis par les travaux de M. P. de Gasparin, de M. Risler, de M. Joulie, etc. sont d'un immense intérêt; ils seront heureusement complétés le jour où il sera possible de distinguer les éléments immédiatement utilisables par les plantes de ceux qui ne peuvent le devenir que dans la suite des temps.

Mais déjà comme règles générales on peut adopter dans la pratique les conclusions suivantes :

Quand l'analyse d'une terre a montré qu'un élément fertilisant est abondant dans un sol, il est inutile de l'ajouter par les fumures.

Quand elle a trouvé qu'il est en faible proportion, son addition au sol donnera des résultats avantageux.

Ce qui est désirable pour le moment c'est que les chimistes se mettent d'accord sur les méthodes d'analyse à adopter, afin que leurs résultats soient comparables; faute de le faire, ils jetteront un discrédit sur l'intervention de la science, qui cependant est appelée à rendre de si grands services aux cultivateurs.

Pour l'azote, on adopte généralement le procédé à la chaux sodée et si l'échantillon est convenablement pris, les chimistes arriveront aux mêmes résultats.

Pour l'acide phosphorique et la potasse, il n'en est pas ainsi. Ces deux corps sont dosés, après avoir été mis en dissolution dans les acides, et, suivant la manière d'opérer, on en trouvera plus ou moins. Afin que les dosages soient concordants et comparables entre eux, il faut adopter la même manière d'opérer, c'est-à-dire faire agir sur la matière, amenée à un degré de finesse déterminé et invariable, un dissolvant acide, d'une concentration déterminée et pendant un temps également fixé.

En ce moment, les uns porphyrisent la matière avant de l'attaquer, tandis que d'autres la passent au tamis de 1 millimètre; de ce fait seul résultent des différences très sensibles. Si la terre, en effet, est amenée à un degré de finesse plus grand par un moyen mécanique, elle offrira une surface plus grande à l'action des dissolvants employés et par suite ceux-là en enlèveront davantage. On obtient le même résultat, si, au lieu de broyer mécaniquement, on emploie des tamis de dimensions différentes. Les uns attaquent avec l'acide nitrique, d'autres avec l'acide chlorhydrique, à chaud ou bien à froid, à tel ou tel degré de concentration, d'autres enfin avec de l'eau régale. De là des divergences très grandes, surtout en ce qui concerne la potasse, et des résultats absolument discordants.

Tous les chimistes n'adoptent pas la même règle pour exprimer les résultats obtenus par l'analyse; les uns rapportent leurs chiffres à la terre fine; les autres à la terre brute; de là des écarts considérables, et des conclusions tout opposées.

Il est urgent, si on veut faire des progrès dans ce sens, de trancher au préalable cette question d'analyse; et tant qu'on ne sera pas d'accord sur le principe même des opérations, nous ne craignons pas de dire que l'étude chimique des terres, au point de vue de l'apport des éléments fertilisants, restera stationnaire et que le discrédit ne tardera pas à s'affirmer sur un côté de la chimie agricole qui est certainement appelé à jouer un rôle considérable dans la pratique.

Sous-sol. — Ce que nous venons de dire du sol proprement dit, s'applique également au sous-sol : celui-ci en effet se forme de la même manière, c'est-à-dire par la désagrégation des roches; sa constitution chimique et ses propriétés physiques sont intimement liées à son mode de formation. Souvent le sous-sol a une origine identique à celle du sol; souvent aussi il est de nature absolument différente. S'il n'est pas accessible aux instruments de labour, il n'en joue pas moins un rôle important dans la nutrition des plantes; car leurs racines s'y enfoncent profondément pour y chercher leur nourriture.

Lorsque le sous-sol a une constitution différente de celle des couches superficielles, il est souvent utile de le ramener à la surface pour améliorer la terre proprement dite. On voit fréquemment des sous-sols calcaires, là où la terre végétale manque de chaux; des défoncements mélangeant le sous-sol à la partie superficielle sont alors utilement pratiqués.

Dans la grande généralité des cas, le sous-sol est moins fertile que la couche arable, surtout sous le rapport de la teneur en azote; cet élément s'y trouve en proportion moindre, par suite d'une diminution de la matière organique.

Mais l'acide phosphorique y existe en quantité sensiblement égale à celle du sol, à moins que l'origine géologique ne soit différente.

Il en est de même pour la potasse dans le plus grand nombre des cas. Ce n'est que lorsque le sous-sol doit sa formation à des roches de nature différente qu'il est possible de constater des teneurs plus faibles ou plus fortes en potasse.

Nous n'avons pas à insister sur ce point; tout ce que nous avons dit de la terre arable, au sujet de la richesse en principes fertilisants, s'applique aux couches sous-jacentes.

Principes nuisibles du sol. — Après avoir montré à quels éléments le sol doit sa fertilité, il convient de dire quelques mots des causes de stérilité.

Les sols sont généralement stériles par l'absence de matières fertilisantes, mais la stérilité peut dans quelques cas être attribuée à la présence de substances qui agissent sur la plante comme de véritables poisons. Parmi celles-ci le *sulfure de fer* ou pyrite se présente souvent; ce corps agit, d'un côté en absorbant l'oxygène du sol et produisant ainsi l'asphyxie des racines, de l'autre en donnant naissance à du *sulfate de fer* dont la causticité est nuisible aux plantes. D'après Vœlcker, avec une proportion de 1/2 à 1 p. 100 de sulfate de fer, la terre est impropre à la culture.

Le *sel marin* rend improductives de grandes surfaces de terrains. On le voit, pendant la sécheresse, affleurer à la surface du sol où peuvent seulement se développer les salsolas, les atriplex, les salicornes, les tamarix. On a constaté que lorsqu'il entre dans le sol une proportion de chlorure de sodium s'élevant à plus de 1 millième, celui-ci devient impropre à la plupart des cultures. Le sel entretient l'humidité de la terre et lui donne une grande dureté.

De fortes quantités de sels de *magnésie* et de *potasse*, surtout lorsqu'ils sont à l'état de chlorures, sont également nuisibles; enfin la surabondance de nitrates, qui d'ailleurs se produit bien rarement sous nos climats, peut avoir des effets fâcheux sur la végétation.

L'*imperméabilité* du sous-sol ou du sol s'oppose au développement des racines et peut également être considérée comme une cause de stérilité.

La présence de quantités excessives de *matières orga-*

niques acides, comme dans les sols tourbeux, ne permet pas la mise en culture.

Dans quelques cas, on peut remédier à ces inconvénients ; l'aération et le chaulage subséquent des terrains contenant la pyrite ou le sulfate de fer, permettent d'en combattre les effets fâcheux : la chaux décompose le sulfate de fer, forme du plâtre et de l'oxyde de fer.

Les sels peuvent être enlevés par l'irrigation des terres au moyen d'eau douce ; c'est ainsi qu'on a pu conquérir pour la culture de la vigne de vastes étendues dans les terrains de la Camargue.

L'acidité est efficacement combattue par les chaulages, les marnages ou les phosphatages ; aussi la culture des terres de défrichement ou des terres marécageuses et tourbeuses, très riches en humus, n'est possible que si on a soin de leur incorporer de la chaux soit caustique soit à l'état de carbonate ou de phosphate.

Pouvoir absorbant des terres à l'égard des matières fertilisantes. — Si les terres ne contenaient les principes fertilisants qu'à l'état de mélange, sans avoir une aptitude spéciale pour les retenir, nous verrions ceux-ci éliminés sous l'influence des eaux pluviales ; ceux de ces éléments qui sont solubles dans l'eau, la potasse, les composés ammoniacaux, les nitrates, seraient rapidement enlevés.

Liebig admettait autrefois que les liquides nourriciers circulaient librement dans le sol et, craignant l'entraînement par les eaux pluviales, il conseilla de chauffer les matières fertilisantes avec des silicates, pour former des composés moins solubles. Tel était l'objet du brevet pris en 1845 par Muspratt ; l'engrais fabriqué ne donna aucun résultat.

L'expérience montre que les déperditions par le fait des eaux pluviales ne sont pas à craindre, tout au moins pour les sels de potasse et d'ammoniaque. Ceux-ci mis en présence du sol sont fixés à l'état insoluble et restent acquis à la terre, même lorsqu'elle est traversée par les eaux de pluie. Ce pouvoir absorbant ressemble dans une certaine mesure à celui qu'exerce le noir animal vis-à-vis des matières colorantes; il tient à la fois à la constitution physique des terres et à leur nature chimique; il y a d'abord attraction de surface, puis action des silicates hydratés sur les dissolutions salines, échange de bases et fixation à l'état de combinaisons peu solubles.

Au point de vue de l'application des engrais, cette propriété qu'a la terre de garder les substances fertilisantes offre un intérêt pratique très grand; si elle n'existait pas, les matières s'enfonceraient dans les profondeurs du sous-sol, où les racines ne pourraient les puiser et finalement disparaîtraient par l'action des pluies.

La faculté d'absorption n'est pas la même pour tous les terrains. Les sols siliceux l'ont à un très faible degré; c'est dans les sols riches en argile et en humus qu'on la constate à son maximum; ces deux éléments sont regardés avec raison comme déterminant dans le sein de la terre cette action si précieuse de s'opposer à la déperdition des éléments fertilisants. Ainsi retenus dans le sol, ces principes restent à la disposition des plantes, qui les y puisent à mesure de leurs besoins.

Mais cette propriété ne s'exerce pas sur toutes les substances minérales utiles, ainsi nous voyons les nitrates y échapper complètement. Si nous versons sur de la terre du purin, celui-ci se décolore; il s'est dépouillé en même temps des sels ammoniacaux qu'il tenait en dissolution, c'est la terre qui s'en est emparée. Mais si nous mettons la terre en contact avec une solution de nitrate, nous voyons que la proportion de ce dernier n'a pas varié dans le liquide et que la terre par suite ne l'a pas retenu.

Aussi en examinant les eaux de drainage, qui ne sont en réalité que le résultat du lavage des terres par les eaux pluviales, nous y trouvons très peu de potasse, très peu d'ammoniaque, même alors que les sols en contiennent de notables proportions; mais nous y rencontrons en abondance des nitrates que le sol ne retient pas et qui sont ainsi perdus pour la végétation. Le chlore, l'acide sulfurique, la soude, la chaux traversent le sol très facilement.

La faculté d'absorption n'est pas illimitée et la saturation de la terre serait atteinte si on mettait des quantités considérables d'engrais. Mais dans la pratique on n'a jamais à craindre de dépasser cette limite, bien supérieure, pour les terres arables de qualité moyenne, à l'apport fait par les engrais.

Quant à d'autres principes fertilisants, tels que les phosphates qui, insolubles dans l'eau seule, peuvent s'y dissoudre à la faveur de l'acide carbonique, ils sont retenus en se combinant avec l'oxyde de fer et l'alumine et restent dans le sol. Ainsi on peut dire d'une manière générale que la terre végétale fixe les matières minérales les plus importantes, à l'exception des nitrates.

On n'a donc pas ordinairement à craindre, dans l'emploi de fortes fumures, de voir disparaître les principes fertilisants, par l'action des eaux pluviales. Car une bonne terre pourrait retenir ceux qui seraient contenus dans des quantités d'engrais bien supérieures à celles qu'on donne normalement chaque année. Ce n'est que pour les nitrates qu'il faut faire exception ; ceux-ci, qu'ils soient donnés en nature ou qu'ils soient produits aux dépens des autres engrais azotés, peuvent être entraînés par les eaux et le seront d'autant plus rapidement que les sols sont plus sableux et les sous-sols plus perméables. L'époque à laquelle on donne les fumures azotées, n'est donc pas sans influence sur leur utilisation.

L'argile et l'humus étant les agents de la fixation, les propriétés absorbantes du sol sont d'autant plus grandes que ces deux éléments sont en plus fortes proportions.

Tirons quelques conséquences pratiques de ces propriétés. Lorsqu'on aura affaire à une bonne terre végétale, on pourra lui donner à l'avance des principes fertilisants. Ceux-ci resteront emmagasinés dans le sol, jusqu'au moment où les plantes en auront besoin ; une exception doit pourtant être faite dans tous les cas pour les nitrates, qu'on ne doit appliquer qu'au moment même où la végétation peut en tirer parti, car les donner à l'avance serait s'exposer à les voir enlevés par les eaux. On ne doit donc pas en règle générale mettre les nitrates avant l'hiver, mais seulement au printemps, lorsque la végétation commence à être active ; ou bien on doit échelonner leur emploi et les répandre à très petite dose, au fur et à mesure des besoins de la végétation.

Pour les sels ammoniacaux, il n'est pas non plus prudent de les donner trop longtemps à l'avance, car ils sont rapidement nitrifiés et rentrent alors dans le cas des nitrates.

Les engrais potassiques et phosphatés ainsi que les engrais organiques n'ont rien à craindre d'un séjour plus prolongé dans le sol et on ne risque rien de les appliquer à l'avance.

L'état physique des terres a une importance considérable sur l'utilisation des matières fertilisantes par les végétaux. Lorsqu'elles sont compactes, c'est-à-dire lorsque l'argile domine, l'eau s'y trouve retenue et l'air ne circule que lentement et difficilement dans leur intérieur; les faits qui se rattachent à l'oxydation sont ralentis; la décomposition des fumiers, des engrais organiques, est entravée et la nitrification ne peut plus s'effectuer. De là un arrêt dans la transformation de l'azote organique en azote nitrique assimilable.

Dans des sols pareils, l'eau court souvent à la surface, au lieu de s'infiltrer; il en résulte que les engrais déposés en couverture peuvent être enlevés par les pluies. Mais comme compensation, ces sols, par suite de leur imperméabilité, gardent les matières fertilisantes qu'on leur confie, une fois que celles-ci sont incorporées. On peut donc fumer à l'avance sans craindre de déperdition. Mais ce pouvoir fixateur met souvent une entrave à leur absorption par les plantes, qui paraissent ne profiter réellement des principes utiles que lorsque ceux-ci se trouvent en quantité telle que la terre en soit saturée, c'est-à-dire ait entièrement satisfait son pouvoir d'absorption. Il y a pour ainsi dire lutte entre le pouvoir absorbant du sol et celui des végétaux.

Pour les sols très légers, pauvres en argile et en humus, il faut de plus grandes précautions; là tous les éléments solubles sont exposés à s'infiltrer dans le sous-sol à l'état de solution dans l'eau. Dans ces terres, il n'est donc pas à conseiller de mettre à l'avance des engrais solubles, mais il faut les donner au moment où les cultures en ont besoin. Les plantes alors s'en emparent, avant qu'une déperdition trop grande ait pu se produire.

Nous n'avons pas à nous occuper à ce point de vue des engrais qui se présentent sous une forme insoluble. Ils restent dans le sol et ne peuvent que devenir plus assimilables par un séjour prolongé dans la terre végétale.

Les terres légères très perméables consomment de grandes quantités d'engrais, surtout en ce sens que les eaux pluviales les pénètrent et entraînent par dissolution une partie des principes fertilisants.

Lorsque ces sables contiennent de la chaux, les phénomènes de combustion sont accélérés et font disparaître les fumures organiques avec une grande rapidité. Il vaut donc mieux, dans ces sols, fumer à doses faibles mais répétées.

Il en est de même des terrains calcaires; car, en présence de la chaux, les faits d'oxydation se produisent avec énergie et l'azote se trouve rapidement minéralisé.

Phénomènes de combustion dans les sols. — Les principes fertilisants se présentent aux plantes à deux états bien distincts : les uns sont sous la forme qu'on peut appeler directement assimilable, c'est-à-dire qu'ils peuvent être utilisés par les végétaux sans transformation préalable; les autres au contraire ne sont utiles aux plantes, qu'autant qu'ils ont subi des modifications profondes. On peut admettre d'une manière générale que tous les principes minéraux peuvent être absorbés par les racines sous la forme même sous laquelle ils se présentent dans l'engrais; tel est le cas des nitrates, des sels ammoniacaux, des phosphates, des sels de potasse; d'autres engrais au contraire contiennent la matière fertilisante et particulièrement l'azote, sous une forme qui n'est pas accessible aux végétaux supérieurs; c'est le cas des engrais organiques : fumiers, tourteaux, sang, etc. Il faut d'abord que l'azote de ces substances revienne à l'état minéral, nitrique ou ammoniacal, pour entrer dans le cycle de la végétation.

Etudions les réactions qui se produisent à l'intérieur du sol, et qui opèrent cette transformation. La matière organique morte est constamment, dans la nature, en voie de décomposition, sous l'influence d'organismes microscopiques qui ont pour fonction finale de ramener les éléments à une forme minérale. Ces organismes sont **extrêmement** multiples, mais on peut les classer en deux catégories : les uns, appartenant à des espèces très nombreuses, opèrent en l'absence de l'oxygène de l'air ; ils transforment en ammoniaque l'azote des matières organiques ; mais dans la couche végétale leur action est extrêmement limitée ; la terre en effet contient de l'oxygène ; si elle n'en contenait pas, on se trouverait en présence de terres vouées à une stérilité complète, parce que les racines des plantes, qui ont besoin d'oxygène pour leur respiration, ne pourraient pas y vivre. Il est très rare que les sols soient dans cette condition et la transformation des matières organiques en ammoniaque est un fait qui ne se présente qu'exceptionnellement dans la pratique agricole.

Mais il existe d'autres organismes qui ont une fonction différente et dont le rôle est tellement important que nous devons nous arrêter sur les phénomènes qu'ils produisent.

Lorsqu'un sol est suffisamment perméable à l'air et que d'ailleurs il contient une certaine quantité de calcaire, il est le siège d'une destruction rapide des éléments organiques par une véritable combustion. Ce phénomène chimique tient le premier rang parmi ceux qui concourent à la fertilité ; il ramène à l'état minéral et par suite rend utilisables pour les plantes, les débris végétaux et animaux qui ne peuvent pas servir directement d'aliment. La nitrification est la partie la plus importante et la plus caractéristique de cette action ; elle s'accomplit sous l'influence d'un organisme microscopique extrêmement petit, qui est partout présent dans la terre végétale et qui travaille à la destruction de la matière azotée, lorsqu'il est en présence de calcaire et d'une quantité suffisante d'air et d'humidité; il fixe l'oxygène sur la matière organique en transformant le carbone en acide carbonique, l'hydrogène en eau et l'azote en acide nitrique. Ce dernier produit est la principale source de l'azote qu'absorbent les plantes. Quand le sol est bien meuble, suffisamment humide et chaud, cette action acquiert sa plus grande intensité. Par les temps froids, dans les sols desséchés et compacts, son activité se trouve ralentie. La nitrification joue un rôle des plus utiles dans le sol, puisqu'elle rend assimilable l'azote qui ne l'est pas; mais d'un autre côté elle présente des inconvénients, en ce sens que le nitre formé peut être enlevé par les eaux pluviales et ainsi perdu pour la culture.

La nitrification est favorisée par des labours, mais il n'y a aucun intérêt à l'exagérer, puisque le nitre produit en plus grande quantité que les besoins des plantes se trouve perdu dans les eaux souterraines. Dans tous les cas, la nitrification n'est pas, comme on a une tendance à le croire et comme on l'a professé, une source d'azote; elle ne fait que modifier et rendre assimilable l'azote déjà existant dans les composés organiques ou ammoniacaux.

Nous avons dit que la présence d'une certaine quantité de calcaire est indispensable à la nitrification : cette condition ne se trouve pas réalisée dans tous les sols; aussi ceux-ci ne sont-ils pas également aptes à transformer l'azote des matières organiques en matières assimilables; tel est le cas des terres provenant exclusivement de roches exemptes de calcaire, comme celles que forment les granits par leur décomposition; ainsi une grande partie des sols du massif central de la France, de la Bretagne, etc., sont incapables de nitrifier. En ajoutant à ces sols des engrais organiques, on doit donc s'attendre à n'avoir aucun résultat et cela est tellement vrai que les débris de la végétation restent eux-mêmes dans les terres et finissent par s'y accumuler, contrairement à ce qui se passe dans les sols contenant du calcaire, où la matière organique disparaît rapidement et auxquels il faut donner des fumures organiques pour y entretenir une quantité suffisante d'humus.

La nitrification doit être regardée comme une des principales causes de la fertilité du sol, puisque sans elle les résidus de la vie animale et végétale ne pourraient plus rentrer dans le cycle de la vie. Mais il ne faut pas oublier que les nitrates ainsi formés ne sont pas fixés par la terre et que les eaux de drainage en emportent de grandes quantités. Dans la pratique, on doit tenir compte de ce double rôle du ferment nitrique, qui consiste d'un côté à enrichir le sol en une matière azotée assimilable, et de l'autre à l'appauvrir par suite du refus de la terre de retenir cet azote ainsi conquis sur les matières inertes.

Cette disparition de la matière organique sous l'influence des ferments a en outre pour effet de transformer le carbone en acide carbonique et de donner ainsi naissance à un agent dont le rôle est loin d'être négligeable. En effet il constitue au sein de la terre une atmosphère riche en acide carbonique et les liquides du sol en sont eux-mêmes saturés. Ce gaz agit sur les éléments minéraux, en opérant une dissolution qui les rend plus propres à être absorbés par les racines, ou bien en activant la décomposition des éléments minéralogiques. Ainsi les carbonates de chaux et de magnésie, insolubles par eux-mêmes, se dissolvent à l'état de bicarbonates. Le phosphate de chaux, également insoluble dans l'eau seule, peut s'y dissoudre à la faveur de l'acide carbonique; les éléments feldspathiques se désagrègent en cédant une partie de leurs bases à l'état de carbonates.

Plus les sols sont riches en matières organiques, plus est grande la quantité d'acide carbonique qui s'y trouve et plus par suite sont accentués les faits relatifs à l'action de ce gaz. Dans l'atmosphère des terres ordinaires, on trouve en général de 1 à 2 p. 100, en volume, d'acide carbonique; quand elles sont riches en matières organiques ou quand elles sont récemment fumées, cette proportion s'élève fréquemment à plus de 3 p. 100 et peut monter jusqu'à 10 p. 100.

Les phénomènes d'oxydation dont nous venons de parler se produisent toujours dans la terre arable; mais dans les sols mal assainis, noyés par les eaux, et exceptionnellement riches en matières organiques, comme les tourbières, l'oxydation est impossible. Dans des cas pareils, des phénomènes inverses se produisent et c'est la réduction qui prédomine; il n'y a donc pas de formation de nitrates et même, s'il en existait, ils seraient rapidement détruits. L'azote a alors une tendance à se transformer en ammoniaque et peut également sous cette forme être utilisé par la végétation. Mais cette transformation n'a jamais qu'une intensité très faible et en réalité on peut dire que l'azote des matières organiques, placé dans des conditions où la nitrification est impossible, ne se trouve pas à la disposition des plantes.

Relations entre le sol et l'atmosphère. — Outre les éléments fertilisants que reçoit la terre sous forme de fumures, elle en acquiert d'une manière continue par l'atmosphère. Mais seul l'azote lui est ainsi apporté sous divers états; nous devons entrer dans quelques considérations sur cet enrichissement par l'air.

Les eaux pluviales prennent dans l'air les nitrates

formés sous l'influence des décharges électriques et l'ammoniaque qui s'y trouve diffusée. Pendant les pluies il y a donc un apport d'azote sous ces deux formes. En analysant les eaux pluviales, on a trouvé que l'azote ainsi apporté à un hectare de terre dans le courant d'une année est variable suivant les régions. M. Boussingault a trouvé sa quantité égale à près de 4 kilog. en Alsace ; MM. Lawes et Gilbert à $7^k,66$ en Angleterre.

Une autre cause que nous ne pouvons pas mesurer mais sur laquelle il n'y a point de doute, c'est l'absorption par le sol de l'ammoniaque diffusée dans l'air, et qui est ultérieurement transformée en nitrate.

Dans ces derniers temps une théorie nouvelle a pris naissance ; elle attribue à la terre la faculté d'absorber directement l'azote libre de l'atmosphère et de s'enrichir ainsi en éléments azotés. Les opinions sont partagées sur ce sujet et nous devons attendre de nouvelles expériences, avant d'adopter cette manière de voir.

Mais s'il y a des causes qui amènent au sol de l'azote atmosphérique, il y en a d'autres qui produisent l'effet inverse, c'est-à-dire qui appauvrissent le sol en faveur de l'atmosphère. En effet les combustions des matières organiques qui ont lieu dans le sein de la terre, sous l'influence des organismes microscopiques, ont pour effet de ramener à l'état libre, et par suite à un état inutile à la végétation, une partie de leur azote. Il y a donc là une cause de déperdition, qu'il est impossible de chiffrer, mais qui n'est point sans quelque importance.

CHAPITRE IV

EXIGENCES DES PRINCIPALES CULTURES
EN ÉLÉMENTS FERTILISANTS

Nous avons vu plus haut que les plantes sont essentiellement composées d'un certain nombre d'éléments et que, si l'un de ceux-ci fait défaut, la production végétale se trouve entravée. Quelques-uns de ces éléments : carbone, hydrogène, oxygène, sont abondamment à la disposition des plantes, il n'y pas à s'en préoccuper ; mais la plupart des autres n'existent qu'en proportion limitée et il faut en introduire dans le sol, si celui-ci n'en contient pas des quantités suffisantes. Toutes les plantes n'ont pas les mêmes exigences pour chacun d'entre eux ; certaines espèces ont besoin de plus d'acide phosphorique, d'autres demandent de grandes quantités de potasse, etc. ; il faut, dans la mesure du possible, régler une exploitation agricole de manière à produire, dans un terrain qui contient en abondance l'un des éléments fertilisants, les récoltes qui exigent les plus grandes quantités de cet élément et qui par suite sont de nature à prospérer le mieux, en tenant compte bien entendu des conditions climatériques et économiques. Par la même considération, il est nécessaire de donner à chaque culture les engrais contenant en majeure partie la matière fertilisante qui est absorbée de préférence.

Ceci nous amène à rechercher la composition des diverses plantes, afin de pouvoir nous guider par elle sur le choix des terrains qui leur conviennent ou des engrais qu'il faut leur appliquer.

Nous insisterons surtout dans cet examen sur les principes fertilisants les plus importants, dont l'absence ou la présence a une influence prédominante sur la production des récoltes : l'azote, l'acide phosphorique, la potasse et la chaux, en passant en revue les principales plantes cultivées.

Les chiffres dont nous nous servirons pour nos calculs sont empruntés aux sources les plus autorisées, telles que les ouvrages de M. Boussingault, de MM. Lawes et Gilbert, de M. Wolff; beaucoup sont le résultat de nos observations personnelles. On peut les regarder comme des moyennes; mais on ne doit pas oublier qu'une même récolte peut présenter dans sa composition des variations assez importantes.

En effet, il existe des conditions multiples qui font qu'une même espèce végétale contient dans ses tissus une plus ou moins grande quantité de tel élément, et nous devons dire quelques mots sur ces variations et sur les causes qui les déterminent.

L'analyse chimique nous montre que le blé n'a pas une composition uniforme, que la proportion des principaux éléments, azote, acide phosphorique, etc., y diffère notablement. Si l'on peut regarder la richesse centésimale moyenne du grain de blé comme étant : pour l'azote 2,08, pour l'acide phosphorique 0,82; nous rencontrons des grains dans lesquels ces quantités descendent : pour l'azote à 1,5, pour l'acide phosphorique à 0,5 ; il en est d'autres dans lesquels la quantité s'élève : pour l'azote à 2,5 et pour l'acide phosphorique à 1,2. Pour la paille de blé qui donne en moyenne 0,48 d'azote et 0,23 d'acide phosphorique, nous voyons quelquefois ces chiffres s'élever pour l'azote à 0,6 et pour l'acide phosphorique à 0,5.

Nous ne multiplierons pas les exemples. De telles variations se rencontrent dans presque toutes les espèces végétales ; les principales causes de ces variations sont les suivantes :

1° La proportion d'éléments fertilisants originairement contenus dans le sol ou ajoutés comme fumure ; en effet, lorsqu'une terre est plus riche en azote, toutes choses égales d'ailleurs, les plantes qui y croissent sont plus azotées.

Ainsi du foin de prairie non irriguée a dosé 13 p. 100 de matière azotée ; dans une parcelle contiguë, arrosée aux eaux d'égout, MM. Lawes et Gilbert trouvent 19 p. 100.

Les végétaux qui croissent dans des terrains à peu près dépourvus de chaux contiennent dans leurs tissus des quantités bien inférieures de sels de chaux que ceux qui poussent sur des terres calcaires. Il en est de même pour les autres éléments ; M. Schlœsing cite des tabacs qui, dans certains terrains, prennent jusqu'à 4 et 5 p. 100 de potasse ; et dans d'autres seulement 0,25 p. 100.

La composition de la plante peut, dans une certaine mesure, rendre compte de la richesse du sol ; mais il ne faudrait pas attribuer une valeur trop grande à des rapprochements de cette nature.

Que dans un sol riche en tel ou tel élément la plante prenne celui-ci en plus forte proportion, cela ne doit pas surprendre, mais ce n'est pas un fait aussi général et aussi accentué qu'on serait tenté de le croire. L'espèce végétale à laquelle appartient la plante exerce une influence plus considérable sous ce rapport et, si un principe fertilisant indispensable à la plante se trouve en minime proportion, c'est moins sur la composition du végétal que sur la quantité de la récolte que ce fait peut influer.

2º Les conditions climatériques ont une action assez sensible ; lorsque les pluies ont été abondantes ou que, par d'autres raisons de cette nature, le développement végétal a été plus rapide, l'azote, l'acide phosphorique, etc., se trouvent en proportions moindres. Si l'on compare deux échantillons d'une même plante, l'une provenant d'un sol humide et l'autre poussée sur un terrain sec, on trouvera dans cette dernière plus d'azote et plus d'acide phosphorique.

3º L'âge de la plante a également une influence notable ; à un certain moment de la végétation, il y a un véritable arrêt dans l'assimilation des matières dites fertilisantes, alors même que la végétation continue à se faire et que l'élaboration des substances carbonées se poursuit. Il y a alors enrichissement en cellulose, en amidon, en sucre, en graisse, et la proportion relative d'azote, d'acide phosphorique, se trouve diminuée. Ainsi des fourrages pris à l'état jeune sont plus riches en matières azotées que lorsqu'on les prend à un moment plus voisin de la maturité. Nous empruntons à M. Wolff des chiffres qui mettent ce fait en évidence :

	Azote.	Ac. phosph.	Potasse.
Jeune herbe de prairie . . .	0.50	0.22	1.16
Herbe à la floraison.	0.44	0.15	0.60

4º Dans une même espèce, entre les variétés ou les races il n'y a pas uniformité de composition ; certaines sont plus exigeantes que d'autres et conviennent à des terrains plus riches.

Dans la pratique agricole, il est rare que la plante entière constitue la récolte ; le plus souvent c'est la partie aérienne seule qui est employée ; dans ce cas les racines restent dans le sol et les matières fertilisantes qu'elles renferment, étant ainsi restituées sur place, ne doivent pas être considérées comme constituant un appauvrissement. Si on fait le calcul uniquement au point de vue de ce qui est enlevé à la terre, il ne faut donc tenir aucun compte des débris qui y restent comme résidus de récoltes. Mais si l'on se place au point de vue de ce qui est nécessaire au développement végétal, on doit ajouter aux substances contenues dans les parties enlevées à l'état de récoltes celles que renferment les organes de la plante qui restent dans le sol et parmi lesquels il faut comprendre les feuilles qui meurent et tombent à mesure que la végétation avance et dont la quantité est loin d'être négligeable. Nous n'avons sur la proportion et la constitution de ces divers résidus que des notions très imparfaites ; il ne nous est donc pas possible de faire entrer dans le calcul les substances fertilisantes qu'ils renferment.

Notre ignorance sur ce point nous oblige à donner uniquement ce qui est relatif aux parties récoltées, en négligeant celles qui restent dans la terre. Nos chiffres ne représentent donc pas les exigences maxima de la plante, mais seulement les besoins des parties récoltées. En effet les principes fertilisants renfermés dans le système radiculaire et dans les organes qui se détachent de la plante à mesure que leurs fonctions sont remplies échappent à notre calcul. En réalité ces chiffres se rapportent à la récolte et non à la plante entière prise à son point culminant de développement et de richesse.

PLANTES CÉRÉALES

Dans les calculs que nous allons établir pour déterminer les exigences des diverses récoltes, nous avons cherché autant que possible à nous tenir dans les conditions moyennes de nos cultures, mais nous devons faire remarquer que les rendements varient dans des proportions énormes : du simple au double et au delà. Dans chaque cas particulier où on connaîtra le rendement, il sera toujours facile de faire le calcul avec les données obtenues.

Pour le rapport du grain à la paille, il existe également, suivant les conditions de la culture, des différences importantes ; la nature du sol et de la fumure, les conditions climatériques, la variété, modifient considérablement les proportions relatives de grains et de paille. Là aussi, nous avons cherché à nous rapprocher autant que possible des quantités moyennement obtenues.

Nous n'avons pas fait entrer dans le calcul des éléments fertilisants nécessaires à la plante ceux que renferme la balle, afin de ne pas compliquer ces données sommaires, et surtout à cause du manque de renseignements sur ce point. Mais nous pouvons dire que ce n'est que pour le blé et pour l'avoine que la quantité de balles a quelque importance ; dans les autres céréales, elle est en très minime proportion ; cette omission est sans influence sensible sur les conclusions que nous avons à tirer de ces études.

Les auteurs se contentent de calculer l'exportation pour 100 kilogrammes de graines ou de paille, mais ces données ne suffisent pas pour déterminer les exi-

gences d'un hectare des diverses cultures. La marche
que nous avons adoptée fournira des renseignements
ayant une valeur pratique plus grande, et d'un emploi
plus facile pour l'agriculteur.

Nous donnons ci-dessous la teneur moyenne des
plantes céréales les plus usitées, en ne tenant compte
que des principaux éléments fertilisants; ces chiffres
représentent des moyennes et ne doivent pas être pris
dans un sens absolu. Toutes les quantités sont rapportées à 100 de matière, considérée dans le degré d'humidité que nous lui trouvons usuellement.

		Azote.	Ac. phosph.	Potasse.	Chaux.	Magnésie.	Ac. sulf.
Blé	Grain...	2.08	0.82	0.55	0.06	0.22	0.04
	Paille...	0.48	0.25	0.49	0.26	0.11	0.12
Seigle	Grain...	1.76	0.82	0.54	0.05	0.19	0.04
	Paille...	0.40	0.25	0.80	0.36	0.13	0.10
Orge	Grain...	1.52	0.72	0.48	0.05	0.18	0.05
	Paille...	0.48	0.19	0.93	0.33	0.11	0.15
Avoine	Grain...	1.92	0.55	0.42	0.10	0.18	0.04
	Paille...	0.40	0.28	0.97	0.36	0.18	0.51
Maïs	Grain...	1.60	0.55	0.33	0.03	0.18	0.01
	Rafles...	0.23	0.02	0.24	0.02	0.02	0.01
	Paille...	0.48	0.38	1.66	0.50	0.26	0.25
Sarrasin	Grain...	1.72	0.61	0.45	0.10	0.29	0.02
	Paille...	0.78	0.18	1.23	1.91	0.89	0.27

On voit que l'azote et l'acide phosphorique sont principalement concentrés dans la graine, que les pailles au
contraire contiennent beaucoup plus de chaux que
celle-ci; la potasse se distribue d'une manière moins
régulière, mais ordinairement elle est plus abondante
dans les pailles que dans les grains. Ces chiffres vont
nous permettre de faire le calcul des quantités de ma-

tières fertilisantes nécessaires à la production de la récolte.

Blé. — Envisageons d'abord une production peu
considérable, telle qu'on l'obtient moyennement en
France, c'est-à-dire de 15 hectolitres de grains à l'hectare. Ce chiffre est très faible, mais, dans beaucoup
de régions, il n'est jamais dépassé. Avec cette production de 15 hectolitres de grains, nous aurons 1 200 kilogrammes de grains et 2 750 kilogrammes de paille; car
la paille entre ordinairement pour 70 p. 100 dans le
poids total de la récolte. Nous trouvons ainsi que la
production de cette céréale a enlevé au sol les éléments
suivants :

	Grain.	Paille.	Total.
	kilog.	kilog.	kilog.
Azote	25.0	13.2	38.2
Acide phosphorique	9.8	6.3	16.1
Potasse	6.6	13.5	20.1
Chaux	0.7	7.1	7.8
Magnésie	2.7	3.0	5.7

Considérons maintenant une récolte abondante, telle
qu'on peut la produire dans les conditions les plus favorables, c'est-à-dire en employant des variétés de blé
choisies, et de bonnes fumures; nous pouvons alors,
sinon dans tous les sols, au moins dans un grand nombre,
obtenir jusqu'à 40 hectolitres de grains à l'hectare.
Nous supposons que la proportion de paille est
encore la même, c'est-à-dire représentant 70 p. 100
du poids total de la récolte. Cette évaluation n'est
pas rigoureuse, car en général le poids de la paille
est d'autant plus faible relativement aux grains que
la quantité de ceux-ci est plus élevée. Avec ces chiffres,
nous arrivons à 3 200 kilogrammes de grains, et

7470 kilogrammes de paille, contenant les éléments
suivants :

	Grain.	Paille.	Total.
	kilog.	kilog.	kilog.
Azote.	66.7	35.8	102.5
Acide phosphorique.	26.3	16.8	43.1
Potasse	17.6	36.0	53.6
Chaux	1.9	19.1	21.0
Magnésie	7.0	8.0	15.0

L'examen de ces deux tableaux nous conduit à cette
conclusion théorique que pour augmenter la récolte du
blé dans la proportion de 15 hectolitres à 40 hectolitres, il faut que les plantes trouvent à leur disposition,
sous une forme assimilable, outre ce qui était primitivement contenu dans le sol, les quantités suivantes des différents éléments, représentant l'excédent d'une récolte
sur l'autre :

	kilog.		kilog.		kilog.
Azote.	102.5	—	38.2	=	64.3
Acide phosphorique.	43.1	—	16.1	=	27.0
Potasse.	53.6	—	20.1	=	33.5
Chaux	21.0	—	7.8	=	13.2
Magnésie	15.0.	—	5.7	=	9.3

L'augmentation de la récolte de 25 hectolitres en sus
des 15 hectolitres que produisait le sol, correspond à la
consommation totale des engrais suivants :

300 kilog. de sulfate d'ammoniaque à 35 fr. les 100 kilog. 105 fr.
75 — phosphate précipité 28 — 21
65 — chlorure de potassium 23 — 15

TOTAL 141

Au point de vue purement théorique, une dépense de
141 francs produirait donc un surplus de 25 hectolitres
et le prix de revient de chaque hectolitre serait de

5 fr. 60 environ. Ce serait en vérité merveilleux, mais ce calcul pèche par la base ; pour qu'il fût vrai, il faudrait que la plante absorbât intégralement les engrais mis en supplément. Cela n'est jamais le cas. Nous citerons à ce propos les résultats des belles recherches de MM. Lawes et Gilbert sur la culture du blé ; recherches qui ont une grande valeur, tant par l'autorité qui s'attache à la science et au nom des expérimentateurs, que par la longue période de temps qu'elles embrassent. Dans le champ d'expérience de Broadbalk, il a été démontré qu'on ne peut obtenir de pleines récoltes de blé que si le sol est abondamment pourvu de sels minéraux assimilables. Cette condition étant remplie, on peut admettre que l'agriculteur obtiendra en moyenne 1 hectolitre de blé et la paille correspondante, avec un apport supplémentaire de 5 kilogrammes d'ammoniaque appliqués comme engrais.

Le praticien pourrait se demander si en forçant la dose de fumure azotée, en la doublant par exemple, il obtiendrait des résultats doubles ; il n'en est rien. Car l'augmentation de rendement n'est pas proportionnelle à l'augmentation d'engrais ; en doublant la dose de sels ammoniacaux, MM. Lawes et Gilbert ont constaté qu'il fallait non plus 5 kilogrammes, pour produire 1 hectolitre d'excédent, mais $5^k,5$; en triplant cette dose, l'ammoniaque nécessaire par hectolitre a été de $7^k,544$; en la quadruplant, de $9^k,720$

C'est-à-dire que le résultat économique, au delà d'une certaine limite, devient désastreux.

Si, au lieu d'opérer sur une terre riche en sels minéraux, ces savants opèrent sur une terre n'en contenant que peu, il faut alors $8^k,8$ d'ammoniaque ; sur une terre n'en contenant presque pas, $22^k,15$.

Ces expériences montrent que l'application d'un seul élément fertilisant, alors que les autres font défaut, ne donne que des résultats presque nuls, et qu'il faut, par suite, pour la meilleure utilisation des engrais, donner les matières fertilisantes dans un rapport qui tienne compte en même temps de la richesse du sol et des exigences de la plante.

Mais il ne faudrait pas croire que, même en donnant les matières fertilisantes dans le rapport voulu, on pourrait augmenter indéfiniment la production végétale; celle-ci est limitée par diverses causes naturelles, telles que l'espace nécessaire à chaque plant, l'exubérance de végétation qui peut produire la verse ou entraver la fructification, etc.

L'augmentation de récolte que l'on peut obtenir pratiquement au moyen d'engrais supplémentaires n'atteint donc pas les proportions que les calculs théoriques tendraient à faire admettre.

Nous continuons pour les autres grains cultivés comme céréales les exemples de calculs que nous venons de donner pour le blé; il est bien entendu que ces exemples ne doivent servir qu'à fixer les idées, puisque d'un côté les quantités de récoltes sont variables et que de l'autre la composition chimique est elle-même sujette à varier entre certaines limites. Les chiffres que nous avons adoptés peuvent cependant servir de base aux appréciations que nous aurons à formuler sur l'épuisement du sol par les diverses espèces de céréales et sur leurs exigences en engrais.

Orge. — Une récolte de 25 hectolitres de grains par hectare pèse, à raison de 65 kilogrammes par hectolitre, 1 625 kilogrammes. Le rapport de la paille au grain est en moyenne de 175 à 100; soit pour 25 hec-

tolitres, 2 800 kilogrammes. L'exportation par hectare
est de :

	Grain.	Paille.	Total.
	kilog.	kilog.	kilog.
Azote	24.7	13.4	38.1
Acide phosphorique	11.7	5.3	17.0
Potasse	7.8	26.0	33.8
Chaux.	0.8	9.2	10.0
Magnésie	2.9	3.1	6.0

Une récolte moyenne d'orge enlève au sol une
quantité de matières fertilisantes à peu de chose près
égale à celle qu'enlève une faible récolte de blé évaluée
à 15 hectolitres, ce qui montre que l'orge est moins
épuisante et que, dans un terrain moins riche, elle est
susceptible de produire plus que ne le ferait le blé. Les
rendements de l'orge peuvent d'ailleurs, aussi bien que
ceux du blé, être augmentés par des fumures appropriées.

Mais en raison de ses exigences moindres, là où
MM. Lawes et Gilbert ont constaté qu'il fallait $5^k,5$
d'ammoniaque, pour produire un excédent d'un hectolitre de blé, avec la paille correspondante, il ne leur a
fallu que $2^k,25$ à $2^k,50$ pour fournir un hectolitre d'orge.

Seigle. — Si nous passons au seigle, nous voyons
qu'une récolte de 20 hectolitres de grains par hectare pèse, à raison de 73 kilogrammes par hectolitre,
1 460 kilogrammes et que le quantum de paille correspondante est de 3 600 kilogrammes.

Cette récolte enlève par hectare :

	Grain.	Paille.	Total.
	kilog.	kilog.	kilog.
Azote	25.7	14.4	40.1
Acide phosphorique.	12.0	9.0	21.0
Potasse.	7.9	28.8	36.7
Chaux.	0.7	13.0	13.7
Magnésie	2.8	5.0	7.8

Ces chiffres montrent que le seigle est une plante relativement épuisante; ce qu'il faut attribuer en partie à ce que la quantité de paille est très considérable. Si pourtant le seigle est cultivé fréquemment dans des terres pauvres où les autres céréales ne prospèrent pas, cela tient plutôt à sa rusticité qu'à ses faibles exigences en matières fertilisantes. Aussi quand on donne à cette céréale des fumures appropriées, voit-on son rendement s'accroître dans de fortes proportions.

Avoine. — Une récolte de 25 hectolitres à l'hectare, à raison de 48 kilogrammes l'hectolitre, donne 1200 kilogrammes de grains.

Le rapport de la paille à la récolte totale varie beaucoup suivant les fumures; comme moyenne on peut admettre 65 p. 100. Nous aurons donc 2 100 kilogrammes de paille.

La récolte totale enlèvera :

	Grain.	Paille.	Total.
	kilog.	kilog.	kilog.
Azote.	23.0	8.4	31.4
Acide phosphorique	6.6	5.9	12.5
Potasse	5.0	20.4	25.4
Chaux.	1.2	7.6	8.8
Magnésie.	2.1	3.8	5.9

L'avoine est dans le cas des autres céréales, demandant surtout de l'azote; les chiffres que nous avons adoptés pour le rendement se rapportent à des terres peu riches; à l'aide de fumures convenables on peut élever de beaucoup la récolte.

Maïs. — Une récolte moyenne de 25 hectolitres de grains, à raison de 70 kilogrammes l'hectolitre, pèse 1750 kilogrammes et donne, en outre, d'après nos observations personnelles, 600 kilogrammes de rafles et environ 2 000 kilogrammes de paille. Elle exporte donc :

	Grain.	Paille.	Rafles.	Total.
	kilog.	kilog.	kilog.	kilog.
Azote.	28.0	9.6	1.4	39.0
Acide phosphorique.	9.6	7.6	0.1	17.3
Potasse.	5.7	33.2	1.4	40.3
Chaux	0.5	10.0	0.1	10.6
Magnésie	3.1	5.2	0.1	8.4

Il faut également tenir compte des épis mâles qui sont écimés et que les animaux consomment; ce produit peut s'évaluer à 4 000 kilogrammes à l'état frais; en lui attribuant la composition du maïs fourrage, nous trouvons qu'il contient :

	kilog.
Azote.	12.0
Acide phosphorique	2.8
Potasse.	12.8
Chaux	4.8
Magnésie	4.0

La totalité de la récolte exporte donc :

	kilog.
Azote.	51.0
Acide phosphorique.	20.1
Potasse.	53.1
Chaux	15.4
Magnésie	12.4

On voit combien une récolte moyenne de maïs appauvrit le sol. Ce n'est pas seulement dans le grain, mais encore dans la paille, dans la rafle et dans les cimes consommées comme fourrage, que l'azote se trouve en notable quantité; il en est de même de l'acide phosphorique et surtout de la potasse. Le maïs a donc de grandes exigences pour les principaux éléments fertilisants et doit être regardé comme une récolte très épuisante; c'est à tort qu'on le considère souvent comme ne nécessitant pas de fortes fumures. Il convient cependant de faire remarquer que près de la moitié de l'azote et de l'acide phosphorique et presque la totalité de la potasse restent dans le domaine, soit comme fourrage, soit comme litière et se retrouvent dans le fumier.

Sarrasin. — Une récolte, par hectare, de 25 hectolitres de grains pesant 60 kilog. à l'hectolitre, donnera 1500 kilogrammes; la quantité de paille correspondante peut être évaluée à 2000 kilogrammes; l'exportation sera donc de :

	Grain.	Paille.	Total.
	kilog.	kilog.	kilog.
Azote	25.8	15.6	41.4
Acide phosphorique. . .	9.1	3.6	12.7
Potasse	6.7	24.6	31.3
Chaux.	1.5	38.2	39.7
Magnésie	4.3	17.8	22.1

Mais ces chiffres sont moins constants que pour les autres céréales que nous venons d'examiner, parce que le rapport du grain à la paille et la composition de cette dernière varient dans de très fortes proportions. En effet, suivant que la saison est plus ou moins humide, on obtient, d'après M. Lechartier, pour 1000 kilogr. de grains, des quantités de paille allant depuis 920 kilog., jusqu'à 1640 kilog.; la proportion d'azote qui y est contenue varie de 0,78 à 1,55 p. 100; celle de l'acide phosphorique entre des limites encore plus écartées.

Le sarrasin a une végétation continue, des fleurs et des grains verts existent encore au moment de la récolte, ce qui augmente la proportion d'éléments fertilisants que retient la paille.

En général le sarrasin exporte autant et même plus

que le blé; cependant ce n'est pas une plante exigeante, en ce sens qu'elle est très rustique. Dans les sols nouvellement défrichés, elle réussit très bien; mais là elle trouve une nourriture abondante.

Le sarrasin est d'autant plus épuisant que la proportion de paille est plus considérable. Nous citons deux exemples donnés par M. Lechartier et qui se rapportent à la production de 1000 kilogrammes de grains c'est-à-dire à 16 ou 17 hectolitres à l'hectare.

	Dans la récolte entière.	
	1879 Avec 947 kilog. paille.	1880 Avec 1 585 kilog. paille.
	kilog.	kilog.
Azote.	27.56	42.65
Acide phosphorique.	8.74	20.34
Potasse.	18.39	59.96
Chaux	22.31	29.31
Magnésie	12.80	12.7

La paille est plus riche que celle des autres céréales, surtout en azote, en acide phosphorique et en chaux. A l'époque de la récolte, en raison de la persistance de sa végétation, elle est aussi riche et pour ainsi dire aussi nutritive que les fourrages verts.

En résumé, la production des céréales exporte du sol des quantités assez notables de principes fertilisants, que l'on peut calculer dans chaque cas particulier suivant la quotité de la récolte.

Nous avons cru devoir donner, non seulement la production moyenne du grain, mais encore celle de la paille correspondante, ce qui permet de faire des calculs ayant une valeur pratique plus grande. Pour les faciliter nous avons dressé les tableaux suivants qui donnent la teneur en matières fertilisantes de l'unité en volume et en poids des différentes céréales, en y comprenant la proportion de paille afférente. Il suffira donc, pour se rendre compte des éléments enlevés par la récolte, de multiplier les chiffres donnés ci-dessous soit par le nombre d'hectolitres produits à l'hectare, soit encore par le quintal métrique.

Pour produire un hectolitre des différentes céréales, avec la paille qui leur est afférente, on aura une consommation en éléments fertilisants de :

	Blé.	Orge.	Seigle.	Avoine.	Maïs.	Sarrasin.
	kilog.	kilog.	kilog.	kilog.	kilog.	kilog.
Azote	2.547	1.520	2.005	1.260	2.040	1.660
Ac. phosphor.	1.080	0.680	1.050	0.500	0.800	0.510
Potasse . . .	1.340	1.352	1.835	1.020	2.120	1.255
Chaux	0.520	0.400	0.685	0.350	0.620	1.600

Si au lieu de calculer en hectolitres on calcule pour 100 kilogrammes de grains, on a, toujours en y comprenant la paille :

	kilog.	kilog.	kilog.	kilog.	kilog.	kilog.
Azote	3.185	2.330	2.750	2.620	2.920	2.760
Ac. phosphor.	1.340	1.040	1.450	1.041	1.150	0.850
Potasse . . .	1.675	2.080	2.515	2.120	3.030	2.080
Chaux . . .	0.650	0.610	0.940	0.770	0.880	2.650

En faisant abstraction de la paille et ne considérant que le grain, 100 kilog. exportent :

	kilog.	kilog.	kilog.	kilog.	kilog.	kilog.
Azote	2.080	1.520	1.760	1.920	1.600	1.720
Ac. phosphor.	0.820	0.720	0.820	0.550	0.550	0.610
Potasse . . .	0.550	0.480	0.540	0.420	0.330	0.450
Chaux	0.060	0.050	0.050	0.100	0.030	0.100

A l'inspection de ces chiffres, nous voyons que, pour une production égale de grains de différentes céréales, les unes, comme le blé, le maïs, le sarrasin, sont sensiblement plus épuisantes que les autres, qu'il leur faut par conséquent ou bien un sol plus riche ou des fumures plus abondantes.

Si nous ne considérons que le grain proprement dit, c'est-à-dire la partie qui est ordinairement exportée du domaine, en regardant les pailles comme restant, sous forme de nourriture ou de litière, avec les substances fertilisantes qu'elles renferment, nous constatons que c'est le blé qui, à production égale, appauvrit le plus l'exploitation.

PLANTES LÉGUMINEUSES
CULTIVÉES POUR LEURS GRAINS

Les graines des légumineuses sont très riches en principes nutritifs; elles entrent dans l'alimentation de l'homme et des animaux ; les fanes de ces plantes servent quelquefois de fourrage, mais sont plus souvent utilisées comme litière.

La composition centésimale moyenne des grains et des fanes des principales espèces cultivées est la suivante :

		Azote.	Acide phosphorique.	Potasse,	Chaux.	Magnésie.	Acide sulfurique.
Haricots .	Graines .	4.15	0.94	1.40	0.20	0.41	0.28
	Paille[1] .	1.04	0.38	1.07	1.86	0.38	0.28
Pois . . .	Graines .	3.58	0.88	0.98	0.12	0.19	0.08
	Paille . .	1.04	0.38	1.07	1.86	0.38	0.28
Féveroles.	Graines .	4.06	1.16	1.20	0.15	0.20	0.10
	Paille . .	1.63	0.41	2.00	1.35	0.30	0.10
Lentilles .	Graines .	3.81	0.52	0.77	0.10	0.04	0.15
	Paille . .	1.01	0.48	0.52	2.00	0.12	0.02

1. Cette paille a une composition sensiblement identique avec celle des pois et, à défaut de chiffres précis, nous lui appliquons ceux de ces derniers.

Nous voyons que les graines contiennent de grandes quantités d'azote, aussi est-ce principalement comme aliment azoté qu'elles sont employées. L'acide phosphorique s'y trouve également en proportion très grande.

Les pailles contiennent beaucoup moins de ces éléments, mais notablement plus encore que les pailles des céréales. Par contre, la potasse, la chaux, la magnésie sont plus abondantes dans cette partie de la plante que dans la graine.

Recherchons l'exportation en principes fertilisants que donnent ces différentes légumineuses cultivées pour leurs grains.

Haricots. — En admettant à l'hectare une production moyenne de 16 hectolitres de grains qui, au poids de 78 kilog. l'hectolitre, donnent 1 250 kilog. et une formation correspondante de paille égale à 1 200 kilog., nous pouvons calculer que l'exportation en principes fertilisants se chiffre pour cette culture par :

	Grain.	Paille.	Total
	kilog.	kilog.	kilog.
Azote	51.9	12.5	64.4
Acide phosphorique. . . .	11.7	4.6	16.3
Potasse	17.5	12.8	30.3
Chaux.	2.5	22.3	24.8

Pois. — Admettons un rendement moyen de 18 hectolitres par hectare, qui, à raison de 84 kilog. l'hectolitre, fournit un poids de 1 500 kilog. Le rapport de la paille au grain diffère suivant les variétés et suivant la saison ; en tous cas il est beaucoup plus élevé que pour le haricot et nous pouvons adopter un chiffre moyen de 3 500 kilog. de fanes. L'exportation

calculée d'après ces données conduit aux chiffres suivants :

	Grain.	Paille.	Total.
	kilog.	kilog.	kilog.
Azote	53.7	36.4	90.1
Acide phosphorique	13.2	13.3	26.5
Potasse	14.7	37.5	52.2
Chaux.	1.8	65.1	66.9
Magnésie.	2.8	13.3	16.1

Féveroles. — Un rendement moyen de 20 hectolitres
pesant 88 kilog. à l'hectolitre, nous donne une récolte de
1760 kilog. à l'hectare. D'après de Gasparin, la paille
correspondante a un poids sensiblement égal ; d'après
M. Heuzé, elle a un poids à peu près double ; en prenant la
moyenne de ces observations, nous arrivons au chiffre de
2 600 kilog., ce qui nous conduit aux résultats suivants :

	Grain.	Paille.	Total.
	kilog.	kilog.	kilog.
Azote	71.5	42.4	113.9
Acide phosphorique	20.4	10.7	31.1
Potasse.	21.1	52.0	73.1
Chaux.	2.6	35.1	37.7
Magnésie.	3.5	7.8	11.3

Lentilles. — Les lentilles donnent en moyenne
15 hectolitres de grains pesant 80 kilog. l'hectolitre,
soit un rendement par hectare de 1 200 kilog. et une
quantité de paille d'environ 1 700 kilog. L'exportation
calculée sur ces bases est de :

	Grain.	Paille.	Total.
	kilog.	kilog.	kilog.
Azote.	45.7	17.2	62.9
Acide phosphorique.	6.2	8.2	14.4
Potasse.	9.2	8.8	18.0
Chaux	1.2	34.0	35.2
Magnésie	0.5	2.0	2.5

Les lentilles et les haricots sont, parmi les légumineuses, celles qui sont le moins épuisantes.

Nous voyons que la culture des légumineuses pour la production des graines exporte surtout de fortes proportions d'azote. L'acide phosphorique ainsi que les autres éléments sont en quantité notablement moindre.

Des récoltes moyennes dépassent, au point de vue des besoins en azote, les récoltes de blé les plus considérables. Pour les autres éléments, acide phosphorique, potasse, etc. cette exportation est sensiblement la même pour une récolte moyenne que pour une forte production de blé. Les besoins des légumineuses sont donc beaucoup plus considérables que ceux des céréales et il semblerait que la production des graines, lorsque celles-ci sont exportées du domaine, devrait notablement appauvrir le sol. Mais les pailles des légumineuses, plus riches que celles des céréales, laissent à la ferme, sous forme de litière, de plus fortes proportions d'azote et d'acide phosphorique et par suite l'appauvrissement est moins considérable que ne le feraient penser leurs besoins en principes fertilisants.

Quoique les légumineuses aient de grandes exigences en azote, on estime qu'il n'y a pas lieu en général de leur appliquer des engrais azotés ; en effet, cultivées comme fourrages ou pour leurs graines, elles ont une plus grande aptitude que les autres plantes à trouver leur aliment azoté, que celui-ci soit puisé par les racines dans les profondeurs du sol, ou pris dans l'air, à l'état d'ammoniaque. Nous avons donc là un exemple de plantes pour lesquelles la composition chimique n'est pas un guide sûr dans l'appréciation des engrais à leur appliquer.

Nous donnons ci-dessous les quantités d'éléments fertilisants nécessaires à la production de l'unité de volume et de l'unité de poids des graines, en y comprenant la paille afférente. Nous voyons que c'est l'azote et la potasse qui sont absorbés en majeure quantité. Il s'y trouve également beaucoup de chaux ; aussi les légumineuses sont-elles presque toutes calcicoles et ne prospèrent-elles que dans les terrains contenant des quantités suffisantes de chaux. Les terres qui en manquent, comme les terres granitiques, ne sont pas propres à leur culture.

La production d'un hectolitre avec sa paille exige :

	Haricots.	Lentilles.	Pois.	Féveroles.
	kilog.	kilog.	kilog.	kilog.
Azote	4.030	4.200	5.000	5.700
Acide phosphorique .	1.020	0.970	1.470	1.555
Potasse	1.890	1.200	2.900	3.650
Chaux.	1.550	2.350	3.730	1.900

Si on rapporte aux 100 kilogrammes :

	kilog.	kilog.	kilog.	kilog.
Azote	5.150	5.240	6.000	6.490
Acide phosphorique .	1.300	1.200	1.770	1.800
Potasse	2.430	1.500	3.480	4.160
Chaux.	2.000	3.000	4.470	2.100

En comparant la production de 100 kilogrammes de graines de légumineuses à celle d'une quantité égale de graines de céréales, nous sommes frappés de la proportion beaucoup plus considérable d'azote, de potasse et de chaux que contiennent les premières.

En faisant abstraction de la paille et en ne considérant que le grain, 100 kilogrammes exportent :

	Haricots.	Lentilles.	Pois.	Féveroles.
	kilog.	kilog.	kilog.	kilog
Azote.	4.150	3.810	3.58	4.06
Acide phosphorique. . . .	0.940	0.520	0.88	1.16
Potasse.	1.400	0.770	0.98	1.20
Chaux	0.200	0.100	0.12	0.15

Nous voyons que la chaux est principalement contenue dans les pailles; la potasse également s'y trouve plus abondante; tandis que l'azote et l'acide phosphorique sont concentrés dans le grain.

PLANTES INDUSTRIELLES

On désigne sous ce nom les plantes cultivées en vue de l'emploi industriel de l'une ou de l'autre des matières qu'elles renferment. Les principales sont les graines oléagineuses et les plantes textiles; dans ces deux catégories on n'enlève de la plante que des matériaux qui n'appauvrissent pas le sol : dans le premier cas l'huile, dans le second la fibre textile. En effet ils sont uniquement composés de carbone, d'hydrogène et d'oxygène et n'entraînent pas avec eux de principes fertilisants; mais il n'en faut pas moins une certaine quantité de ceux-ci pour constituer les organes de la plante qui doit élaborer les produits dont nous venons de parler. Outre les végétaux que nous avons cités, il y a d'autres plantes industrielles telles que le tabac, le houblon, etc., qui fournissent à la consommation industrielle une partie de leurs organes en nature, avec tous les éléments fertilisants qui y sont contenus.

Nous ne parlons pas des plantes tinctoriales dont la culture a beaucoup diminué dans notre climat.

On ne trouve que des renseignements très incomplets et contradictoires sur les rendements et la composition des diverses parties de ces récoltes; aussi avons-nous dû nous contenter d'indications sommaires.

§ I. — PLANTES OLÉAGINEUSES

On peut leur assigner en moyenne la teneur suivante p. 100 :

		Azote.	Ac. phosph.	Potasse.	Chaux.	Magnésie.	Ac. sulf.
Colza	Graines.	3.10	1.64	0.88	0.52	0.46	0.13
	Paille.	0.50	0.27	0.97	1.01	0.21	0.27
	Siliques.	0.85	0.36	0.57	3.38	0.88	0.68
Pavot	Graines.	2.80	1.64	0.71	1.85	0.50	0.10
	Paille.	0.40	0.23	2.00	1.50	0.43	0.34

Colza. — Nous pouvons admettre, pour la production moyenne du colza dans une bonne terre, 30 hectolitres de grains à l'hectare qui, au poids de 68 kilogrammes par hectolitre, donnent 2 040 kilogrammes. La paille correspondante est ordinairement dans le rapport de 160 à 100, ce qui donne une quantité de 3 200 kilogrammes. Il faut y ajouter les siliques dont le poids est à peu près 75 p. 100 de celui de la graine, soit 1 600 kilogrammes dans le cas actuel. L'exportation en principes fertilisants sera pour cette production :

	Graines.	Paille.	Siliques.	Total.
	kilog.	kilog.	kilog.	kilog.
Azote	63.2	16.0	13.6	92.8
Acide phosphorique	33.4	8.6	5.8	47.8
Potasse	17.9	31.0	9.1	58.0
Chaux	10.6	32.3	54.1	97.0
Magnésie	9.4	6.7	14.1	30.2

Ces chiffres se rapportent au colza d'hiver; le colza d'été donne des rendements notablement inférieurs et par suite appauvrit moins le sol.

Pavot ou œillette. — On peut considérer comme un

rendement ordinaire une production de 20 hectolitres
de graines par hectare qui, à raison de 60 kilogrammes
l'hectolitre, donnent un poids de 1200 kilogrammes. En
moyenne la paille correspondante à 100 kilogrammes
de graines est de 250 kilogrammes ; nous aurions donc à
l'hectare, dans le cas actuel, 3 000 kilogrammes de paille.

L'exportation peut se calculer comme suit :

	Graines.	Paille.	Total.
	kilog.	kilog.	kilog.
Azote	33.6	12.0	45.6
Acide phosphorique.	19.7	6.9	26.6
Potasse.	8.5	60.0	68.5
Chaux.	22.2	45.0	67.2
Magnésie.	6.0	12.9	18.9

Pour une production inférieure, le pavot enlève au
sol plus de potasse que le colza ; il est plus exigeant dans
le choix du terrain.

Pour produire un hectolitre de ces graines, avec la
paille qui leur est afférente, on est obligé d'emprunter
au sol :

	Colza.	Pavot.
	kilog.	kilog.
Azote.	3.100	2.28
Acide phosphorique.	1.595	1.33
Potasse	1.930	3.42
Chaux.	3.220	3.36

Si, au lieu de calculer par hectolitre, on calcule pour
100 kilogrammes de grains, on aura :

	Colza.	Pavot.
	kilog.	kilog.
Azote	4.550	3.800
Acide phosphorique	2.345	2.220
Potasse.	2.840	5.709
Chaux	4.750	5.600

En faisant abstraction de la paille et ne considérant que le grain, 100 kilogrammes enlèvent:

	Colza.	Pavot.
	kilog.	kilog.
Azote	3.100	2.800
Acide phosphorique	1.640	1.640
Potasse	0.880	0.710
Chaux	0.520	1.850

Lorsque l'extraction de l'huile se fait à la ferme et que ce seul produit est exporté, il ne résulte aucun appauvrissement du domaine; les tourteaux consommés par le bétail et les pailles servant de litière retournent entièrement au fumier.

§ II. — PLANTES TEXTILES

Le lin et le chanvre sont les plantes textiles les plus importantes pour notre climat; outre la production des tiges qui forment les textiles, elles donnent une certaine quantité de graines oléagineuses qui servent souvent à la production de l'huile; c'est donc à un double point de vue qu'elles sont industrielles.

Elles ont la composition moyenne suivante rapportée à 100 :

		Azote.	Ac. phosph.	Potasse.	Chaux.	Magnésie.	Ac. sulf.
Lin	Graines.	3.20	1.30	1.04	0.27	0.42	0.04
	Tiges	0.48	0.43	1.00	0.83	0.23	0.20
Chanvre	Graines.	2.62	1.75	0.97	1.13	0.27	0.01
	Plante entière.	»	0.35	0.52	1.22	0.27	0.01

Lin. — Admettons une production moyenne de 4 000 kilogrammes de récolte sèche à l'hectare. Dans la culture ordinaire, où on ne vise pas à la production des graines, on en obtient, d'après M. de Gasparin, 13 p. 100 du poids de la plante sèche, c'est-à-dire qu'une récolte brute de 4 000 kilogrammes fournirait 3 480 de tiges et 520 de graines.

L'exportation se trouve ainsi être la suivante :

	Tiges.	Graines.	Total.
	kilog.	kilog.	kilog.
Azote	16.7	16.6	33.3
Acide phosphorique	15.0	6.8	21.8
Potasse.	34.8	5.4	40.2
Chaux	28.9	1.4	30.3
Magnésie.	8.0	2.2	10.2

Dans cette évaluation ne sont pas compris les principes fertilisants, d'ailleurs en minime quantité, qui sont contenus dans les capsules.

Ces chiffres sont sujets à varier dans de fortes proportions; les quantités relatives de graines et de filasse sont en général inverses, c'est-à-dire que leur production se contrarie mutuellement; mais dans aucun cas le lin ne doit être regardé comme une plante très épuisante.

Chanvre. — Une récolte moyenne de chanvre peut être de 12 500 kilogrammes en y comprenant la tige, les feuilles et les graines.

L'exportation résultant de cette récolte est de :

	kilog.
Acide phosphorique	43.7
Potasse	65.0
Chaux	152.0
Magnésie	34.0

Ces chiffres, quoique incomplets, suffisent pour montrer que le chanvre est une plante assez épuisante.

Lorsque la filasse seule est exportée, il n'en résulte

aucune déperdition appréciable en matières fertilisantes ; celles-ci sont tout entières soit dans le grain, soit dans les débris restés sur le domaine, tels que les chènevottes et les feuilles, soit dans les eaux de rouissage. Aussi est-il important d'employer ces déchets, dont une partie peut servir de litière et une autre pour l'irrigation ou l'arrosage des fumiers.

§ III. — HOUBLON

La culture du houblon est assez répandue dans les départements de l'est et du nord, pour la production de ses cônes, qui entrent dans la fabrication de la bière. Elle demande des fumures assez considérables et ce sont les engrais azotés qu'on choisit de préférence.

Le houblon est cultivé par plants accouplés deux par deux ; une perche placée à la disposition de chaque couple de plants leur permet de s'élever à plusieurs mètres de hauteur. Ces perches sont au nombre de 3 000 à l'hectare. Malgré l'espacement des plants, il y a donc un développement végétal considérable.

La composition centésimale des diverses parties du houblon, au moment de la cueillette, est la suivante, d'après nos analyses :

	Tiges et branches.	Feuilles.	Cônes.
Eau	62.700	65.500	74.610
Azote	0.350	0.701	0.615
Acide phosphorique	0.086	0.103	0.202
Potasse	0.194	0.288	0.293
Magnésie	0.110	0.276	0.128

Les tiges forment 41 p. 100 du poids du plant à l'état frais.
— feuilles — 18 —   —   —
— cônes — 41 —   —   —

Une très bonne récolte peut donner 1000 kilogr. de
cônes secs à l'hectare. Elle exige de la terre une somme
de principes fertilisants, calculée d'après les données
précédentes, de :

	kilog.
Azote.	52
Acide phosphorique	13
Potasse.	24
Magnésie	14

Si nous ne considérons que les cônes qui sont la
partie exportée du domaine, nous y trouvons :

	kilog.
Azote.	24.2
Acide phosphorique	8.0
Potasse.	11.5
Magnésie	5.0

Les tiges et les branches restent sur la terre et constituent une sorte de fumure verte; les feuilles sont ordinairement consommées par le bétail.

La culture du houblon, lorsqu'elle est un peu intensive, est donc assez exigeante, surtout en azote, ce qui
justifie l'emploi des fumures azotées qu'on lui applique
de préférence.

§ IV. — TABAC

Le tabac est une culture industrielle qui, dans certains
départements désignés par l'administration, occupe de
grandes surfaces. Les études cependant nous manquent
en ce qui concerne la statique des éléments exportés,
nous savons seulement, d'après les recherches de

M. Schlœsing, que 1000 kilogrammes de feuilles de tabac exportent :

	Tabac très combustible.	Tabac incombustible.	Moyenne.
	kilog.	kilog.	kilog.
Acide phosphorique.	5.2	3.80	4.5
Potasse	24.6	11.56	18.1
Chaux.	65.7	84.69	75.2
Magnésie.	7.8	9.70	8.7

La teneur en azote varie de 40 à 60 p. 1000 de feuilles sèches, elle est en moyenne de 50. Les feuilles seules sont exportées du domaine à raison de 1500 kilogrammes en moyenne par hectare; ce qui constitue un appauvrissement annuel de :

	kilog.
Azote	75.0
Acide phosphorique	6.7
Potasse.	27.2
Chaux.	112.8
Magnésie	13.1

Les bourgeons qu'on enlève, pendant le cours de la végétation, tombent sur le sol; les racines restent en terre; les tiges, après avoir été séparées, retournent au fumier. Il n'y a donc pas de ce fait appauvrissement du domaine; mais la production de ces diverses parties n'a pas moins puisé dans le sol une somme de principes fertilisants, qu'il faudrait pouvoir apprécier exactement pour calculer la quantité d'engrais nécessaire à cette culture.

D'après M. Boussingault, une récolte de tabac comprenant 31111 plants par hectare enlève par ses racines, ses tiges et ses feuilles :

	kilog.
Azote.	429
Potasse	442
Acide phosphorique.	112

La partie réellement exportée, les feuilles, dont le poids s'élève à 3 436 kilog., contient :

	kilog.
Azote.	158
Acide phosphorique.	26
Potasse.	98

M. Boussingault nous parle dans cette expérience d'une récolte absolument exceptionnelle; l'agriculteur n'est malheureusement pas habitué à de semblables rendements ; lorsqu'il obtient la moitié de cette récolte, soit 1 700 kilog. de feuilles à l'hectare, il s'estime très satisfait.

Nous ne donnons ces chiffres que pour mémoire, à défaut de renseignements se rapprochant davantage de la pratique ; ils montrent surabondamment que les exigences du tabac sont considérables, surtout en azote et en potasse.

PLANTES CULTIVÉES POUR LEURS RACINES

La production des racines et des tubercules est aussi importante que celle des céréales et il faut leur appliquer les mêmes considérations pour rechercher les quantités de matières fertilisantes qu'il faut fournir aux plantes de cette catégorie, en vue d'obtenir des récoltes déterminées.

Il y a deux parties à examiner dans ces récoltes : la partie souterraine, racines ou tubercules, qui fait le principal objet de la culture et les parties aériennes, feuilles et tiges, qui restent sur le sol et constituent une fumure verte, ou qui sont employées dans l'alimentation.

Voici la composition centésimale moyenne des principales racines fourragères, ainsi que celle de leurs feuilles :

		Azote.	Ac. phosph.	Potasse.	Chaux.	Magnésie.	Ac. sulf.
Carottes. .	Racines . .	0.21	0.11	0.32	0.09	0.05	0.06
	Feuilles . .	0.51	0.10	0.37	0.86	0.12	0.15
Panais. . .	Racines . .	0.38	0.21	0.47	»	0.05	0.04
Navets ou	Racines . .	0.20	0.11	0.25	0.08	0.01	0.04
Turneps	Feuilles . .	0.30	0.13	0.32	0.45	0.06	0.14
Rutabagas.	Racines . .	0.25	0.14	0.40	0.09	0.02	0.08
	Feuilles . .	0.35	0.26	0.36	0.84	0.10	0.30
Betterave	Racines . .	0.18	0.08	0.43	0.04	0.04	0.03
fourragère.	Feuilles . .	0.30	0.08	0.43	0.17	0.14	0.11
Betterave à	Racines . .	0.16	0.11	0.40	0.05	0.07	0.04
sucre.	Feuilles . .	0.30	0.10	0.40	0.36	0.33	0.14

Carottes. — On peut admettre pour les carottes fourragères une production moyenne de 30 000 kilog. de racines à l'hectare. D'après M. Boussingault, les feuilles sont en général trois fois moins abondantes; la quantité correspondante de fanes est donc de 10 000 kilog. En calculant avec ces données les quantités de substances fertilisantes qui se trouvent contenues dans la récolte d'un hectare, nous arrivons aux résultats suivants :

	Racines.	Feuilles.	Total.
	kilog.	kilog.	kilog.
Azote	63	51	114
Acide phosphorique	33	10	43
Potasse	96	37	133
Chaux.	27	86	113
Magnésie.	15	12	27

Une grande partie de l'azote se trouve dans les fanes qui, le plus souvent, restent sur le sol. La potasse existe en majeure partie dans la racine ; c'est un fait que nous retrouverons dans toute cette catégorie de plantes.

Navets, Raves ou Turneps. — Pour une production de 25 000 kilog. de racines, en admettant, d'après Lawes et Gilbert, que la quantité de feuilles est en moyenne de 60 p. 100 de racines, nous aurons 15 000 kilogrammes de feuilles. Cette récolte contiendra :

	Racines.	Feuilles.	Total.
	kilog.	kilog.	kilog.
Azote..................	50.0	45.0	95.0
Acide phosphorique.........	27.5	19.5	47.0
Potasse..............	62.5	48.0	110.5
Chaux	20.0	67.5	87.5
Magnésie	2.5	9.0	11.5

Rutabagas et Choux-navets. — On considère une récolte de 45 000 kilog. de racines comme un bon rendement moyen ; d'après de Gasparin, le rapport des feuilles à la racine est de 68 p. 100 ; d'après M. Heuzé et d'après Girardin, ce rapport serait seulement de 32 p. 100 ; la moyenne des observations donne le chiffre de 43 p. 100, qui fournit un poids de feuilles correspondant à 20 000 kilog. Il y a donc une somme. énorme de matière végétale produite, et une assimilation importante de principes fertilisants, ainsi que le montre le tableau ci-dessous :

	Racines.	Feuilles.	Total.
	kilog.	kilog.	kilog.
Azote	112.5	70.0	182.5
Acide phosphorique.......	63.0	52.0	115.0
Potasse	180.0	72.0	252.0
Chaux	40.5	168.0	208.5
Magnésie	9.0	20.0	29.0

Les exigences du rutabaga sont très grandes et ces

forts rendements ne peuvent être obtenus que dans des terres très riches ou très fortement fumées.

Betteraves fourragères. — Supposons une récolte de 40 000 kilog. de racines ; le rapport des feuilles aux racines varie beaucoup suivant les variétés, les années, les engrais, etc. En prenant la moyenne des observations de Lawes et Gilbert, de Boussingault, de Schwertz, etc., on peut fixer le poids des feuilles à environ la moitié du poids des racines, soit dans le cas envisagé 20 000 kilog.

Nous aurons ainsi :

	Racines.	Feuilles.	Total.
	kilog.	kilog.	kilog.
Azote.	72	60	132
Acide phosphorique	32	16	48
Potasse.	172	86	258
Chaux.	16	34	50
Magnésie.	16	28	44

Betteraves à sucre. — Avec une récolte de 30 000 kilog. de racines et environ 12 000 kilog. de feuilles, nous trouvons comme substances assimilées :

	Racines.	Feuilles.	Total.
	kilog.	kilog.	kilog.
Azote.	48.0	36.0	84.0
Acide phosphorique	33.0	12.0	45.0
Potasse	120.0	48.0	168.0
Chaux.	15.0	43.2	58.2
Magnésie.	21.0	39.6	60.6

La production des betteraves à sucre exige une moindre quantité de fumures azotées ; celles-ci, données en excès, nuiraient à la richesse saccharine et à l'extraction du sucre. Dans la betterave fourragère au contraire, on cherche à augmenter le taux des matières azotées afin d'obtenir un aliment plus riche.

PLANTES CULTIVÉES POUR LEURS TUBERCULES

Les plantes de cette catégorie sont peu nombreuses ; la pomme de terre et le topinambour sont les seules qui nous intéressent. Nous trouvons dans 100 de matière les éléments fertilisants suivants :

		Azote.	Ac. phosph.	Potasse.	Chaux.	Magnésie.	Ac. sulf.
Pommes de terre.	Tubercules .	0.32	0.18	0.56	0.02	0.04	0.06
	Fanes. . . .	0.50	0.10	0.30	0.50	0.27	0.06
Topinambours.	Tubercules .	0.32	0.14	0.85	0.05	0.02	0.03
	Fanes sèches.	0.43	0.07	0.41	0.91	0.09	0.03

Pommes de terre. — Considérons une récolte de 18 000 kilog. de tubercules ; suivant M. Boussingault, le rapport des fanes aux tubercules égale 23 p. 100 ; nous aurons par conséquent 4 200 kilog. de fanes. Cette récolte contiendra :

	Tubercules.	Fanes.	Total.
	kilog.	kilog.	kilog.
Azote	57.6	21.0	78.6
Acide phosphorique	32.4	4.2	36.6
Potasse	100.8	12.6	113.4
Chaux.	3.6	21.0	24.6
Magnésie	7.2	11.3	18.5

C'est donc dans le tubercule que se trouvent concentrées la plus grande partie des matières fertilisantes ; l'azote et surtout la potasse y existent en abondance. Les fanes n'en renferment que de faibles quantités ; d'ailleurs, restant le plus souvent dans le champ, elles retournent immédiatement à la terre.

Topinambours. — Nous donnons ici les résultats de nos expériences personnelles. Une récolte à l'hectare,

qu'on peut regarder comme moyennement bonne, de
28 400 kilog. de tubercules nous a donné 4 850 kilog.
de fanes sèches après l'hiver, ce qui a constitué une
assimilation de :

	Tubercules.	Fanes.	Total.
	kilog.	kilog.	kilog.
Azote	102.7	20.8	123.5
Acide phosphorique.	35.7	3.3	39.0
Potasse	221.2	19.9	241.1
Chaux.	6.2	44.3	50.5
Magnésie	1.1	4.5	5.6

Nous avons examiné les divers cas où on utilise la
partie verte en la fauchant à différentes époques de la
végétation, et nous avons trouvé les chiffres suivants :

En fauchant deux fois les tiges de topinambour, en
juillet et en septembre, on obtient :

1º Fauche de juillet . . . . .   3 254 kilog. de fourrage.

2º   — septembre . . . 14 970   —

       TOTAL. . . . . . . 18 224 kilog. de fourrage.

       et . . . . 7 870 kilog. de tubercules.

qui exportent :

	Azote.	Ac. phosph.	Potasse.	Chaux.	Magnésie.
	kilog.	kilog.	kilog.	kilog.	kilog.
1º	21.9	3.7	4.6	19.5	4.1
2º	87.0	15.6	21.0	81.9	16.8
Fourrage .	108.9	19.3	25.6	101.4	20.9
Tubercules.	34.9	11.9	81.8	6.2	1.0
TOTAUX.	143.8	31.2	107.4	107.6	21.9

Si on fauche en juillet, on obtient 2 860 kilog. de
fourrage exportant :

Azote.	Ac. phosph.	Potasse.	Chaux.	Magnésie.
kilog.	kilog.	kilog.	kilog.	kilog.
19.2	3.3	4.0	17.1	3.6

et 28 000 kilog. de tubercules exportant :

Azote.	Ac. phorph.	Potasse.	Chaux.	Magnésie.
kilog.	kilog.	kilog.	kilog.	kilog.
123.2	37.5	238.0	12.6	5.6

ce qui donne un total de :

142.4	40.8	242.0	29.7	9.2

Si on fauche en septembre, on obtient 19 870 kilog. de fourrage vert exportant :

119.6	23.8	27.8	171.3	26.9

et 13 100 kilog. de tubercules exportant :

54.7	18.6	132.4	3.7	2.2

ce qui donne un total de :

174.3	42.4	160.2	175.0	29.1

On voit à l'inspection de ces chiffres qu'en consommant les fanes de topinambour en vert, on enlève au sol des quantités bien plus considérables d'azote, que lorsqu'on ne tire parti que du tubercule, ce qui s'explique par la richesse plus grande des fanes en matière azotée ; que l'acide phosphorique n'est pas enlevé dans des proportions notablement différentes, dans l'une ou l'autre des deux opérations ; que la potasse, au contraire, concentrée qu'elle est dans les tubercules, est éliminée en proportion d'autant plus forte que ces derniers ont acquis un plus grand développement. Le fauchage appauvrit également le sol en chaux et en magnésie, alors que l'utilisation exclusive du tubercule n'en enlève que des quantités minimes.

Lorsqu'on ne tire parti que du tubercule, comme cela se pratique dans la grande généralité des cas, les par-

ties aériennes passent l'hiver sur la terre ; les feuilles et
en général les parties les plus altérables tombent sur le
sol et lui restituent les éléments fertilisants qu'elles renferment. Les parties les plus grosses des tiges restent
seules et sont enlevées ensuite pour servir de litière
ou de combustible. Ceci explique pourquoi l'épuisement est en général moindre dans le cas où l'on n'exporte du champ que le tubercule et cette partie des tiges
qui a résisté aux intempéries.

La potasse est l'élément que le topinambour, surtout dans une culture normale, enlève en plus forte
proportion au sol, les terres d'origine granitique
lui conviennent donc particulièrement; pour que la
culture soit productive dans les sols pauvres en
potasse, comme le sont, en général, les terres calcaires, il faut employer des engrais potassiques. Le
topinambour exige autant d'azote et d'acide phosphorique qu'une bonne récolte de blé. Il ne faut donc pas,
ainsi qu'on le fait généralement, envisager le topinambour comme une plante n'appauvrissant pas le sol ou
insensible à l'application des fumures; il est trop souvent négligé et mérite aussi bien que la betterave, la
carotte, les turneps, les soins attentifs du cultivateur.

D'après les chiffres qui précèdent : 1 000 kilog. des
différentes racines exigent du sol, en comprenant dans
ces chiffres la production des feuilles

	Carottes.	Turneps ou Navets.	Rutabagas.	Betterave fourragère.	Betterave à sucre.
	kilog.	kilog.	kilog.	kilog.	kilog.
Azote	3.800	3.800	4.055	3.300	2.800
Acide phosphorique .	1.430	1.880	2.555	1.200	1.500
Potasse.	4.430	4.420	5.600	6.450	5.600
Chaux	3.750	3.500	4.635	1.250	2.030

Les plantes cultivées pour leurs tubercules nous donnent les chiffres suivants :

	Pommes de terre.	Topinambours.
Azote.	4.370	4.410
Acide phosphorique	2.030	1.390
Potasse.	6.300	8.610
Chaux.	1.360	1.800

En faisant abstraction des feuilles, on trouve :

	Carottes.	Turneps.	Rutabagas.	Betterave sucrière.	Betterave fourragère.	Pommes de terre.	Topinam-bours.
	kilog.	kilog.	kilog.	kilog.	kilog.	kilog.	kilog.
Azote . . .	2.100	2.000	2.500	1.600	1.800	3.200	3.200
Ac. phosph.	1.100	1.100	1.400	1.100	0.800	1.800	1.400
Potasse. . .	3.200	2.500	4.000	4.000	4.300	5.600	8.500
Chaux . . .	0.900	0.800	0.900	0.500	0.400	0.200	0.500

Nous voyons que la production des racines et des tubercules exige surtout de fortes quantités de potasse : lorsque la consommation en est faite dans le domaine, cette potasse est restituée au sol par le fumier ; lorsqu'au contraire ces récoltes sont exportées, et c'est souvent le cas pour la pomme de terre, le topinambour et la betterave, employés comme plantes industrielles, il en résulte un appauvrissement notable en potasse, qui nécessite une restitution dans les sols qui n'en sont pas abondamment pourvus. Quoique relativement pauvres en azote, ces racines et ces tubercules en exportent de sensibles quantités en raison de leur rendement élevé. Dans le cas de l'emploi industriel, cet azote retourne au fumier par les pulpes qui servent à l'alimentation des animaux; mais la potasse est restée à l'usine où elle est quelquefois perdue, quelquefois utilisée sous forme d'eau d'irrigation, souvent aussi extraite à l'état de sels potassiques.

Autant et plus peut-être que la plupart des autres plantes, celles dont nous venons de parler sont sensibles à l'application des engrais. Aussi peut-on, pour les racines en particulier, augmenter leur rendement dans de fortes proportions par l'application de fumures appropriées.

PLANTES FOURRAGÈRES

Dans les plantes fourragères, c'est l'ensemble des organes aériens qu'il faut considérer, mais à une époque éloignée de la maturité, où la plante n'a pas assimilé le maximum de substances qu'elle est susceptible d'acquérir, lorsqu'on laisse la végétation arriver à ses dernières limites. Des plantes très diverses sont cultivées comme fourrages : les plus importantes sont les graminées qui, réunies le plus souvent en espèces nombreuses, et mélangées de plantes d'autres familles, constituent l'herbe de prairie et le foin.

Dans certains cas des espèces de graminées sont cultivées isolément, tels sont le maïs, le sorgho, le ray-grass, le seigle, etc.

Des plantes légumineuses sont également employées fréquemment comme fourrage, ainsi que des crucifères telles que le chou. On peut dire en général que toutes les plantes cultivées, fauchées en vert, sont susceptibles d'être utilisées comme fourrage ; nous nous bornons à l'examen de celles qui sont le plus généralement affectées à cet usage.

§ I. — PLANTES FOURRAGÈRES GRAMINÉES

L'analyse montre que ces plantes ont en moyenne la teneur centésimale suivante en éléments fertilisants :

	Azote.	Ac. phosph.	Potasse.	Chaux.	Magnésie.	Ac. sulf.
Ray-grass en vert	0.57	0.17	0.53	0.16	0.05	0.08
Herbes de (en vert . . .	0.44	0.15	0.60	0.27	0.11	0.12
prairies. (en foin . . .	1.31	0.35	1.60	0.77	0.26	0.34
Maïs vert.	0.28	0.07	0.32	0.12	0.09	0.03
Seigle vert.	0.43	0.24	0.63	0.12	0.05	0.02

Foin de prairie. — La composition et le rendement du foin varient dans des proportions considérables, suivant les espèces, les terrains, les climats ; nous ne pouvons ici que considérer les prairies des régions moyennes de la France et des sols placés dans des conditions normales.

En réunissant les coupes de l'année, nous pouvons compter en moyenne sur un rendement de 6 000 kilogrammes à l'hectare, ce poids se rapportant au foin et au regain tels qu'ils sont récoltés après la fenaison.

L'enlèvement des principes nutritifs serait le même si, au lieu d'être séchée et conservée, l'herbe était consommée en vert.

Avec cette production moyenne de 6 000 kilogrammes, nous exportons de la prairie :

	kilog.
Azote.	78.6
Acide phosphorique.	21.0
Potasse.	96.0
Chaux	46.2
Magnésie.	15.6

Nous voyons que c'est la potasse qui est enlevée en majeure partie ; malgré l'exportation notable de matières fertilisantes, on admet en général que la culture herbacée n'est pas une cause d'appauvrissement pour le domaine ; au contraire, c'est à elle que l'on demande le fumier nécessaire pour les autres cultures ; il semble donc que la prairie doive atteindre en peu de temps l'épuisement des matières fertilisantes. Pourtant il n'en est rien ordinairement, et la production de l'herbe peut se continuer pendant de longues années sur les mêmes surfaces de terrain, sans qu'il y ait diminution appréciable de rendement et alors même qu'on ne restitue pas les principes enlevés. Ainsi dans les expériences de MM. Lawes et Gilbert, une prairie restée 7 ans sans engrais, a donné en moyenne pendant cette période 3 165 kilogrammes de foin et pour les 4 dernières années 3 275 kilogrammes. La même prairie pendant 18 ans sans engrais fournit comme moyenne générale 2 800 kilogrammes ; il n'y avait pas de diminution notable dans la production. C'est donc avec raison que la prairie est regardée comme une source continue d'engrais. Il ne faut pas croire cependant qu'elle soit insensible à l'application des fumiers ; elle profite d'un apport judicieux de matières fertilisantes et cette culture peut être rendue intensive comme toute autre production végétale.

Si la prairie ne reçoit pas d'engrais et qu'elle continue à produire de l'herbe, il résulte forcément de ce fait un appauvrissement en azote, acide phosphorique, potasse, etc. Recherchons comment cet appauvrissement se trouve compensé. Nous devons envisager deux cas bien distincts, celui des prairies qui ne sont pas irrigables et celui des prairies qu'on irrigue ; dans le second cas, les eaux d'irrigation font un apport incessant à la végétation. Ces eaux sont par elles-mêmes très peu chargées de principes nutritifs, mais la masse énorme qui circule sur une terre irriguée apporte cependant des proportions importantes de ces substances. Pour fixer les idées, admettons qu'une eau contienne 4 milligrammes de potasse par litre, soit 4 grammes par mètre cube ; une irrigation qui en verserait sur cette prairie 20 000 mètres cubes par hectare, quantité qui est souvent dépassée de beaucoup, y apporterait 80 kilogrammes de potasse. L'herbe de prairie agit sur les eaux comme un véritable filtre ; elle retient les principes dont elle a besoin et laisse passer les autres. Le développement considérable du système radiculaire qui constitue un véritable feutrage dans l'intérieur de la terre multiplie la surface d'absorption de telle manière que la plus grande partie des matériaux utiles de ces eaux se trouve employée par la végétation.

Nous voyons, dans des sables à peu près stériles, de magnifiques prairies qui ne reçoivent leur alimentation que des eaux d'irrigation.

Dans ce cas, on s'explique donc facilement qu'un sol puisse continuer à produire de l'herbe, sans fumure proprement dite, puisque celle-ci lui est amenée par les eaux.

Mais dans le cas où l'irrigation ne peut pas se faire, nous aurons besoin de recourir à une autre explication. Cherchons la source de l'azote : nous la trouvons en partie dans le stock disponible qui existe dans la terre, dans l'apport par les eaux pluviales, dans l'ammoniaque atmosphérique, qui peut être absorbée plus abondamment par la surface si énorme que présentent les organes aériens des graminées. Nous devons encore attribuer en partie l'origine de cet azote aux eaux souterraines, ramenées à la surface par l'évaporation et qui laissent à la disposition des plantes les principes solubles du sous-sol. Les racines des graminées s'enfoncent à d'assez grandes profondeurs et peuvent y puiser, pour le ramener à la surface, l'azote qui existe sous des formes variées. Ces diverses sources d'azote nous semblent suffisantes pour expliquer pourquoi la production herbacée peut continuer à se développer malgré l'exportation notable d'azote et pourquoi le sol même des prairies peut s'enrichir en matière azotée. La végétation tire l'azote de divers côtés et le concentre sous forme de matière organique dans sa partie aérienne qui est exportée et dans sa partie souterraine qui reste dans les couches superficielles du sol.

Pour l'acide phosphorique et la potasse une explication semblable ne suffirait pas. Là nous n'avons pas l'intervention de l'atmosphère et c'est dans le sol et dans les eaux souterraines que nous devons uniquement chercher l'origine de ces éléments. L'apport des eaux souterraines est plus ou moins considérable suivant les cas. Mais il ne doit pas être regardé comme très important, parce qu'il faudrait de ces eaux souterraines des quantités énormes pour faire un apport sensible. C'est donc principalement dans le stock existant dans le sol et le sous-sol que nous devons trouver la source de l'acide phosphorique et de la potasse.

Mais pourquoi la prairie pourrait-elle indéfiniment prendre ses éléments sans restitution, alors que d'autres cultures en sont incapables? Nous avons montré, en parlant du sol et du sous-sol, quel stock énorme de principes fertilisants se trouve à la disposition des racines, sinon à l'état directement assimilable, tout au moins sous une forme qui se prête à l'assimilation graduelle. Les plantes des prairies se touchent et ne laissent pour ainsi dire aucun intervalle entre elles, contrairement à la plupart des plantes des autres cultures, les céréales, les racines, etc. ; il en résulte, pour les premières, un développement radiculaire énorme, un enchevêtrement de fibrilles qui occupe toute la terre sous-jacente, tandis que, dans les dernières, une partie seulement du sol est envahie par le système radiculaire. Les plantes des prairies ont donc une surface de racines infiniment supérieure et, les contacts étant multipliés, peuvent agir sur les particules terreuses avec une intensité beaucoup plus grande. C'est à cette surface considérable des organes qui absorbent les principes fertilisants que nous croyons devoir attribuer cette faculté des herbes de prairies de produire pendant longtemps des récoltes, alors que les autres plantes ont besoin qu'on leur fournisse, sous forme d'engrais, une nourriture facilement assimilable.

La végétation des plantes de prairie dure presque toute l'année, ce qui est une autre cause déterminant une action plus énergique sur les particules constituant le sol.

Seigle en vert. — On cultive assez souvent certaines céréales, le seigle particulièrement, pour les faucher et les fourrager en vert. C'est ordinairement avant la floraison qu'on fait la coupe ; le rendement en fourrage vert varie avec les diverses conditions que nous avons déjà énumérées et aussi avec le degré de végétation auquel on laisse arriver la plante. Si nous admettons une production de 20 000 kilogrammes d'herbes vertes à l'hectare, nous aurons de ce chef une absorption d'éléments fertilisants de :

	kilog.
Azote	86
Acide phosphorique	48
Potasse	126
Chaux	24
Magnésie	10

Maïs fourrage. — Le maïs est fréquemment cultivé comme fourrage vert; consommé immédiatement ou ensilé, il est très appété par les animaux. Il donne des rendements considérables et doit par suite être regardé comme une plante épuisante.

C'est ordinairement le maïs dit « Dent de cheval » qu'on cultive pour cet usage; il peut donner une récolte moyenne de 60 000 kilogrammes par hectare; cette quantité est souvent notablement dépassée. En admettant ici le rendement de 60 000 kilogrammes, nous avons l'exportation suivante en principes fertilisants :

		kilog.
Azote	......	170
Acide phosphorique	......	42
Potasse	......	192
Chaux	......	72
Magnésie	......	54

Ces quantités sont énormes et il n'y a pas lieu de s'étonner qu'il faille de fortes fumures pour produire des récoltes pareilles de maïs fourrage. L'épuisement par le maïs cultivé sous cette forme est bien plus important que celui qu'on constate avec le maïs cultivé pour ses graines; ce qui tient en grande partie à la variété cultivée, susceptible de prendre un grand développement, mais surtout au rapprochement des plantes qui détermine la production d'une masse végétale beaucoup plus considérable.

§ II. — CHOUX FOURRAGES

Les choux constituent, particulièrement en Bretagne et en Vendée, une culture fourragère très importante. On distingue dans les choux fourrages : 1° les choux dits *cabus* ou *pommés* qui sont entièrement comestibles et servent surtout à l'alimentation de l'homme et notamment à la préparation de la choucroute ; 2° les choux à tiges qui comprennent trois grandes variétés : les choux *cavaliers* et les choux *branchus*, dont les tiges dures et ligneuses ne sont pas consommées ; enfin les choux *moelliers*, dont la tige remplie de moelle est presque entièrement mangée par les animaux. Ces différents choux ont une composition très voisine ; nous avons adopté la moyenne centésimale consignée dans le tableau ci-dessous :

	Azote.	Ac. phosph.	Potasse.	Chaux.	Magnésie.	Ac. sulf.
Feuilles.. . .	0.24	0.20	0.40	0.25	0.05	0.10
Tiges	0.18	0.16	0.35	0.15	0.05	0.10

Ce qui différencie les variétés cultivées beaucoup plus que leur composition chimique, c'est la proportion des tiges et des feuilles ; ainsi nous trouvons qu'une récolte uniforme de 40 000 kilogrammes de feuilles à l'hectare, est accompagnée en moyenne de :

23 000 kilogrammes de tiges dans le chou moellier.
18 000 — — — cavalier.
10 000 — — — branchu.

L'exportation calculée d'après ces données nous fournira les résultats suivants :

		CHOU		
		Moellier.	Cavalier.	Branchu.
Azote . . .	Feuilles	96.0	96.0	96.0
	Tiges.	41.4	32.4	18.0
	Totaux	137.4	128.4	114.0
Ac. phosph.	Feuilles	80.0	80.0	80.0
	Tiges.	36.8	28.8	16.0
	Totaux.	116.8	108.8	96.0

		CHOU		
		Moellier.	Cavalier.	Branchu.
Potasse...	Feuilles	160.0	160.0	160.0
	Tiges	80.5	63.0	35.0
	TOTAUX	240.5	223.0	195.0
Chaux...	Feuilles	100.0	100.0	100.0
	Tiges	34.5	27.0	15.0
	TOTAUX	134.5	127.0	115.0
Magnésie..	Feuilles	20.0	20.0	20.0
	Tiges	11.5	9.0	5.0
	TOTAUX	31.5	29.0	25.0

Les choux fourrages enlèvent donc des quantités importantes d'azote et de potasse ; aussi réussissent-ils bien dans les terrains d'origine granitique, riches en matières organiques et en potasse, surtout lorsque, nouvellement défrichés, ils sont additionnés de phosphate de chaux.

§ III. — PLANTES FOURRAGÈRES LÉGUMINEUSES

Les légumineuses cultivées comme fourrage constituent un aliment très substantiel, surtout à cause de la forte proportion de matières azotées qu'elles renferment. En raison de leur composition, elles semblent devoir être rangées parmi les plantes les plus épuisantes et cependant elles sont considérées comme enrichissant le sol. On leur attribue la propriété de tirer de l'atmosphère l'azote dont elles ont besoin. Cette manière de voir n'a pas jusqu'à présent reçu une démonstration expérimentale ; mais ce qui est certain, c'est que ces plantes, qui consomment de grandes quantités d'azote pour leur production, peuvent se passer de fumures azotées et laissent après elles un sol enrichi.

Les plus importantes des légumineuses fourragères sont le trèfle rouge, la luzerne, le sainfoin; on cultive souvent encore le trèfle incarnat, l'anthyllide, les vesces, les gesses, etc. Toutes constituent des fourrages très riches et ont des exigences analogues, quant aux terrains; ce sont des plantes calcicoles. Elles sont fourragées en vert ou bien desséchées et utilisées comme foin; le premier mode d'emploi est de beaucoup le plus avantageux; en effet quand on transforme ces fourrages en foin, on perd une proportion notable des parties les plus alimentaires, comme les feuilles qui, lorsqu'elles sont sèches, s'émiettent et tombent sur le sol. Ce sont surtout les parties ligneuses, les tiges, qui sont récoltées dans la fenaison et qui constituent la masse du foin de légumineuses; les parties les plus tendres restent sur le terrain. Pour étudier les exigences de ces plantes, nous choisirons nos exemples dans les légumineuses employées le plus fréquemment comme fourrage; la composition centésimale des plus importantes est la suivante à l'état de foin :

	Azote.	Ac. phosph.	Potasse.	Chaux.	Magnésie.	Ac. sulf.
Trèfle rouge .	2.00	0.56	1.95	1.92	0.69	0.17
Luzerne . . .	2.00	0.51	1.52	2.88	0.35	0.37
Sainfoin . . .	1.80	0.47	1.79	1.46	0.30	0.15
Vesces	2.27	0.62	2.00	1.93	0.50	0.27

Tous ces foins de légumineuses sont extrêmement riches en azote, en potasse et en chaux. Ce dernier élément surtout est en forte proportion et les sols qui en sont dépourvus sont peu propres à la culture des légumineuses. Celles-ci contiennent en outre des quantités relativement importantes de soufre; aussi l'application des sulfates et notamment du sulfate de chaux est-elle des plus favorables.

Trèfle commun ou Trèfle rouge. — Le trèfle commun ou trèfle rouge donne, dans des terres appropriées, un rendement moyen de 8 000 kilog. de foin sec à l'hectare, pour les deux coupes qu'on pratique ordinairement dans l'année.

Cette quantité enlève au sol les proportions suivantes d'éléments fertilisants :

	kilog.
Azote	160.0
Acide phosphorique	44.8
Potasse	156.0
Chaux	153.6
Magnésie	55.2

Luzerne. — La luzerne peut donner des rendements plus élevés; on fait ordinairement trois coupes dans l'année et, dans de bonnes conditions de sol et de climat, on obtient un rendement de 10 000 kilog. de foin, dans lesquels sont contenus :

	kilog.
Azote	200
Acide phosphorique	51
Potasse	152
Chaux	288
Magnésie	35

Sainfoin. — Le sainfoin ou esparcette se contente de sols secs et pierreux dans lesquels d'autres cultures ont de la peine à prospérer. Cette raison le fait souvent adopter dans les coteaux crétacés ou jurassiques; il se montre moins exigeant que les autres légumineuses. Les rendements qu'il peut donner en foin sont en moyenne de 4 500 kilog. qui renferment :

	kilog.
Azote	81.0
Acide phosphorique	21.2
Potasse	80.6
Chaux	65.7
Magnésie	13.5

Gesses et Vesces. — Les vesces et les gesses sont quelquefois cultivées pour la production du fourrage. Le plus souvent on les sème en même temps que l'avoine ou le seigle; la tige de ces graminées leur constitue un support autour duquel elles s'enroulent. En coupant en vert, on obtient ainsi un fourrage de bonne qualité, dont la composition varie suivant la proportion de graminées et de légumineuses.

Les vesces et les gesses ont une teneur à peu près semblable en principes fertilisants; aussi les réunissons-nous dans cette appréciation. Considérées en dehors des graminées qui y sont souvent mélangées et en admettant un rendement moyen de 4000 kilog. de fourrages secs à l'hectare, on obtient une exportation de :

	kilog.
Azote	90.8
Acide phosphorique	24.8
Potasse	80.0
Chaux	77.2
Magnésie	20.0

Les chiffres contenus dans ces tableaux montrent combien l'exportation est notable avec les diverses légumineuses fourragères. Ainsi que nous l'avons dit plus haut, il n'y a pas lieu de se préoccuper de fournir à ces plantes l'azote dont elles ont besoin, elles le trouvent à d'autres sources qui nous sont encore peu connues; mais la potasse dont elles prennent de grandes quantités ne peut provenir que du sol; son exportation finirait donc par appauvrir la terre; il est utile de donner à celle-ci des engrais potassiques.

Après la potasse, nous voyons la chaux contenue en grande abondance dans ces plantes; aussi les sols contenant une certaine proportion de calcaire sont-

ils seuls propres à la culture des légumineuses. En général les terres riches en chaux sont pauvres en potasse,
tandis que les terres riches en potasse, comme les terrains granitiques, sont pauvres en chaux. Comme ces
deux éléments doivent se trouver réunis pour la production des légumineuses, ce ne sont ni les terres exclusivement calcaires, ni les terres exclusivement granitiques qui conviennent, mais un heureux mélange de
ces deux natures de sol remplit les conditions les
plus propices.

L'acide phosphorique est exporté en proportion
moins considérable, mais encore doit-on s'en préoccuper; il se trouve d'ailleurs le plus souvent en quantité
appréciable dans les terrains qui sont riches en chaux.
Si l'on voulait produire des légumineuses dans les terres
siliceuses, il faudrait au préalable introduire dans celles-
ci la chaux et l'acide phosphorique qui leur manquent.

Nous avons dit précédemment qu'on considère les
légumineuses comme des plantes améliorantes, c'est-à-
dire laissant après leur culture le sol en meilleur état qu'il
ne l'était auparavant, et capable de porter sans fumure
des récoltes très belles de céréales. Nous devons rechercher la cause de ce fait, que la pratique a consacré.

Les légumineuses fourragères ont un développement
radiculaire très considérable, et la surface de racines
agissant dans un hectare de terres est énorme; il doit
en résulter une action plus grande sur les éléments du
sol et une assimilation plus énergique. En outre c'est un
fait connu que ces racines, et particulièrement celles de
la luzerne, descendent à de grandes profondeurs dans le
sous-sol où elles peuvent puiser des éléments nutritifs;
elles trouvent là non seulement les aliments minéraux proprement dits, mais encore de l'azote à l'état de
nitrate dans les eaux du sous-sol. Tous les éléments

existant à une grande profondeur sont inaccessibles à la généralité des plantes cultivées ; par le fait de sa végétation, la luzerne les ramène à la surface et les emmagasine dans les couches superficielles du sol, à l'état de débris végétaux, racines, tiges, feuilles, qui, se décomposant lentement, forment une fumure qui n'est pas sans analogie avec le fumier de ferme. Des racines de trèfle rouge analysées par Vœlcker contenaient des proportions d'azote qui n'étaient guère inférieures à celles des parties aériennes et contenaient en outre des quantités notables d'acide phosphorique, de potasse, de chaux. C'est là, croyons-nous, la principale cause de l'amélioration des terres par la végétation des légumineuses ; il est possible d'ailleurs que ces plantes aient en outre la faculté de soutirer plus énergiquement à l'atmosphère l'azote qui y existe à l'état d'ammoniaque.

Mais les légumineuses ne peuvent pas être indéfiniment cultivées dans la même terre ; au bout d'un temps plus ou moins long, suivant la nature du sol, mais qui ne dépasse jamais un petit nombre d'années, leur végétation ne tarde pas à péricliter, malgré le défoncement et les fumures ; tandis que le blé, l'orge et les autres céréales peuvent végéter sur le même champ pendant une longue série d'années, si on leur donne les fumures nécessaires.

Le sol sur lequel ont vécu les légumineuses n'est apte à en porter de nouvelles récoltes qu'au bout d'un nombre d'années qu'on estime en général devoir être aussi long que celui pendant lequel elles avaient occupé le terrain.

L'épuisement du sous-sol doit être pour beaucoup dans cet effet et on remarque que ces cultures durent d'autant plus longtemps qu'il est plus perméable et plus profond. C'est surtout dans le sous-sol que ces plantes cherchent leur nourriture; il n'est donc pas étonnant de les voir dépérir, lorsque celui-ci ne contient plus une quantité suffisante de matériaux nutritifs assimilables. Les autres cultures n'épuisent pas les couches profondes qui peuvent alors élaborer à nouveau des matériaux assimilables et les mettre à la disposition des légumineuses quand celles-ci rentreront dans la rotation.

Si nous comparons les plantes fourragères, graminées et légumineuses, entre elles, nous voyons que les premières sont beaucoup moins exigeantes et que la proportion d'azote dont elles ont besoin, pour le développement d'une même quantité de matière végétale, n'est environ que la moitié de ce qui en existe dans les dernières; nous voyons aussi que l'acide phosphorique et la potasse sont en quantité moindre et enfin que la chaux entre pour une proportion presque triple dans la composition des légumineuses. Pour la production des fourrages, les terres pauvres en chaux doivent donc être réservées de préférence aux graminées, à moins que, par des engrais et des amendements appropriés, on n'y ait apporté les éléments qui leur manquent. L'emploi des phosphates, des marnes, de la chaux, peut rendre les sols aptes à porter les légumineuses, celles surtout dont les racines vont à une moindre profondeur.

CULTURES ARBUSTIVES

Les cultures arbustives se distinguent des cultures étudiées jusqu'à présent, en ce qu'elles sont constituées par des plantes à tiges ligneuses et persistantes qui, une fois formées, ne demandent pour aliment propre que la quantité indispensable à leur accroissement. C'est dans les feuilles et dans les fruits que passe la presque totalité des éléments fertilisants enlevés au sol.

En négligeant la tige, nous avons donc à étudier les éléments nécessaires à la production des parties qui se renouvellent chaque année. Les principales cultures arbustives, celles dont nous croyons devoir nous occuper uniquement, sont la vigne, l'olivier, le pommier, le mûrier.

Les racines de ces plantes vivaces prennent de très forts développements et peuvent descendre à de grandes profondeurs dans le sous-sol, si celui-ci n'offre pas de résistance à leur accroissement. Ces plantes ont donc à leur disposition un énorme volume de terre sur lequel s'exerce l'action des racines.

Vigne. — La vigne peut vivre et prospérer dans presque tous les sols, dans presque toutes les formations géologiques ; souvent ce sont les terrains les plus maigres et les plus stériles en apparence qui lui conviennent le mieux ; mais il n'en est pas moins vrai que, lorsque les principes fertilisants font défaut, la vigne subit la loi générale ; sa végétation se trouve entravée.

Il est peu de plantes cultivées dont le rendement varie autant que celui de la vigne, il en est peu aussi dont le produit soit soumis à des différences de prix aussi grandes. Dans certaines conditions il est avantageux de rechercher surtout la qualité, en sacrifiant le rendement ; dans d'autres cas, on se préoccupe surtout de la quantité de récolte. De là une distinction qu'il convient d'établir entre la production des vins fins et celle des gros vins. Les premiers s'obtiennent de préférence dans des terrains maigres ; il semble qu'en appliquant de fortes fumures aux vignes, on diminue la qualité tout en augmentant la quantité, et cette opération ne doit pas être considérée comme avantageuse. Les vignes produisant les gros vins, au contraire, donnent les meilleurs résultats dans les terrains riches, dans lesquels elles peuvent trouver les aliments dont elles ont besoin pour fournir des récoltes abondantes.

Nous aurons à considérer pour l'emprunt des principes fertilisants fait au sol : le raisin, les feuilles et les sarments.

Donnons d'abord les chiffres moyens de la composition de ces diverses parties du végétal, mais en divisant le raisin en deux parties, le vin qui est définitivement exporté du domaine, et le marc qui retourne à la terre.

Les vins et les marcs ont des compositions assez différentes, cependant leur teneur en principes fertilisants n'oscille qu'entre certaines limites et nous pouvons admettre des moyennes.

La potasse est l'élément qui prédomine dans le vin et qui varie le plus, puisqu'on peut en rencontrer depuis $0^{gr},5$ jusqu'à 3 grammes par litre. L'azote, l'acide phosphorique, la chaux et la magnésie, y sont peu abondants et nous pouvons admettre, par hectolitre, la teneur moyenne suivante :

	kilog.
Azote	0.020
Acide phosphorique.	0.030
Potasse	0.100
Chaux.	0.020
Magnésie.	0·020

Les principes fertilisants se concentrent dans les marcs; tels qu'ils sortent des pressoirs, c'est-à-dire contenant 40 p. 100 de matière sèche, on peut leur assigner comme composition centésimale :

Azote.	1.00
Acide phosphorique	0.30
Potasse.	0.50
Chaux	0.50
Magnésie	0.10

Quant aux feuilles, on leur attribue la richesse suivante, en les considérant à l'état vert avec 60 p. 100 d'eau :

Azote.	0.80
Acide phosphorique.	0.16
Potasse.	0.28
Chaux	2.40
Magnésie	0.28

Les sarments contiennent à l'état frais :

Azote	0.20
Acide phosphorique.	0.04
Potasse.	0.30
Chaux	0.52
Magnésie	0.08

Envisageons maintenant des vignes placées dans diverses conditions de production, en leur appliquant les chiffres moyens que nous venons de donner.

Prenons d'abord le cas d'une vigne à faible rendement, de 10 hectolitres par exemple, à l'hectare ; nous aurons une quantité de marc de 150 kilogrammes (12 à 15 kilogr. par hectolitre); nous pouvons admettre une proportion de 3 000 kilogrammes de feuilles vertes et de 3 000 kilogrammes de sarments verts. Ces évaluations nous permettant de fixer les idées et ne devant pas être prises dans un sens absolu, nous conduisent aux résultats suivants pour les besoins d'une vigne placée dans ces conditions.

	Azote.	Ac. phosph.	Potasse.	Chaux.	Magnésie.
	kilog.	kilog.	kilog.	kilog.	kilog.
Dans 10 hectolitres de vin.	0.20	0.30	1.00	0.20	0.20
— 150 kilog. de marcs.	1.50	0.45	0.75	0.75	0.15
— 3 000 — de feuilles.	24.00	4.80	8.40	72.00	8.40
— 3 000 — de sarments	6.00	1.20	9.00	15.50	2.40
Totaux...	31.70	6.75	19.15	88.45	11.15

Si nous prenons l'exemple d'une vigne ayant une production de 50 hectolitres, en admettant, ce qui est vrai dans certaines limites, que la proportion de feuilles et de sarments soit la même que dans le cas précédent, nous aurons une exigence en principes fertilisants exprimée par les chiffres ci-dessous :

	Azote.	Ac. phosph.	Potasse.	Chaux.	Magnésie.
	kilog.	kilog.	kilog.	kilog.	kilog.
Dans 50 hectolitres de vin. .	1.00	1.50	5.00	1.00	1.00
— 750 kilog. de marcs . .	7.50	2.25	3.75	3.75	0.75
— 3000 — feuilles. .	24.00	4.80	8.40	72.00	8.40
— 3000 — sarments.	6.00	1.20	9.00	15.50	2.40
Totaux...	38.50	9.75	26.15	92.25	12.55

Les mêmes calculs appliqués à la production de 100, de 200 hectolitres, chiffres très élevés, mais qu'on obtient assez souvent dans certaines régions du Midi, nous montrent que les exigences correspondantes sont les suivantes :

	Azote.	Ac. phosph.	Potasse.	Chaux.	Magnésie.
	kilog.	kilog.	kilog.	kilog.	kilog.
Production de 100 hectolitres.	47.0	13.5	34.9	97.0	14.3
— 200 — .	64.0	21.0	52.4	106.5	17.8

Nous avons admis dans ce qui précède que la production de sarments et de feuilles est invariable, alors même que la production de vendanges augmente dans d'énormes proportions; cela est vrai dans une certaine mesure, mais il ne faut regarder ces chiffres que comme des points de repère, pouvant servir à faire des calculs se rapportant à chaque cas particulier. La proportion de feuilles et de sarments varie en effet beaucoup avec l'intensité de la végétation, avec le climat, le sol, les années, les cépages, la taille et le mode de culture et pour se rendre compte exactement des besoins de la vigne dans les conditions qu'on envisage, il est indispensable de procéder à des déterminations sur les proportions de ces organes qui sont produits annuellement par la végétation d'un hectare. Nous donnons, à la suite de ces chiffres, les observations recueillies par divers expérimentateurs dans des conditions déterminées. M. Boussingault, en opérant sur des vignes placées en Alsace, donnant des vins très acides et exceptionnellement riches en potasse, a obtenu les résultats suivants pour 1 hectare :

			Potasse,	Acide phosphor.
			kilog.	kilog.
Vin	33 hectol. contenant.		7.10	2.05
Marc séché.	290 kilog.	—	2.73	1.33
Sarments. .	1543 —	—	6.78	3.91
	Totaux. . . .		16.61	7.29

Dans ces chiffres ne sont pas comprises les matières fertilisantes existant dans les feuilles.

M. H. Marès donne pour une vigne du Midi :

		Azote,	Acide phosphor,	Potasse.
		kilog.	kilog.	kilog.
Vin. . . .	120 hectol	2.40	4.90	12.00
Marcs. . .	1680 kilog.	15.42	2.70	7.76
Sarments.	3160 —	3.40	2.90	4.95
	Totaux.	21.22	10.50	24.71

Dans ces résultats ne sont pas non plus comprises les feuilles.

Les chiffres qui précèdent ne sont pas suffisants pour fixer sur les exigences de la vigne, puisqu'ils négligent de tenir compte des feuilles, qui sont particulièrement riches en azote et en acide phosphorique.

M. Péneau a trouvé dans le département du Cher, pour une récolte de 20 hectolitres, une exigence en éléments fertilisants, correspondant à :

		kilog.
Azote		54.0
Acide phosphorique		6.8
Potasse		25.9

Les chiffres de M. Péneau ne s'éloignent que par une plus forte proportion d'azote, de ceux que nous avons donnés plus haut, comme exprimant une moyenne. Cela tient à ce que les vignes que M. Péneau a examinées avaient une végétation exubérante.

Dans ce qui précède, nous avons considéré les exigences de la végétation au point de vue des principes nécessaires au développement normal; mais les chiffres ne représentent pas ce qui est réellement exporté par la vendange; en effet les feuilles restent en partie sur le sol et lui restituent leurs éléments fertilisants; les sarments sont ordinairement brûlés et leurs cendres retournent à la vigne dans une exploitation bien dirigée; la potasse qu'ils renferment revient donc à la terre. Quant aux marcs, ils sont mis au fumier, ou consommés par les animaux de la ferme; leurs éléments fertilisants se retrouvent donc en majeure partie. Si nous ne considérons que le vin, seule partie exportée du domaine, nous voyons qu'il n'appauvrit le sol de la vigne que dans des proportions très minimes. La potasse seulement est enlevée en quantité sensible;

encore une récolte de 100 hectolitres n'entraîne-t-elle hors du domaine qu'environ 10 kilogrammes de cet élément. En évitant donc toute déperdition des produits secondaires de la vigne : feuilles, sarments, marcs, on peut considérer la production du vin comme très peu épuisante ; et on s'explique comment cette riche culture peut se perpétuer pendant une longue série d'années sur le même sol, sans appauvrissement apparent.

Pommier. — Le pommier est de tous les arbres fruitiers celui qui est cultivé sur la plus large échelle et qui a la plus grande importance ; c'est un arbre de grande culture. Dans les départements du nord-ouest et de l'ouest il occupe une place considérable dans l'exploitation agricole ; et sa plantation tend à se propager dans les régions d'où la vigne a disparu.

Nous empruntons principalement nos chiffres à M. Isidore Pierre, qui a étudié l'exportation d'azote résultant de cette culture, et à M. Lechartier, qui a déterminé la composition des cendres. Envisageons un pommier à l'âge de dix ans et suivons-le pendant une période de quatre-vingts ans, qui correspond à sa production normale ; on peut admettre que pendant cette période de quatre-vingts ans l'arbre produit annuellement 15 kilogrammes de feuilles fraîches, 8 kilogrammes de bois, et, d'après les observations de M. Varin Simon, 100 kilogrammes de fruits correspondant à 2 hectolitres.

Ces différents produits ont pour composition centésimale :

	Azote.	Ac. phosph.	Potasse.	Chaux.	Magnésie.
Fruits à l'état frais.	0.213	0.03	0.14	0.014	0.020
Feuilles —	0.525	0.15	0.38	0.670	0.320
Bois —	0.250	0.15	0.20	0.950	0.130

Un pommier aura absorbé les quantités suivantes de matières fertilisantes :

	kilog.	kilog.	kilog.	kilog.	kilog.
Par ses feuilles. .	0.078	0.022	0.057	0.101	0.048
— tiges . . .	0.020	0.012	0.016	0.076	0.010
— fruits. . .	0.213	0.030	0.140	0.014	0.020
Totaux . . .	0.311	0.064	0.213	0.191	0.078

Les pommiers sont ordinairement plantés à des distances variables suivant les régions. On peut admettre qu'un hectare porte en moyenne 100 arbres; et avec ces données, on arrive à déterminer les exigences de la culture du pommier à cidre, qui s'élèvent par hectare et par année à :

	kilog.
Azote.	31.100
Acide phosphorique.	6.400
Potasse	21.300
Chaux.	19.100

Nous avons donc une exportation assez considérable d'azote et de potasse, comparable à celle que produit une récolte de 15 hectolitres de blé; comme le pommier est ordinairement cultivé sur des surfaces engazonnées où la production de l'herbe absorbe une certaine quantité d'éléments fertilisants, on voit qu'une culture pareille est relativement épuisante.

Si nous ne considérons que les fruits, nous constatons que cette production moyenne de 100 kilogrammes par arbre exporte par hectare :

	kilog.
Azote	21.250
Acide phosphorique.	3.000
Potasse	14.000
Chaux.	1.400

Mais les fruits ne sont pas ordinairement enlevés de

la ferme, ils sont pressurés sur place et les marcs tout entiers retournent à la terre en passant par le fumier ou par les composts. La plus forte proportion d'azote et d'acide phosphorique reste dans ces derniers ; la potasse se trouve en majeure partie dans le cidre. Celui-ci lui-même est en partie consommé dans la ferme, de sorte qu'en réalité, si une plantation de pommiers à rendement moyen exige d'assez fortes proportions d'azote et de potasse, ces éléments sont en grande partie restitués à la terre, tout au moins pour l'azote. Quant à la potasse, elle est généralement fournie par le sol en assez grande abondance, puisque le pommier est surtout cultivé dans les terrains qui, par leur origine géologique, contiennent de notables quantités de potasse.

Le poirier peut être comparé en tous points au pommier. Quant aux pruniers ils fournissent des fruits plus riches en matières azotées et en principes minéraux, et par conséquent épuisent le sol un peu plus que les pommiers. Nous croyons utile de réunir sous forme de tableau la composition centésimale de quelques fruits :

	Pommes.	Poires.	Cerises.	Prunes.	Fraises.	Groseilles à maquereau.	Châtaignes fraîches,
Eau	83.000	83.500	80.000	85.000	87.000	86.000	50.000
Ac. phosph.	0.030	0.050	0.070	0.060	0.050	0.093	0.260
Potasse. . .	0.140	0.180	0.230	0.160	0.094	0.180	0.710
Chaux . . .	0.010	0.030	0.033	0.027	0.063	0.040	0.140
Magnésie. .	0.020	0.020	0.024	0.018	»	0.028	0.010
Azote. . . .	0.212	0.220		0.370	0.190	0.140	0.690

Olivier. — L'olivier n'est cultivé que dans une région déterminée de la France, car il a besoin d'un climat chaud et craint les froids de l'hiver. Dans la Provence, sa culture a une très grande importance, aussi donnerons-nous les chiffres que nous possédons sur les exigences de cet arbre.

Nous pouvons faire pour l'olivier, comme pour toutes les autres cultures arbustives, les mêmes réflexions que pour la vigne ; il n'a pas à renouveler annuellement sa tige, c'est donc la production du fruit, des feuilles et des branches seulement qu'il y a lieu de considérer, quand il s'agit de calculer la quantité d'éléments fertilisants exigés par la végétation de cet arbre arrivé à l'état adulte.

L'olivier est exploité de deux manières. Dans certains départements on lui laisse prendre tout son développement; dans d'autres il est soumis à la taille. Ce dernier mode d'exploitation est le plus usité en France. Les chiffres que nous donnons s'y rapportent. Nous les empruntons en partie à M. de Gasparin et à M. Audoynaud.

Un hectare de terrain en pente ou accidenté peut contenir 200 oliviers de grandeur ordinaire; en plaine, il en contient environ 125; on peut admettre une moyenne de 150 arbres de belle venue par hectare. Chaque arbre donne 30 litres d'olives, qui, au poids de 600 grammes le litre, correspondent à 18 kilogrammes; ce qui donnera par hectare une récolte de 4 500 litres ou de 2 700 kilogrammes.

La composition centésimale des diverses parties de l'arbre est la suivante, rapportée à la matière normale, c'est-à-dire fraîche pour les fruits et presque sèche pour les branches et les feuilles :

	Branches.	Feuilles.	Fruits.
Azote.	0.40	0.50	0.274
Acide phosphorique	0.10	0.29	0.130
Potasse.	0.35	0.74	0.360
Chaux	0.50	1.45	»

Un olivier perd annuellement en feuilles la moitié du poids de la récolte, soit 9 kilogrammes, et par la taille environ 5 kilogrammes de bois.

Il aura donc absorbé les quantités suivantes de matières fertilisantes :

	Azote.	Acide phosphor.	Potasse.
	kilog.	kilog.	kilog.
Par ses branches. . . .	0.020	0.005	0.018
— feuilles	0.045	0.026	0.067
— fruits	0.049	0.023	0.065
Totaux.	0.114	0.054	0.150
Soit pour 1 hectare. . . .	17.100	8.100	22.500

Nous voyons que l'olivier n'est pas une plante très exigeante, surtout en acide phosphorique. Ses besoins se rapprochent de ceux d'une vigne d'un faible rendement. Une partie de ses racines s'étale près du sol, l'autre s'enfonce à de grandes profondeurs, de telle sorte que le système radiculaire occupe un cube de terre considérable ; aussi cet arbre peut-il pendant de longues années prospérer sur le même sol et continuer à fournir les mêmes récoltes.

Les feuilles restent sur place et leurs éléments reviennent à la terre ; les branches enlevées par la taille sont en général brûlées et leurs cendres ne sortent pas du domaine ; le fruit seul est définitivement exporté et il en résulte par an un appauvrissement par hectare correspondant à :

	kilog.
Azote.	7.350
Acide phosphorique	3.450
Potasse.	9.750

Encore ces chiffres se réduisent-ils à rien, lorsque l'huile est extraite dans l'exploitation même et que le tourteau retourne à la terre.

Mûrier. — Le mûrier occupe dans certaines régions du Midi une place importante dans la culture. Nous ne possédons pas sur sa production des renseignements détaillés; nous savons seulement, d'après les observations de M. de Gasparin, qu'un hectare de mûriers en pleins vents, espacés de 7 mètres, produisent une moyenne annuelle de 12 à 14 000 kilogrammes de feuilles fraîches récoltées au printemps. Ces feuilles ont, d'après Wolff, la composition centésimale suivante :

Eau	67.00
Potasse	0.73
Chaux	0.96
Magnésie	0.39
Acide phosphorique	0.24

On voit par là que l'exportation en principes minéraux est assez importante; quant à celle de l'azote elle est considérable. Les feuilles de mûrier contiennent en effet des proportions très élevées d'azote; Payen en a trouvé dans les feuilles fraîches 1,63 p. 100 et nous-même 1,52; c'est-à-dire que l'exportation par hectare s'élèverait au chiffre énorme de 200 kilogrammes d'azote, ce qui placerait le mûrier parmi les plantes les plus exigeantes.

PRODUCTION FORESTIÈRE

Nous devons dire encore quelques mots des arbres de nos forêts, quoique la plupart des données nous fassent défaut. Si en effet nous savons quelle est en moyenne la quantité de bois que produisent les diverses essences par an et par hectare, et quelle est la composition des parties ligneuses, nous n'avons que peu de renseignements certains pour apprécier la quantité des autres organes, feuilles ou fruits, et il nous est difficile de calculer la proportion d'éléments nutritifs dont ils ont eu besoin pour leur développement. A proprement parler, cette donnée n'a qu'un intérêt secondaire ; en effet les feuilles et les fruits des arbres forestiers retournent indéfiniment à la terre, tout au moins dans l'immense majorité des cas ; le bois seul, avec l'écorce, est enlevé et appauvrit ainsi le sol forestier. Quant aux feuilles et aux fruits, ils pourrissent à la surface du sol et forment un terreau acide extrêmement riche en matière organique et qui est regardé comme très favorable à la végétation.

Nous nous bornerons donc à donner quelques indications sommaires sur la quantité d'éléments fertilisants exigés par la production forestière.

Chêne. — Les quantités des divers organes fournis par cet arbre sont extrêmement variables ; mais on peut adopter comme moyenne, dans les conditions ordinaires, une production de 4 à 5 mètres cubes de bois à l'hectare ; soit environ 4 500 kilog. de bois à 15 p. 100 d'eau. Pour les feuilles, nous admettrons avec M. Grandeau que leur poids est un peu supérieur au poids du bois également calculé à l'état sec, qui se forme sur la même surface pendant le même temps, soit environ 5 000 kilog. à 15 p. 100 d'eau. Quant aux glands leur proportion varie dans les limites les plus grandes avec l'âge des arbres, etc. ; en évaluant leur production moyenne à 250 kilog. à l'hectare, nous ne devons pas nous éloigner beaucoup de la vérité. Pour le chêne, nous avons en outre à considérer l'écorce qui est employée pour la tannerie, mais c'est surtout l'écorce des taillis qu'on exploite et la quantité produite est en général, dans les taillis de 15 à 20 ans, de 100 kilog. d'écorce par mètre cube de bois, soit en moyenne 350 à 400 kilog. d'écorce par an. Avec ces données, cherchons à calculer les quantités d'éléments fertilisants exigés pour cette production, en partant de la composition centésimale suivante :

	Bois.	Feuilles sèches.	Glands frais.	Écorce sèche.
Eau.	15.00	15.00	56.00	15.00
Azote.	0.60	0.80	0.42	0.60
Acide phosphorique .	0.03	0.15	0.16	0.05
Potasse.	0.10	0.35	0.62	0.70
Chaux	0.37	2.00	0.07	2.50

Un hectare de chêne exige donc annuellement pour le développement végétal de ses différents produits :

	Azote.	Ac. phosph.	Potasse.	Chaux.
	kilog.	kilog.	kilog.	kilog.
Bois	27.0	1.4	4.5	16.7
Feuilles.	40.0	7.5	17.5	10.0
Glands	1.0	0.4	1.5	0.2
Écorce.	2.4	0.2	2.8	10.0
Totaux	70.4	9.5	26.3	36.9

On voit que c'est l'azote qui intervient en plus forte proportion dans cette production forestière, que nous venons d'établir approximativement.

Hêtre. — Nous extrayons des travaux de M. Ebermayer les résultats suivants, qui montrent les besoins du hêtre en matières minérales.

Ce savant a d'abord établi les rendements moyens annuels de cette essence forestière :

Âge des bois.	Troncs et branches.	Souches et racines.	Éclaircies et nettoyement.	Somme des volumes.	Poids des produits secs.		
					Bois.	Feuilles.	Totaux.
	m. c.	m. c.	m. c.	m. c.	kilog.	kilog.	kilog.
De 30 à 60 ans.	4.80	0.24	0.48	5.52	3 284	3 365	
De 60 à 90 —	3.67	0.37	0.55	4.59	2 731	3 368	
De 90 à 120 —	3.89	0.58	1.37	5.84	3 474	3 270	
Moyennes				5.32	3 163	3 331	6 497

Le mètre cube de bois de hêtre sec pèse 595 kilogrammes.

Puis après avoir analysé séparément chacun des produits, il établit comme suit les exigences de la production annuelle d'une futaie de hêtres âgés de 20 ans :

	Potasse.	Chaux.	Magnésie.	Ac. phosph.
Bois annuel.	4.65	14.42	3.85	2.87
Couverture annuelle .	9.87	81.92	12.22	10.45
Totaux. . . .	14.52	96.34	16.07	13.32

Il est regrettable que le même calcul n'ait pas été fait pour l'azote; on peut admettre sans s'éloigner de la vérité que le bois et les feuilles sèches contiennent en moyenne 0,75 p. 100 d'azote, ce qui, pour la production annuelle, nous conduirait à un chiffre voisin de 50 kilogrammes.

Epiceas et Pins. — Nous empruntons encore à M. Ebermayer les chiffres relatifs à ces deux essences.

RENDEMENTS MOYENS ANNUELS A L'HECTARE

EPICEAS

Age des bois.	Troncs et branches.	Souches et racines.	Eclaircies et nettoyement.	Somme des volumes.	Poids des produits secs.		
					Bois.	Feuilles.	Totaux.
	m. c.	m. c.	m. c.	m. c.	kilog.	kilog.	kilog.
30 à 60 ans.	6.71	0.33	1.01	8.05	3 075	3 369	
60 à 90 —	7.28	0.73	1.82	9.83	3 749	2 869	
90 à 120 —	6.07	0.91	2.13	9.11	3 480	2 783	
Moyennes . . .				8.99	3 435	3 007	6 442

PINS

Age des bois.	Troncs et branches.	Souches et racines.	Eclaircies et nettoyement.	Somme des volumes.	Bois.	Feuilles.	Totaux.
25 à 50 ans.	4.12	0.21	0.41	4.74	2 417	2 921	
50 à 75 —	5.75	0.58	1.44	7.77	3 963	3 002	
75 à 100 —	4.34	0.65	1.52	6.51	3 320	3 636	
Moyennes . . .				6.34	3 233	3 186	6 420

Le mètre cube de bois d'épicea sec pèse 382 kilogrammes.

— — de pin — — 510 —

Les exigences de la production annuelle d'un hectare s'établissent comme suit :

I. FORÊTS D'ÉPICEAS DE 120 ANS.

	Potasse.	Chaux.	Magnésie.	Ac. phosph.
	kilog.	kilog.	kilog.	kilog.
Bois annuel	4.06	9.15	2.03	1.45
Couverture annuelle . . .	4.82	60.94	6.95	6.41
Totaux	8.88	70.09	8.98	7.86

FORÊTS DE PINS DE 100 ANS.

	Potasse.	Chaux.	Magnésie.	Ac. phosph.
Bois annuel	2.60	10.04	1.70	1.07
Couverture annuelle . . .	4.84	18.87	4.80	3.68
Totaux	7.44	28.91	6.50	4.75

Ces deux essences sont moins exigeantes que la précédente en acide phosphorique et en potasse ; elles enlèvent aussi moins d'azote, car les aiguilles sèches ne contiennent, en moyenne, que 0,30 p. 100 d'azote et le bois 0,60 ; la quantité de cet élément absorbée annuellement est d'environ :

$$9 \text{ kilogrammes pour la couverture.}$$
$$20 \text{ — le bois.}$$
$$\text{soit... } \overline{29} \text{ — au total.}$$

En résumé les essences forestières n'épuisent que peu la terre, puisque presque tous leurs produits y reviennent directement ; elles enrichissent les couches supérieures au détriment des couches inférieures. Le système cultural semi-forestier consiste précisément à exploiter pendant quelques années cette fertilité accumulée et à l'épuiser avant de laisser le reboisement se produire.

M. Risler fait observer avec juste raison que la destination naturelle des terres pauvres en phosphates est la forêt, qui pour sa production n'exige que de faibles quantités de cet élément, si important pour les autres cultures.

M. Henry a analysé les cendres des essences qu'on rencontre dans les forêts de Haye. Le hêtre est assez riche en potasse, ainsi que le tremble; le charme est au contraire pauvre; le chêne est de tous les arbres celui qui contient le plus d'acide phosphorique et de potasse. Cette essence en effet prospère surtout dans les sols argileux, riches en potasse; le chêne et le tremble ne peuvent réussir dans les sols maigres, où le hêtre et le charme végètent encore bien. L'érable est très exigeant en acide phosphorique et en potasse; il épuise rapidement le sol et il est difficile sur le choix des terrains.

DEUXIÈME PARTIE

FUMIER DE FERME

Le fumier de ferme est une des principales ressources de l'agriculteur; la richesse d'une exploitation dépend dans une large mesure de la quantité et de la qualité des fumiers qu'elle produit. C'est l'engrais par excellence; les matières fertilisantes empruntées aux engrais chimiques, aux déchets d'industrie, etc., ne peuvent être regardées que comme des adjuvants ou des succédanés du fumier de ferme.

Depuis les temps les plus reculés, les déjections animales ont été employées pour augmenter la fertilité des terres; mais l'explication des effets utiles n'a été donnée que depuis un demi-siècle.

Le fumier de ferme est loin d'avoir une composition constante; sa richesse varie avec les soins qu'on lui donne, la qualité des litières, etc. Nous aurons à étudier les diverses conditions de sa production, de sa conservation et de son emploi; mais nous devons d'abord nous occuper isolément des deux constituants du fumier : les déjections et les litières.

Les animaux de la ferme prélèvent, sur les aliments qui leur sont donnés, ce qui est nécessaire à la constitution de leurs tissus ou à la production de lait, de laine, de viande. Les matières non retenues par l'organisme animal constituent les déjections.

Celles-ci sont de deux natures : 1° les déjections solides, formées principalement par la partie des aliments qui a échappé à l'action du tube digestif; 2° les déjections liquides, qui sont le résultat d'une transformation des matières ingérées sous l'influence des actions vitales.

Théoriquement, étant donné une alimentation déterminée dont on peut calculer la teneur en éléments fertilisants, on doit retrouver dans le fumier tout ce qui existait dans les aliments, sauf les parties qui ont été fixées dans l'organisme animal à l'état d'os, de chair, de laine, etc., ou qui ont été élaborées pour la production du lait. Mais dans la pratique, on n'y retrouve pas autant de matières fertilisantes que l'indique ce calcul théorique, car il y a des causes nombreuses de déperdition : infiltration dans le sol, dégagement dans l'atmosphère, lavage par les eaux, etc.

En général les déjections des animaux ne sont pas reçues directement sur le sol des étables, mais sur une litière, ordinairement constituée par des résidus végétaux, qui a le double but de servir au couchage des bêtes et de retenir les excréments solides et liquides. C'est le mélange de la litière et des déjections qui compose le fumier de ferme, dont les matières fertilisantes proviennent de ces deux éléments réunis.

La qualité du fumier, c'est-à-dire sa richesse en substances utiles à la végétation, dépend essentiellement de la composition des aliments donnés au bétail et de la part que ces animaux ont prélevée pour leurs besoins. Ainsi de jeunes bêtes fixeront dans leurs tissus de grandes quantités de phosphate pour constituer leur charpente osseuse; les vaches laitières prélèveront de fortes proportions d'azote pour la formation de la caséine, etc.

La qualité dépend encore de la litière, d'un côté par l'apport de celle-ci en azote, acide phosphorique, potasse, de l'autre par la faculté qu'elle a de fixer les matières contenues dans les déjections.

En troisième lieu elle dépend des soins donnés au fumier, qui ont une importance considérable sur la déperdition des principes utiles.

CHAPITRE PREMIER

DÉJECTIONS DES ANIMAUX. — LITIÈRES.
PRODUCTION DU FUMIER

§ I. — COMPOSITION DES DÉJECTIONS SOLIDES ET LIQUIDES

Les aliments consommés par les animaux subissent,
sous l'influence des sucs digestifs, des modifications
importantes. Une partie échappe à cette action; elle est
rejetée, en constituant les déjections solides; une autre
partie est solubilisée et entre dans le torrent circula-
toire, où elle entretient les fonctions vitales et, son
rôle fini, elle s'élimine par les urines.

Au point de vue auquel nous sommes placés, nous
n'avons à envisager que les substances aptes à être utilisées par les végétaux, auxquels elles retournent sous
forme d'engrais; ces éléments sont les suivants: l'azote,
l'acide phosphorique, la potasse, la chaux, la magnésie, etc. Nous considérerons ces principes en faisant
abstraction des combinaisons dans lesquelles ils sont
engagés et des autres substances qui les accompagnent
et nous chercherons d'abord à nous rendre compte de

la distribution de ces éléments fertilisants dans les produits de la digestion.

L'azote se trouve dans les fourrages à l'état de substances albuminoïdes, qui sont solubilisées en majeure partie dans l'intestin grêle et passent dans la circulation; mais une certaine quantité échappe à cette action et se retrouve dans les déjections solides, sous une forme peu différente de celle qu'elle avait dans le fourrage. La quantité qui échappe ainsi varie avec la nature des aliments et les aptitudes individuelles de l'animal. Quant à la matière azotée qui a pénétré dans l'organisme, une partie est fixée et concourt à la formation des tissus ou de la sécrétion lactée; mais la plus grande partie, après avoir subi des modifications profondes, consistant en une combustion incomplète, devient inutile; elle est rejetée par les urines, et elle ne revêt plus alors la forme de matières albuminoïdes, mais celle de composés beaucoup plus simples tels que l'urée, les acides urique, hippurique, etc.

C'est donc principalement dans les déjections liquides que se retrouve l'azote introduit comme aliment dans l'organisme animal.

L'acide phosphorique existe dans les substances fourragères, presque entièrement à l'état de sels minéraux. Une petite partie en est retenue pour former le squelette; le reste va se concentrer dans les fèces; il semble que l'organisme ne prélève sur l'aliment que la quantité strictement nécessaire à l'élaboration des tissus et des sécrétions; aussi les urines n'en contiennent-elles pour ainsi dire pas. Quant à la potasse, qui se trouve dans le fourrage surtout à l'état de sels organiques, elle circule facilement dans les liquides de l'économie, en raison de sa solubilité; les déjections liquides en renferment la plus grande partie.

,La chaux, la magnésie se distribuent irrégulièrement dans les excréments; les fèces en contiennent ordinairement le plus.

Nous étudierons pour les principaux animaux de la ferme la composition des déjections solides et liquides et leurs proportions relatives.

1° **Espèce bovine**. — Les déjections solides des animaux de l'espèce bovine portent le nom de *bouses*; elles sont aqueuses, spongieuses et se décomposent assez lentement dans le sol.

Les urines sont alcalines; leur densité varie avec l'alimentation et s'élève jusqu'à 1 050.

M. Boussingault cite une expérience où une vache laitière, du poids de 450 kilog. environ, qui consomme en 24 heures 15 kilog. de pommes de terre et 7 kil. 500 de regains en buvant 60 litres d'eau, rend :

	kilog.
Excréments.	28.4
Urine.	8.2
Total	36.6

Une autre vache laitière, recevant par jour 7 kilog. 5 de foin, 27 kilog. de betteraves et 4 kilog. 5 de paille hachée, fournit 34 kilog. de déjections mixtes, c'est-à-dire solides et liquides réunies.

Ces déjections avaient la composition centésimale suivante :

	Solides.	Liquides.		Mixtes.
	—	1	2	—
Eau	85.90	88.30	92.10	84.30
Azote.	0.32	0.44	0.96	0.41
Acide phosphorique	0.11	0.00	0.00	0.09

D'après nos propres observations, une vache normande de 550 kilog. environ produisant, au moment de l'expérience, 6 litres de lait par jour, soumise à différents régimes, a donné des quantités très variables de bouses et d'urines qui ont été recueillies et analysées séparément.

Au *régime mixte*, composé de : betteraves mélangées de balles, 40 kilog. ; luzerne sèche, 9 kilog. ; eau 20 litres, la vache a produit par jour :

Bouses.	Urines.	Total.
kilog.	kilog.	kilog.
26.700	10.400	37.100

La bouse contenait p. 100 :

Eau	80.35
Azote	0.36
Acide phosphorique	0.15
Potasse	0.25

Les urines, d'une densité moyenne de 1 044, contenaient p. 100 :

	En volume.	En poids.
Eau.	93.480	»
Azote	0.812	0.78
Acide phosphorique.	Traces	Traces
Potasse	1.635	1.57

Au *régime humide*, composé de 70 kilogrammes de betteraves, la vache, ne buvant pas, a donné journellement en moyenne :

Bouses.	Urines.	Total.
kilog.	kilog.	kilog.
19	40	59

La bouse contenait p. 100 :

Eau	83.00
Azote.	0.33
Acide phosphorique	0.24
Potasse.	0.14

Les urines, avec une densité moyenne de 1015, contenaient p. 100 :

	En volume.	En poids.
Eau	97.380	»
Azote	0.126	0.124
Acide phosphorique	0.012	0.011
Potasse	0.607	0.597

Au *régime sec*, composé de 12 kilog. de luzerne sèche
avec une consommation de 30 kilog. d'eau, la vache a
donné par jour en moyenne :

Bouses.	Urines.	Total.
kilog.	kilog.	kilog.
22.0	6.2	28.2

La bouse contenait p. 100 :

Eau	79.70
Azote	0.34
Acide phosphorique	0.16
Potasse	0.23

Les urines avec une densité moyenne de 1050 contenaient p. 100 :

	En volume.	En poids.
Eau	92.640	
Azote	1.620	1.540
Acide phosphorique	0.007	0.006
Potasse	1.780	1.690

Nous avons institué une autre série d'expériences,
qui a duré un mois environ, et qui portait sur 2 vaches
de race normande âgées de 6 ans, pesant l'une 555 et
l'autre 550 kilog. et produisant chacune en moyenne
11 à 12 litres de lait par jour.

Les vaches ne recevant que de la luzerne fraîche de 2ᵉ coupe ont consommé par jour et par tête 53 kil. 5 de fourrage, 49 litres d'eau et ont fourni :

Bouses.	Urines.	Total.
kilog.	kilog.	kilog.
33	18	51

Les déjections avaient la composition centésimale suivante :

	DÉJECTIONS	
	Solides.	Liquides.
Azote.	0.303	0.732
Acide phosphorique	0.188	0.015
Potasse.	0.145	1.361

MM. Audoynaud et Zacharewiez ont analysé des urines de vaches nourries avec des fourrages verts ou secs et des tourteaux; ils ont trouvé qu'elles contiennent de 16 à 26 grammes d'urée par litre, c'est-à-dire de 0,74 à 1,2 p. 100 d'azote, soit une moyenne de 0,98. La proportion de potasse a été de 1,39 p. 100.

2° **Chevaux.**—Les déjections solides des chevaux ou *crottins* sont plus sèches que les déjections des vaches; les urines, très alcalines, sont ordinairement moins abondantes et plus concentrées.

D'après M. Boussingault, un cheval consommant en 24 heures : 7 kil. 5 de foin; 2 kil. 27 d'avoine et 16 litres d'eau, produit :

Crottins.	Urines.	Total.
kilog.	kilog.	kilog.
14.2	1.35	15.55

L'urine très concentrée avait une densité de 1065.

La composition centémisale, d'après les analyses de M. Boussingault, est la suivante :

		DÉJECTIONS.		
	Solides.	Liquides		Mixtes.
		Concentrées.	Normales.	
Eau	75.30	79.10	91.00	75.40
Azote.	0.55	2.61	1.48	0.74
Acide phosphorique . . .	0.30	0.00	0.00	0.17

Nous avons également analysé des déjections fraîches de chevaux de ferme recevant comme ration journalière : 8 kilog. mélange de maïs et d'avoine; 3 kilog. foin et paille, avec dix litres d'eau. Nous avons trouvé la composition centésimale suivante aux déjections solides, dont la quantité totale s'élevait par jour en moyenne à 9 kil. 350 :

Eau	70.00
Azote	0.72
Acide phosphorique	0.49
Potasse	0.54

Ce cheval nous a donné en moyenne 1 kil. 300 d'urine d'une densité souvent égale à 1050. Il arrive donc fréquemment que le cheval émet de très petites quantités d'urine.

MM. Grandeau et Leclerc ont fait, à la Compagnie générale des voitures, de nombreuses analyses d'urines de chevaux d'un poids moyen de 400 kilog., recevant une ration mixte de foin, paille, grains et tourteaux et buvant environ 11 litres d'eau. Ils ont obtenu comme moyenne journalière pendant une série de plusieurs mois d'expériences :

6 kilog. de déjections solides, 3 kil. 2 de déjections liquides ayant une densité moyenne de 1030, avec des variations de 1022 à 1045.

Les urines contenaient 18 grammes d'azote par litre, avec des variations de 12 à 32 grammes, et 0,05 d'acide phosphorique. L'azote s'y trouve presque totalement à l'état d'urée, une faible partie à l'état d'acide hippurique et de créatinine.

Dans le cours de nos recherches sur l'alimentation, nous avons eu l'occasion de doser l'azote dans un très grand nombre d'échantillons de crottins, les chevaux étant soumis aux régimes les plus variés. L'alimentation aux grains donnait toujours dans les fèces une proportion d'azote plus considérable et une quantité de fèces très minime.

Ainsi des chevaux nourris uniquement à l'avoine, au maïs, à la féverole, donnent de 2 à 5 kilogrammes de déjections solides avec une moyenne de 0, 5 à 1,5 d'azote p. 100; nourris au foin, ils donnent de 8 à 18 kilog. de crottins avec une teneur en azote de 0,2 à 0,3 p. 100; pour les rations mixtes généralement usitées, formées de grains, paille et foin, la proportion de crottins va de 8 à 15 kilogrammes, avec un taux d'azote d'environ 0,3.

3° **Moutons.** — Les crottins de moutons sont, comme ceux des chevaux, plus secs et concentrés que les déjections des animaux des espèces bovine et porcine.

M. Boussingault a trouvé qu'un mouton consommant environ 1 kilog. de foin, donne 2 kil. 200 de déjections mixtes; il attribue aux excréments de cet animal la teneur centésimale suivante :

	DÉJECTIONS.		
	Solides.	Liquides.	Mixtes.
Eau.	57.60	86.50	67.10
Azote.	0.72	1.31	0.91
Acide phosphorique.	0.44	0.01	0.16

Les quantités d'urine qu'un mouton peut donner

chaque jour varient, comme pour les autres animaux, dans de grandes limites, suivant la saison et suivant le régime. On sait par exemple que les moutons nourris pendant l'hiver avec des betteraves urinent beaucoup et exigent d'abondantes litières.

Un lot de 5 moutons du poids moyen de 40 kilog., recevant, par jour et par tête, 1 kilog. de luzerne sèche et 2 kilog. de betteraves hachées, nous a donné pour la somme des déjections liquides et solides une moyenne journalière de 2 kil. 050; ces déjections mixtes avaient la composition centésimale suivante :

Eau	75.60
Azote	0 51
Acide phosphorique.	0.34
Potasse.	0.87

Nous avons analysé séparément, au moment de leur émission, des urines et des crottins provenant de brebis nourries avec 1 kil. 5 à 2 kilog. de luzerne sèche et 3 kilog. de betteraves; nous avons trouvé p. 100 de crottins :

Eau	70.27
Azote	0.60
Acide phosphorique.	0.47
Potasse.	0.37

Les urines, avec une densité moyenne de 1025, contenaient p. 100 :

	En volume.	En poids.
Azote.	0.92	0.89
Acide phosphorique.	Traces	Traces
Potasse	1.77	1.72

4° **Porcs**. — Les porcs donnent des déjections solides très aqueuses et de grandes quantités d'urines, car la ration de ces animaux est en général noyée dans beaucoup de liquides. Ainsi, dans une de ses expériences, M. Boussingault nous apprend qu'un porc de 8 mois, pesant 60 kilog., nourri avec 7 kilog. de pommes de terre cuites délayées dans l'eau, fournit en 24 heures :

	kilog.
Excréments solides.	1.00
Urines.	3.05

Les urines du porc sont très alcalines, en général aqueuses et d'une densité faible. Le porc en donne beaucoup relativement à son poids. Voici, d'après M. Boussingault, la composition de ces déjections p. 100 :

	Excréments solides.	Urines.	Déjections mixtes.
Eau.	84.00	97.90	93.80
Azote.	0.70	0.23	0.37
Acide phosphorique.	0.62	0.04	0.28

Un porc moyen produirait par année environ 1500 kilogrammes de déjections, contenant 5 kil. 5 d'azote et 4 kilog. d'acide phosphorique.

Dans des expériences citées par M. Wolff et faites sur 2 porcs de 10 mois qui, pesant 122 kilog., recevaient par jour 5 kilog. de pommes de terre et 2 kil. 572 de lait écrémé et en outre le n° 1, 1 kilog. d'orge, le n° 2, 1 kilog. de pois, les excréments renfermaient par jour :

	Azote.	Ac. phosph.	Potasse.	Chaux.	Magnésie.
	grammes.	grammes.	grammes.	grammes.	grammes.
Excréments solides.					
Porc n° 1.	8.7	10.3	7.3	4.4	3.0
— n° 2.	9.1	11.1	5.9	4.9	2.8
Urines.					
Porc n° 1.	19.3	6.7	33.0	0.4	0.9
— n° 2.	30.6	7.1	37.1	0.2	1.1

Nous n'avons, dans ce qui précéde, envisagé que les
éléments ayant une valeur fertilisante; nous croyons
devoir donner ici, d'après M. Boussingault, la composition complète des différentes urines, rapportée à
1 000 grammes.

	Urine de vache.	Urine de cheval.	Urine de porc.
	grammes.	grammes.	grammes.
Urée.	18.5	31.0	4.9
Hippurate de potasse.	16.5	4.7	0.0
Lactates alcalins	17.2	11.3	Indéter.
Lactate de soude		8.8	
Bicarbonate de potasse.	16.1	15.5	10.7
Carbonate de magnésie.	4.7	4.2	0.9
Carbonate de chaux	0.6	10.8	Traces
Sulfate de potasse..	3.6	1.2	2.0
Chlorure de sodium	1.5	0.7	1.3
Silice.	Traces	1.0	0.1
Acide phosphorique.	0.0	0.0	1.0
Eau et matières indéterminées.	921.3	910.8	979.1

Le cheval était nourri au trèfle vert et à l'avoine; la
vache au regain et aux pommes de terre; le porc aux
pommes de terre cuites.

De toutes les analyses qui précèdent, il ressort ces
faits très importants que les urines renferment en grande
partie l'azote et presque en totalité la potasse des déjections. Le reste de l'azote, l'acide phosphorique et la
chaux se concentrent dans les fèces. On voit donc
que, lorsque, par négligence, on laisse perdre les urines,
la ferme se trouve privée de quantités très importantes
d'azote et de potasse. L'agriculteur doit porter toute son
attention sur les parties liquides du fumier qui ont une
valeur plus élevée que les parties solides.

§ II. — LITIÈRES

Nous venons de considérer les déjections exemptes de tout mélange, mais ce ne sont pas elles seules qui forment le fumier. Les litières placées sous les animaux constituent une partie de l'engrais qui est loin d'être négligeable; elles jouent un rôle trop important pour que nous n'insistions pas sur leur composition et leurs propriétés, autant que nous l'avons fait sur les déjections elles-mêmes.

Quoique l'apport des litières en éléments fertilisants ne soit pas sans importance, il faut cependant s'attacher avant tout à leurs propriétés physiques.

Lorsqu'elles sont molles, douces au toucher et douées d'une certaine élasticité, elles procurent un meilleur couchage et le bien-être des animaux se trouve augmenté. Quand elles sont dures et ligneuses, l'animal n'y repose pas aussi bien et son état général peut en souffrir.

Les litières proprement dites sont constituées par des matières végétales, pailles ou déchets de récoltes impropres à l'alimentation, plantes des forêts et des landes, telles que genêts, fougères, etc., débris végétaux divers : feuilles mortes, tourbes, sciures de bois, tannée, etc.

Certaines litières sont supérieures aux autres, tant au point de vue du couchage des animaux qu'à celui de leur influence sur la qualité du fumier; mais l'agriculteur n'a pas toujours le choix; il ne peut consacrer à la litière qu'une faible partie de ses ressources, il est donc forcé de la prendre là où il la trouve avec le moins de dépense possible. Il y a même des régions où elle fait entièrement défaut, au grand préjudice de l'état des animaux et de la production du fumier. Dans ce cas, on la remplace quelquefois par de la terre ou du sable, par des claies, ou même on laisse les animaux reposer directement sur le sol.

Litière de paille. — Les litières les plus généralement employées sont les pailles de céréales ; ce sont celles aussi qu'on peut regarder comme donnant les meilleurs résultats : elles procurent un coucher doux et elles sont douées de propriétés absorbantes à raison de leur forme tubulaire. Les plus employées sont les pailles de blé, d'orge et d'avoine.

100 kilogrammes de ces pailles contiennent en moyenne :

	Azote.	Ac. phosph.	Potasse.	Chaux.
	kilog.	kilog.	kilog.	kilog.
Paille de blé.	0.48	0.23	0.49	0.26
Paille d'orge.	0.48	0.19	0.93	0.33
Paille d'avoine.	0.40	0.28	0.97	0.36
Paille de seigle.	0.40	0.25	0.80	0.36

On donne ordinairement de 3 à 5 kilog. de litière de paille par tête de gros bétail dans les 24 heures ; en prenant la moyenne de 4 kilog., nous obtenons ainsi un poids de 1 500 kilog. par an, qui apporterait en matières fertilisantes, suivant la paille :

	kilog.
Azote.	6 à 7
Acide phosphorique.	2 à 4
Potasse.	7 à 15

On voit que cet apport est peu important et que la litière doit surtout être considérée comme matière absorbante.

La paille de froment, rigide et élastique, conserve mieux sa forme tubulaire que la paille d'avoine ; elle s'écrase et se tasse moins sous le poids des animaux, elle forme donc une meilleure litière.

Les **balles de céréales** et les **siliques** de colza sont employées comme litières, elles ont la composition centésimale suivante :

	Azote.	Ac. phosph.	Potasse.	Chaux.
Balles de froment	0.72	0.40	0.84	0.19
Balles d'avoine.	0.64	0.20	0.50	0.70
Siliques de colza.	0.85	0.36	0.57	3.38

Elles sont plus riches en azote que les différentes pailles; dans les fermes bien tenues, les balles sont consommées par le bétail; quelquefois aussi on les applique directement à la fumure des terres; souvent on les laisse perdre, alors qu'on pourrait en faire une excellente litière.

Fanes. — Les fanes de diverses plantes : colza, féveroles et fèves, pois, haricots, vesces, sarrasin, topinambours, pommes de terre, sont utilement employées comme litière, quoique, au point de vue du couchage et des facultés absorbantes, elles soient inférieures à la paille. Il est toujours utile de les faire écraser par les pieds des animaux ou par les roues des voitures, pour les rendre plus moelleuses et moins rigides. Elles contiennent p. 100 les éléments fertilisants suivants :

	Azote.	Ac. phosph.	Potasse.	Chaux.
Pois	1.04	0.38	1.07	1.86
Féveroles	1.63	0.41	2.00	1.35
Sarrasin	0.78	0.18	1.28	1.91
Maïs	0.48	0.38	1.66	0.50
Fanes de colza	0.50	0.27	0.97	1.01
— topinambours après l'hiver.	0.43	0.07	0.41	0.91
— pommes de terre sèches. .	0.50	0.10	0.30	0.50
— pavot	0.40	0.23	2.00	1.50

On voit que quelques-unes de ces litières sont beaucoup plus riches que les pailles de céréales ; lorsque leurs propriétés absorbantes sont moindres que celles des premières, il faut en employer une quantité plus considérable, soit 5 à 6 kilogrammes ; dans ces conditions, l'apport en matières fertilisantes est loin d'être négligeable. La consommation par an et par animal sera d'environ 2 000 kilogrammes, ce qui pour les pailles de légumineuses, de sarrasin, etc., pourra donner un apport de :

	kilog.
Azote..	20 à 30
Acide phosphorique.	8 à 12
Potasse..	20 à 50

Dans les fermes on a souvent l'habitude de faire brûler ces fanes, ce qui fait perdre tout l'azote qu'elles renfermaient ; alors même que les cendres retournent au fumier, cette pratique, presque générale pour les pailles de sarrasin et de topinambour, est mauvaise ; il ne faut laisser perdre aucune des substances qui permettent d'économiser la paille.

Litières diverses. — Beaucoup de plantes ou de débris végétaux sont employés comme litières ; en général tous pourraient servir. On se règle pour leur emploi sur les facilités qu'on a de se les procurer ; dans beaucoup de pays où de bonnes litières font défaut, on est forcé de recourir à tous les matériaux susceptibles de les remplacer : la bruyère, la fougère, les ajoncs, les genêts, les prêles, varechs, roseaux, joncs et carex, les feuilles d'arbres, la tourbe, la sciure de bois, la tannée.

Nous examinerons à part les quatre dernières ; les autres ont des compositions extrêmement variables ; le plus souvent assez pauvres en azote et acide phosphorique, elles contiennent des quantités importantes de potasse.

Leurs propriétés absorbantes sont inférieures à celles des pailles et on doit les employer en poids au moins double ; c'est-à-dire qu'une dizaine de kilogrammes, mis par jour par tête de gros bétail, ne sont pas de trop. Leur valeur est d'autant plus grande que les parties ligneuses y sont moins développées, elles doivent d'ailleurs être employées comme les fanes et les pailles, à l'état sec ; quelquefois cependant on les emploie à l'état vert, pour que leur décomposition soit plus rapide et leur écrasement plus facile.

Nous réunissons en tableau la composition centésimale des plantes quelquefois employées comme litière.

	Eau.	Azote.	Ac. phosph.	Potasse.
Bruyère.	20.0	0.9	0.10	0.40
Fougère.	16.0	2.4	0.45	2.42
Genêt à balai	16.0	2.5	0.23	0.80
Préle	14.0		0.41	2.70
Varech	18.0		0.37	1.71
Roseaux	18.0	1.1	0.12	0.43
Carex.	14.0		0.47	2.31
Joncs.	14.0		0.35	1.67

La bruyère, la fougère, les ajoncs et les genêts constituent pour beaucoup de régions une ressource très importante ; ces matières coupées principalement pendant l'hiver, étendues dans les cours de ferme, et écrasées par les voitures et les animaux, servent de litière soit seules, soit mélangées à la paille, soit placées en couche épaisse sur le sol des étables et stratifiées avec de minces couvertures de paille.

Dans certaines contrées très fertiles qui manquent de litière, on envoie au loin les ouvriers et les attelages chercher les végétaux qui croissent spontanément dans les bois et il se fait un commerce important de ces matières. Nous connaissons, par exemple, des régions du Sud-Ouest où le droit de fauchage des litières de forêts se paye 50 francs l'hectare, et l'arrachage à la pioche 50 francs aussi. Un hectare peut fournir 7 500 kilogrammes; les 100 kilog. de litière pris sur place reviennent donc à environ 1 fr. 35, sans compter les frais de chargement qui sont souvent très élevés. L'exploitation de ces litières se fait soit à la pioche, soit à la faux. La fougère peut être fauchée tous les ans; l'ajonc tous les deux ou trois ans; la bruyère met plus longtemps à repousser. Le fauchage n'est praticable que dans les sols peu cailouteux, il donne de faibles rendements, mais il peut se renouveler plus fréquemment, tous les deux, trois ou quatre ans, suivant la fertilité du bois, suivant la prédominance de telle espèce. L'arrachage à la pioche, qui atteint les racines, rend la repoussé plus lente.

Dans l'estimation des propriétés de plaine on tient compte de la proximité des bois, et dans l'évaluation du prix des forêts on tient compte également de leur richesse en matériaux de litière. La fertilité des plaines se trouve ainsi augmentée par l'apport de véritables engrais; c'est, pour les pays où l'usage des engrais chimiques n'existe pas, une importation de matières fertilisantes qui sert à compenser les exportations.

Feuilles mortes. — Dans les régions forestières on utilise fréquemment les feuilles mortes provenant des essences les plus diverses; elles constituent une immense ressource. Les plus employées sont les feuilles de hêtre et de chêne. L'administration forestière s'oppose ordinairement à leur enlèvement, sous le prétexte qu'elles constituent une fumure pour la forêt et une sorte de couverture qui préserve le sol de la dessiccation et exerce une heureuse influence sur le régime des eaux.

Nous donnons ici la composition centésimale de

différents produits forestiers dans l'état où on les emploie :

	Eau.	Azote.	Ac. phosph.	Potasse.	Chaux.
Feuilles de hêtre.	15.0	0.8	0.24	0.30	2.58
— de chêne.	15.0	0.8	0.34	0.25	2.02
Aiguilles de sapin	47.5	0.5	0.20	0.08	0.54
— pin sylvestre.	13.5	0.8	0.10	0.13	0.46
— épicea.	12.6	0.9	0.20	0.13	1.60
Mousse des forêts	25.0	1.0	0.16	0.34	0.29

Les feuilles les plus riches en potasse sont celles d'orme, d'érable, de chêne et de hêtre.

Les plus riches en acide phosphorique sont celles de frêne et de chêne.

Les plus riches en chaux sont celles de charme, de tremble, de hêtre et de coudrier.

Cette composition ne s'éloigne pas beaucoup de celle des pailles ; les feuilles sont supérieures cependant, comme teneur en azote ; mais on doit les considérer moins au point de vue de leur apport en principes fertilisants que comme succédanées de la paille dans les pays pauvres.

Au point de vue de la qualité du fumier, les feuilles laissent à désirer, leur décomposition est extrêmement lente et on les retrouve intactes, même après un long séjour dans le tas. Le fumier qu'elles produisent est froid, compact, et souvent il a des tendances à devenir acide ; aussi est-il prudent de le réserver aux terres riches en calcaire.

On fait encore aux feuilles mortes, ainsi qu'aux aiguilles de conifères, le reproche de laisser échapper les urines, de retenir moins bien les excréments solides, à cause de leur état peu fibreux, et de donner aux animaux un coucher moins sain.

Tourbe. — Dans beaucoup de régions, on trouve des

tourbières, soit à un état de formation très avancé, et se présentant en masse compacte, soit encore en voie de formation, c'est-à-dire contenant des matières à un degré de décomposition peu prononcé. Ces tourbes sont constituées par l'accumulation des débris végétaux dans les lieux humides ; elles ont pour origine les plantes des terres marécageuses, mousses, carex, prêles, airelles, bruyères, conferves, épilobes, etc. La croissance des tourbières est variable ; dans le Hanovre, on a constaté qu'elle était de 2 mètres en hauteur par siècle ; dans le Jura, de $0^m,60$ à $1^m,20$; dans les lacs suisses, elle n'est en général que de $0^m,20$ pour le même espace de temps.

Les marais à tourbières sont exploités surtout dans le nord de l'Allemagne, en Hollande et en Suisse ; la France en contient également dans certaines régions, surtout en Bretagne ; la Suède possède de grandes surfaces où la tourbe est abondante. Les tourbières contiennent, à divers degrés de décomposition, des débris de végétaux semblables à ceux qui vivent encore dans nos contrées. Celles qui sont en voie de formation sont recouvertes de plantes flétries, serrées entre elles à la manière d'un feutre. La couche qui vient immédiatement après se compose de plantes à un état d'altération plus avancé, sorte de tissu spongieux formé de fibres ténues, d'un toucher moelleux et élastique ; c'est cette couche qu'on choisit de préférence pour la litière. Elle a ordinairement une épaisseur de 25 à 30 centimètres. Au-dessous de celle-ci, se trouvent les parties dont la décomposition est beaucoup plus avancée ; elles sont plus friables et servent généralement comme combustible.

Pour se procurer la tourbe devant servir de litière, on commence par pratiquer des fossés permettant l'écoulement des eaux, on enlève la couche superficielle, puis, à l'aide d'une bèche, on taille des briquettes dans la partie la plus spongieuse. Ces briquettes, placées en petits tas, sont exposées aux intempéries ; les pluies en éliminent beaucoup de terre et elles finissent par se sécher ; il faut alors les diviser, ce qui n'est pas difficile, car elles sont peu cohérentes. Une batte suffit pour cet usage, mais pour opérer sur une grande échelle, il faut une machine spéciale. On peut employer la tourbe grossièrement divisée ; mais il est bon d'en enlever les parties les plus fines à l'aide d'un tamisage. Ces dernières ont encore des propriétés absorbantes très grandes ; elles sont utilisées avec succès pour absorber les matières fécales (100 kilogrammes pour 1500 kilogrammes de vidange). Nous pensons que dans la ferme il n'est pas utile de raffiner ce produit, autant qu'on le fait lorsqu'on doit le transporter au loin.

A Oldenbourg où l'exploitation se pratique sur une grande échelle, on opère avec une drague mue par une machine à vapeur ; la tourbe tombe avec l'eau dans un grand concasseur, on l'étend sur le sol pendant 24 heures ; après qu'elle s'est ressuyée, on l'égalise et on la découpe en briquettes. Au bout de 5 à 6 jours, ces briquettes ayant pris de la consistance sont entassées, de manière à laisser circuler l'air ; elles se dessèchent et durcissent. On les carde ensuite, en les faisant passer dans des tambours coniques armés de pointes ; on les débarrasse de la poussière sur des cribles de 3^{mm}. La partie la plus belle est employée pour la fabrication du papier ou de la charpie.

Dans ce lieu de production le prix de la tourbe tamisée de bonne qualité n'est que de 20 francs les 1000 kilogrammes ; mais les frais de transport augmentent ce prix dans une proportion considérable. Avant l'expédition on presse, de manière à avoir une matière moins encombrante et on forme des balles de 150 à 300 kilogrammes.

Le produit, ainsi préparé et suffisamment sec, absorbe plus de liquide qu'aucune des autres litières connues; il a en outre la propriété de fixer le gaz ammoniac à la manière du noir animal. La quantité de tourbe à mettre sous les animaux peut être moitié moindre que la quantité de paille et on la laisse jusqu'à ce qu'elle soit suffisamment imbibée de liquides. On peut alors l'enlever et la remplacer par de la tourbe sèche ou bien la recouvrir d'une faible couche qu'on renouvelle tous les 2 ou 3 jours.

On estime que 75 à 100 kilog. de tourbe suffisent pour un cheval, pendant un mois; on doit l'enlever environ tous les 20 jours. Pour les bêtes bovines on emploie 3 kilog. par tête et par jour; o kil. 5 pour les porcs.

La tourbe contient de 1 à 2 p. 100 d'azote et des quantités très appréciables de potasse, mais seulement des traces d'acide phosphorique.

Sciures de bois. — Elles peuvent être utilisées comme litières; sur les lieux de production leur prix est en général très minime, il n'est pas nécessaire de leur faire subir une préparation autre que la dessiccation à l'air. Les animaux se trouvent très bien sur cette litière, qui protège toutes les parties saillantes contre les meurtrissures et excoriations et dont ils mangent quelquefois de petites quantités sans aucun inconvénient. Leur pouvoir absorbant pour les liquides est supérieur à celui des pailles. Elles ont une teneur très faible en matières fertilisantes et leur apport doit être regardé comme peu important. On peut employer en général toutes les sciures; celles de chêne cependant contiennent beaucoup de tannin et peuvent être préjudiciables à la fertilité des terres.

La sciure de pin des Vosges nous a donné p. 100 :

Eau, 36.8; Azote o.176

La sciure de châtaignier du Mont-Dore :

Eau, 5o.o; Azote, o.186

Ebermayer a trouvé que les sciures sèches contiennent en azote :

Peuplier o.71
Epicea o.5o
Pin o.23

Wolff attribue à la sciure de sapin la composition suivante :

Eau 15.oo
Acide phosphorique o.3o
Potasse o.74
Chaux 1.o8
Magnésie o.20

Nous avons fait des comparaisons entre les quantités de paille, de tourbe et de sciure qu'il faut placer journellement sous les chevaux pour leur donner un bon couchage.

Voici les résultats obtenus en 1883 dans les écuries de la Compagnie des Omnibus :

	Quantité par jour et par cheval.	Prix. des 100 kilog.	Prix par journée de cheval.
	kilog.	francs.	francs.
Paille	4.812	8.26	0.400
Tourbe	3.333	6.oo	0.200
Sciure	3.353	2.5o	0.o85

L'emploi de la tourbe et de la sciure a donc été plus économique que celui de la paille.

Nous avons été longtemps tributaires de l'étranger pour la tourbe; aussi le prix de cette substance était-il très élevé. Les exploitations françaises commencent aujourd'hui à fournir ce produit à des cours avantageux.

Quant à la sciure, on peut souvent se la procurer à très bas prix; ce sont surtout les frais de transport qui constituent sa valeur marchande.

Tannée. — L'agriculteur qui se trouve à proximité d'une tannerie pourra utiliser avec profit comme litière le tan épuisé ou tanné. Cette matière, étant séchée, offre à peu près les mêmes avantages que la tourbe au point de vue des propriétés absorbantes vis-à-vis des liquides et des gaz et au point de vue du couchage des animaux. Elle contient 0,5 à 1 p. 100 d'azote, de minimes proportions d'acide phosphorique et des quantités appréciables de potasse. Ce qui la distingue de la tourbe et des sciures, c'est sa richesse en chaux qui est de 3 à 4 p. 100.

Propriétés absorbantes des litières. — La faculté des litières d'absorber plus ou moins de liquide joue un rôle important dans leur utilisation. Après avoir parlé de la composition chimique, nous comparerons entre elles, à ce point de vue, les diverses litières que nous venons d'énumérer.

Pour déterminer leur pouvoir absorbant, on en plonge dans l'eau un poids connu, on laisse l'immersion se prolonger pendant un même temps et on pèse après avoir fait écouler l'eau. La quantité qui a été retenue sert de mesure au pouvoir absorbant. On opère de la façon suivante :

On place dans un récipient 5 kilog. de la litière à examiner, on les couvre avec de l'eau en ayant soin que toutes les parties soient immergées. Au bout de 24 heures on laisse écouler l'eau et égoutter la matière sur un tamis pendant une demi-heure, et on prend le poids. Cette augmentation de poids, qui représente l'eau absorbée, est rapportée à l'unité de matière, et donne le pouvoir d'imbibition.

Une litière est de qualité d'autant meilleure que ce pouvoir d'imbibition est plus élevé.

Voici les résultats trouvés pour les principales litières :

	Nombre de litres d'eau absorbés par 100 kilog.	Nombre de kilog. pouvant absorber la même quantité d'eau que 100 k. de paille de blé.
Paille de froment	220	»
— orge	285	77
— avoine	228	96.
— pois	280	80
— féveroles	330	67
— colza	200	110
Tiges sèches de topinambour non broyées	210	105
Tiges sèches de topinambour broyées	275	80
Bruyère séchée à l'air. . .	145	150
Fougère — . . .	212	100
Genêts — . . .	111	200
Mousses et litière de forêts	250 à 300	80
Feuilles mortes	200	110
Aiguilles de conifères . . .	150 à 200	125
Tourbe	500 à 700	40
Sciure de bois { pin	420	50
Sciure de bois { peuplier .	435	50
Tannée	400 à 500	48
Terre végétale legère . . .	50	440
Marne et calcaire	40	550
Sable quartzeux	25	880

En augmentant les surfaces par le broyage, on augmente en général la faculté d'absorption des litières; ce broyage peut se faire économiquement par le piétinement des animaux, ou à l'aide d'un rouleau, ou même, comme on le pratique pour les ajoncs, en étendant la matière dans des endroits où passent les voitures.

Ainsi pour les tiges de topinambour nous avons obtenu :

Pouvoir d'imbibition avant broyage 210
   —   après — 276

Cette pratique est indispensable pour les litières dures et ligneuses telles que les ajoncs, les bruyères, les genêts, les pailles de colza, etc.

La dessiccation augmente également le pouvoir d'absorption; il est évident qu'une paille sèche absorbera plus d'urine qu'une paille humide; ceci est surtout vrai pour les litières dures que nous venons de nommer et qu'il convient d'employer après dessiccation à l'air libre.

Les quantités de litière à donner varient : 1° avec l'espèce animale, ainsi les moutons ont des déjections sèches et urinent peu, tandis que les porcs urinent beaucoup; 2° avec la nature de l'alimentation; la nourriture la plus aqueuse en demande davantage, ainsi des vaches nourries aux pulpes ou aux drèches auront besoin de plus de litière que celles qui reçoivent des rations de foin et de farines; 3° avec la saison; en été, par exemple, l'évaporation dans les étables et la transpiration des animaux sont très actives, les litières se dessèchent plus vite et n'ont pas besoin d'être aussi fréquemment renouvelées que pendant l'hiver. Enfin la distribution des pailles est réglée par la disposition des étables et particulièrement par l'écoulement des urines, le séjour plus ou moins prolongé des animaux à l'étable (animaux d'engrais ou de travail), et par l'enlèvement plus ou moins fréquent des fumiers.

Il est donc difficile de donner des chiffres absolus

pour les quantités à employer. Le praticien habile sait
fort bien lorsque la litière doit être renouvelée; il lui
suffit d'examiner l'état de propreté de ses animaux et de
surveiller l'écoulement ou le suintement des purins.
Pour fixer les idées, nous dirons que dans les conditions moyennes :

Le cheval	exige de	2 à 4 kilog. de paille par jour.			
Le bœuf ou la vache.	—	3 à 5	—	—	—
Le porc à l'engrais.	—	1.5 à 3	—	—	—
Le mouton.	—	0.5	—	—	—

Il ne faut pas exagérer la quantité de litière, d'abord
pour raison d'économie, ensuite pour éviter d'avoir des
fumiers trop pailleux. Beaucoup de cultivateurs apprécient le fumier uniquement au volume et ne tiennent
aucun compte de la concentration; ceux-là sont tentés
d'abuser de la litière pour obtenir de gros tas.

La valeur vénale des diverses litières est des plus
variables; celles dont le prix est le plus élevé sont
toujours les pailles de céréales, qui sont consommées
en grande partie dans la ferme. Il y a lieu d'examiner
si dans tous les cas il y a intérêt pour l'agriculteur
à employer lui-même un produit dont la vente est
facile.

Le vieux proverbe qui s'exprime ainsi : « *Vendre sa
paille c'est vendre son fumier, et qui vend son fumier,
vide son grenier* », est vrai si le vendeur n'a pas le soin
de compenser, par un apport de principes fertilisants, la
paille exportée du domaine et s'il ne remplace pas par
une autre litière celle qu'il enlève.

Le fait de l'exportation de principes fertilisants constitue un préjudice moins grand que celui qui résulte
de la déperdition des déjections animales, si la matière
absorbante fait défaut. Si l'on exporte la paille, il faut

donc la remplacer par une autre litière ; à cette seule condition on peut en conseiller la vente.

Calculons le résultat économique d'une opération de ce genre : une tête de bétail consomme par an environ 1 500 kilog. de paille pour sa litière, ce qui, au prix de 4 francs les 100 kilog. valeur moyenne de la paille, représente une somme de 60 francs. La vente de cette paille entraînerait l'exportation d'une quantité d'azote ayant une valeur de 6 à 7 francs ; d'acide phosphorique valant 1 fr. 20 et de potasse valant 3 francs, soit en totalité 10 à 12 francs. Si l'agriculteur trouve moyen de remplacer cette litière de paille par une autre qu'il trouve dans son domaine et qui n'est pas susceptible d'être vendue, telle que balles, pailles et fanes diverses, litières de forêts, etc., ou s'il peut en trouver à bas prix dans le voisinage, il aura tout intérêt à vendre sa paille et réalisera ainsi une économie qu'il peut consacrer à l'acquisition d'engrais chimiques, ou de tourteaux pour l'alimentation de son bétail.

Litières de terre. — A défaut d'autre litière ou même lorsqu'on veut vendre ses pailles, la terre peut rendre des services ; elle est recommandée par les agronomes les plus autorisés, et adoptée couramment en Angleterre, en Hollande et en Suisse ; malheureusement son usage est trop peu répandu en France, malgré l'exemple fourni par d'excellents praticiens.

Nous engageons vivement les agriculteurs à essayer des litières terreuses, dans les cas où les pailles sont chères et les litières végétales rares. Notre opinion est basée sur des expériences que nous rapporterons plus loin.

Cette litière convient particulièrement aux moutons, moins bien aux vaches. Son emploi exige une surveillance plus grande ; il faut une ou deux fois chaque jour la remuer au rateau, pour faciliter l'imbibition des liquides ; puis aussitôt qu'elle approche de la saturation, on doit répandre une nouvelle couche de terre fraîche ; enfin l'enlever et la mettre en tas lorsqu'elle a atteint 10 à 20 centimètres de hauteur.

Entretenues de cette façon, les litières terreuses rendent de bons services ; on évite presque entièrement les déperditions de liquide, si fréquentes dans les étables ; nous ne saurions trop recommander aux agriculteurs de recouvrir toujours le sol d'une couche de terre destinée à recueillir les urines qui tendent à s'y infiltrer quand il n'est pas bitumé.

La terre absorbe avec beaucoup d'énergie les principes fertilisants ; les causes de déperdition sont moindres par son emploi que par celui des litières pailleuses.

L'atmosphère des étables où les déjections sont recueillies sur la terre est bien plus saine.

Les animaux s'habituent parfaitement à ce mode de couchage, comme ils le font, étant au parcage ; ils exigent alors de plus grands soins de propreté ; mais rien n'est plus facile que d'adopter un système mixte, c'est-à-dire de constituer le fond de la litière, celle qui recouvre le sol, par de la terre et d'étendre dessus des petites quantités de paille qui préservent les poils ou la laine des animaux du contact direct avec la terre, et qu'on enlève tous les quatre ou cinq jours.

Certains agriculteurs emploient un autre procédé ; ils mélangent la paille et la terre et emploient alternativement l'une et l'autre ; nous croyons qu'il est excellent, même lorsqu'on dispose de grandes quantités de paille, de saupoudrer les litières d'une mince couche de terre sèche.

Le fumier ainsi obtenu, par ce mélange de terre et de déjections, est de bonne qualité, mais il a l'inconvénient d'être d'un poids élevé pour une valeur agricole donnée, à cause de la grande quantité de terre qui s'y trouve mélangée; son transport nécessite une plus forte dépense.

La composition de ce mélange dépend d'ailleurs essentiellement de la quantité de terre mise sous les animaux et qui varie avec la nature de la terre; quand elle est riche en humus elle absorbe mieux les liquides que quand elle est sableuse; on se réglera pour le volume à employer et pour le renouvellement de cette litière sur son état d'imbibition. D'une manière générale, il faut environ huit fois plus de terre que de paille pour arriver à absorber la totalité des déjections.

On emploiera de préférence les terres riches en humus ou à leur défaut des terres légères; celles qui sont très compactes doivent être exclues, car elles forment pâte avec les urines et ne se laissent plus pénétrer; des marnes ou des terres calcaires peuvent être utilisées, mais, dans ce cas, l'ammoniaque est moins bien retenue.

Les terres employées doivent être soumises à une préparation préalable. En les passant à la claie, on en élimine les parties grossières. Il convient de les prendre aussi sèches que possible et il est prudent de faire sa provision pendant les chaleurs de l'été et de la conserver dans un lieu abrité contre les pluies. On utilise pour ces transports et ces manipulations les moments perdus des ouvriers et des attelages.

Étables sans litière. — Dans certaines exploitations bien dirigées, on suit un système particulier, qui permet d'éviter complètement l'emploi des litières et peut, dans les pays où elles manquent, être avantageusement pratiqué dans les bergeries. L'aire est formée d'un plancher à claires-voies, sortes de claies dont les traverses sont assez resserrées pour que les pieds des moutons ne puissent s'y engager. Ce plancher est posé sur les épaulements du mur et soutenu par des solives ou des piliers; il est mobile. Le sol au-dessous est creusé à environ 5o centimètres et reçoit une couche de terre. Les déjections solides et liquides passent à travers les barreaux du plancher; elles sont absorbées par la terre, qui est enlevée de temps en temps ou recouverte par de nouvelles couches lorsqu'elle est saturée, ce qu'on reconnaît au dégagement d'ammoniaque qui se manifeste.

Dans certains pays, particulièrement dans les montagnes (Cantal, Aveyron, Pyrénées), les animaux reposent directement sur le sol, même quand ils sont à l'étable; ce n'est que rarement que celle-ci a un plancher. Lorsque les déjections sont accumulées en trop grande masse, on les enlève à la pelle et on forme un tas qui représente un véritable guano, et qui est le plus souvent perdu, s'il n'est vendu. C'est là un procédé imposé par les circonstances et qui est mauvais, tant au point de vue de la santé et de la propreté des animaux, qu'au point de vue de l'utilisation des principes fertilisants.

La suppression complète des litières se pratique également dans un système connu sous le nom de *système suisse*; il consiste à ménager dans les étables une pente telle que les urines puissent s'écouler rapidement dans une citerne pratiquée dans ces étables mêmes; les déjections solides sont entrainées par des lavages et balayées dans la fosse, où on les brasse avec les urines. On obtient ainsi un fumier liquide qui porte le nom de *lizier*.

Nous avons rapidement passé en revue les différents procédés employés pour recueillir les déjections, sans pouvoir entrer dans tous les détails, que chacun d'eux comporte ; nous avons voulu mettre sous les yeux des agriculteurs tous les moyens qui sont à leur disposition, soit qu'ils manquent de litières, soit qu'ils puissent remplacer la paille d'une façon économique. Chacun dans son cas particulier devra adopter le système qui conviendra aux circonstances dans lesquelles il se trouve ; il n'y a pas dans ces questions de règles absolues.

§ III. — PRODUCTION DU FUMIER EN POIDS ET EN VOLUME

Quantités de fumier. — Les quantités moyennes de fumier produites varient dans des proportions très considérables, non seulement avec l'espèce et l'âge des animaux et la nature de leur alimentation, mais encore avec la proportion d'eau qu'ils ingèrent et qui s'introduit dans le fumier. Si d'un côté l'alimentation au fourrage vert ou aux racines amène normalement, dans l'estomac des animaux, de grandes quantités d'eau, d'un autre côté, avec une alimentation sèche, les animaux boivent davantage. Cependant, les déjections sont, en général, plus aqueuses, avec le premier mode d'alimentation.

Quoiqu'il soit difficile de donner des chiffres moyens sur le rendement en fumier obtenu dans des exploitations différentes, nous citerons les résultats de quelques auteurs autorisés. Nous y joindrons ensuite les nôtres, en indiquant les conditions dans lesquelles nous les avons obtenus.

Les chiffres qu'on admet le plus généralement sont

les suivants, empruntés à Bobierre, et résultant des observations nombreuses des praticiens :

FUMIER PAR ANNÉE

	kilog.
Cheval.	10 200
Bœuf de travail	9 400
Bœuf à l'engrais	25 300
Vache en stabulation.	11 400
Bête à laine	550
Bête porcine.	1 100

D'après M. Boussingault, 100 kilogrammes de foin produisent les quantités suivantes de fumier, en admettant que celui-ci ait une teneur uniforme de 70 p. 100 d'eau :

	kilog.
Cheval.	170
Vache laitière (suivant les cas).	107, 220, 240
Veau de six mois	133

D'après Girardin, on peut admettre que l'ensemble des animaux de la ferme rend environ 25 fois son poids de fumier. Voici les chiffres qu'il donne :

	Poids de l'animal	Poids du fumier par an.
	kilog.	kilog.
Vache laitière nourrie à l'étable	400	11 000
Bœuf à l'engrais	500	25 000
Cheval de trait.	600	9 000
Bœuf de travail	600	11 000
Mouton allant au pâturage.	40	500
Porc adulte.	100	1 400
TOTAUX.	2 240	57 900
RAPPORT	1	25

On a cherché à établir des règles pour calculer les quantités de fumier produites par les différents animaux, dans les diverses conditions d'alimentation et de litière ; ce sont les observations pratiques de divers agronomes, tels que Thaër, Flotow, Boussingault, qui ont servi de base à ce calcul. On pourrait, d'après eux, s'en rendre compte, en multipliant par 2 la somme de la litière et des fourrages considérés à l'état sec.

Ainsi, un cheval recevant par jour 12 kilogrammes de foin sec et 3 kilogrammes de paille litière, devrait produire environ 30 kilogrammes de fumier.

D'après Wolff, on peut apprécier le poids de fumier frais produit en ajoutant la moitié de la substance sèche des fourrages consommés à la litière aussi réduite à l'état sec et en multipliant la somme par 4.

M. Heuzé a enregistré de nombreuses observations qui l'ont amené à préciser davantage les différentes quantités produites par les principaux animaux de la ferme. Il a ainsi conclu, en prenant également pour base la somme de la litière et des fourrages, calculés à l'état sec, qu'il fallait multiplier cette somme par les nombres suivants, pour en déduire la quantité de fumier correspondante :

	kilog.
Pour le cheval de travail	1.3
— le bœuf de travail	1.5
— la vache	2.3
— le porc	2.5
— le mouton	1.2
MOYENNE	1.8

Les animaux qui passent une partie de leur temps loin de l'étable, comme le cheval et le bœuf de travail, produisent des quantités de fumier moindres, parce qu'ils en laissent perdre une fraction pendant leur absence.

Dans nos expériences, un lot de 25 moutons, recevant par jour et par tête 4 kil. 085 de luzerne verte, est resté pendant 22 jours sur une litière de 33 kil. 5 de paille. Au bout de ce temps, il avait fourni 1 260 kilogrammes de fumier, soit, par jour et par tête, 2 kil. 300.

Dans un autre cas, un lot de 25 moutons, recevant, par jour et par tête, 1 kil. 880 de luzerne sèche et 33 kil. 5 de paille-litière, pour la durée de l'expérience, qui a été de 23 jours, a produit 1 173 kilogrammes de fumier, soit, par jour et par tête, 2 kil. 04.

Dans une troisième expérience, des moutons consommant par jour 1 kil. 600 de luzerne sèche, ont donné par jour et par tête, 2 kil. 115 de fumier.

Il est inutile de multiplier les exemples ; en moyenne, dans nos expériences, nous avons obtenu, pour les moutons nourris à la luzerne et maintenus en stabulation permanente, une production de 2 kil. 100 à 2 kil. 300 de fumier, par jour et par tête ; soit environ 800 kilogrammes par an.

Pour les chevaux, on constate des variations dans la production journalière du fumier, allant de 12 à 30 kilogrammes ; à la Compagnie des omnibus de Paris, des observations nombreuses établissent que les percherons, du poids moyen de 500 à 550 kilogrammes, travaillant quatre heures par jour, produisent, avec 4 kilogrammes de paille litière, 18 à 22 kilogrammes de fumier.

On voit, par là, combien les quantités de fumier varient suivant les conditions, et combien il est peu sûr d'admettre des chiffres moyens, qui peuvent s'éloigner considérablement dans chaque cas particulier qu'on voudra envisager.

Poids du fumier. — Il y a intérêt à connaître la densité du fumier, c'est-à-dire le poids du mètre cube ; car cette donnée peut servir pour le calcul des charrois à effectuer, aussi bien que pour les dimensions à donner à la fosse à fumier.

Le poids du mètre cube varie surtout avec la nature de la litière, l'état plus ou moins avancé du fumier et les quantités d'eau que celui-ci renferme. En général, plus le fumier est fait, plus il se tasse, et, par suite, plus sa densité augmente; c'est lorsqu'il est amené à l'état consommé qu'elle est la plus grande.

D'après M. Boussingault :

POIDS DU MÈTRE CUBE

	kilog.
Le fumier de ferme très pailleux sortant des étables pèse . . . . 3oo à	400
Le même fumier encore assez frais mais bien tassé.	700
— à demi consommé.	800
— très consommé, humide et comprimé.	900

D'après Vogt, on obtiendrait les chiffres suivants :

	kilog.
Fumier frais de bœuf.	58o
Fumier gras de bœuf.	702
Fumier frais de cheval.	365
Le même après huit jours de fermentation. . . .	371
Fumier gras de cheval.	465

D'après d'autres observateurs, on obtient des résultats assez différents des premiers, et qui montrent qu'on ne doit pas accorder à ces chiffres une valeur absolue.

En attribuant, comme densité, 8oo kilogrammes au fumier mixte de ferme, convenablement fait, et 5oo kilogrammes au fumier frais, on ne s'éloigne pas sensiblement de la vérité, et on peut prendre ces chiffres comme base approximative de calculs pour les charrois et l'établissement de la fosse à fumier.

Il y a, entre le fumier frais et le fumier fait, une grande différence, au point de vue du poids et du volume. En passant du premier état au second, le volume diminue graduellement.

Ainsi Koerte a trouvé que 1 000 volumes de fumier frais se sont réduits

	Volumes.
En 81 jours à	773
En 254 jours.	634
En un an	470

Il y a donc tassement, et, par suite, augmentation de poids à volume égal.

Nous venons de donner les évaluations des différents auteurs; mais nous devons ajouter que nous n'attachons pas à ces chiffres une très grande importance. On a pris pour habitude, sans doute pour faciliter la tâche du praticien, de mettre sous ses yeux des moyennes, dont l'usage s'établit avec une grande persistance et se perpétue très longtemps. Rien n'est plus dangereux que des calculs basés sur de semblables chiffres. Le fumier est une matière dont le poids, la quantité, la composition varient avec tant de facteurs divers qu'il y a, pour ainsi dire, autant de résultats que de cas particuliers. Il faut que les agriculteurs s'habituent à se rendre compte, plus exactement qu'ils ne l'ont fait jusqu'à présent, des opérations de leur ferme, en se servant de la balance; les calculs ayant pour éléments des observations précises et directes ont une valeur bien plus grande que ceux qui reposent sur les moyennes données par les auteurs. Il faut que le caractère de précision s'établisse à la ferme, comme il s'est établi dans l'industrie et le commerce.

CHAPITRE II

RÉACTIONS CHIMIQUES ET COMPOSITION
DU FUMIER

§ I. — RÉACTIONS CHIMIQUES QUI SE PRODUISENT DANS LE FUMIER DE FERME

Après avoir examiné séparément les déjections animales et les litières, nous avons à nous occuper du fumier qui résulte de leur mélange et des réactions chimiques qui s'opèrent au sein de la masse ainsi formée. Ces réactions chimiques sont toujours du même ordre ; mais elles sont influencées par la nature et la composition des déjections, ainsi que par la qualité et l'abondance de la litière. Elles ont, en même temps, une propriété utile et une propriété nuisible ; la première consiste à rendre d'une assimilation plus facile les éléments du fumier, la seconde occasionne des déperditions très préjudiciables ; nous étudierons spécialement ces deux actions d'une si grande importance et les conditions dans lesquelles elles s'atténuent ou s'exagèrent. En ce moment nous ne parlerons de ces réactions qu'au point de vue général.

Dans les matières composant les déjections animales, il y a lieu de considérer deux parties essentiellement différentes : les matières organiques et les matières minérales. Les dernières par leur nature même échappent en général aux réactions chimiques qui se produisent dans le fumier; tout au plus leur état physique est-il modifié dans une certaine mesure; ainsi les phosphates, les sels de potasse que nous trouvons dans le fumier frais, se retrouvent dans le fumier consommé. Il n'en est pas de même des matières organiques, qui subissent des modifications profondes; les transformations de l'azote doivent nous préoccuper d'une manière spéciale.

1° **A l'étable.** — Au moment où les animaux émettent les déjections, l'azote se trouve à peu près intégralement sous forme de combinaisons carbonées : à l'état de matières albuminoïdes ou de corps amidés dans les déjections solides; à l'état d'urée, d'acide hippurique, etc. dans les déjections liquides. Ce n'est que dans les urines qu'on rencontre de l'ammoniaque et encore sa proportion est-elle extrêmement minime. M. Boussingault a trouvé pour 100 d'urine les résultats suivants :

	Ammoniaque.	Azote total.
Urine de vache laitière	0.006	1.3 à 1.8
—	0.009	
— de cheval.	0.004	1.2 à 1.7

L'ammoniaque n'entrait donc que pour la proportion de $\frac{1}{250}$ de l'azote total. Ces résultats ont été obtenus en opérant sur des urines prises immédiatement après l'émission, c'est-à-dire n'ayant pu subir aucune altération; mais la fermentation ammoniacale est extrêmement rapide et il suffit de quelques heures pour faire naître des quantités assez notables d'ammoniaque.

De toutes les réactions qui se produisent dans le fumier, la plus importante de beaucoup est celle qui a trait à cette production de l'ammoniaque; non seulement, cette transformation de la matière azotée en sels ammoniacaux a pour effet de rendre l'azote facilement assimilable, mais encore de provoquer, sous l'influence de l'alcalinité, la décomposition de la substance carbonée et de conduire ainsi à la production des matières brunes qui sont caractéristiques du fumier consommé.

D'un autre côté, la transformation des matières azotées en alcali volatil est une cause de déperdition qui doit sérieusement préoccuper l'agriculteur; à ce point de vue, il nous a semblé intéressant d'instituer une série d'expériences pour étudier les conditions de la formation de l'ammoniaque et pour déterminer aux dépens de quels éléments elle se produit. Dans ce but nous avons prélevé séparément des déjections solides et des déjections liquides de vaches, de chevaux et de moutons, et nous les avons placées dans des conditions variées de température, en suivant la formation de l'ammoniaque.

Voici les résultats auxquels nous avons été conduits : La fermentation ammoniacale est presque nulle dans les déjections solides, non seulement dans un temps très court, mais même en envisageant une période de plusieurs semaines. Lorsque la température est extrêmement favorable, cette fermentation ammoniacale augmente un peu, mais sans jamais atteindre une proportion notable. Les urines au contraire deviennent, presque immédiatement après leur émission, le siège d'une fermentation ammoniacale des plus actives; même à basse température elle se produit et se continue, jusqu'à épuisement presque total de la matière azotée. Quand la température est plus élevée, cette fermentation a une activité beaucoup plus grande et, en peu de jours, la majeure partie de l'azote est transformée en ammoniaque.

L'urine de vaches exposée au froid de l'hiver à une température très basse et très souvent inférieure à 0°, pendant les mois de décembre et janvier 1886 à 1887, a fermenté malgré ces conditions extrêmement défavorables; elle contenait en ammoniaque, au bout de ce temps, près du tiers de l'azote qu'elle renfermait originairement.

La même urine, placée dans des conditions plus normales, à une température moyenne de 12°, contenait au bout du même temps à l'état d'ammoniaque 83 p. 100 de l'azote total.

A 20°, c'est dans la proportion de 90 p. 100 de l'azote total, qu'existait l'ammoniaque.

Enfin dans des conditions de fermentation très propices, à 33°, 95 p. 100 de l'azote étaient transformés, et ce résultat était déjà atteint presque entièrement au bout de vingt-cinq jours.

L'urine de cheval nous a offert des faits analogues; à très basse température, 45 p. 100 de l'azote se sont transformés en ammoniaque dans l'espace de deux mois; à 12°, il y en avait 70 p. 100; à 20°, 80 p. 100; enfin à 33°, 90 p. 100.

Les faits observés sur l'urine de moutons ont été de même nature.

Là aussi la quantité d'azote qui restait à l'état de combinaison fixe a été très faible et n'a pas dépassé 10 p. 100 de l'azote total.

Ces faits n'ont rien qui doive nous surprendre; on sait en effet que l'urine contient des matières azotées très altérables : l'urée, l'acide urique, l'acide hippurique, etc., qui, sous l'influence de ferments spéciaux très répandus, se transforment rapidement en carbonate d'ammoniaque.

Ainsi pour l'urée la formule de la transformation est la suivante :

$$C^2O^3Az^2H^4 + 4HO = 2\,(AzH^3,\ HO,\ CO^2).$$

Les ferments qui opèrent ces transformations sont très abondants dans les étables ; le fumier est envahi par les organismes qui y travaillent énergiquement et qui s'emparent des déjections aussitôt qu'elles sont émises. On comprend donc l'activité de la fermentation ammoniacale dans les étables, où règne une température relativement élevée.

Le ferment de l'urée, qui est le plus connu parmi les organismes travaillant à la destruction de la matière azotée complexe, est un être microscopique formé de globules sphériques très petits, réunis en chapelets et qui remplissent le liquide en fermentation. Ces organismes se multiplient avec une grande rapidité et leur activité est considérable, surtout lorsqu'une température suffisamment élevée la favorise. Leur action ne se borne pas à la transformation de l'urée, elle s'étend à l'acide hippurique qui est si abondant dans l'urine des herbivores. Mais d'autres ferments travaillent, conjointement avec celui dit de l'urée, à la destruction de la molécule azotée complexe et contribuent également à la production d'ammoniaque.

Dans les déjections solides, le même phénomène ne se passe pas ainsi, puisque les ferments ont à agir sur des substances azotées qui sont à un état moins altérable.

Dans le fumier consommé on trouve, simultanément, de l'azote à l'état de combinaison organique et à l'état ammoniacal. Les expériences que nous venons de relater brièvement, nous permettent de dire que, dans ce fumier, l'azote ammoniacal provient des urines et l'azote organique qui reste est celui des déjections solides et de la litière.

2° **En tas.** — Aussi longtemps que le fumier reste à l'étable, présentant une grande surface, le dégagement de l'ammoniaque ainsi produite se continue; mais lorsqu'on le transporte au tas, d'autres phénomènes interviennent. Par l'absorption de l'oxygène de l'air, il s'établit une combustion, qui se traduit par une élévation de température et par une disparition de matières organiques, avec dégagement d'eau et d'acide carbonique. C'est surtout dans les fumiers où l'air pénètre plus facilement, comme celui des chevaux, que cette élévation de température est sensible; nous avons constaté que le thermomètre y marquait 70° et jusqu'à 80°, après quelques jours de mise en tas; on signale même des cas d'inflammation spontanée. Le fumier de moutons se rapproche sous ce rapport de celui des chevaux. Les fumiers de porcs et de vaches, généralement plus aqueux et se tassant davantage, s'échauffent moins. C'est pendant cette première phase de la fermentation que se produisent les plus grandes pertes.

Lorsque l'oxygène a été en partie absorbé dans le fumier bien tassé, la fermentation suit un autre cours; elle se passe à l'abri du contact de l'air. La production de l'ammoniaque se continue; en même temps on voit apparaître la désagrégation des débris organiques et leur transformation en substances brunes, douées de réactions acides, auxquelles on a donné les noms d'acides humique, ulmique, fumique, qui constituent

des états de décomposition plus ou moins avancée
de la matière organique carbonée; ces acides fixent
l'ammoniaque que nous avons vue se produire et mettent
ainsi à l'abri, au moins dans une large mesure, des
déperditions d'alcali par évaporation. Ces combinaisons
brunes encore mal définies constituent la majeure partie
du fumier consommé, qui se présente sous la forme
d'une masse noire, désagrégée et homogène, à laquelle
on a donné le nom de *beurre noir;* la faible élévation de
température, qui continue à se produire, active cette
transformation. Ce produit a une action des plus heureuses sur l'état chimique et physique des terres;
c'est l'agent par excellence de la formation du terreau.
Aussi longtemps que ce degré de décomposition n'est
pas atteint, le fumier doit être regardé comme non
fait.

Les éléments hydrocarbonés sont en partie brûlés et
forment de l'acide carbonique et de l'eau; une autre
partie se dégage à l'état d'hydrogène protocarboné ou
gaz des marais, surtout dans les endroits qui sont pré-
servés du contact de l'air. M. Gayon et M. Dehérain ont
montré que l'agent de cette formation de gaz carburés
forméniques est un microbe, très petit, anaérobie, qui
attaque la cellulose et la transforme en fumier gras. Cette
production de gaz carburé peut s'élever pour 1 mètre
cube de fumier à 100 litres par jour.

De ce fait résulte une concentration des éléments fertilisants, azote, acide phosphorique, potasse, dans le
résidu de cette transformation. Aussi trouve-t-on toujours aux fumiers faits une composition centésimale
plus élevée en principes utiles, abstraction faite de l'eau,
qui est quelquefois plus abondante dans le fumier consommé. Ces faits ressortent du tableau qui va suivre
et dont les éléments sont empruntés à Vœlcker.

COMPOSITION CENTÉSIMALE DU FUMIER DE FERME
(CHEVAUX, VACHES, PORCS)

	À l'état naturel.		À l'état sec.	
	Frais.	Consommé (6 mois).	Frais.	Consommé.
Eau	66.170	75.420		
Acide phosphorique	0.320	0.440	0.938	1.820
Potasse.	0.580	0.490	1.990	1.996
Azote total.	0.643	0.606	1.900	2.470
Ammoniaque à l'état libre.	0.034	0.046	0.100	0.189
— — de sel.	0.088	0.057	0.260	0.232

Dans le courant de ces transformations successives, le fumier a perdu de son poids, il s'est concentré par suite du départ des matières organiques.

Gazzeri a suivi, pendant une certaine période de temps, cette combustion du fumier ; voici les résultats qu'il a obtenus, en ne considérant que la substance sèche :

	Poids.	Perte p. 100.
	kilog.	
21 mars	1000	
18 mai.	775	22.5
18 juin.	704	29.6
6 juillet.	653	34.7
18 juillet.	455	54.5

Vœlcker opérant sur des tas de fumier placés dans des conditions diverses, a trouvé les chiffres que nous rapportons plus loin (page 261) ; les déperditions de matière organique dans un tas préservé de l'eau de pluie ont été de 50 p. 100 en 6 mois, et de 62 p. 100 au bout d'une année, le taux d'humidité ayant passé de 66,2 p. 100 à l'origine à 41,6 à la fin.

Les expériences que nous avons faites dans les conditions de la pratique, c'est-à-dire en laissant des tas de fumier exposés à l'air libre, nous ont conduit à des constatations semblables :

Du fumier de moutons, après six mois d'hiver, a perdu 25,6 p. 100 du poids de sa matière sèche.

Du fumier de vaches, après trois mois d'été, a perdu 30,7 p. 100 de matière sèche.

Nous citerons encore quelques-unes de nos expériences qui viennent confirmer celles de Vœlcker :

	Fumier de vaches.			Fumier de moutons.	
	À l'origine.	Après 3 mois.	Après 6 mois.	À l'origine.	Après 6 mois.
Eau.	56.10	41.65	54.00	67.30	58.31
Acide phosphorique. .	0.40	0.68	0.54	0.62	1.07
Potasse.	1.45	2.08	2.00	1.71	2.28
Azote total	0.81	1.18	1.00	0.65	0.92

On peut donc poser en principe que, poids pour poids, au même degré d'humidité, les fumiers faits sont beaucoup plus riches que les fumiers frais. Si on emploie les deux à dose égale, on fume les terres d'une façon très différente. Mais il faudrait bien se garder de conclure que la mise en tas a pour effet d'enrichir le fumier en le concentrant. Nous verrons plus loin que cette concentration est accompagnée de déperditions importantes.

L'azote s'est sensiblement modifié pendant le cours de la fermentation ; une notable partie est devenue soluble, principalement sous la forme de combinaisons organiques et aussi d'ammoniaque ; Vœlcker a trouvé qu'il y avait :

	Dans le fumier frais.	Dans le fumier décomposé.
	kilog.	kilog.
Azote à l'état soluble dans l'eau. . .	0.149	0.297
— insoluble — . . .	0.494	0.309

Si la matière organique elle-même est à un état plus soluble après la fermentation, c'est surtout à l'alcalinité de l'ammoniaque que cet effet est dû. Les purins provenant de fumiers faits ont une coloration plus foncée que ceux des fumiers frais.

Nous avons vu que l'accès de l'oxygène, alors qu'il est limité, favorise la décomposition ; mais dans le sein de la masse, l'air ne peut pas circuler, et il y a là un milieu réducteur, dans lequel se produisent des réactions chimiques, telles que la transformation des sulfates en sulfures, qui donnent naissance à l'odeur caractéristique des purins.

On admet que les phosphates deviennent plus facilement solubles dans le cours de cette fermentation, mais cela n'est nullement démontré, et d'ailleurs les phosphates contenus dans les déjections se trouvent, par leur nature même, à un état d'assimilabilité très grand.

3° **Purins.** — Ce que nous venons de dire se rapporte spécialement à la partie solide des fumiers. Des réactions analogues se produisent dans le purin, qui n'est, en réalité, qu'une dissolution aqueuse de fumier ; nous devons donc y retrouver les éléments solubles contenus dans le fumier.

Des sels ammoniacaux, principalement formés de combinaisons d'ammoniaque avec les acides bruns, et la majeure partie de la potasse se rencontrent dans ce liquide. Les phosphates restent principalement dans le fumier proprement dit.

§ II. — COMPOSITION CHIMIQUE DU FUMIER

Causes qui font varier la composition du fumier. — Une des causes qui influent le plus sur cette composition chimique, c'est la nature géologique du sol, qui fait varier, dans de si fortes proportions, la quantité d'éléments fertilisants que la terre renferme. Les plantes venues dans les différents terrains sont d'autant plus riches ou plus pauvres en tel ou tel principe, que les terrains eux-mêmes en contiennent plus ou moins. La composition chimique de la plante est donc intimement liée à celle de la terre sur laquelle elle s'est développée. Ainsi les régions granitiques, pauvres en acide phosphorique, et riches en potasse, donneront des plantes qui seront le reflet de cette composition, et, par suite, les fumiers seront eux-mêmes riches ou pauvres, comme l'est le sol auquel ils doivent leur origine. Il en résulte ce fait intéressant et très digne de remarque que le fumier lui-même sera privé des éléments qui manqueront au sol, et que son retour à ce dernier ne saurait jamais constituer une fumure complète, dans les contrées où la terre est dépourvue de l'un des principes fertilisants essentiels. C'est là que l'addition d'engrais chimiques complémentaires fera le plus d'effet.

La nature de l'alimentation a une influence qui n'est pas moindre. C'est ainsi que les légumineuses, luzerne, trèfle, etc., introduisent dans le fumier une plus forte proportion d'azote et d'acide phosphorique que les graminées.

Les topinambours, la pomme de terre, la betterave y apporteront de plus grandes quantités de potasse.

Les grains en général et les tourteaux en particulier rentrent dans le cas des légumineuses, et donnent un fumier d'une plus grande valeur fertilisante. Lorsque ces aliments sont importés dans le domaine, comme c'est à peu près toujours le cas pour les tourteaux, celui-ci s'enrichit du fait de cette introduction. MM. Lawes et Gilbert estiment qu'il est dû une indemnité au fermier sortant qui a fait consommer des tourteaux aux animaux de la ferme, puisqu'il y a eu profit pour le sol ; ils apprécient ce remboursement au tiers des frais d'achat.

La composition du fumier dépend aussi de la nature des litières, d'un côté à cause de l'apport direct de celles-ci en matières fertilisantes, de l'autre à cause de la propriété plus ou moins grande qu'elles ont d'absorber les liquides et les vapeurs ammoniacales.

En outre, quand l'animal prélève sur l'aliment des matériaux nécessaires à l'élaboration, au sein de son organisme, de produits tels que lait, laine, viande, etc., on trouvera en moins, dans les excréments, les substances ainsi détournées. C'est surtout sur l'azote que porte en général ce prélèvement.

Prenons le cas d'une très bonne vache laitière, produisant une moyenne de 10 litres de lait par jour ; cette quantité enlèverait 25 kilogrammes d'azote par an.

Les animaux à l'engrais ne donnent pas lieu à un prélèvement aussi grand des matières azotées ; la production de 100 kilogrammes de viande correspond à une fixation d'environ 3 kilogrammes d'azote.

Un mouton, qui fournirait la quantité très élevée de 5 kilogrammes de laine brute, absorberait, à cet effet, 300 à 400 grammes d'azote.

On peut ainsi, dans la plupart des cas, calculer approximativement la perte d'azote qui résulte de l'exportation des produits animaux, perte qui influe sur la composition du fumier.

L'acide phosphorique accompagne en général l'azote ; mais les quantités prélevées pour l'élaboration des produits animaux sont moins considérables. C'est surtout pendant l'élevage, c'est-à-dire au moment où les jeunes animaux ont de grands besoins en phosphates, pour la formation de leur charpente osseuse, que l'acide phosphorique est retenu dans leurs tissus.

Les quantités de cet élément perdues pour le fumier étant, en moyenne, beaucoup moins importantes que celles de l'azote, et le prix du premier étant bien inférieur , il en résulte que la valeur du fumier n'en est pas sensiblement affectée.

Ainsi la vache laitière dont nous parlions plus haut exporterait, sous forme de lait, 6 à 7 kilogrammes d'acide phosphorique par an. Le bœuf à l'engrais, qui aurait acquis 100 kilogrammes de poids en prélèverait à peine 500 grammes.

Dans le cas de l'élevage, la quantité d'acide phosphorique retenue par les animaux est bien plus notable. Si nous considérons des animaux non engraissés, nous constatons qu'un veau de 100 kilogrammes, par exemple, a fixé dans ses tissus 2 kil. 5 d'azote et 1 kil. 5 d'acide phosphorique; un bœuf de 450 kilogrammes, 12 à 14 kilogrammes d'azote et 8 à 9 kilogrammes d'acide phosphorique; un mouton de 40 kilogrammes, 1 kilogramme d'azote et 500 grammes d'acide phosphorique; un porc de 80 kilogrammes, 2 kilogrammes d'azote et 800 grammes d'acide phosphorique.

Quant à la potasse, elle n'entre que pour une faible proportion dans les produits animaux, tels que le lait et la viande; il n'en est pas de même pour le suint.

La vache laitière citée plus haut en enlèverait, dans une année, de 4 à 6 kilogrammes; le bœuf produisant 100 kilogrammes de viande, 500 grammes seulement. Les 5 kilogrammes de laine donnés par le mouton en renferment 300 grammes.

En résumé l'animal présente, au point de vue du prélévement des substances dites fertilisantes, divers cas bien distincts : l'un comprend l'époque de la croissance et correspond à l'élevage ; il est caractérisé par la fixation, dans le corps de l'animal, de grandes quantités d'azote et d'acide phosphorique.

Un autre, correspondant à l'âge adulte, est caractérisé par le fait que l'animal ne prélève pas d'éléments fertilisants pour l'élaboration de produits animaux, que l'alimentation qu'il reçoit sert seulement à l'entretien de la vie et à la production de la force, et que, par suite, on retrouve, dans les déjections, l'azote, l'acide phosphorique, la potasse contenus dans les éléments des fourrages. C'est le cas du cheval, du bœuf de travail, etc.

Enfin le dernier cas comprend la production du lait, de la viande, de la laine, et donne lieu, de ce chef, à un prélèvement d'une certaine importance.

Nous pouvons donner à l'appui de ces idées des chiffres empruntés à Wolff, ayant trait à la composition centésimale comparée de deux fumiers, l'un produit par des bœufs à l'engrais, l'autre par des vaches laitières et des bêtes d'élevage :

	Azote.	Ac. phosph.	Potasse.
Fumier de bœufs à l'engrais.	0.98	0.44	0.65
— de vaches laitières et de bêtes d'élevage	0.41	0.13	0.54

La différence qui existe entre la teneur de ces deux fumiers en azote, acide phosphorique et potasse, est considérable. Il importe donc que l'agriculteur se rende compte de la valeur comparative des fumiers de ferme, suivant qu'ils ont été obtenus dans les diverses conditions de l'exploitation des animaux.

Composition du fumier d'après les divers animaux. — C'est la nature de l'alimentation, plus que l'espèce animale, qui influe sur la composition du fumier; cependant il y a, d'une espèce animale à l'autre, des différences, au point de vue de la composition, qui sont attribuables, en partie aux quantités d'eau ingérées, en partie aux aptitudes digestives. Les propriétés physiques, la rapidité de la décomposition varient également. On sait par exemple que les fumiers de mouton et de cheval, sont plus riches, plus chauds, comme on dit, que les fumiers de vache.

M. Boussingault a trouvé les compositions centésimales suivantes pour les fumiers frais de différents animaux :

	Eau.	Matières organiques.	Matières minérales.	Azote total.	Acide phosphor.	Potasse et soude.
Cheval nourri au foin et à l'avoine recevant 2 kilog. paille litière par jour.. .	67.4	29.25	3.35	0.67	0.23	0.72
Vache nourrie avec regain de foin et pommes de terre (3 kilog. paille litière par jour) . .	81.8	16.40	1.80	0.34	0.13	0.35
Mouton nourri au foin (225 grammes paille litière par jour)..	61.6	34.50	3.90	0.82	0.21	0.84
Porc nourri aux pommes de terre cuites (450 grammes paille litière par jour)	72.8	23.30	3.90	0.78	0.20	1.69

Voici les analyses de Wolff concernant le fumier frais de divers bestiaux :

COMPOSITION CENTÉSIMALE

	Eau.	Azote.	Ac. phosph.	Potasse.	Chaux.	Magnésie.
Fumier de cheval	71.3	0.58	0.28	0.53	0.21	0.14
— bêtes à cornes .	77.5	0.34	0.16	0.40	0.31	0.11
— mouton	64.6	0.83	0.23	0.67	0.33	0.13 ,
— porc	72.4	0.45	0.19	0.60	0.08	0.09

Nous avons analysé des fumiers de différents animaux et obtenu les résultats suivants :

FUMIER DE VACHES

COMPOSITION CENTÉSIMALE

Nourriture.	Eau.	Azote.	Ac. phosph.	Potasse.
1° { Luzerne sèche. . . . / Betteraves hachées. . / Farine de seigle. . .	62.70	0.65	0.31	1.08
2° { Luzerne verte.. . . . / Farine de seigle.. . .	56.50	0.65	0.38	0.93
3° { Luzerne verte . . . . / Farine d'orge	71.30	0.65	0.28	0.85
4° { Farine d'orge . . . . / Pâturage.	75.10	0.51	0.15	0.76
5° { Feuilles de choux.. . / Farine. . . . . . . / Paille..	79.40	0.41	0.18	0.76

La vacherie était composée de 8 vaches de races diverses, pesant au total 3 700 kilogrammes et recevant une litière pailleuse de 5 à 6 kilog. par jour et par tête.

FUMIER DE MOUTONS

	COMPOSITION CENTÉSIMALE.		
	Eau.	Azote.	Ac. phosph.	Potasse.
1° Alimentation variée. . . .	67.30	0.65	0.62	1.71
2° Luzerne sèche.	65.00	0.76	0.31	1.54
3° — verte.	68.30	0.51	0.26	1.26

FUMIER DE CHEVAUX

	Eau.	Azote.	Ac. phosph.	Potasse.
Chevaux d'omnibus. .	64.9	0.48	0.32	0.84
— de troupe . .	57.3	0.44	0.29	0.56

Ces chiffres montrent qu'il n'est pas rationnel de classer les fumiers d'après les animaux qui les ont produits. Si le fumier de cheval, si le fumier de mouton, de porc ou de vache étaient toujours identiques à eux-mêmes, ces classifications auraient leur raison d'être; mais nous avons montré qu'il est loin d'en être ainsi. On ne peut pas comparer entre elles des unités dont la valeur est essentiellement variable. Il n'y a qu'une seule manière d'établir la puissance relative de deux fumiers, c'est de les analyser. La teneur en azote, acide phosphorique, potasse, sera un terme de comparaison plus précis. Les évaluations basées sur d'autres considérations sont empiriques et amènent les différents auteurs à des appréciations absolument contradictoires. Sinclair, par exemple, estime que le fumier de porc est le plus énergique et le plus riche de tous les fumiers; Schwertz, au contraire, le classe au dernier rang; l'un et l'autre peuvent avoir raison dans le cas particulier qu'ils ont envisagé; leur opinion ne peut être généralisée.

Les fumiers des différents animaux se caractérisent surtout par leurs propriétés physiques.

Celui des vaches et des bœufs est en général très aqueux; il fermente moins activement; sa décomposition dans le tas et dans le sol est plus lente; son action est moins énergique, mais plus durable. Ce fumier s'agglomérant facilement est plus difficile à répandre d'une façon uniforme et se met en mottes dans la terre.

Celui des porcs est également très aqueux et d'une décomposition assez lente. Ces deux engrais sont appelés *fumiers froids;* ils conviennent plutôt aux terres légères ou calcaires, où la combustion des matières organiques est activée, et aux terres sèches, dont ils entretiennent la fraîcheur.

Les fumiers des chevaux et des moutons sont appelés *fumiers chauds;* ils sont généralement secs, peu consistants et perméables à l'air; ils fermentent avec une grande énergie, et sont plus difficiles à conserver; un fort tassement et des arrosages copieux leur sont nécessaires. Leur décomposition dans le sol et leur effet sur la végétation sont plus rapides; on doit de préférence les donner aux terres argileuses et fortes, où les phénomènes de combustion sont moins accentués.

Composition des fumiers de ferme mixtes. — Dans la plupart des exploitations agricoles, les fumiers des différents animaux ne sont pas recueillis séparément; ils sont mélangés et constituent ce qu'on appelle le fumier de ferme mixte. Suivant la nature de l'exploitation, les déjections de tel ou tel animal dominent, mais ce sont les bêtes à cornes qui fournissent ordinairement le principal contingent.

Nous donnons ci-dessous, d'après des auteurs autorisés, un certain nombre de chiffres qui se rapportent à des fumiers de ferme pris dans des conditions très

diverses, pour montrer que la composition est loin
d'être constante et que les causes énumérées plus haut
font varier, dans de notables proportions, la richesse
en éléments fertilisants.

Quelques-uns de ces fumiers sont pris à l'état frais,
d'autres sont plus ou moins consommés, ce qui constitue encore une cause de variation.

COMPOSITION CENTÉSIMALE DE QUELQUES FUMIERS.

	Eau.	Azote.	Ac. phosph.	Potasse.	Chaux.	Magnésie.	Ac. sulf.	Auteurs.
Fumier frais.	75.00	0.39	0.18	0.45	0.49	0.12	0.10	WOLFF.
— consommé.	75.00	0.50	0.26	0.53	0.70	0.18	0.16	*Id.*
— très consommé	79.00	0.58	0.30	0.50	0.88	0.18	0.13	*Id.*
— de Rothamsted	76.00	0.64	0.23	0.32	»	»	»	VŒLCKER.
— de Tomblaine.	73.00	0.32	0.36	0.82	»	»	»	GRANDEAU.
— de Bechelbronn	79.30	0.41	0.20	»	»	»	»	BOUSSINGAULT.
— de Grignon	70.50	0.72	0.61	»	»	»	»	*Id.*
Autre fumier de ferme	83.00	0.35	0.26	»	»	»	»	*Id.*
Moyenne de huit analyses de fumiers de fermes suisses.	78.50	0.38	0.22	0.51	0.60	0.22	0.11	

Moyenne pour ces divers échantillons :
- Azote. 0.47
- Acide phosphorique. 0.30
- Potasse. 0.52

Un même fumier varie de composition, suivant qu'il
est pris au début de sa formation ou après un certain
temps. La proportion d'humidité, les combustions au
sein de la masse, les pertes par dégagements gazeux ou
par écoulement des liquides influent sur la teneur centésimale en éléments fertilisants. Les chiffres suivants
empruntés à Vœlcker font ressortir ces modifications,
en ce qui concerne l'azote :

	Eau p. 100.	Azote p. 100.
Fumier frais.	66.17	0.64
— en tas depuis 3 mois à l'air libre.	69.83	0.74
— — 6 —	65.93	0.89
— — 9 —	75.49	0.66
— — 12 —	74.29	0.65

Ici l'augmentation de richesse vient d'une concentration, résultant du départ de corps inertes sous l'influence de la combustion.

Nous empruntons à M. Aubin les analyses suivantes
de fumiers de ferme de provenances très diverses, mais
sur la production desquels nous n'avons pas de renseignements :

Provenance.	Azote.	Ac. phosph.	Potasse.
Deux-Sèvres.	0.64	0.16	0.72
id.	0.56	0.24	0.51
Aube	0.67	1.01	0.41
Gironde.	0.52	0.34	0.73
Vienne	0.41	0.45	0.86
Basses-Pyrénées.	0.88	0.31	1.29
Loir-et-Cher	1.10	1.18	0.80
Oise (fait).	0.73	0.47	0.70
id. (très fait).	0.76	1.34	0.95
Inconnue	0.45	0.42	0.54
id.	0.37	0.12	0.47

Voici la moyenne de ces analyses :

Azote . . . . 0.65 p. 100
Acide phosphorique . . . . 0.55 —
Potasse . . . . 0.73 —

Nous constatons des variations

De 0.37 à 1.10 pour l'azote,   c'est-à-dire du simple au triple.
— 0.12 à 1.34   — l'ac. phosph. —   —   décuple.
— 0.41 à 1.29   — la potasse   —   —   triple.

Les différences très grandes que nous observons pour ces divers fumiers tiennent en partie aux soins apportés à leur récolte et à leur conservation, mais bien plus encore à la nature de l'alimentation et à la constitution du sol. En effet, si l'on introduit dans la ration des aliments concentrés, tels que les tourteaux, les graines, etc., on aura des fumiers plus riches. Le sol influe en ce sens que la composition des plantes varie suivant la richesse de la terre. Cette relation intime entre le sol et le fourrage déterminera, dans des exploitations en terrains granitiques, une plus forte teneur des plantes en potasse; une plus faible teneur en acide phosphorique. La composition du fumier s'en ressentira.

Ces différences de composition font voir que les agriculteurs, en évaluant en poids le fumier qu'ils emploient, ne se rendent compte que très imparfaitement des quantités de matières fertilisantes qu'ils mettent en œuvre. Ils ont le plus grand intérêt à connaître la richesse de leurs fumiers. Cette donnée leur permettra de déterminer la nature des engrais chimiques auxquels il pourra être nécessaire de recourir pour compléter dans le sol les éléments fertilisants nécessaires à la production de la récolte.

La moyenne de composition résultant des analyses
de M. Aubin est notablement plus élevée que celle
des chiffres donnés par les divers auteurs. Cela doit
être attribué à l'introduction, de plus en plus importante, dans la ration, d'aliments très concentrés,
tels que les tourteaux. Les analyses de M. Aubin étant
récentes, ont été affectées de cette cause d'enrichissement du fumier. Mais dans les exploitations où ces
produits ne sont pas employés, c'est la moyenne de
notre premier tableau qui se rapproche le plus de la
vérité.

Composition du purin. — Tout ce que nous venons
de dire se rapporte à la partie consistante du fumier de
ferme, celle qui est en tas ; mais les liquides qui s'écoulent
de cette masse et qui portent le nom de purin, contiennent également des matières fertilisantes ; aussi dans une
exploitation bien conduite sont-ils recueillis avec soin,
dans une fosse destinée à cet usage. Ce fumier liquide
a une importance considérable, au point de vue du travail chimique du tas et à celui de l'emploi direct sur les
cultures ; il mérite toute notre attention.

Il est en partie formé par les urines des animaux, en
partie par les eaux de pluie ou d'arrosage. Les matières
solubles de l'engrais s'y trouvent concentrées. Le purin,
ne constituant en somme que l'excédent des liquides du
fumier, est tributaire de la composition de celui-ci. Suivant qu'il est recueilli de telle ou telle façon, il est plus
ou moins concentré. Celui qu'on obtient directement
dans les étables est constitué par des urines pures
et se trouve être beaucoup plus riche. Celui qui s'é-
coule du tas est en général plus étendu, par suite de
l'intervention des eaux pluviales ou des eaux d'arrosage.
Le plus souvent les urines et les purins sont recueillis
dans la même fosse.

Nous donnons ci-dessous un tableau représentant, d'après Vœlcker, la composition de différents purins :

	No 1.	No 2.	No 3.	No 4.
Eau.	991.100	992.492	991.266	980.216
Matière organique.	3.654	2.216	3.411	10.222
— minérale .	5.260	3.747	5.161	8.924
Ammon. volatile.	0.515	} 1.545	} 0.162	} 0.216
— à l'état de sels	0.045			
Azote organique. .	0.051	0.068	0.128	0.265
Azote total		1.340	0.262	0.443
Acide phosphorique	0.104	0.038	0.137	0.518
Potasse.	2.660	1.980	2.210	3.550
Chaux		0.766	0.360	
Magnésie		0.040	0.280	
Acide sulfurique .		0.330	0.530	

Le n° 1 provient d'un tas de fumier mixte bien consommé (fumier de cheval et de bêtes à l'engrais tenues en box, mélangé de fumier de moutons parqués). De couleur brun foncé; il ne contient pas d'hydrogène sulfuré; l'ammoniaque n'est pas à l'état libre, mais à l'état de bicarbonate qui se volatilise à une température peu élevée. Il est assez riche en sels alcalins.

Vœlcker constate que, dans le jus du fumier consommé, la quantité de matières minérales excède celle des matières organiques; et que, dans le jus du fumier frais, l'inverse se produit.

Le n° 2 provient d'un réservoir étanche et parfaitement clos, recevant les écoulements des écuries; il est très riche en azote ammoniacal.

Le n° 3 est un purin recueilli depuis plusieurs années, formé des liquides d'écoulement des étables et des cours de ferme; il est d'un brun foncé et riche en matières organiques; sa pauvreté en azote provient de ce

que le réservoir, complètement à découvert, a laissé
échapper l'ammoniaque.

Le n° 4 est un jus de fumier frais mixte de chevaux, de
vaches et de porcs. Si on le compare au n° 1, provenant
d'un fumier consommé, on remarque que, malgré sa
concentration, il est bien moins riche en azote et surtout en azote ammoniacal; c'est-à-dire que les fumiers
décomposés contiennent une plus forte proportion
d'azote à l'état soluble.

L'azote se trouve dans les purins le plus souvent à
l'état de bicarbonate d'ammoniaque, qui provient de la
fermentation de l'urée et communique à cet engrais puissant des propriétés caustiques.

La teneur en potasse de ces engrais liquides est relativement élevée ; ceci n'a pas lieu de surprendre, car nous
savons que cet élément se trouve dans les urines.
L'acide phosphorique, au contraire, est en proportion
minime, car il est concentré dans les déjections solides
et reste à un état peu soluble.

Wolff a trouvé par litre de purin :

Eau.	982.0
Azote	1.5
Acide phosphorique.	0.1
Acide sulfurique.	0.7
Potasse	4.9
Chaux	0.3
Magnésie	0.4

Il faut remarquer que, dans le purin, les matières fertilisantes se trouvent sous une forme soluble et par suite
très facilement assimilable; l'azote existe presque entièrement à l'état d'ammoniaque.

Nous avons parlé plus haut d'un système particulier,
dit système d'étables suisses, où les déjections solides et

liquides, tombant directement sur le sol planchéié ou bitumé, sont enlevées par lavage et envoyées dans une citerne. Là, on trouve deux couches, l'une limpide, de couleur jaune, à odeur pénétrante, l'autre trouble et boueuse. Vœlcker a analysé un semblable purin, dit *Lizier*, produit dans une ferme anglaise; voici les résultats qu'il a obtenus :

	Partie liquide.	Partie trouble.
Densité.	1000.6	1001.0
Composition par litre :		
Eau	999.538	998.595
Ammoniaque et composés volatils. .	0.048	0 040
Matière solide { organique	0.108	0.715
{ minérale.	0.306	0.650
Azote total.	0.047	0.064
Potasse.	0.071	0.022
Acide phosphorique	0.034	0.053

C'est, comme on le voit, un très médiocre engrais, dont le transport est extrêmement coûteux; sa grande pauvreté est attribuable aux fortes proportions d'eau qu'on a employées pour laver les étables.

Lorsqu'on reçoit directement les urines dans des citernes, comme cela se pratique dans beaucoup d'exploitations, les chiffres obtenus sont plus élevés. Voici les résultats, rapportés à 100 d'urine, que nous avons eus en opérant de cette manière, sur une vacherie de huit bêtes :

Régime.	Azote.	Ac. phosph.	Potasse.
1 { Luzerne verte. . . . . { { Farine de seigle. . . . . {	0.76	0.02	0.52
2 { Farine d'orge. . . . . { { Pâturage . . . . {	0.51	0.01	0.82

3 { Feuilles de choux. . . . . . . {
{ Farine . . . . {
{ Paille. . . . . {
	0.46	0.01	1.3s

Ici on a affaire à des urines presque pures, qui donnent un purin d'une valeur fertilisante très grande. Mais ce purin, en raison de sa richesse, étant très caustique, ne peut pas être employé en nature sur les plantes ; il doit être étendu d'eau.

CHAPITRE III

DÉPERDITIONS DES PRINCIPES FERTILISANTS

§ I. — CAUSES NATURELLES DE DÉPERDITIONS DES MATIÈRES FERTILISANTES DANS LE FUMIER

Les déjections des animaux contiennent toutes les matières fertilisantes qui existaient dans les fourrages, sauf ce qui a été prélevé par l'organisme animal pour la constitution de ses tissus ou pour la production de lait ou de laine. Il y a cependant une légère cause de déperdition de l'azote dont une petite partie peut s'échapper à l'état gazeux pendant la respiration des animaux. Les phénomènes de combustion de la matière carbonée, que cette combustion soit vive ou lente, lorsqu'ils se produisent en présence de la matière organique azotée, éliminent une partie de l'azote à l'état libre. Nous admettons que l'organisme animal, dans le sein duquel s'accomplissent de véritables combustions, peut causer une déperdition d'azote, comme le montrent les expériences de MM. Regnault et Reiset; mais cette élimination parait être peu importante et nous pourrons dans la pratique nous dispenser d'en tenir

compte. Bien autrement considérables sont les déperditions qui se produisent depuis le moment où les déjections sont rendues, jusqu'à celui où elles sont incorporées au sol.

Ces causes de déperdition sont multiples ; l'agriculteur doit porter le plus grand soin à les éviter et il le
peut dans une grande mesure. Dans les exploitations
mal tenues on laisse souvent, par négligence, une partie
du fumier se répandre dans les cours et les chemins.
C'est une perte sèche très facile à supprimer.

Le manque d'étanchéité de l'aire des étables ou de la
fosse à fumier amène la perte des urines ; la partie la
plus riche du fumier va ainsi s'infiltrer dans le sol.
Nous avons examiné le sol d'une bergerie formé par
une terre sableuse plus ou moins mélangée de caill-
loux et nous avons obtenu les résultats suivants rapportés à 100 :

	Terre prise depuis la surface jusqu'à 0m.20 de profondeur.	Terre prise entre 0m.20 et 0m.40 de profondeur.
Eau.	15.300	8.30
Azote total	0.440	non dosé.
Acide nitrique. . . .	0.007	0.07
Acide phosphorique.	0.250	0.06
Potasse	1.280	0.76

Ainsi la couche superficielle constituait un engrais
très riche et même les parties inférieures contenaient
encore de notables quantités de matières fertilisantes
et principalement les substances solubles.

Le lavage du fumier par les eaux pluviales qui tombent à sa surface ou par les ruisseaux qui viennent en
baigner la base enlève les parties solubles et nuit ainsi
à la qualité du fumier.

Les pertes par évaporation d'ammoniaque se produisent surtout lorsque la litière est insuffisante sous les animaux ou lorsque le fumier n'est pas dans un état d'arrosage ou de tassement convenable. Ces pertes ne portent que sur l'azote. Une autre cause de déperdition qui n'affecte également que l'azote est le résultat du développement de champignons à la surface du fumier; ceux-ci, connus sous le nom de *chancissure* ou *blanc du fumier*, opèrent une combustion qui a probablement pour résultat de dégager de l'azote à l'état gazeux.

Nous décrirons successivement les moyens à employer pour combattre ces déperditions. Mais rendons-nous d'abord compte de l'importance des pertes, spécialement en ce qui concerne l'azote qui est plus que les autres substances sujet à être enlevé du fumier.

Nous pouvons mesurer l'importance de ces déperditions en établissant une comparaison entre les quantités de principes fertilisants contenues dans les aliments et celles que nous retrouvons dans les fumiers, défalcation faite de ce qui a été fixé par l'animal à l'état de viande, de lait, etc. Les expériences que nous avons faites sur cette question sont résumées dans les pages qui vont suivre ; nous y insistons pour montrer l'importance de la déperdition et pour appeler l'attention sur des faits généralement peu connus.

Expériences sur la déperdition de l'azote à l'étable. — 32 moutons qui recevaient chaque jour 100 kilog. de luzerne verte ont été placés, sans litière, dans une étable avec sol bitumé et rigoles permettant de recueillir les liquides.

	Par jour et par mouton. kilog.
Le poids des déjections solides s'est élevé à . . .	2.180
Celui des déjections liquides — — . . .	0.172

L'expérience a duré 16 jours; pendant ce temps les animaux avaient consommé 21 kil. 817 d'azote, dans la luzerne qu'ils recevaient; ils avaient fixé à l'état de viande :

> 4 kil. 3oo d'azote, soit 19.72 p. 100 de l'azote reçu.

On a retrouvé dans le fumier :

> 5 kil. 388 d'azote, soit 24.70 p. 1co de l'azote reçu.

La perte a donc été de :

> 12 kil. 129 d'azote, soit **55.58** p. 100 de l'azote reçu.

Les déjections solides et liquides ont été prises aussitôt l'expérience terminée, toutes les pertes d'azote sont dues à l'évaporation de l'ammoniaque formée par la fermentation pendant ce court espace de temps. L'expérience a été faite au mois de juin, c'est-à-dire pendant les chaleurs de l'été; la température élevée et le manque de litière ont contribué à accroître cette déperdition.

Dans une autre expérience analogue, mais qui a duré beaucoup plus longtemps (6 mois), un lot de moutons, recevant une alimentation variée, composée de luzerne sèche ou fraîche suivant la saison, de betteraves, de grains, farines ou tourteaux, avec 640 kilog. de litière de paille, a fourni pour la statique de l'azote les résultats suivants :

	kilog.
Azote donné dans le fourrage. .	94.867
— — dans la litière . . .	3.075
Soit en tout.	97.942
Azote fixé à l'état de viande . .	8.185
— — — laine	2.720
— retrouvé dans le fumier .	35.425
Soit en tout	46.330
Azote perdu	51.612
Soit	**52.700** p. 100 de l'azote donné.

Cette expérience a été faite dans les conditions de la pratique et dans une grande bergerie. Les animaux, au nombre de 12, étaient soumis au régime de l'engraissement intensif. Le fumier était accumulé sous eux et la litière était ajoutée toutes les fois que le besoin s'en faisait sentir.

Une autre expérience, faite également sur des moutons placés sur une litière de paille et nourris avec de la luzerne verte, a donné, comme statistique des éléments fertilisants, les chiffres suivants :

	P. 100 d'azote consommé.
Azote fixé à l'état de viande	7.50
— retrouvé dans le fumier.	43.64
— perdu.	48.86

Lorsque l'on a pris les soins nécessaires pour recueillir le fumier, l'acide phosphorique et la potasse ne subissent aucune perte. Ainsi, dans l'expérience que nous venons de citer, nous avions :

	Dans le fourrage consommé.	Dans les déjections.
	kilog.	kilog.
Acide phosphorique.	2.952	2.955
Potasse	13.002	15.280

Une autre expérience semblable, mais dans laquelle les moutons recevaient de la luzerne sèche avec une litière de paille, nous a fourni les résultats suivants :

	P. 100 d'azote consommé.
Azote fixé à l'état de viande.	7.25
— retrouvé dans le fumier	38.67
— perdu	54.08

L'acide phosphorique et la potasse n'ont pas varié
dans des proportions sensibles; nous avons :

	Dans le fourrage consommé.	Dans les déjections.
	kilog.	kilog.
Acide phosphorique.	5.124	4 836
Potasse . , ...	18.002	17.930

Il est inutile de multiplier les exemples. Nos expériences sur ce sujet sont nombreuses, et faites dans les
conditions de la pratique. Toutes, sans exception, ont
conduit à ce résultat très frappant et sur lequel on n'a-
vait pas jusqu'ici attiré l'attention des cultivateurs,
que l'alimentation des moutons fait perdre environ
la moitié de l'azote contenu dans les fourrages. Cette
perte est énorme et se traduit par une somme importante.

Ainsi en admettant qu'un mouton consomme 18 kilogrammes d'azote par an et que la moitié de cet azote
soit perdue, nous avons à la fin de l'année par tête de
mouton une perte en argent représentant 13 fr. 5o,
si nous calculons l'azote à son prix moyen de 1 fr. 5o
le kilog.

Nous avons envisagé ici la perte qui se produit
dans la bergerie même; celle qui se produit subséquem-
ment dans le tas de fumier vient encore s'y ajouter.

Dans le chapitre II § 1, nous avons cité nos expériences
sur les urines de différents animaux et montré qu'elles
laissent dégager tout l'azote qu'elles contiennent, tandis que les déjections solides le conservent en totalité.
Le carbonate d'ammoniaque a une tension d'autant
plus grande que les urines se trouvent plus concentrées. Quand elles sont abondantes, il y a donc une
dilution qui se prête moins à l'évaporation. Le mouton

boit peu et par suite ses urines sont concentrées et peu abondantes; la fermentation s'y déclare immédiatement; elle est d'autant plus active qu'il fait plus chaud. Dans les expériences en flacons, rapportées plus haut, nous avons vu que la température avait une grande influence sur la rapidité de production de l'ammoniaque; il semblerait donc qu'en hiver les déperditions de ce gaz doivent être beaucoup moins élevées dans les bergeries. Nous avons institué pendant le mois de janvier 1886 une expérience pour vérifier ce fait et nous résumons les résultats obtenus en maintenant, pendant 3 semaines, 20 moutons adultes en stabulation :

Azote fixé par l'organisme . . 11.63 p. 100 de l'azote consommé.
  — retrouvé dans le fumier. 42.94   —
  — perdu . . . . **45.43**   —

La perte est donc un peu moins accentuée pendant l'hiver; mais non pas dans les proportions qu'on pourrait espérer. Ceci tient à ce que, dans les étables, les urines se trouvent exposées sur une très grande surface et que le renouvellement de l'air influe sur les phénomènes de tension tout autant que l'élévation de température.

L'ammoniaque n'étant point retenue par une quantité suffisante de liquide ou par des matières absorbantes se dégage dans l'atmosphère; aussi trouvons-nous dans l'air des bergeries des quantités énormes de cet alcali. Nous avons dans nos expériences obtenu les chiffres suivants ·

	Air analysé.	Ammoniaque obtenue.	Par mètre cube.
	litres.	grammes.	grammes.
1re expérience, le jour. . .	2 200	0.0171	0.0078
2e — — . . .	6 610	0.0563	0.0082
3e — la nuit. . .	6 947	0.0504	0.0072
4e — — . . .	7 053	0.0600	0.0086

Ainsi l'air de la bergerie contenait 400 fois plus d'ammoniaque que l'air normal.

Ce que nous disons des moutons doit s'appliquer également aux chevaux dont les urines sont très concentrées et les déjections très sèches. Une fermentation active s'y établit et l'atmosphère des écuries est comparable à celle des bergeries; l'odeur d'ammoniaque y est aussi saisissante.

Les vaches ne donnent pas, pendant leur vie à l'étable, une déperdition d'azote aussi grande; en effet, leurs urines sont abondantes, et l'ammoniaque s'y trouve par suite à un état plus dilué se prêtant moins à l'évaporation; les expériences faites sur des vaches, placées sur un sol bitumé sans litière et mangeant chacune 50 kilog. de luzerne verte par jour, ont donné p. 100 d'azote consommé les résultats suivants :

```
Azote fixé à l'état de chair et de lait . . . . . . .   21.95
  —   retrouvé dans le fumier . . . . . . . . .       52.75
  —   perdu . . . . . . . . . . . . . . . . . .       25.30
```

Dans une autre expérience, qui a duré 45 jours et qui portait sur 10 vaches et taureaux, nourris avec des fourrages verts et de la farine d'orge et recevant une bonne litière de paille d'avoine, nous avons été conduit aux résultats suivants :

```
                                            kilog.        P. 100.
Azote consommé . . . . . . . . . . . .      95.153
  —    fixé par l'organisme (viande) . .     9.690  soit 10.2  ⎫
  —    retrouvé dans le lait . . . . . .     9.515   —  10.0  ⎬ 20.2
  —      —        —   fumier. . . . .       39.588   —  41.6  ⎫
  —      —        —   purin . . . . .        6.230   —   6.5  ⎬ 48.1
  —    perdu. . . . . . . . . . . . . .     30.150   —  31.7  ⎱ 31.7
```

Ces chiffres montrent que les vaches font perdre moins d'azote que les moutons.

Les pertes dont nous venons de parler se rapportent surtout à ce qui se passe à l'étable, c'est-à-dire jusqu'au moment où le fumier est mis en tas. C'est donc pendant le court espace de temps qu'on met à réunir les déjections au tas de fumier que les pertes d'azote sont le plus importantes, du moins en ce qui concerne les moutons.

Déperditions d'azote dans le tas de fumier. — Examinons maintenant si les pertes se continuent en aussi fortes proportions dans la fosse à fumier. Des expériences intéressantes faites par Vœlcker se rapportent à ce côté de la question.

Ce savant a pris du fumier de ferme frais et l'a mis dans des conditions différentes :

I. Un tas a été placé à l'air libre.

II. Un autre tas à l'abri de la pluie sous un hangar.

III. Un 3ᵉ lot enfin a été étalé à l'air libre sous une faible épaisseur.

Voici les résultats obtenus, rapportés à 1000 kilog. de fumier.

I. — FUMIER A L'AIR LIBRE

	Poids.	Azote.
	kilog.	kilog.
Fumier à l'origine.	1 000	6.43
— après 6 mois.	714	6.39
— — 9 mois.	703	4.19
— — 12 mois.	700	4.55

II. — FUMIER EN TAS SOUS UN HANGAR

	Poids.	Azote.
	kilog.	kilog.
Fumier à l'origine.	1 000	6.43
— après 6 mois.	495	5.91
— — 9 mois.	398	5.02
— — 12 mois.	379	5.77

III. — FUMIER ÉTALÉ

	Poids.	Azote.
	kilog.	kilog.
Fumier à l'origine	1 000	6.43
— après 6 mois	865	4.66
— — 9 mois	612	2.47
— — 12 mois.	575	2.27

Les trois lots contenaient à l'origine : 66,2 d'eau p. 100. A la fin de l'expérience, c'est-à-dire au bout d'un an, la proportion d'eau était la suivante dans les trois lots :

Fumier en tas à l'air libre : 74,3. Les eaux pluviales sont venues s'ajouter à l'eau primitivement contenue dans le fumier.

Fumier en tas sous un hangar : 41,6 ; ici le fumier s'est desséché n'ayant pas reçu un apport d'eau de pluie.

Fumier étalé sous une faible épaisseur à l'air libre : 65,6, quantité égale à celle qui existait primitivement, les eaux de pluie ayant compensé l'évaporation.

Le fumier placé en tas sous un hangar, c'est-à-dire à l'abri des eaux pluviales, a perdu, dans l'espace d'une année, 14 p. 100 de l'azote qu'il renfermait.

Le fumier placé en tas à l'air libre, recevant les eaux de pluie, en a perdu environ 30 p. 100.

Pour le fumier étalé en couche mince, il y a eu une dilapidation d'azote considérable, puisqu'elle s'élève à 64 p. 100, près des 2/3 de l'azote initial.

Ces expériences montrent que, dans le fumier, la déperdition par volatilisation d'ammoniaque est peu considérable, tandis que le lavage par les eaux pluviales détermine des pertes bien plus grandes. Cela se comprend, car une fois la matière humique formée, l'ammoniaque se trouve retenue à l'état de combinaison ammoniacale ou azotée; elle a perdu en partie sa tension et s'échappe moins dans l'atmosphère. Mais elle est susceptible d'être enlevée par les eaux pluviales, en raison de la solubilité de ses combinaisons, et cette perte par lavages est d'autant plus élevée que le fumier est étalé sur une plus grande surface. Nous voyons en effet le lot placé sous une faible épaisseur perdre la majeure partie de l'azote qu'il renfermait.

L'enseignement qui résulte de ce qui vient d'être dit, est qu'il y a grand intérêt à soustraire les fumiers à l'action des eaux pluviales et qu'il faut les ramasser sous un tas offrant la plus petite surface possible.

Nous avons de notre côté institué des expériences sur les déperditions qui se produisent dans le fumier mis en tas.

Un tas de fumier de moutons est resté à l'air libre, pendant six mois d'hiver; il a été échantillonné et pesé au début et à la fin. Voici les résultats de l'analyse :

	Fumier frais.	Fumier après 6 mois.
	kilog.	kilog.
Poids frais.	7 160.0	4 210.0
Matière sèche	2 341.0	1 755.0
Azote total.	43.7	38.7
Acide phosphorique	44.4	45.9
Potasse	122.4	96.0

Il y a donc eu perte de :

	kilog.		
Matière sèche.	586.0	soit 25.0 p. 100
Azote.	5.0	— 11.5	—
Potasse	26.4	— 21.5	—
Acide phosphorique.	0.0	— 0.0	—

Un fumier de vaches resté en tas pendant six mois
a donné les résultats suivants :

	Fumier frais.	Fumier après 6 mois.
	kilog.	kilog.
Poids frais.	5 329.000	3 270.0
Matière sèche	2 339.000	1 504.0
Azote	43.165	32.7
Acide phosphorique	21.316	19.8
Potasse.	77.300	65.4

Les pertes, rapportées à 100 de chaque substance, se
sont donc élevées aux chiffres suivants :

Matière sèche	35.0 p. 100
Azote	24.3 —
Acide phosphorique	7.3 —
Potasse	16.0 —

Ces deux expériences montrent que les pertes d'acide
phosphorique sont peu sensibles, celles de potasse beaucoup plus considérables, ce qui tient à la solubilité
des sels potassiques ; quant à l'azote elles sont loin
d'être négligeables, mais sans toutefois être aussi importantes qu'on le croit généralement.

D'après nos observations c'est donc plutôt à l'étable,
sous les pieds des animaux, qu'au tas, que les fumiers
perdent de grandes quantités de l'azote renfermé dans
les déjections.

A côté de l'évaporation de l'ammoniaque, il faut citer
une cause accidentelle, l'envahissement du tas de fumier
par le mycélium d'un champignon qui produit à la surface des végétations blanches, connues, sous le nom de
blanc du fumier ou de *chancissures*. Ces champignons
produisent une véritable combustion, brûlent la matière
organique et éliminent probablement de l'azote à l'état

gazeux. La perte peut, croyons-nous, devenir importante, mais il n'est pas possible de la chiffrer.

Dans ce que nous venons de dire, nous n'avons envisagé que la partie solide du fumier; la partie liquide, contenant les éléments solubles et par suite plus assimilables, ne mérite pas une attention moindre. L'ammoniaque contenue dans le purin a également une tendance à se volatiliser; mais la grande quantité d'eau dans laquelle elle est diluée entrave son départ. Lorsque le purin se trouve dans une fosse couverte, il est peu sujet à s'appauvrir. Ce sont les infiltrations dans le sol ou l'entraînement par les eaux de pluie qui constituent les principales causes de perte des purins et qui peuvent enlever ainsi de grandes quantités d'éléments fertilisants.

On voit par ce qui précède que, lorsqu'on a soin d'apporter tout le fumier à la fosse, et qu'on évite les lavages par les eaux pluviales et le départ des purins, la déperdition ne porte pas sur l'acide phosphorique et la potasse, ni sur les autres substances minérales; mais que l'azote, par suite de la volatilité de l'ammoniaque ou de la transformation en azote libre, est soumis à des causes nombreuses de pertes dont quelques-unes sont difficiles à éviter.

M. Grandeau a calculé que l'ensemble du fumier, produit en France chaque année, représente une valeur d'environ trois milliards de francs. Près de la moitié des principes fertilisants de cette masse d'engrais est perdue, tant par les causes naturelles que par l'incurie des agriculteurs. Il est utile que les praticiens se pénètrent de cette constatation pénible. Si ces causes de déperdition étaient évitées, ne fût-ce que partiellement, l'agriculture rentrerait rapidement dans une voie plus prospère.

§ II. — MOYEN D'ÉVITER LES PERTES DES MATIÈRES FERTILISANTES

Nous venons de voir quelles sont les causes de déperdition des matières fertilisantes et quelle en est l'importance. C'est sur l'azote particulièrement que portent ces déperditions, et c'est sur les moyens de retenir cet élément d'une valeur vénale relativement élevée, que doivent porter les efforts des agriculteurs.

PERTES A L'ÉTABLE

C'est principalement à l'état d'ammoniaque que l'azote se dégage et cela, avant même que les matières soient transportées au fumier; il faut donc s'attacher à absorber cette ammoniaque, produite sous l'influence d'une fermentation qui s'établit dans les déjections, à mesure de leur production. On peut à cet effet employer deux sortes d'agents : les agents physiques et les agents chimiques.

Influence des litières. — Les premiers comprennent les litières placées sous les animaux; elles ont non seulement la propriété d'absorber et de retenir les liquides, mais aussi, dans une certaine mesure, celle de fixer l'ammoniaque, par un phénomène d'absorption comparable à celui qu'on observe dans le sol. Mais de même que le pouvoir d'imbibition, la faculté d'absorption des litières pour l'ammoniaque est extrêmement variable. Parmi les litières qui ont au plus haut degré cette propriété, il faut citer la tourbe qui, placée sous les animaux, maintient dans les étables et les écuries une atmosphère presque entièrement dépourvue d'ammoniaque, jusqu'au moment où elle est saturée de cet alcali. Di-

verses expériences faites à ce point de vue ont montré
la supériorité de la tourbe sur toutes les autres substances employées comme litières; nous résumons ici
celles de M. Arnold.

1° *Tourbe.* — Dans des écuries semblables, on a placé
des chevaux, ayant pour litière, les uns de la paille, les
autres de la tourbe. L'ammoniaque contenue dans l'air
de chacune de ces écuries a été dosée; voici les résultats :

	Ammoniaque par mètre cube d'air.	
	Tourbe.	Paille.
	grammes.	grammes.
1er jour	0.0000	0.0012
2e —	0.0000	0.0028
3e —	0.0000	0.0045
4e —	0.0000	0.0081
5e —	traces.	0.0153
6e —	0.0010	0.0168
7e —	0.0017	»
9e —	0.0061	»
11e —	0.0120	»
15e —	0.0170	»

Comme on le voit, le sixième jour, avec la paille ordinaire, la quantité d'ammoniaque était aussi forte qu'a-
près le quinzième jour avec la litière de tourbe.

2° *Litières végétales diverses.* — Les pailles et les
fanes n'ont pas cette propriété au même degré, et on
peut dire que c'est presque uniquement en raison des
liquides dont elles s'imprègnent que l'ammoniaque
est retenue; elles n'ont qu'un faible pouvoir fixateur
spécifique pour l'ammoniaque gazeuse.

Les feuilles mortes, les bruyères, etc., sont dans le
même cas, avec une infériorité encore plus marquée.

Les litières de sciure de bois et de tannée se rapprochent de la tourbe, à laquelle elles ressemblent également par leur pouvoir d'imbibition très élevé.

Lorsque la matière organique de la litière est à un degré de décomposition avancé, comme c'est le cas de la tourbe et de la tannée, elle se trouve en partie sous forme d'acides bruns qui retiennent l'ammoniaque à l'état de véritable combinaison.

3° *Litières terreuses.* — Examinons maintenant les litières terreuses; elles ne peuvent pas, à proprement parler, être comparées aux précédentes, parce que le poids qu'il faut employer pour obtenir un résultat est toujours beaucoup plus considérable; mais leur valeur, comme argent, étant très minime, on n'a pas à se préoccuper des quantités qu'on répand; on peut donc étudier leur pouvoir absorbant pour l'ammoniaque, au même point de vue que précédemment.

On sait que la terre végétale a une faculté d'absorption pour les matières fertilisantes en général, et en particulier pour l'ammoniaque, d'autant plus grande qu'elle contient une plus forte proportion de matières organiques. Lorsqu'on voudra employer des litières de terre, il faudra donc prendre de préférence celles qui renferment le plus d'humus. Les terres qui n'en contiennent pas, telles que les sables, les marnes, calcaires, etc., retiendront une certaine quantité de ce liquide, mais n'auront pas un pouvoir fixateur spécial vis-à-vis de l'ammoniaque, tandis que les terres qui en sont pourvues auront, outre leur faculté d'imbibition, un pouvoir absorbant qui empêchera l'alcali de se diffuser dans l'atmosphère.

Nous avons fait des expériences comparatives sur les propriétés absorbantes d'une litière de paille et d'une litière de terre.

Un lot de moutons a été placé d'abord sur une litière

de paille d'avoine, donnée dans les conditions normales;
d'autres animaux, en nombre pareil, et recevant une
alimentation identique, ont reçu une litière de terre
légère contenant une proportion moyenne d'humus.

L'examen de ces litières, à la fin de l'expérience, a
montré que, pour la paille, la proportion d'azote, perdu
par suite de la volatilisation de l'ammoniaque, s'élevait
à près de 49 p. 100 ; tandis que, dans l'expérience parallèle, faite avec la terre, la perte ne s'était élevée qu'à
24 p. 100. Nous voyons là un exemple frappant de l'influence qu'exerce le pouvoir absorbant spécifique des
diverses matières employées comme litière.

Ces considérations nous conduisent à recommander le mélange avec les litières proprement dites de
matières telles que la tourbe, la tannée, les sciures,
dont l'emploi expose à une moindre déperdition d'azote,
et que dans bien des circonstances on peut se procurer abondamment et à un prix généralement très inférieur à celui de la paille. C'est surtout dans les localités
où elles se trouvent sur place et où, par suite, elles ne
sont pas grevées de frais de transport, que leur emploi
est avantageux. Le plus souvent elles sont négligées et
il importe d'attirer sur elles l'attention des agriculteurs.

Pour les terres, dont le principal inconvénient est
de nécessiter des transports plus considérables, elles
donnent d'excellents résultats, quand elles contiennent
une quantité suffisante de matières organiques. Cette
litière doit être abondante sous les animaux, renouvelée de temps en temps et maintenue en état de propreté.

Ainsi que nous l'avons dit plus haut, la nature de la
litière a une influence notable sur la fixation de l'azote.
Mais quelle que soit cette aptitude, il arrive un moment où la saturation est atteinte ; ce moment est d'au-

tant plus éloigné que la quantité de litière a été plus abondante. Il faut alors procéder au renouvellement, si l'on veut éviter de plus grandes pertes; il y a donc, outre le choix de la litière, à tenir compte de son abondance et de son remplacement.

Nous avons voulu vérifier par l'expérience directe si l'abondance de la litière avait une influence aussi considérable qu'on l'admet généralement. Dans ce but, nous avons mis à un régime absolument identique deux lots de 20 moutons, l'un ayant reçu au début de l'expérience 30 kilogrammes de litière ; à l'autre lot de moutons on en donna tous les trois jours environ, chaque fois que le besoin s'en faisait sentir. Un total de 45 kilogrammes de paille a été suffisant pour entretenir la litière dans un excellent état.

La perte d'azote pour ce dernier lot s'est élevée à

45 p. 100 de l'azote consommé.

La perte d'azote pour le premier lot s'est élevée à

49 p. 100 de l'azote consommé.

L'abondance de litière a donc une influence sensible, mais moins importante qu'on le croit ordinairement. Tous les auteurs disent qu'une addition de paille fraîche arrête instantanément les dégagements ammoniacaux; nous ne croyons pas cet effet aussi énergique qu'ils le prétendent.

Nous avons institué une série d'expériences dans le but d'étudier l'action des substances qu'on a recommandées pour fixer l'ammoniaque qui tend à se dégager : le plâtre ou sulfate de chaux ; le vitriol vert ou sulfate de fer ; la kaynite, formée en grande partie de chlorure de magnésium, sont celles dont l'emploi a été le plus fréquemment conseillé. Nous les étudierons séparément, à cause de l'importance qu'a prise la question de l'introduction de ces matières dans les fumiers.

Plâtre. — A première vue, on comprend que le plâtre fixe l'ammoniaque; cet alcali, en effet, ne se trouve jamais à l'état libre, mais bien combiné à de l'acide carbonique, formant ainsi du carbonate ou du bicarbonate d'ammoniaque. Mis en présence de sulfate de chaux, il se prête à une double décomposition qui conduit à la formation de sulfate d'ammoniaque, sel parfaitement fixe, et de carbonate de chaux. Nous pouvons exprimer la réaction par la formule suivante :

$$AzH^4O, CO^2 + CaO, SO^3 = AzH^4O, SO^3 + CaO, CO^2.$$

Si cette réaction se produisait intégralement, le plâtre pourrait donc remplir un rôle des plus utiles et son bas prix devrait le faire préférer à toutes les autres matières employées dans ce but. Examinons d'abord, en dehors des conditions de la pratique, la réaction chimique que nous venons de formuler.

Si nous introduisons dans une solution de carbonate d'ammoniaque, qui dégage une odeur ammoniacale très accentuée, une certaine quantité de sulfate de chaux, nous voyons, en quelques instants, la composition du liquide se modifier. Son alcalinité qui était très prononcée diminue notablement et l'odeur ammoniacale disparaît. Nous avons donc là la preuve de l'action du plâtre sur le carbonate d'ammoniaque; action qui tend à fixer l'ammoniaque. Mais il ne faudrait pas croire que ce phénomène fût absolu; une réaction inverse se produit, ayant pour effet de remettre les choses en l'état primitif; le carbonate de chaux qui s'est formé cherche constamment à déplacer l'ammoniaque pour s'emparer de l'acide sulfurique; toute cause de déperdition n'est donc pas évitée, et le résultat final n'est que la conséquence de deux actions inverses dont l'une, qui tend à retenir l'ammoniaque, est plus forte que l'autre qui tend à l'éliminer. Il en résulte que le dégagement d'ammoniaque n'est pas arrêté, il est seulement entravé, c'est-à-dire que l'intervention du sulfate de chaux apporte un retard sensible au départ de ce gaz.

Si, au lieu de mettre une solution d'ammoniaque en présence de plâtre, nous exposons ce dernier à des vapeurs ammoniacales, nous constatons qu'il fixe en partie les vapeurs. Ainsi nous avons observé que du plâtre, placé en couche très mince dans une bergerie, avait absorbé :

Au bout d'un mois 100 milligr. d'ammoniaque par kilogramme.
   —   de 2 —   190   —   —   —

Mais il tend également à le laisser de nouveau se dégager lentement par cette action inverse dont nous avons parlé et qui peut se résumer dans la formule :

$$AzH^4O, SO^3 + CaO, CO^2 = CaO, SO^3 + AzH^4O, CO^2.$$

Quoi qu'il en soit, en opérant dans le laboratoire et sur les sels purs, nous voyons qu'il y a effectivement une réaction entre le plâtre et le carbonate d'ammoniaque, réaction qui entrave la volatilité de l'ammoniaque.

Mais si nous nous plaçons dans les conditions de la pratique, c'est-à-dire si, au lieu d'opérer avec l'ammoniaque pure, nous opérons sur les urines des herbivores qui, outre l'ammoniaque, produit de la fermentation, contiennent d'autres substances, notamment les bicarbonates alcalins, la réaction se complique de l'intervention de ces dernières. Ce sont surtout les bicarbonates alcalins, en proportion très élevée, dont il y a lieu de tenir compte. Mettons en effet en présence :

carbonate d'ammoniaque, carbonate de potasse et sulfate de chaux, en quantités telles que ce dernier ne se trouve pas en excès sur le carbonate alcalin; nous verrons la potasse s'emparer de l'acide sulfurique en même temps qu'il se déposera du carbonate de chaux; quant au carbonate d'ammoniaque, il ne prendra que peu de part à cette action et, dans ces conditions, sa volatilité ne sera pas notablement amoindrie. C'est seulement lorsque nous introduisons le sulfate de chaux en excès sur le carbonate alcalin, que son action sur le carbonate d'ammoniaque peut s'exercer.

La présence de fortes proportions de carbonate de potasse dans l'urine des herbivores est donc un obstacle à la fixation de l'ammoniaque par le plâtre. M. Boussingault a trouvé dans les urines de vache et de cheval des taux de bicarbonate de potasse d'environ 15 grammes par litre, ce qui représente 12 grammes de carbonate neutre. Rien que pour saturer une pareille quantité, il faudrait employer par litre d'urine au moins le même poids de plâtre; sans compter celui qui serait nécessaire pour fixer l'ammoniaque. C'est donc plus de 15 grammes par litre qui seraient immobilisés par les bicarbonates alcalins. Seul, l'excédent de ces 15 grammes pourrait agir sur l'ammoniaque. Mais dans la pratique, il serait nécessaire de compter sur des quantités beaucoup plus considérables que celles indiquées par le calcul théorique, parce que, en raison de sa faible solubilité, le sulfate de chaux n'intervient que par petites fractions.

Ce que nous venons de dire expliquera les résultats que nous avons obtenus dans l'emploi du plâtre et que nous résumons ci-dessous.

On a vu plus haut combien était grande la déperdition de l'ammoniaque dans les bergeries. Nous avons essayé d'empêcher cette déperdition en semant sous les pieds des animaux une certaine quantité de plâtre. Parallèlement, d'autres animaux restaient sans cette adjonction. La proportion de plâtre employée a été relativement considérable, c'est-à-dire de 25 grammes par jour et par mouton.

Dans ces deux essais comparatifs, le poids d'azote perdu a été de 45 à 46 p. 100 de l'azote ingéré; l'addition de plâtre n'avait donc donné aucun résultat. Cependant son action semblait devoir être favorisée par le piétinement continuel des animaux.

Ces résultats montrent que le sulfate de chaux n'est que d'une faible efficacité pour retenir l'ammoniaque, qui se dégage si abondamment des urines des herbivores.

Si, au lieu d'opérer sur le fumier, nous opérons sur le purin, le résultat est le même, soit que les bicarbonates annulent l'effet du plâtre, soit que celui-ci, tombant au fond de la fosse, soit soustrait aux réactions qu'on cherche à produire.

C'est surtout dans les étables que se produisent les déperditions d'ammoniaque. C'était donc là qu'il y avait lieu d'essayer l'action du plâtre; nous avons vu que c'est avec bien peu de succès. Quant au mélange du plâtre au tas de fumier, nous ne croyons à son efficacité qu'à condition d'en employer de grandes quantités.

M. Joulie dans des expériences de laboratoire a constaté que du fumier mis en contact avec le plâtre, avait perdu 47,4 p. 100 de son azote et conclut à l'inefficacité du sulfate de chaux.

Sulfate de fer. — Quand nous plaçons ce sel en présence du carbonate d'ammoniaque, nous obtenons une réaction intégrale. Toute l'ammoniaque se fixe à l'état de sulfate; le carbonate ou les oxydes de fer n'ont pas, comme le carbonate de chaux, une tendance à déplacer de nouveau l'ammoniaque. Le sulfate de fer retiendra donc cet alcali volatil d'une manière plus énergique que ne le fait le sulfate de chaux. Il absorbera mieux aussi les vapeurs ammoniacales et, par sa solubilité, qui permet à toute sa masse de prendre part à la réaction, il doit être regardé comme un fixateur beaucoup plus énergique. Mais dans le cas où il y a des carbonates ou des bicarbonates alcalins, ceux-ci neutralisent également le sulfate de fer et le rendent incapable d'agir comme fixateur de l'ammoniaque. Voici le résumé des expériences que nous avons faites sur l'emploi du sulfate de fer, en opérant également sur des moutons :

20 moutons ont reçu pendant une période de vingt jours une quantité de 6 kilogr. de sulfate de fer, qu'on a répandu sur la litière en poudre fine et en plusieurs fois. Cette addition n'a pas eu pour effet de fixer l'ammoniaque, car la déperdition de l'azote a été de 51 p. 100 de l'azote ingéré; l'expérience parallèle, où la litière n'a pas été additionnée de sulfate de fer, a donné exactement le même résultat.

Le prix relativement élevé du sulfate de fer (8 francs les 100 kilogrammes) ne permet pas d'en employer de grandes quantités. Nous sommes donc là encore en présence de l'impossibilité pratique d'employer ce produit pour retenir l'ammoniaque, puisqu'il faudrait au préalable en mettre suffisamment pour neutraliser les carbonates alcalins, ce qui entraînerait l'immobilisation d'un poids considérable, et ajouter ensuite en plus la proportion nécessaire à la fixation de l'ammoniaque.

Outre la dépense, il y aurait lieu de s'inquiéter de l'action d'une si grande quantité de sulfate de fer placée sous les animaux, au point de vue de l'état de leur santé. Ce sel pourrait en effet exercer une action corrosive. Son introduction dans le tas de fumier donne lieu aux mêmes observations que le plâtre ; c'est-à-dire que pour qu'il soit efficace, il faut en employer de très fortes doses.

Nous pouvons en dire autant de l'acide sulfurique et de l'acide chlorhydrique, qui seraient d'excellents fixateurs de l'ammoniaque, s'ils n'étaient au préalable neutralisés par les carbonates alcalins ; mais dans aucun cas, ils ne pourraient s'employer sur les litières, en raison de leurs propriétés caustiques.

Nous avons fréquemment remarqué, en opérant sur des fumiers de moutons, que pour empêcher le départ de l'ammoniaque pendant la dessiccation, il était nécessaire de leur ajouter jusqu'à 3 ou 4 p. 100 de leur poids d'acide oxalique, dont la presque totalité servait à saturer les carbonates.

Kaynite. — Cette substance dans laquelle le chlorure de magnésium domine, est également conseillée pour retenir l'ammoniaque. Nous n'entrerons pas dans de plus grands développements sur son emploi ; ce que nous avons dit du sulfate de chaux et du sulfate de fer s'applique à la kaynite. Celle-ci serait apte à retenir l'ammoniaque, à l'état de chlorhydrate, si les carbonates alcalins ne se trouvaient pas en présence. Le sulfate de magnésie est dans le même cas.

Toutes les substances dont nous venons de parler s'appliqueraient avec avantage aux déjections dont les carbonates alcalins seraient absents, telles que l'urine humaine ou celle des carnivores. Mais ces cas n'ont qu'une importance très minime pour le sujet qui nous occupe.

La conclusion de cette discussion et des expériences que nous avons faites est que l'emploi des substances absorbantes d'ordre chimique, pour retenir l'ammoniaque, est rendu peu praticable, sinon absolument inefficace, par la présence dans les déjections des herbivores de grandes quantités de carbonates alcalins qui neutralisent leur action.

Chaux. — Dans le but de contrôler les affirmations de certains auteurs, qui prétendent qu'on peut arrêter la fermentation ammoniacale au moyen de cette base, nous avons introduit dans des urines fraîches de la chaux éteinte à raison de 25 grammes par litre. En opérant sur des urines de vaches, nous avons constaté que le dégagement d'azote était notablement plus considérable, dans le cas où l'on avait ajouté de la chaux que dans celui où on avait abandonné l'urine à elle-même. Dans l'espace de deux mois, 1 litre d'urine non additionnée de chaux avait dégagé 6 gr.75 d'ammoniaque, tandis que dans le même espace de temps, un litre de la même urine, additionnée de chaux, en avait dégagé 7 gr. 5. Cette substance n'avait donc nullement entravé la production d'ammoniaque.

En opérant de la même manière sur de l'urine humaine, pareil fait n'a pas été constaté ; la chaux avait presque entièrement empêché la production d'ammoniaque alors que la même urine, non additionnée de chaux, avait fermenté activement ; ce qui ferait penser que les phénomènes de la fermentation ammoniacale ne sont pas identiques dans les deux cas. Quoi qu'il en soit, l'action que nous avons observée sur les urines des herbivores ne nous permet pas de conseiller l'emploi de la chaux, pour arrêter la fermentation, dans le but de s'opposer à une déperdition d'ammoniaque.

La plupart des observations que nous venons d'exposer sont relatives au fumier de moutons, plus particulièrement étudié. Mais les mêmes considérations s'appliquent au fumier des autres herbivores, et ce n'est que dans l'intensité des phénomènes que des variations peuvent se produire.

PERTES DANS LE TAS DE FUMIER

On a souvent conseillé d'incorporer au fumier diverses substances susceptibles de se combiner avec l'ammoniaque et d'en empêcher ainsi le dégagement. A cet effet on a recommandé le sulfate de chaux, le sulfate de fer, la kaynite, les acides étendus. M. Bobierre a recommandé dans le même but un mélange de phosphate de chaux fossile et d'acide sulfurique ; la bouillie qui se forme est délayée au bout de vingt-quatre heures, dans vingt fois son volume d'eau ; on obtient un superphosphate qu'on peut très avantageusement employer soit dans la fosse à purin, soit sur le fumier.

Nous venons de parler de l'action des agents chimiques dans les étables et nous n'avons pas à y revenir ici.

M. Boussingault a depuis longtemps fait la critique de ces procédés ; il admet que, dans un tas de fumier bien tassé, il y a très peu d'ammoniaque libre et que, par suite, il est inutile de les faire intervenir.

Dans le fumier de Grignon il a trouvé que 6,92 p. 100 seulement de l'azote total étaient à l'état d'ammoniaque ; dans un autre fumier il n'en a constaté que des traces.

Si nous consultons les nombreuses analyses de Vœlcker nous voyons que les quantités d'ammoniaque volatile dans les fumiers varient de 10 à 40 grammes par 100 kilog. Il n'y a pas lieu, d'après ce savant, de recourir à des réactifs chimiques pour fixer de si faibles quantités.

Les acides humique et ulmique, ainsi que les autres acides organiques du fumier, se combinent à l'ammoniaque, qui est alors retenue sous une forme relativement stable, et ne tend à s'échapper que dans les fumiers qu'on remue, ou dans ceux qui, mal tassés, sont accessibles à l'air.

Les pertes d'ammoniaque ne sont pas très considérables dans les tas bien établis et placés à l'abri des pluies ; nous avons vu que, dans les expériences de Vœlcker, elles se sont élevées à 14 p. 100 de l'azote total ; il n'y a donc pas lieu d'attacher une grande importance à l'application des réactifs chimiques. Non seulement ils sont onéreux et d'une faible utilité, mais ils peuvent devenir nuisibles, en empêchant l'ammoniaque de se trouver à l'état caustique, état sous lequel elle contribue à la désagrégation des pailles.

On arrive plutôt à empêcher la déperdition de l'ammoniaque par une pratique simple et peu coûteuse qui consiste à couvrir le tas de fumier, à mesure qu'il s'élève, d'une mince couche de terre sèche, qui joue le rôle d'absorbant, sans entraver la production et l'action de l'ammoniaque.

PERTES DANS LA FOSSE A PURIN

Dans la fosse à purin, la fermentation ammoniacale est très active ; l'azote de l'urine s'y transforme rapidement en composés volatils qui se dégagent dans l'air ; le premier soin de l'agriculteur c'est d'avoir des fosses complètement closes ou à ouverture étroite, afin que les échanges avec l'atmosphère soient moins rapides.

Les purins contiennent la plus grande partie de leur azote à l'état d'ammoniaque qui, toujours en tension, se diffuse dans l'air ; ce n'est qu'en saturant cette ammoniaque, qu'on arrive à en éviter le départ et cela peut se faire dans une certaine mesure. L'acide sulfurique et l'acide chlorhydrique ajoutés en proportions convenables, c'est-à-dire jusqu'à légère réaction acide du liquide, remplissent ce but. Il est bon d'étendre ces acides au préalable de 8 à 10 fois leur volume d'eau et d'agiter la masse après chaque addition. On fait de nouvelles additions toutes les fois que le purin a une réaction alcaline, qui se manifeste par le virage au bleu du papier rouge de tournesol.

On peut encore employer le sulfate de fer, qui agit par l'acide sulfurique qu'il renferme, mais il faut de plus grandes quantités de ce réactif et par suite son emploi est plus onéreux. Si l'on voulait s'adresser à lui on devrait au préalable le dissoudre dans 8 ou 10 fois son poids d'eau, avant de l'incorporer au purin. Là encore on peut se guider sur l'alcalinité de la liqueur pour apprécier les doses de vitriol vert à employer.

Quant au plâtre, son usage n'a pas d'effet utile; il tombe au fond de la fosse et, en raison de sa très faible solubilité, il n'intervient que d'une manière très limitée dans les réactions chimiques qui s'y passent.

Ce sont donc les acides employés directement qui sont à recommander, de préférence aux autres produits.

CHAPITRE IV

RÉCOLTE, CONSERVATION ET EMPLOI DU FUMIER

§ I. — MANIÈRE DE CONSERVER ET DE RECUEILLIR LE FUMIER

Le fumier est sujet à des déperditions importantes;
nous avons cherché le moyen de les éviter ou de les
atténuer et nous avons vu que ce n'est pas dans les réactifs chimiques qu'on trouve un remède pratique ou efficace. L'emploi de litières absorbantes telles que la tourbe
et la terre peut au contraire rendre de grands services.
Mais il y a un ensemble de précautions et de soins particuliers qui sont à la portée de tous les cultivateurs et
qui contribuent à la conservation des éléments utiles
du fumier.

Nous allons les indiquer en suivant l'engrais depuis
sa production à l'étable jusqu'à son transport dans les
champs.

Disposition des étables. — Les étables, écuries,
porcheries, vacheries ou bergeries affectent les formes
les plus diverses, les dimensions les plus variées. Nous

sortirions du cadre que nous nous sommes tracé en insistant sur leur description; mais nous pouvons poser quelques principes de construction.

Le sol doit être étanche, c'est-à-dire pavé, planchéié ou bitumé, pour empêcher les infiltrations d'urine et éviter ainsi une cause de perte considérable. A défaut de cette disposition, nous recommandons très vivement aux agriculteurs de recouvrir le sol d'une couche de terre qui, renouvelée de temps en temps, absorbera les parties liquides échappant à la litière; cette terre constituera elle-même un engrais qu'on utilisera dans la culture. Cette manière de procéder convient surtout aux étables à aires planes, c'est-à-dire sans inclinaison.

Mais il est préférable d'avoir des étables présentant une déclivité de la tête aux pieds, de façon que les liquides se réunissent dans un caniveau qui les conduit dans la fosse à purin. Ce système permet d'économiser la litière qui, moins imprégnée d'urines, épuise moins vite son pouvoir absorbant. Sur les aires planes au contraire, la litière doit être en quantité plus grande pour absorber les liquides; elle doit être renouvelée plus fréquemment et dès que le purin commence à suinter.

Les liquides qui se réunissent dans les fosses à purin constituent la partie du fumier la plus riche et la plus sujette à déperditions; on doit les recueillir dans des réservoirs, dont l'étanchéité est parfaite et la fermeture hermétique. C'est une pratique recommandable de les additionner soit de sulfate de fer, soit mieux d'acide sulfurique ou chlorhydrique toutes les fois que la réaction ammoniacale s'y manifeste. On évite ainsi le départ de l'ammoniaque.

Les étables à pente et à écoulement d'urine nous semblent préférables aux étables à sols plats, parce qu'elles permettent la séparation des urines, qui peuvent

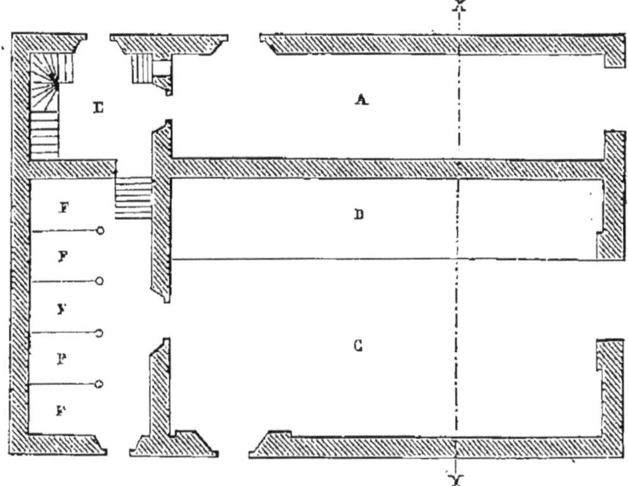

FIG. 7. — PLAN DE L'ÉTABLE BELGE.

FIG. 8. — COUPE TRANSVERSALE X Y DE L'ÉTABLE BELGE.

A. Trottoir pour service des fourrages. — B. Emplacement du bétail. —
C. Espace creux pour le fumier. — D Galerie voutée pour les racines.
— E. Escalier pour y descendre. — F, F. Loges pour les veaux.

être ainsi soustraites aux évaporations dont elles sont le

siège, quand elles sont étalées sur une grande surface, comme l'aire d'une étable.

Nous avons parlé du système des *étables suisses*; il consiste à balayer les déjections au moyen de grandes quantités d'eau et conduit à des purins très étendus, dans lesquels sont délayés les excréments solides; il ne saurait être recommandé que dans les localités où la litière fait défaut et où la disposition du terrain rend les arrosages faciles et peu coûteux, comme dans les herbages de la Suisse.

Les *bergeries à claire-voie* semblent recommandables au point de vue de la conservation du fumier de moutons, puisque les déjections sont recueillies sur la terre, dont nous avons indiqué les propriétés absorbantes.

Dans le système d'*étable belge* (fig. 7 et 8) le sol où reposent les animaux est incliné; creusé en arrière, il forme pour ainsi dire une cuvette dans laquelle se rendent les liquides; là aussi, on réunit les fumiers et on établit le tas qui s'imprègne des urines. On évite ainsi la fosse à purin et on simplifie la manipulation du fumier qui, conservé dans l'étable même, est à l'abri de la dessiccation et des lavages par les eaux pluviales. Ce système est peu répandu en France; il est assez commun en Belgique. On peut se demander si cette accumulation de fumier satisfait aux conditions de propreté et d'hygiène pour le bétail et de bonne conservation des bâtiments.

Dans les écuries bien tenues, il est d'usage d'enlever les déjections et les parties souillées de la litière tous les matins; et de les remplacer chaque jour par de la paille fraîche. Pour les bêtes à cornes on sort le fumier environ deux fois par semaine. Dans les bergeries au contraire on le laisse s'accumuler sous les animaux pendant plusieurs mois. Cette dernière pratique nous semble défectueuse; elle donne lieu à des déperditions considérables; les urines, exposées à l'air et étalées sur le sol, fermentent rapidement, et l'atmosphère, pendant les grandes chaleurs, est presque irrespirable. On consomme ainsi moins de litière, mais c'est une économie mal comprise. Il ne faut pas laisser le fumier ainsi exposé sur de larges surfaces et sous une faible épaisseur, mais le réunir en tas pour le conserver.

Cette réflexion s'applique encore mieux à une méthode anglaise dont Vœlcker a fait le procès depuis longtemps. Dans le système du *paddock*, la litière est disposée sur une large surface dans des cours fermées, où les animaux séjournent les jours et aussi les nuits quand il fait beau. C'est de toutes les manières de recueillir le fumier, celle qui donne lieu aux déperditions les plus importantes, comme nous l'avons vu plus haut.

Vœlcker préconise le système des *box d'engraissement avec rateliers mobiles*. Chaque animal, bœuf ou vache, repose dans une sorte de fosse, sur une litière abondante; chaque jour on en ajoute de nouvelles quantités; l'urine est complètement absorbée, le fumier est fortement tassé; la grande proportion de litière maintient l'animal très propre; on obtient un bon fumier, qu'on enlève tous les cinq ou six mois. Cette manière de procéder consomme beaucoup de litière; mais elle ramasse le fumier sur une faible surface et sous une grande épaisseur et s'oppose ainsi aux déperditions.

La manière d'enlever le fumier n'est pas indifférente; malgré les recommandations des agronomes les plus autorisés, beaucoup de cultivateurs s'obstinent à se servir pour cette opération des crochets ou des pics; on tire ainsi le fumier par gros paquets qu'on porte directement au tas et qu'on dépose sans régularité. Le tassement est mauvais, l'air est interposé de toutes parts, la masse n'est pas homogène; il faut se servir de fourches et disposer le fumier par couches égales, bien régulièrement déposées et tassées au fur et à mesure. On doit mettre à cette opération le temps nécessaire et ne pas la considérer comme accessoire.

Formation du tas. — Examinons maintenant la manière de constituer le tas de fumier et occupons-nous d'abord du choix de l'emplacement.

La première de toutes les conditions, c'est que le tas ne soit pas lavé par les eaux pluviales et que les liquides qui s'en écoulent ne soient pas entraînés dans les cours et les ruisseaux. Nous savons en effet que ces liquides sont la partie la plus riche et la plus assimilable de l'engrais; ils contiennent de l'azote et de la potasse en fortes proportions.

Dans un grand nombre d'exploitations, on dépose le tas à la porte des étables, adossé au mur et recevant l'eau des gouttières; ou bien au milieu de la cour, sur des terrains en pente. Dans ces conditions les eaux viennent le laver et emportent les principes solubles; la cour de la ferme est salie par ces écoulements. Ce spectacle s'offre trop souvent aux yeux de l'observateur; il faut remédier à cet état de choses très préjudiciable.

Envisageons d'abord la petite ferme qui n'a ni fosse à fumier, ni fosse à purin. Là, il faut asseoir le tas sur un terrain parfaitement plat, à l'abri des gouttières et des eaux qui ruissellent dans les cours; le sol n'étant ni pavé, ni bitumé et les purins ne pouvant être recueillis à part, on creusera une petite fosse et on la remplira d'une bonne terre passée à la claie qui absorbera les liquides et se transformera ainsi en un véritable fumier; en outre on entourera le tas d'un fossé, destiné à retenir les purins qui s'écoulent. Voilà des procédés simples et peu coûteux, éminemment pratiques, et que le plus petit cultivateur peut suivre.

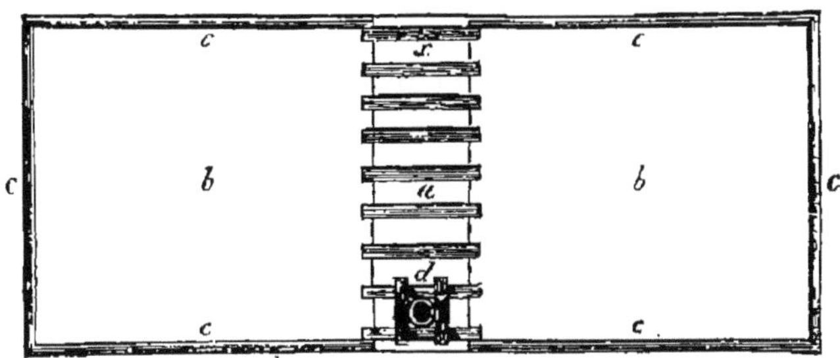

FIG. 9. — PLAN DE LA FUMIÈRE DE SCHWERTZ.

FIG. 10. — COUPE DE LA FUMIÈRE DE SCHWERTZ.

a. Fosse à purin. —*bb*. Aires inclinées. —*cc*. Rigoles. —*d*. Pompe à purin.
e. Conduit en planche pour le purin, supporté par des chevalets *f*.

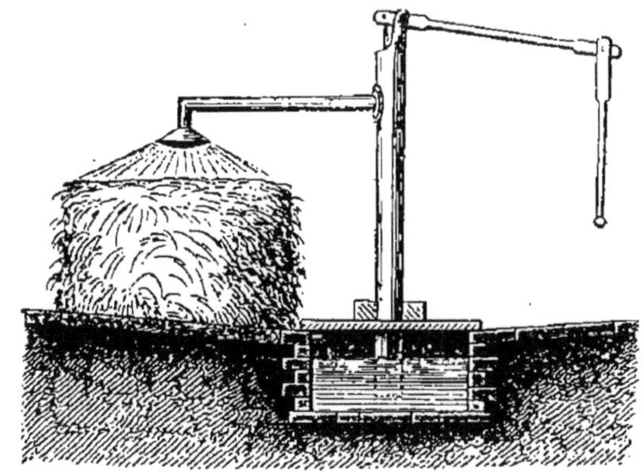

FIG. 11. — FUMIÈRE DE MATHIEU DE DOMBASLE.

Quant aux grandes fermes, elles doivent avoir un emplacement spécial, le plus près possible des étables.

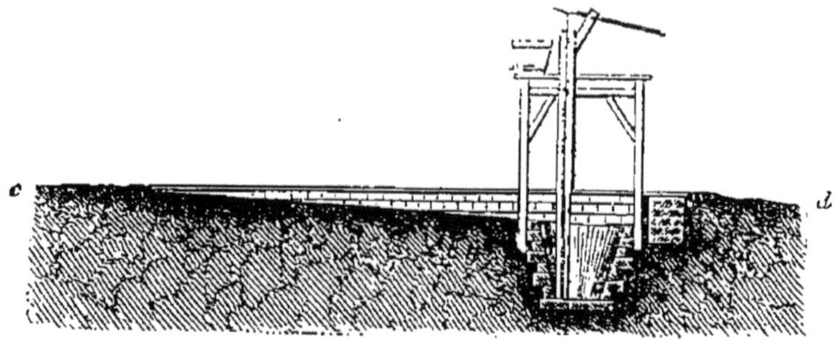

FIG. 12. — COUPE DE LA FUMIÈRE DE SCHATENMANN.

Les dispositions varient à l'infini. Le tas reposera sur un sol pavé, ou recouvert d'un ciment hydraulique,

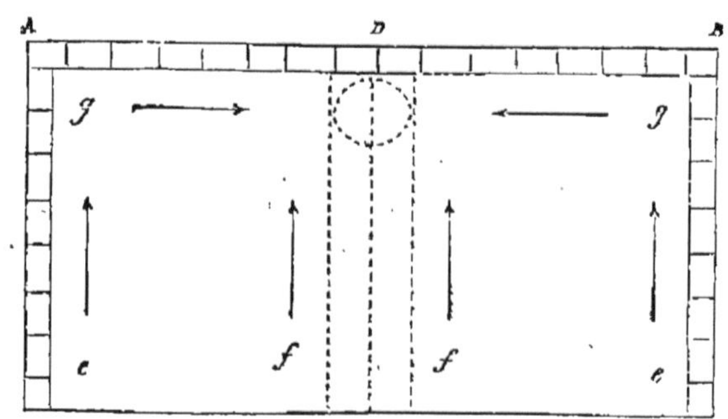

FIG. 13. — PLAN DE LA FUMIÈRE DE SCHATENMANN.

A. B. B. Murs en maçonnerie.
f f. Pentes de 5^{cm} par mètre vers la fosse à purin.
e e.   —   3   —   —   —
g g.   —   2   —   —   —
Au milieu existe le passage des voitures.

ou d'une couche de glaise bien tassée, en tout cas étanche pour que les infiltrations soient impossibles. On discute pour savoir si le tas doit être placé dans une fosse, c'est-à-dire en contre-bas, ou bien s'il doit être en plate-forme, c'est-à-dire au niveau de la cour ou même un peu exhaussé; le premier procédé est plus coûteux à établir, il protège mieux le fumier contre la sécheresse.

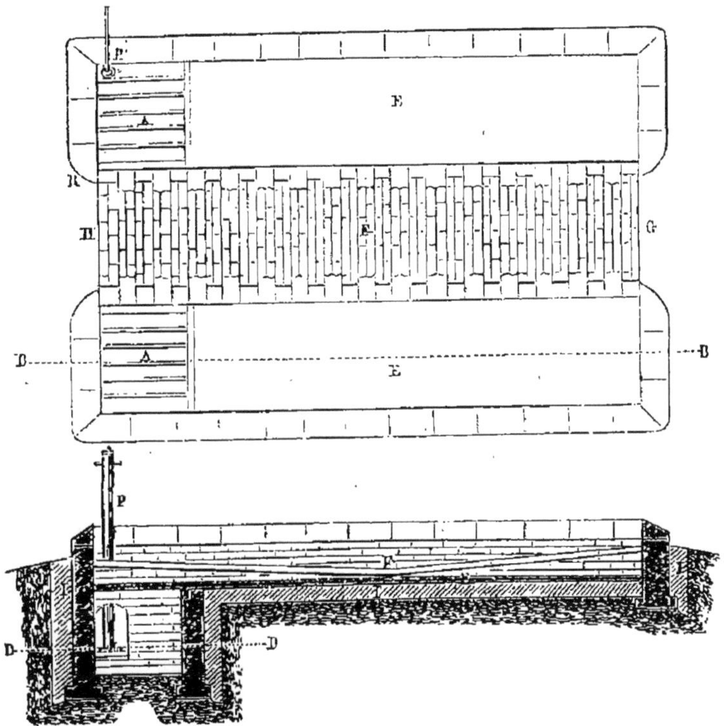

FIG. 14. — PLAN ET COUPE DE LA FUMIÈRE DE BOUSSINGAULT.

A A. Fosses à purin communiquant entre elles, couvertes à claire voie.
P. Pompe aspirante et foulante. — E E, place du fumier.
G F H. Passage pavé pour les voitures.

et l'arrivée de l'air; mais l'accès en est difficile et le chargement incommode. La plate-forme, beaucoup plus économique, est préférable; elle doit toujours présenter une pente qui permette aux liquides de se réunir en totalité et sans aucune perte dans une fosse cimentée où une

pompe à purin les puise et les déverse sur le tas dès que
le besoin s'en fait sentir. Les formes des fumières sont

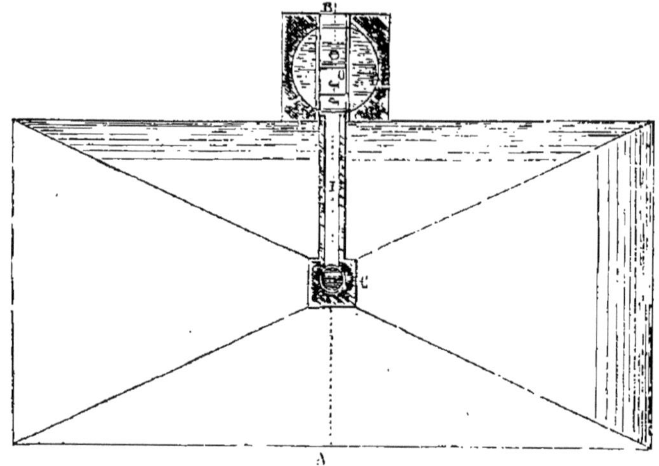

FIG. 15. — PLAN DE LA FUMIÈRE DE M. DARGENT.

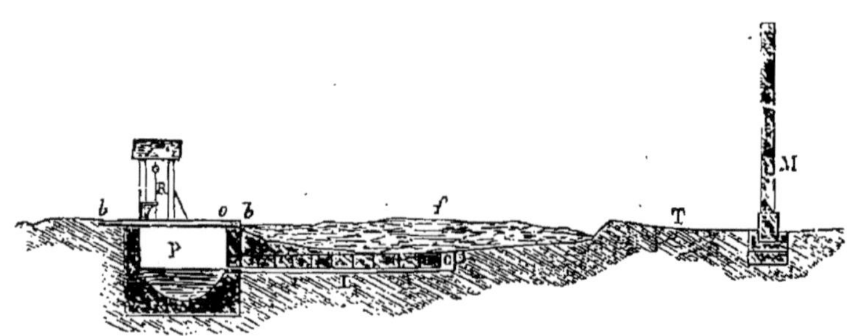

FIG. 16. — COUPE A B DE LA FUMIÈRE DE M. DARGENT.

M. Mur des écuries. — T. Trottoir. — *f*. Tas de fumier. — C. Grille en fér
recouvrant l'ouverture par où les liquides s'écoulent au moyen du caniveau I dans la fosse à purin P. — R. Lieux d'aisance reposant sur des
poutres *b. b.* — *o*. Trappe pour l'introduction de la pompe.

très variées. Sans entrer dans le détail de ces installa-
tions, nous donnons quelques figures qui représentent
les systèmes les plus usités et les plus recommandables;
leur simple inspection supplée à une longue description.

Tantôt il n'y a qu'une aire; tantôt il y en a deux

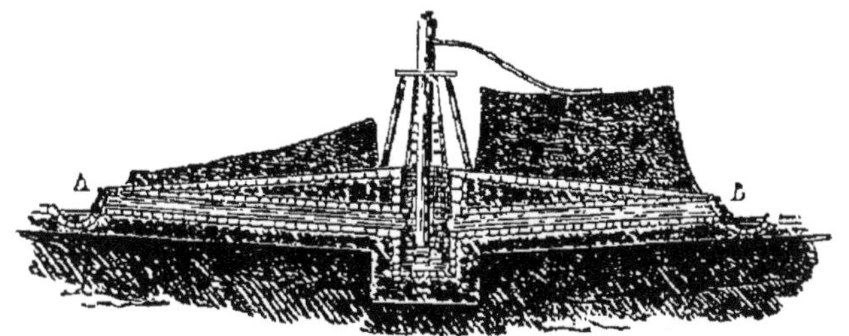

Fig. 17. — Coupe de la fumière de Grignon.

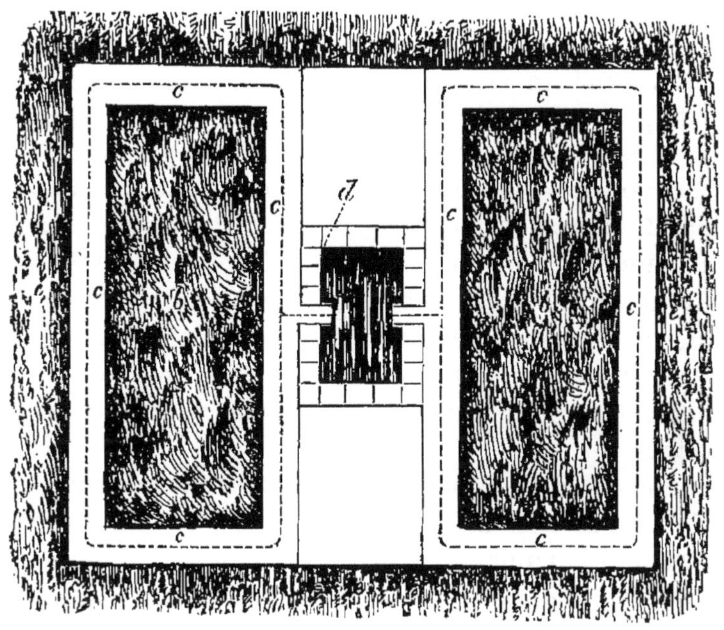

Fig. 18. — Plate-forme avec fosse a purin intermédiaire.

b b. Tas de fumier.
c c c c. Caniveaux entourant les tas et amenant les liquides dans la fosse *d.*

séparées par un passage pour les voitures, mais dans tous ces systèmes les pentes sont ménagées de façon que les urines, les purins et les eaux d'égouttage soient réunis intégralement dans la fosse à purin : c'est là le principe essentiel de l'installation des fumières.

Le fumier enlevé des étables à la fourche et non au crochet est placé sur des brouettes et porté au tas ; on doit le déposer par couches égales et le presser à mesure le plus fortement possible, en apportant les plus grands soins au tassage et à la stratification et sans regretter le temps consacré à cette opération.

Les dimensions du tas sont calculées sur la production totale et on se sert pour les établir des chiffres que nous avons précédemment indiqués. On adopte généralement, pour un an, le chiffre de 20 mètres cubes par tête de gros bétail : bœufs, vaches et chevaux ; de 3 mètres cubes par mouton ; de 10 mètres cubes par porc. Le tas doit offrir la moindre surface possible à l'air et au soleil et ne pas dépasser, à cause de la facilité du travail, une hauteur de 1^m,50 à 2 mètres. On évitera ainsi de laisser séjourner trop longtemps le vieux fumier sous le fumier neuf. Afin de se soustraire à cet inconvénient qui enlèverait au fumier toute homogénéité, on peut diviser celui-ci en tas partiels, au moyen de cloisons en planches.

Quant à la fosse à purin, elle doit être bien couverte et n'offrir que des surfaces d'évaporation restreintes ; on se sert pour calculer sa capacité, d'une part, des données météorologiques, qui indiquent les quantités d'eaux pluviales tombant sur une surface donnée, et d'autre part, si elle communique avec les étables, des quantités d'urines qu'émettent les animaux.

Soins à donner au tas. — Pour obtenir un bon fumier et réduire les déperditions au minimum, il faut le maintenir dans un état convenable d'humidité et empêcher l'accès de l'air. Ce but est atteint, si on a soin

de tenir le fumier parfaitement tassé, par exemple en y
faisant de temps en temps séjourner les animaux, et en
déversant les liquides de la fosse en arrosages modérés
et multipliés. On construit aujourd'hui à cet effet des
pompes en fonte, très bon marché, très simples, sans
soupapes, ne se dérangeant et ne se détériorant pas.

Les fumiers de chevaux et de moutons sont beaucoup
plus secs que ceux de porcs et de bœufs ; ils s'échauffent

FIG. 19. — FUMIER COUVERT.

très rapidement ; ils exigent par conséquent au début une
plus grande surveillance et des arrosages plus fréquents.

Dans un fumier bien tassé et bien arrosé, les chancissures, qui se manifestent ordinairement lorsque l'air a
trop facilement accès, ne peuvent se développer ; il n'y
a pas d'élévation sensible de température. Dans la masse
pénétrée de purin, la fibre végétale se désagrège et se
solubilise, l'engrais devient gras et onctueux, prend une
homogénéité très grande et se coupe à la bèche. Une
fermentation lente s'établit, mais sans qu'il y ait un dégagement notable d'ammoniaque.

Les précautions sommaires que nous venons d'indi-

quer nous semblent suffisantes pour la pratique; on va
jusqu'à recommander de placer le tas de fumier sous des
hangars; ce procédé est coûteux, et de plus il expose les
bois et les poutres à une pourriture très prompte. Faute
de hangars, on recommande encore de couvrir le tas
avec une toiture en paille de seigle (fig. 19), ou d'entourer la fumière d'arbres, ormes ou thuyas, qui la préservent partiellement des pluies.

Il y a un procédé infiniment plus simple, plus économique et tout aussi efficace, qui consiste à répandre à
la surface une couche de terre d'environ 15 centimètres
d'épaisseur qu'on tasse bien. Cette couverture maintient
la fraîcheur et condense les vapeurs ammoniacales qui
pourraient s'échapper. On peut encore employer avec
avantage de la tannée ou de la tourbe.

Nous terminerons ce court exposé, par une phrase clas-
sique de M. Boussingault, que tout agriculteur devrait
connaître par cœur : « On peut à première vue juger de
l'industrie et du degré d'intelligence d'un cultivateur,
par les soins qu'il donne à son tas de fumier; c'est une
chose déplorable de voir avec quelle négligence on laisse
perdre les engrais dans une grande partie de laFrance. »

§ II. — EMPLOI DU FUMIER

Chargement du tas. — La manière d'employer le
fumier n'est pas sans influence sur la récolte. Le fumier
frais et pailleux a l'inconvénient d'être très peu homogène et de s'incorporer difficilement au sol. Le tas est
ordinairement composé de couches alternatives dissem-
blables entre elles, quant au degré de décomposition;
les parties supérieures sont pailleuses et dans les couches
plus profondes le fumier est fait. D'un autre côté, il y a

souvent des couches de composition chimique différente; par exemple, des fumiers de mouton ou de cheval, qui sont ordinairement plus riches que le fumier
des bêtes à cornes, peuvent se trouver interposés.

M. Joulie a trouvé dans un fumier :

	Couche la plus ancienne.	Couche moyenne.	Couche plus récente.
Eau	75.92	79.30	75.85
Azote	0.58	0.63	0.56
Chaux.	0.40	0.63	0.69
Magnésie	0.17	0.15	0.15
Potasse	0.59	0.71	0.77
Acide phosphorique. . .	0 37	0.34	0.46

En enlevant le fumier, comme on le fait le plus souvent, c'est-à-dire en commençant par les couches supé-

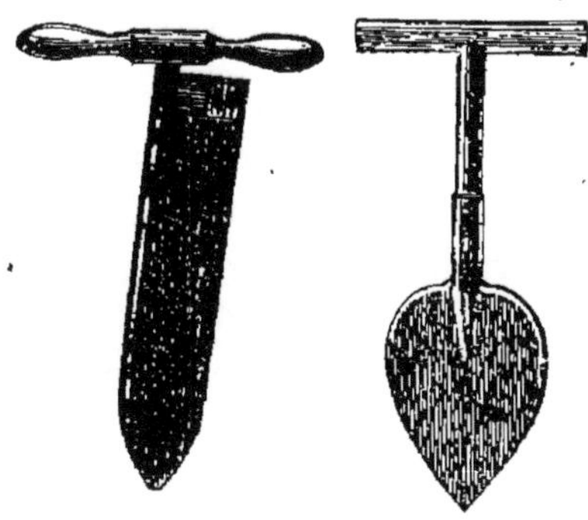

Fig. 20 et 21. — Couteau et bêche a fumier.

rieures, on s'expose à avoir des charretées de nature et
de composition très variables, et telle partie du champ
peut se trouver trop fumée au détriment de telle autre.
Pour remédier à cet inconvénient, le mieux est d'enta-
mer le tas, non pas par la partie supérieure, mais latéralement, c'est-à-dire comme on entame une meule de

foin. On enlève ainsi des tranches successives qui sont assez semblables entre elles, puisqu'elles contiennent les mêmes quantités de chacune des couches alternatives. Une bèche tranchante convient le mieux pour ce travail; dans certaines exploitations, on se sert de bèches pointues ou même d'une sorte de couteau (fig. 20 et 21) permettant de débiter facilement les tranches.

Enfouissement du fumier. — Il y a deux manières d'employer le fumier, la première qui consiste à l'incorporer au sol, la seconde à l'épandre à la surface, en couverture.

1° *Enfouissement immédiat.* — L'incorporation immédiate au sol se fait diversement. Le fumier est charrié dans les champs, en organisant les ateliers de façon qu'il n'y ait de perte de temps, ni pour les ouvriers, ni pour les attelages, soit au chargement, soit au déchargement. Il est déposé en petits tas appelés *fumerons* qui doivent être égaux, également espacés, et disposés de telle façon que l'épandage soit aussi facile que possible, et que l'ouvrier n'ait pas à se déplacer pour recouvrir le sol; l'espacement de 7 mètres en tous sens paraît le plus commode dans la pratique. Le fumier étant ainsi réparti en fumerons, on le répand à l'aide de fourches à la surface du sol, et l'on procède aussitôt après à un labour destiné à l'enfouir.

Dans d'autres cas on fait cet enfouissement en même temps que le labour, c'est-à-dire qu'on place le fumier dans le sillon après le passage de la charrue; il est ainsi enfoui à mesure que la charrue avance. Cette dernière opération, indispensable avec les fumiers pailleux qui engorgent la charrue, est avantageuse dans ce sens que l'enfouissement est complet avec un seul labour, tandis que la première méthode ne produit pas un mélange aussi complet, si l'on ne répète pas le labour, et cela d'autant plus que le fumier est moins décomposé. Une fois l'incorporation au sol achevée, le fumier ne perd plus rien; toutes ses matières fertilisantes sont retenues par la terre, en raison de ses propriétés absorbantes. Les sels minéraux y restent fixés et l'ammoniaque qui tendrait à se dégager est retenue par l'humus. Il y a donc tout intérêt, au point de vue de l'utilisation la plus complète des matières fertilisantes, à enterrer le fumier sans aucun retard.

2° *Enfouissement après un certain temps*. — Souvent on n'enterre le fumier qu'après un séjour plus ou moins prolongé à la surface du sol; dans ce cas, on le laisse en tas, ou bien on l'étend à la surface.

Lorsque le fumier reste accumulé pendant un certain temps, les parties solubles sont entraînées par les eaux pluviales dans la partie du sol recouverte par le tas; celle-ci reçoit donc une fumure extrêmement énergique et lorsque, ensuite, on répand sur toute la surface le fumier lavé, privé de la plus grande partie de ses matières fertilisantes, le reste du champ n'est pas fumé aussi énergiquement. On obtient ainsi, aux endroits où les tas étaient posés, une végétation exubérante qui produit souvent la verse, tandis que les autres parties du champ ne montrent qu'une récolte chétive. Il y a là un inconvénient grave qui doit faire condamner cette pratique. En outre, des causes de déperdition se produisent par le dégagement d'ammoniaque à la surface du tas exposé à l'air, ou par l'action de fortes pluies qui peuvent entraîner hors du champ une partie des sels solubles.

L'épandage à la surface n'est pas sujet au premier de ces inconvénients, c'est-à-dire qu'il répartit assez uniformément les matières fertilisantes; il a aussi l'avantage, pendant l'été, de maintenir le sol et les végétaux dans un certain état de fraîcheur très favorable; mais il a le grave défaut d'offrir une énorme surface au contact de l'air et de laisser ainsi dégager plus d'ammoniaque; on peut du reste poser en principe que toutes les opérations qui conduisent à remuer le fumier et à l'exposer à l'air sur une large surface tendent à faciliter le départ de l'ammoniaque.

Quand le temps est froid et pluvieux, cette pratique a moins d'inconvénients, parce qu'alors l'ammoniaque a moins de tendance à se dégager et se trouve incorporée au sol par les eaux pluviales. Dans certaines régions agricoles, on prétend même qu'il y a plus d'avantage à laisser le fumier épandu à la surface pendant quelques semaines, avant de l'enfouir, et que son action est alors plus rapide.

Vœlcker admet que les principales causes de déperdition des fumiers sont les lavages par les eaux pluviales; or dans la pratique dont nous parlons, les eaux sónt incorporées au sol; il conclut donc qu'il est inutile d'enterrer immédiatement les fumiers et qu'il est préférable de les laisser à la surface, en attendant que le sol soit en bon état pour procéder à l'enfouissement.

C'est surtout dans les pays humides tels que l'Angleterre, les provinces de la Baltique, la Normandie même, que cette exposition paraît offrir des avantages. Mais dans les régions où les pluies sont rares et pendant les périodes chaudes de l'année, nous ne conseillons pas de laisser ainsi le fumier longtemps en couche mince ou même en petits tas; il vaut mieux le rassembler en un gros tas qu'on place sur un coin du champ et qu'on défait au moment de l'utiliser.

3° *Fumure en couverture.* — Les fumures en couverture s'emploient généralement pour les prairies naturelles et artificielles et quelquefois aussi pour les autres cultures; elles consistent à distribuer à la surface le fumier qui n'est enfoui qu'ultérieurement, généralement après la récolte. On recommande cette pratique pour les sols légers, sablonneux et calcaires.

Le fumier est répandu soit après la semaille, soit au printemps sur la récolte en végétation. Souvent aussi on le met pendant l'hiver sur des champs qui doivent être labourés au printemps.

C'est évidemment la méthode de la fumure en couverture qui expose aux plus grandes pertes en azote, par suite du dégagement de carbonate d'ammoniaque.

Nous pensons que la fumure en couverture, lorsqu'on dispose de grandes quantités de fumiers, peut, sur les plantes en végétation, produire un effet immédiat et marqué; nous ne la conseillons pas comme méthode générale. C'est un moyen de compléter une fumure insuffisante.

4° *Époque de l'enfouissement.* — Nous avons vu plus haut que les éléments fertilisants des fumiers ne sont pas immédiatement assimilables et que l'azote, en particulier, doit subir une transformation préalable. C'est donc après un séjour d'une certaine durée dans le sol, où le fumier s'est transformé en terreau et où l'azote qu'il contient a pu nitrifier, que son action sur la végétation se fait le mieux sentir; les plantes profiteront plus tôt d'un fumier qui a subi une décomposition dans le sol que de celui qui leur est donné au moment même de leurs besoins. Aussi a-t-on l'habitude de répandre les fumiers en automne, leur laissant ainsi le temps de se transformer jusqu'au printemps, époque à laquelle les plantes en tireront parti. L'automne ou l'entrée de l'hiver est doublement favorable à ces transports; non seulement on permet au fumier de se transformer en terreau; mais encore à cette époque de l'année, le cultivateur dispose de ses attelages et de sa main-d'œuvre; il est ainsi plus libre pour effectuer les transports et l'enfouissement. Mais il faut qu'il attende les moments où les champs se trouvent dans les conditions favorables et qu'il évite surtout ceux où ils sont détrempés par les pluies. Dans ce dernier cas, il vaut souvent mieux se borner à répandre le fumier, en ajournant les labours jusqu'à l'époque où le sol est dans un état plus convenable.

C'est surtout lorsque les fumiers sont peu décomposés qu'il y a intérêt à les employer à l'avance. Les fumiers faits sont d'une transformation plus rapide dans la terre, et contiennent déjà une notable proportion de leur azote sous une forme immédiatement assimilable.

Les fumures faites au printemps ne produisent jamais sur la récolte de l'année tout leur effet utile et c'est la récolte de l'année suivante qui en profite en partie.

Action du fumier dans les différents sols. — La nature du sol doit influer dans une certaine mesure sur la manière dont on doit employer le fumier et sur les effets de celui-ci.

1° *Terres légères.* — Les terres légères, sablonneuses et calcaires, ont en général la réputation de consommer beaucoup de fumier; cela tient à ce que leurs propriétés absorbantes sont faibles, à ce que l'azote s'y nitrifie facilement et que par suite les eaux pluviales peuvent l'enlever; pour éviter le plus possible ces inconvénients, il faut donner aux terres légères de faibles fumures, mais en les répétant plus souvent et ne pas appliquer ces fumures un trop long temps avant l'époque de la végétation, afin de les soustraire à la déperdition due au lavage par les eaux pluviales.

2° *Terres argileuses.* — Le contraire a lieu pour les terres argileuses où souvent les fumiers ne produisent aucun effet pendant la première année, à cause de la lenteur avec laquelle ils s'y décomposent. La nitrification, dans ces sols, est retardée par la compacité de la terre, mais les argiles étant douées de propriétés absorbantes très énergiques, le fumier n'est pas perdu. Ses éléments sont retenus dans le sol et finiront par être utilisés; il ne faut donc pas craindre d'apporter aux terres argileuses de fortes quantités de fumier, même longtemps à l'avance. C'est un capital qui peut être immobilisé pendant un certain temps, mais qui se retrouve toujours tôt ou tard. Pendant les années sèches, l'engrais produira peu d'effet; avec une humidité suffisante son action se fera mieux sentir.

L'apport aux terres argileuses de grandes quantités de fumier a en outre l'avantage de modifier heureusement leur constitution physique et de rendre plus légères, par l'addition d'humus, celles qui sont trop compactes. Les fumiers frais et *longs* conviennent plus particulièrement à ces sols, car par leur texture fibreuse ils les ameublissent et en facilitent l'aération. Dans les terres légères, il faut de préférence mettre des fumiers *courts* ou au moins déjà à moitié décomposés.

Dans les terres fortes, il convient également de n'enterrer les fumiers qu'à une faible profondeur, c'est-à-dire 5 à 10 centimètres, parce que le contact de l'air est nécessaire pour la nitrification, et qu'à une profondeur plus grande, il pourrait n'être pas suffisant, en raison de la compacité du sol. Dans les terrains perméables l'enfouissement peut se faire sans inconvénient à une plus grande profondeur.

3° *Terres calcaires.* — Quant aux terres calcaires proprement dites, leurs rapports avec les fumiers sont très variables suivant leur degré de compacité. Lorsqu'elles sont suffisamment ameublies, la nitrification y est extrêmement rapide et le nitre formé en trop grande quantité peut être partiellement enlevé par les eaux pluviales, avant d'être utilisé par les plantes; aussi dit-on de certaines terres calcaires qu'elles dévorent les engrais et pour cette raison il est recommandable d'employer de préférence le fumier à doses faibles, mais répétées.

4° *Terres acides*. — Dans les terres qui manquent absolument de calcaire telles que les sables granitiques ou les schistes décomposés, et qui constituent ce qu'on appelle les terres acides, les terres de landes, de bruyères, ainsi que dans les terres tourbeuses, la décomposition de la matière organique est extrêmement lente; la nitrification ne peut pas se développer et, par suite, les éléments azotés ne sont pas assimilables. Dans de pareils sols, le fumier ne produit aucun effet, si l'on n'a pas soin de modifier par des amendements calcaires la nature des phénomènes chimiques qui s'y passent.

5° *Terres en pente*. — Lorsque les terres sont en pente, les matières fertilisantes ont une tendance à être entraînées vers les parties les plus basses, par suite de l'écoulement d'eau de pluie qui se produit à leur surface; on peut corriger dans une certaine mesure l'inégalité de répartition des principes fertilisants qui s'opère par cette cause, en fumant davantage les parties les plus élevées du champ.

Action du fumier sur les diverses plantes. — Le fumier n'est pas seulement favorable au développement des espèces cultivées, il active aussi celui des mauvaises herbes. Par des soins culturaux et par les manières de l'appliquer, on doit chercher à le faire profiter aux premières, sans que les secondes puissent en tirer parti.

C'est sur les récoltes de plantes sarclées, pommes de terre, betteraves, colza, etc., qu'il y a le plus d'intérêt à appliquer le fumier, parce que les façons culturales données à ces plantes permettent de les débarrasser des mauvaises herbes dont l'engrais favorise l'invasion. Le sol se trouve ainsi nettoyé de ces parasites et les plantes sarclées profitent de la forte fumure, mieux que ne le feraient les céréales qui sont sujettes à verser.

Si l'on applique les fumiers directement sur la sole de céréales, les mauvaises herbes se développent conjointement avec celles-ci, surtout lorsque le fumier est frais et qu'il peut apporter ainsi des graines diverses, encore en état de germer ; mais avec les fumiers consommés, dans lesquels les semences ont perdu leur faculté germinative et où en outre les œufs d'insectes sont eux-mêmes tués, cette invasion n'est pas autant à craindre, surtout si le sol a été nettoyé par des cultures antérieures.

Quand l'assolement comprend à l'origine une plante sarclée, ce qui est le cas général, c'est donc au commencement que la fumure doit être appliquée. Cependant il s'est introduit, ces dernières années, dans les meilleures exploitations sucrières de l'Allemagne, une pratique qui consiste à porter le fumier non plus sur la betterave à sucre mais sur la céréale. On produit ainsi des betteraves plus riches et moins chargées de principes minéraux. Pour éviter la verse, on cultive des variétés de blés à paille rigide, tels que le *Square head*.

Pour les plantes à racines pivotantes, il est de règle d'enfouir le fumier à une plus grande profondeur que pour les végétaux dont les racines sont plus superficielles, comme les céréales.

Les plantes légumineuses ou les graminées des prairies naturelles profitent également du fumier qu'on leur donne, mais il y a plus d'intérêt à réserver celui-ci pour les cultures en terres labourées. En effet les prairies naturelles ou artificielles peuvent tirer ou des profondeurs du sol, ou des eaux d'irrigation, ou même de l'atmosphère, les éléments fertilisants nécessaires à leur développement et particulièrement l'azote. Des fumures azotées, comme nous le verrons plus loin, sont donc moins nécessaires à ces plantes et surtout aux légumineuses, qui cependant ne sont nullement insensibles à l'application d'engrais potassiques ou phosphatés ou d'amendements tels que le plâtre et la chaux.

Quantités de fumier à donner par hectare. — Les doses de fumier qu'on peut donner varient avec l'intensité de la culture, le nombre de bêtes et l'étendue des surfaces en prairies dont dispose chaque exploitation.

Dans les départements du Nord on considère pour une rotation de trois ans :

60 000 kilog. pour un hectare comme une très forte fumure.
50 000   —   —   forte   —
40 000   —   —   bonne   —
30 000   —   —   ordinaire   —
20 000   —   —   faible   —

En prenant le chiffre de 30 000 kilogrammes, soit 10 000 kilogrammes par an, et en appliquant la composition moyenne du fumier de ferme, on constate que la terre reçoit ainsi par année et par hectare :

65 kilog. d'azote.
55   —   d'acide phosphorique.
75   —   de potasse.

Transport immédiat des fumiers dans les champs. — Dans certaines exploitations, l'usage s'est établi de ne pas faire de tas de fumiers, mais de porter celui-ci dans le champ à mesure de sa production. Cette pratique a ses avantages et ses inconvénients.

Aux époques de l'année où il est possible d'incorporer au sol le fumier sortant de l'étable, on évite toute déperdition ultérieure par suite de l'enfouissement immédiat, mais ce fumier n'étant pas décomposé, se mélange moins facilement au sol et ne se trouve pas aussi rapidement à un état assimilable. D'ailleurs cette pratique n'est applicable qu'à certains moments de l'année, surtout à l'automne et en hiver, où les terres sont libres pour recevoir l'engrais. Pour le reste de l'année il faudra donc encore recourir à un tas qu'on peut faire dans le champ lui-même, si on ne peut pas l'établir dans de bonnes conditions à la ferme.

Lorsqu'on fait le tas dans le champ, les liquides et les eaux de lavage du fumier ne sont pas perdus pour la culture, puisqu'ils sont absorbés par la terre; mais dans ce cas, l'emplacement qui a été occupé par le tas se trouve fumé d'une manière excessive, comparativement aux parties qui ont reçu le fumier lavé, et on peut regarder la terre sur laquelle a reposé l'engrais de ferme comme un véritable compost et l'étendre, de même que du fumier, sur la surface du champ. Afin de tirer la plus grande utilité de ces terres ainsi enrichies, il est bon de faire dans le champ une plate-forme en terre meuble de quelques décimètres de hauteur, sur laquelle on placera le fumier. Tout à l'entour, à l'aide d'une bêche, on tracera une rigole qui recueillera les eaux de lavage du tas et permettra leur infiltration dans la terre. Toutes ces terres ainsi imprégnées seront considérées comme un engrais et employées comme telles.

Quand on a à sa disposition des fosses à fumier, et des fosses à purin; quand on peut donner au fumier tous les soins désirables, il vaut beaucoup mieux le garder à la ferme que de faire le tas aux champs; mais quand, au contraire, on ne peut pas disposer de fosses placées

dans de bonnes conditions, la pratique du transport au
champ est bien supérieure à celle du tas de fumier placé
dans la cour de la ferme et exposé à toutes les causes de
déperdition, surtout à celles qui sont produites par les
eaux de pluie ; car à la ferme les eaux chargées de purin
s'écoulent en pure perte, tandis que dans le champ elles
sont retenues dans le sol et peuvent ainsi être utilisées.

Ces terres imprégnées des liquides azotés nitrifient à
mesure, et sont comparables aux sols des bergeries, si
connus pour leur richesse en nitrate et pour leur valeur
fertilisante.

§ III. — UTILISATION DU PURIN

L'emploi des purins offre moins de difficultés que celui des fumiers. Il suffit en effet, pour les incorporer au
sol, de faire un arrosage. Leurs éléments solubles
sont immédiatement absorbés par la terre et produisent
sur la végétation des effets extrêmement rapides, puisque la dissémination en est plus complète, et que les
principes fertilisants y sont à un plus grand degré d'assimilabilité.

Le purin peut être répandu dans les champs, avant les
semailles ; dans ce cas il joue un rôle analogue à celui
d'un fumier bien consommé qui serait convenablement
incorporé à la terre. Il peut alors être employé en nature ; quand on a à proximité de la ferme des prairies
en pente, le mieux est de l'y conduire par rigoles, et de
l'y distribuer régulièrement.

Ce cas ne se présente pas toujours ; alors, pour le répandre, après l'avoir transporté aux champs dans de
vieilles barriques, on se sert d'écopes, sortes de pelles
en bois ; mais il vaut mieux assurément, quand on le

peut, adopter l'usage des tonneaux montés sur roues, en réglant l'écoulement de manière à distribuer les liquides à la surface du sol d'une façon égale. On voit dans les concours des spécimens très parfaits de ces tonneaux, qui n'ont que l'inconvénient de coûter assez cher.

Il faut choisir de préférence un moment où le sol n'est pas détrempé, afin qu'il boive immédiatement le liquide à mesure que celui-ci s'écoule. Si l'on fait passer du purin à travers une couche de terre, il sort complètement décoloré, ayant abandonné les matières organiques et une grande partie des principes minéraux qu'il tenait en dissolution. Tous ces éléments fertilisants, retenus par le pouvoir absorbant du sol, sont immédiatement à la disposition des plantes ; aussi applique-t-on le purin sur les plantes en végétation, quand on peut pénétrer dans les champs ; il est réservé particulièrement aux prairies naturelles et artificielles sur lesquelles son action est pour ainsi dire immédiate ; mais comme le carbonate d'ammoniaque qu'il renferme est assez caustique et peut avoir pour effet de brûler les plantes, on a la précaution de l'étendre d'eau afin d'atténuer cette causticité, chaque fois qu'on l'emploie sur des plantes en végétation. Le degré de dilution qu'il convient de lui donner varie avec sa richesse en ammoniaque. Quand l'odeur ammoniacale est forte, il faut étendre davantage ; moins quand cette odeur est faible. En cherchant à se rendre compte par l'odorat du degré de richesse du purin, il ne faut pas oublier que cette odeur est d'autant plus forte que la température est plus élevée, et par suite en été un purin également riche sentira plus fort qu'en hiver. La densité comparée peut aussi fournir des indications utiles.

On peut encore faire avant l'emploi un essai préalable sur un petit espace de terrain recouvert de plantes ; l'effet nuisible ne se fera pas attendre, s'il doit se produire ; mais un agriculteur expérimenté se rend bien compte par l'aspect, si son purin peut être employé naturel ou s'il doit être dilué.

On admet en général que le purin ordinaire, étendu de 4 à 6 fois son volume d'eau, est dans des conditions satisfaisantes pour l'emploi sur la végétation. On doit choisir pour l'arrosage un temps calme et doux, et éviter surtout les grandes chaleurs.

L'application de cet engrais donne de bons résultats, lorsqu'au printemps on le répand sur des céréales à l'aspect chétif et étiolé, auxquelles il rend rapidement la vigueur. Mais il faudrait se garder de l'employer dans le cas où les blés sont vigoureux, car il pourrait déterminer la verse, en faisant partir trop énergiquement la végétation. Le purin convient surtout aux terres sablonneuses, perméables et peu fertiles, sur les prairies et les plantes à végétation herbacée.

Les résultats sont souvent si frappants que certains agriculteurs, qui manquent de purin, font un engrais liquide artificiel en dissolvant dans l'eau 25 grammes par litre de phosphate de soude, 5 grammes de sulfate d'ammoniaque et 10 grammes de chlorure de potassium. Ces procédés sont efficaces, il est vrai, mais très coûteux, et ne nous semblent pas à la portée de la grande culture.

Il ne faut pas oublier que le purin est un engrais incomplet et particulièrement pauvre en acide phosphorique ; que c'est en outre un engrais très dilué et dont les frais de transport sont élevés. Au lieu de l'employer en nature, il est préférable et plus économique de l'incorporer au fumier par arrosage ou de le faire absorber par les litières. La partie solide du fumier et la partie liquide envisagées isolément constituent l'une et l'autre un engrais incomplet, la première étant plus pauvre en potasse et la seconde en acide phosphorique; il y a donc tout intérêt à réunir ces deux parties, pour obtenir un engrais complet.

En Angleterre, Melchi transformait tous ses engrais en lizier et avait organisé dans sa ferme une canalisation spéciale qui permettait de l'utiliser en arrosage pour les différentes cultures. Le succès financier de l'entreprise fut mauvais; car on commettait la faute grave de faire de grands frais pour une matière de faible valeur.

§ IV. — PARCAGE

Le parcage consiste à laisser un troupeau de moutons, pendant un certain nombre d'heures, dans une enceinte découverte, sur le sol qu'on se propose de fumer par leurs déjections. Le *parc* est formé par des barrières, de natures diverses suivant les pays : filets, treillages, claies, lattes, etc., il est souvent divisé en deux parties égales, pour répartir le fumier plus régulièrement sur la surface. Les animaux passent au parc la nuit et les heures les moins chaudes de la journée.

Cette pratique se rapproche à certains égards de celle qui consiste à porter immédiatement le fumier de l'étable à la terre. Le contact avec le sol est immédiat et on évite les causes d'appauvrissement qui se produisent à l'étable, pendant le séjour du fumier sous les pieds des animaux. Les urines se trouvent absorbées par le sol et les déjections solides y sont incorporées par le piétinement des animaux. On évite ainsi la manipulation du fumier, son transport dans les champs et l'emploi de

la litière. La question de transport a une importance
assez grande dans les localités montagneuses. Celle de
la litière est à prendre en considération dans une foule
de cas. Outre ces avantages, il y en a un autre d'une
importance encore plus considérable et sur lequel l'attention n'a pas été suffisamment appelée.

Nous avons établi une série d'expériences, pour rechercher l'influence du parcage sur l'utilisation du fumier
par les terres. On a vu plus haut à quelle déperdition
considérable les éléments fertilisants, et l'azote en
particulier, sont sujets dans les fumiers recueillis à
l'étable. Pour le mouton, la perte d'azote représente
environ 5o p. 100. C'est surtout au dégagement d'ammoniaque qu'il faut attribuer cette perte. Il nous a semblé que la pratique du parcage, qui est en usage depuis
un temps immémorial et dont les bons effets au point de
vue de la fertilité du sol sont bien connus, pouvait
avoir sa raison d'être dans une diminution de cette cause
de déperdition. Les déjections des animaux tombant sur
la terre sont absorbées et retenues par son pouvoir
fixateur. Les causes de déperdition, qui existent dans
l'étable et au tas de fumier, disparaissent et les éléments,
une fois qu'ils ont pénétré dans le sol, lui restent acquis.

Pour voir si les faits concordent avec les idées que
nous avions à ce sujet, nous avons installé des expériences parallèles sur deux lots de moutons, dont l'un était
placé dans les conditions normales sur une litière de
paille et l'autre sur de la terre, se trouvant ainsi dans les
conditions du parcage. Pour le premier lot on a analysé
le fumier produit, pour le second lot on a déterminé la
composition de la terre avant et après le séjour des
moutons ; les éléments trouvés en plus représentaient
l'apport dû aux animaux pendant cette période de par-

cage. Chaque lot comprenait 25 moutons qui recevaient une nourriture uniforme et égale de luzerne verte. L'expérience a duré pendant 22 jours, du 15 juin au 7 juillet 1885. Le premier lot a donné 1260 kilog. de fumier, ayant la composition suivante :

Eau . . . . 68.300 p. 100.
Azote. . . . . 0.513 —
Acide phosphorique . . . . 0.259 —
Potasse . . . . 1.260 —

En comparant les éléments contenus dans le fumier, à ceux qui existaient dans les aliments consommés, nous constatons que l'acide phosphorique et la potasse se sont retrouvés en totalité, que pour l'azote :

7.50 p. 100 ont été fixés par l'organisme.
43.64 — — retrouvés dans le fumier.
48.86 — ont donc été **perdus**.

Si nous passons maintenant à l'expérience parallèle du parcage, et si nous faisons abstraction des éléments contenus primitivement dans la terre employée, nous constatons encore que l'acide phosphorique et la potasse se retrouvent intégralement dans le sol, et que l'azote consommé comme fourrage se répartit de la manière suivante :

Azote fixé par l'organisme . . . . 10.0 p. 100.
— retrouvé dans le fumier . . . . . . 66.0 —
— **perdu** . . . . **24.0** —

Nous voyons que dans cette seconde expérience la perte d'azote a été moitié moindre que dans la première. L'action de la terre, en tant que matière absorbante, est donc manifeste et cette action est assez énergique pour justifier la pratique du parcage.

Dans ces expériences, chaque mouton a produit par jour comme fumier :

	grammes.
Acide phosphorique.	7
Potasse	22

Et cela aussi bien avec la litière de paille qu'au parcage ; mais ceux qui étaient en stabulation avec la litière de paille n'ont laissé par jour que 11 grammes d'azote, tandis que ceux qui étaient placés sur la terre en ont laissé 17 grammes.

Ces chiffres se rapportent à des animaux adultes nourris à la luzerne verte.

Pour favoriser cette absorption des matières fertilisantes par le sol, on donne ordinairement un labour avant le parcage et c'est là une opération très recommandable ; souvent aussi, on fait passer la charrue après un parcage, pour enterrer les déjections solides qui sont restées à la surface et les incorporer ainsi au sol. Plus il fait chaud, plus il faut hâter le labour, afin d'éviter l'évaporation de l'ammoniaque.

Lorsqu'on pratique le parcage après les semailles, on ne peut plus labourer le sol pour enfouir l'engrais, il faut alors avoir soin, pour éviter les déperditions notables de matières fertilisantes, de choisir un moment où le champ n'est pas durci par la sécheresse, ni trop lavé par les eaux de pluie. Dans ce cas, l'engrais solide reste à nu et n'est enfoui que par les labours succédant aux récoltes. Quoi qu'il en soit, il faut préférer la méthode qui permet d'enterrer le fumier peu de temps après sa production et ne pratiquer le parcage que sur des sols se trouvant dans un état physique favorable à l'absorption des principes fertilisants.

On doit avoir grand soin de déplacer le parc d'une manière régulière, afin d'avoir une répartition uniforme du fumier sur le champ et éviter des parcs trop grands, car les moutons se rassemblant toujours les uns contre les autres, comme ils en ont l'habitude, fumeraient une partie aux dépens de l'autre.

En général on regarde un champ comme fumé, lorsqu'un mouton a séjourné pendant six heures sur une surface d'un mètre carré; il est fortement fumé lorsque le séjour a été de douze heures, c'est-à-dire l'espace d'une nuit; en le laissant le double de ce temps, on produit une fumure très énergique. Calculons la quantité d'éléments fertilisants amenés au sol dans ces différents cas, en prenant pour base les chiffres obtenus dans notre expérience de parcage. Nous avons vu qu'un mouton apporte au sol par vingt-quatre heures 17 grammes d'azote, 7 grammes d'acide phosphorique et 22 grammes de potasse. Avec un parcage de six heures, il y aurait un apport par hectare de :

	kilog.
Azote	42.5
Acide phosphorique	17.5
Potasse	55.0

ce qui correspondrait à 10 000 kilog. de fumier de ferme environ; c'est là une faible fumure.

En laissant pendant douze heures, on aurait l'équivalent de 20 000 kilog. de fumier de ferme, et pendant vingt-quatre heures l'équivalent de 40 000 kilog. avec une richèsse de matière fertilisante

De 170 kilog. d'azote,
— 70 — d'acide phosphorique,
— 220 — de potasse.

On voit que les idées qu'on se fait généralement sur le parcage, au point de vue de la fertilisation du sol,

sont exagérées, en ce sens qu'on croit avoir très fortement fumé un champ par un séjour de douze heures
d'un mouton par mètre carré, alors qu'en réalité par ce
fait on n'a donné qu'une fumure moyenne équivalente
à 20 000 kilog. Mais quoi qu'il en soit, le sol a ainsi
reçu plus de matières fertilisantes que si les animaux
étaient restés à l'étable et qu'on eût ensuite transporté
sur chaque mètre carré le fumier produit pendant douze
heures par un mouton. Sous ce rapport notre manière
de voir, basée sur des observations directes, est différente de celle d'agronomes très autorisés, tels que
Thäer et Mathieu de Dombasle, qui admettent que le fumier produit à l'étable donne, à égalité de répartition, un
meilleur résultat que celui déposé directement dans le
champ pendant le séjour des moutons. Il est vrai qu'à
l'étable, il s'en produit une plus grande quantité, parce
que la litière et des débris de fourrages en augmentent le poids et surtout le volume, ce qui induit en erreur sur la production réelle de fumier.

Nous n'avons considéré ici la pratique du parcage
qu'au point de vue de la fumure des terres, sans
prendre en considération les inconvénients qu'elle peut
présenter à d'autres points de vue, tels que la santé
des animaux, la propreté de la laine, etc.

§ V. — RÔLE DE LA MATIÈRE ORGANIQUE
DANS LE SOL

Nous avons jusqu'à présent envisagé les fumiers de
ferme uniquement sous le rapport de leur contenance
en éléments fertilisants essentiels : azote, acide phosphorique et potasse, les mettant ainsi en quelque sorte
en comparaison avec les engrais chimiques, dont la va-

leur dépend uniquement de la proportion de ces mêmes éléments fertilisants. Cette assimilation a sa raison d'être parce que, de même que les engrais chimiques, le fumier de ferme ne peut donner aux plantes que les éléments qu'il renferme et que la récolte sera fonction de la richesse de l'une ou l'autre de ces fumures. Mais si les engrais chimiques ne jouent dans le sol aucun rôle autre que celui qui consiste à lui apporter des éléments qui lui manquent, il n'en est pas de même des engrais organiques, parmi lesquels le fumier de ferme tient le premier rang. Cette matière organique subit dans la terre des transformations et la modifie, tant au point de vue de sa composition chimique que de sa nature physique. Nous devons entrer ici dans quelques développements sur le rôle que joue la matière organique dans diverses natures de terrain, en prenant pour exemple le fumier de ferme, qui est le type des engrais dont nous allons parler ici et qui est spécialement constitué par les déjections animales.

Nous avons vu que les fumiers s'emploient à l'état plus ou moins consommé; dans le sein de la terre, ils se transforment en matière noire très divisée, qui porte le nom d'humus. Si le fumier est frais, il exigera un temps assez long pour subir cette transformation; s'il est fait, elle sera, au contraire, très rapide. Envisageons d'abord l'action de cette matière organique, considérée comme modifiant la constitution physique de la terre.

Son influence au point de vue des qualités physiques du sol. — On sait que la terre végétale, placée dans de bonnes conditions, doit être meuble, c'est-à-dire constituée par des particules laissant entre elles des interstices par lesquels l'air et l'eau peuvent circuler. Pour que ces particules se forment et se maintiennent, il est nécessaire qu'il y existe une substance

capable de les cimenter et de tenir ainsi réunis les
éléments minéraux très fins qui les forment. Si ce ciment faisait défaut, les particules se désagrégeraient et
formeraient un sol moins propre au développement des
végétaux. Cette agrégation doit non seulement persister
quand la terre est sèche; il faut encore qu'elle se main-
tienne quand elle est humide et détrempée.

Il existe dans le sol deux matières capables d'en agré-
ger les éléments fins et de produire les particules auxquelles est dû l'ameublissement. D'un côté, c'est l'argile
sur l'action de laquelle nous n'avons pas à insister ici;
de l'autre, c'est précisément cette matière organique,
connue sous le nom d'humus, qui intervient, concur-
remment avec l'argile, pour produire l'ameublissement.

Dans les sols où l'argile fait défaut ou se trouve en
quantité insuffisante, c'est donc à l'humus qu'incombe
la fonction de cimenter les particules terreuses. Il
suffit en effet d'un centième d'acide humique pour
donner de la cohésion à une terre sableuse. Aussi les
terres légères sont-elles modifiées avantageusement par
l'apport des engrais organiques.

Mais dans les terres qui ne contiennent comme ciment
que cette matière organique, les particules ne se maintiennent pas indéfiniment; en effet, lorsque les façons
aratoires et le piétinement des ouvriers et des animaux
les ont réduites en poussière, elles ne s'agglutinent plus au
contact de l'eau pour former à nouveau des particules;
l'effet utile, originairement produit, peut donc ne pas se
maintenir. Mais le cas est rare où la matière organique
est seule à former le ciment du sol; presque toujours
l'argile s'y trouve jointe en quantité variable et alors
les propriétés de la matière organique sont différentes
dans une certaine mesure. En effet leur mélange avec
l'argile les fait échapper à la désagrégation dont nous

venons de parler et qui pourrait rendre leur rôle inutile; car dans ce mélange, elle conserve la propriété de fixer à nouveau de l'eau et de se retransformer en particules meubles, lorsque celles-ci ont été désagrégées mécaniquement. La matière organique est donc un adjuvant utile de l'argile, en tant que contribuant à l'ameublissement de la terre. Mais si son action vient s'ajouter à celle de l'argile, lorsque celle-ci se trouve en petite quantité dans le sol, elle joue un rôle inverse vis-à-vis de l'argile, quand celle-ci se trouve en trop forte proportion. A première vue, on serait porté à croire que la matière organique, dont l'action est analogue à celle de l'argile, rendrait plus fortes et plus compactes encore les terres qui le sont déjà. Il n'en est rien, dans ce cas les deux effets loin de s'ajouter se neutralisent en quelque sorte et l'introduction de l'humus dans une terre argileuse atténue leur compacité.

Aussi dit-on que le terreau donne du *corps* aux terres trop légères et qu'il ameublit les terres trop fortes. Toutes les natures de terrains gagnent donc à l'apport de matière organique et les fumiers peuvent être employés dans tous les cas.

Outre les propriétés dont nous venons de parler, il en est d'autres qui n'ont pas une importance moindre. La matière organique joue un rôle des plus utiles par le pouvoir absorbant qu'elle communique à la terre. Nous avons parlé plus haut de ce pouvoir absorbant et montré quelle influence il exerce sur la fertilité, en retenant les éléments utiles qu'il empêche ainsi d'être enlevés par les eaux.

Beaucoup de terres sont presque entièrement dépourvues de pouvoir absorbant, c'est-à-dire que les eaux qui les traversent entraînent avec elles des matières fertilisantes de premier ordre, telles que les sels ammoniacaux et potassiques, qui sont ainsi perdus pour la culture. Lorsqu'on introduit dans ces sols des matières organiques qui y produisent de l'humus, les pertes sont moins à craindre, puisque les sels solubles dont nous venons de parler forment avec elles une sorte de combinaison et restent ainsi dans la terre à la disposition des végétaux. Plus une terre sera riche en humus, plus sera grand son pouvoir absorbant. Cette propriété lui est également commune avec l'argile.

La matière organique, dont nous voyons le rôle si utile, est apportée en majeure partie par les fumiers. Elle prend encore naissance par la décomposition des débris végétaux, qui restent dans le sol après la récolte. Mais, ainsi que nous le verrons plus loin, elle ne persiste pas indéfiniment au sein de la terre, elle se consomme peu à peu et finit par disparaître. Si donc elle n'est pas renouvelée incessamment, la terre finit par ne plus en contenir des quantités suffisantes et tous les effets utiles que nous avons constatés disparaissent avec elle.

L'emploi exclusif des engrais chimiques conduit fatalement à ce résultat. D'après certains auteurs, il serait suffisant de donner à la terre des matières fertilisantes, sous la forme minérale. Nous ne pouvons pas partager cette manière de voir. S'il est certain, d'un côté, que les éléments minéraux contenus dans les engrais chimiques sont aussi assimilables et souvent plus assimilables que ceux du fumier et que, par suite, la production végétale peut se faire avec les premiers comme avec les seconds, il n'en est pas moins certain que la nature physique du sol se modifie par la disparition graduelle de l'humus, et que la terre, pour être remise en bon état, exige qu'on lui apporte de nouveau, sous forme de fumier, ou sous celle d'engrais verts, la matière organique qui a disparu.

. Pour nous, désireux d'éviter l'épuisement du sol en humus, nous regardons les engrais chimiques comme des adjuvants du fumier de ferme. Ce n'est que dans des cas exceptionnels, qu'ils peuvent être exclusivement employés.

Combustion dans le sol. — Au point de vue chimique, la matière organique du sol joue également un rôle important. Nous n'avons pas jusqu'ici parlé de l'état dans lequel elle se trouve. Cet état est des plus variables. Les détritus végétaux qui constituent le terreau ou l'humus se présentent à tous les degrés de décomposition, depuis l'état de débris conservant encore une forme organisée, jusqu'à celui de matières noires entièrement modifiées ; les substances qui prennent naissance pendant cette décomposition sont nombreuses et encore mal définies.

Graduellement, cette matière organique essentiellement formée de carbone, d'hydrogène, d'oxygène et d'azote, subit l'action de l'oxygène atmosphérique. Son carbone brûle et se dégage à l'état d'acide carbonique ; l'hydrogène et l'oxygène qu'elle renferme s'éliminent à l'état d'eau, et cette dernière élimination est plus forte que la première, en sorte que, à mesure que la consommation avance, la matière s'enrichit en carbone, et prend une coloration plus foncée. Conjointement à cette oxydation se produit celle de l'azote qui donne naissance à des nitrates ; c'est là, sous sa forme la plus simple, le phénomène de la *nitrification*, dont le rôle est si important au point de vue de la fertilité des terres. Les décompositions s'effectuent par l'intermédiaire d'êtres organisés, qui sont de véritables ferments et qui agissent avec le concours de l'humidité et de l'oxygène aérien. Lorsque cette décomposition se produit en l'absence d'une quantité suffisante d'oxygène, la combustion dont nous venons de parler n'a plus lieu; aussi les débris végétaux qui pourrissent au sein de l'eau, où l'accès de l'oxygène est limité, ne se décomposent qu'avec une extrême lenteur et s'accumulent sous la forme d'un résidu auquel on donne le nom de tourbe.

Sols dépourvus de chaux. — Lorsque la terre ne contient que des éléments siliceux, la matière humique qui s'y produit reste à l'état libre, avec une réaction légèrement acide, et porte le nom d'acide humique. Les terres de bruyère, les terres de landes et, en général, les sols exempts de calcaire se trouvent dans ce cas. Alors le rôle de la matière organique est relativement peu important, car l'azote qu'elle renferme n'étant pas en présence du calcaire, qui est indispensable à la nitrification, ne peut pas être utilisé par les plantes et s'accumule là en grande quantité, sans que la fertilité en soit augmentée. Ce n'est que l'apport de calcaire par des chaulages, des marnages, etc., qui détermine la matière organique à reprendre ses véritables fonctions; son azote se nitrifie alors et devient assimilable par les végétaux. Des sols dépourvus de chaux ne gagnent pas, en général, à l'apport de fumier, qui n'aurait pour effet que d'augmenter la proportion d'acide humique déjà préexistant.

Ce n'est que dans les cas où les amendements calcaires ont épuisé ou diminué la matière organique accumulée dans ces sols, que l'apport du fumier pourra y produire des résultats utiles.

Sols contenant de la chaux. — Mais les terres dont nous venons de parler ne sont qu'en minorité; elles occupent à peu près 1/5 de la surface de la France; les autres terres contiennent des quantités de chaux plus ou moins grandes et ordinairement suffisantes pour saturer l'acide humique à mesure de sa formation. Dans toutes ces terres, c'est donc à l'état d'humate de chaux que nous trouvons la matière organique. Sous cette forme, elle constitue le terreau proprement dit et agit le plus utilement sur l'état physique des sols. C'est sous cette forme aussi que ses propriétés absorbantes atteignent le plus haut degré et que leur fonction chimique se caractérise par cette oxydation énergique, qui transforme leur carbone en acide carbonique, leur hydrogène en eau et leur azote en acide nitrique. Dans tous ces sols la matière organique se trouve donc constamment en voie de nitrification, ce qui fait qu'au lieu de s'accumuler indéfiniment, comme dans les terres exemptes de calcaire, elle disparaît à mesure. Dans de pareilles terres, l'apport de fumier ne produira que de bons effets, puisque les éléments non assimilables qu'il renferme se décomposent graduellement, pour servir d'aliments aux plantes.

CHAPITRE V

CONSIDÉRATIONS ÉCONOMIQUES SUR L'EMPLOI ET LA VALEUR DU FUMIER

§ I. — AGRICULTURE SOUTENUE PAR LE FUMIER DE FERME

Le fumier de ferme est l'engrais par excellence; pendant de longs siècles, c'est à lui seul qu'on a eu recours pour maintenir la fertilité des terres; de nos jours encore, dans beaucoup de régions, son emploi est exclusif. Mais dans la seconde moitié de ce siècle des notions nouvelles, acquises par la science, ont montré qu'on pouvait, avec avantage, s'adresser à d'autres sources, pour rendre au sol les éléments enlevés par les récoltes et l'engrais chimique a pris une place importante dans l'agriculture moderne. Nous aurons à examiner dans quelle mesure ces engrais chimiques peuvent se substituer au fumier de ferme, s'ils peuvent le remplacer intégralement ou bien s'ils ne doivent être considérés que comme des adjuvants.

Recherchons, au point de vue de l'économie rurale, quelles sont les conditions d'une exploitation agricole, qui emploie le fumier qu'elle produit et quel avenir lui est réservé par les circonstances économiques actuelles.

Si nous considérons un domaine à un moment donné, soit, par exemple, à l'occasion d'une entrée en jouissance, et si nous n'envisageons que les éléments de la fertilité qui y sont contenus, nous pouvons faire l'inventaire du stock de ces éléments. C'est dans le sol que nous en trouverons la plus grande quantité; nous y ajouterons ceux qui sont renfermés dans la fosse à fumier, dans les fourrages et les pailles existant en magasin.

Les animaux de la ferme contiendront pour leur part une certaine proportion de ces principes. Nous arrivons par cette addition à un capital d'éléments fertilisants, sur lequel doit vivre l'exploitation, puisqu'il est entendu que nous nous plaçons dans le cas où aucune importation étrangère ne se fait.

Parmi les éléments fertilisants dont nous avons fait la somme, il y en a qui ne sont pas susceptibles d'accroissement par des causes naturelles, tels sont les phosphates, la potasse, la magnésie, etc. Quant à l'azote, la terre peut en acquérir par les eaux pluviales ou par l'ammoniaque aérienne. Les récoltes venues sur le domaine ont assimilé une certaine quantité de matières fertilisantes qui appauvrissent le sol d'autant. Une partie y reste; ce sont en général les pailles qui servent de litière, et les fourrages qui retournent au fumier. Une autre partie sort du domaine, emportant avec elle une certaine proportion des éléments fertilisants; tels sont en général les graines ou les produits industriels qui vont au marché.

L'exploitation animale exporte également de notables quantités de ces substances; la production laitière, l'élevage, l'engraissement, occasionnent une fixation d'azote, d'acide phosphorique, de potasse qui sont enlevés au domaine.

A l'appauvrissement qui résulte de cette exportation volontaire, vient s'ajouter celui qui est dû aux causes de déperdition que nous avons signalées en parlant de la production du fumier. De l'azote se dégage dans l'atmosphère; de l'acide phosphorique et de la potasse peuvent être perdus par l'action des eaux pluviales et ces diverses pertes sont d'autant plus grandes que les soins donnés au fumier ont été moins attentifs.

Lorsque le domaine offre, comme c'est souvent le cas, des prairies irrigables, il y a un apport d'une certaine importance. Les eaux d'irrigation contiennent des quantités variables et quelquefois assez importantes d'azote, principalement sous forme de nitrate, d'acide phosphorique et surtout de potasse. Quand ces eaux sont abondantes et suffisamment riches, les herbes de la prairie trouvent là un surcroît d'aliment; il en résulte une introduction de principes fertilisants, qui peut se comparer à certains égards à l'introduction d'engrais supplémentaires. Absorbés par les plantes, ces principes utiles vont au fumier et la proportion qui en est ainsi acquise, du fait des eaux d'irrigation, peut atténuer ou compenser les pertes qui résultent de l'exportation des produits de la culture.

Dans ce cas le domaine ne marche donc pas vers un épuisement continu et la restitution par les engrais supplémentaires peut n'être pas indispensable au maintien de la fertilité du sol.

On aurait ainsi une partie de la ferme en prairies irrigables qui seraient une cause d'enrichissement en matières fertilisantes et une autre partie en terres labourées qui seraient une cause de déperdition, la première pouvant atténuer ou compenser la seconde.

Les considérations qui précèdent nous montrent le domaine, sauf l'exception dont nous venons de parler, en voie de déperdition constante, et le sol marchant vers un épuisement continu; mais quoique en réalité il en soit ainsi, lorsqu'on enlève sans restituer, la terre peut souvent pendant de longues périodes continuer à produire des récoltes. C'est là qu'intervient le stock de matières fertilisantes existant dans le sol, stock sur lequel est prélevé ce qui a été en déficit dans la restitution.

Le stock est considérable, même dans les terres pauvres. Dans les terres moyennes il atteint des chiffres qui suffisent pour expliquer la production végétale pendant de longues périodes. Et ici il ne faut pas faire intervenir seulement la partie superficielle du sol, celle qu'on appelle la couche arable, mais aussi le sous-sol, dans lequel les racines des plantes peuvent aller chercher une partie de leur nourriture.

L'habitude s'est introduite de ne tenir compte dans le calcul des matières fertilisantes contenues dans un hectare que d'une couche superficielle très limitée, de 2 à 3 décimètres, et de négliger entièrement les couches sous-jacentes. Heureusement pour l'agriculture que les plantes ne calculent pas ainsi et qu'elles ne négligent pas, comme le font les chimistes agronomes, le stock important existant dans les profondeurs du sol dans lesquelles pénètrent les racines.

Les chiffres qu'on donne en général pour évaluer les quantités de principes fertilisants contenus dans un hectare de terre sont bien au-dessous de la vérité et nous ne leur attribuons qu'une signification secondaire.

La terre d'un domaine contient donc beaucoup plus de matières fertilisantes qu'on ne l'admet habituellement et, par suite, l'épuisement, en l'absence d'une restitution suffisante, peut n'être sensible qu'après des années ou des siècles. Si ces éléments étaient immédiatement utilisables par les plantes, toute fumure serait inutile pendant longtemps, mais il n'en est pas ainsi. La plus grande partie de ces matières fertilisantes se trouve à un état sous lequel les plantes ne peuvent pas les absorber. Ce n'est que graduellement qu'elles deviennent aptes à servir d'aliments aux végétaux. Ainsi l'azote, existant à l'état de matière organique, passe peu à peu par la nitrification; l'acide phosphorique se dégage des particules terreuses lorsque celles-ci se désagrègent; la potasse primitivement sous forme de silicate inattaquable est peu à peu amenée à l'état de combinaisons solubles.

A l'appui de ce que nous venons de dire, nous pouvons citer la remarquable expérience faite à Rothamsted par MM. Lawes et Gilbert qui, partant d'un sol regardé comme pratiquement épuisé par des cultures antérieures, ont pu produire encore pendant plus de 20 ans, sans adjonction d'aucune fumure, des cultures successives de blé :

Ainsi une parcelle sans engrais a donné :

Pendant les 12 premières années	15.2 hectolitres en moyenne
— — 17 —	14.0 — —
— l'ensemble des 20 ans	13.9 — —

tandis que les parcelles fumées au fumier de ferme donnaient pendant une période de 20 ans un rendement moyen de 31 hect. 77.

Une prairie non fumée pendant 18 ans a donné comme rendement moyen 3 000 kilog. de foin à l'hectare, tandis que les autres parcelles ont donné, suivant les doses et la nature des fumures, des rendements de 4 500 à 7 000 kilog.

Appliquant les raisonnements qui précèdent aux calculs de ce qui peut se passer dans une exploitation dont le sol et le sous-sol accessibles aux racines ont une composition connue, prenons comme exemple des terres placées dans les conditions normales.

Admettons que la couche arable prise depuis la surface ait une profondeur de 25 centimètres et que le sous-sol offre dans sa partie accessible aux racines une profondeur de 1 mètre seulement; étant donné que le poids du mètre cube est de 1 600 kilog., cette terre contient les quantités suivantes d'éléments fertilisants :

	Azote		Acide phosphorique		Potasse	
	par kilog.	par hect.	par kilog.	par hect.	par kilog.	par hect.
	gr.	kilog.	gr.	kilog.	gr.	kilog.
Sol	1	4 000	1	4 000	3.5	14 000
Sous-sol.	0.5	8 000	0.75	12 000	2.5	40 000
Total par hectare.		12 000		16 000		54 000

Envisageons maintenant quels sont les éléments contenus dans les récoltes normales, par exemple dans une récolte de 20 hectolitres de blé à l'hectare; nous trouvons qu'il y a une exportation annuelle de :

51 kilog. d'azote,
43 — d'acide phosphorique,
53 — de potasse.

Si nous comparons à ces chiffres ceux qui représentent le stock contenu dans le sol et dont nous venons de citer des exemples, nous voyons que pour arriver à l'épuisement, en supposant une suite ininterrompue de récoltes analogues produites en l'absence de fumure, en négligeant même l'apport d'azote dû à l'atmosphère, il faudrait une période de plusieurs siècles.

Mais si, par l'adjonction de fumier de ferme, on compense en partie ce qui est enlevé par les récoltes, cette période de temps se trouve singulièrement augmentée. En supposant que le fumier apporte annuellement les deux tiers seulement de ce qui est enlevé par la récolte, nous voyons qu'il faut une période de plus de mille années, pour que tous les éléments fertilisants du sol en soient éliminés par des récoltes continues.

Ces considérations purement théoriques, mais basées sur des chiffres indiscutables, montrent que l'épuisement du sol ne se produit pas aussi rapidement qu'on est tenté de le croire, parce que, en général, le sol contient une réserve de matières fertilisantes énorme, si on la compare à ce qui est enlevé par les récoltes.

Mais ici nous devons nous demander si, en face de ce stock considérable, il y a lieu de se préoccuper d'un apport de matières fertilisantes, sous forme de fumier ou d'engrais chimiques. L'expérience a répondu depuis longtemps à cette question, nous n'aurons donc qu'à expliquer pourquoi les fumiers sont utiles et nécessaires.

Les éléments fertilisants contenus dans le sol sont géralement à un état d'agrégation qui ne permet pas une utilisation immédiate par les végétaux; ils ont besoin de subir quelques transformations, qui les rendent aptes à être absorbés par les racines; tandis que dans les fumiers ces éléments se trouvent à un état d'agrégation très faible, qui permet aux plantes de les absorber rapidement; il en est de même pour les engrais chimiques, surtout pour ceux dans lesquels ces éléments existent à l'état soluble.

Revenons au cas que nous avons envisagé au commencement de ce chapitre, à celui qui consiste à soutenir la production du sol uniquement par le fumier de ferme, sans compenser la perte d'éléments fertilisants qui résulte de l'exportation, hors du domaine, d'une partie de la récolte ou des produits animaux. Qu'une pareille exploitation puisse se soutenir pendant de longues années, cela ne peut donner lieu à aucun doute; il n'y a pas quarante ans, presque toutes les exploitations agricoles se trouvaient dans ce cas. Mais nous savons aussi que, dans ces conditions, les récoltes sont faibles. S'il n'y a pas à proprement parler d'appauvrissement sensible d'année en année et si conséquemment la production ne s'abaisse pas dans des proportions notables, il n'en est pas moins vrai qu'il y a dans ce domaine disette de principes fertilisants immédiatement assimilables et que, par suite, les rendements sont limités, parce que le stock de matières fertilisantes, contenu dans le sol, est en majeure partie momentanément immobilisé et constitue une réserve utilisable graduellement et par petites fractions à la fois.

Les conditions économiques dans lesquelles l'agriculture se trouve placée depuis un demi-siècle, l'obligent à tirer, du sol qu'elle exploite, le maximum de rendement, afin de pouvoir soutenir la concurrence avec les régions du globe plus favorisées. C'est là que doivent intervenir les engrais autres que le fumier de ferme, engrais chimiques, déchets d'industrie, etc.

L'agriculture peut donc se soutenir longtemps avec le fumier de ferme seul, sans apport extérieur, mais avec une production restreinte.

Si cependant nous considérons un long espace de temps, il n'en est pas moins vrai qu'il y a appauvrissement continu du sol, quand celui-ci ne reçoit pas, sous forme d'engrais complémentaires importés dans le domaine, l'équivalent de ce qui est graduellement enlevé.

Il est impossible d'entrer dans le détail des conditions si multiples de l'exploitation du sol et si nous prenions comme exemple des fermes déterminées, nos chiffres pourraient ne pas s'appliquer à la ferme voisine; nous préférons donc calculer séparément l'épuisement résultant de l'exportation d'une quantité déterminée des divers produits de la ferme.

1° *Exportation par la production animale.*

Production du lait. — Le lait de vache considéré uniquement au point de vue de l'azote, de l'acide phosphorique et de la potasse, contient les quantités suivantes de ces trois éléments :

		grammes.
	Azote	6.4
Par litre.	Acide phosphorique	1.9
	Potasse	1.7

Pour calculer l'épuisement résultant de ce chef, il suffira donc de multiplier chacun de ces chiffres par le nombre de litres exportés annuellement.

En admettant une composition de lait uniforme, avec la moyenne que nous venons de donner et en prenant les quantités de lait produites annuellement par différentes races de vaches laitières, nous trouvons :

	Production annuelle.	Azote.	Acide phosphorique.	Potasse.
	litres.	kilog.	kilog.	kilog.
Petites races. { Ayr / Jersey / Bretonne. }	1 500 à 2000	10 à 13	3 à 4	2.5 à 3.5
Race vendéenne.	2 000	12.8	3.8	3.4
— Schwitz	2 200	14.0	4.2	3.7
— hollandaise et Salers.	3 000	19.2	5.7	5.1
— normande	3 400	21.7	6.5	5.8
— flamande.	3 800	24.3	7.2	6.5

Lorsqu'on exporte seulement le beurre et que les sous-produits sont consommés dans la ferme, il n'y a aucun appauvrissement, le beurre ne contenant pas de matières fertilisantes. Au contraire, quand on exporte le fromage, en consommant le petit lait à la ferme, la déperdition est presque aussi grande qu'en exportant le lait lui-même, l'azote et l'acide phosphorique se trouvent presque en entier dans le fromage, tandis que le petit lait n'en contient que de faibles proportions.

Quand le lait est consommé par le veau, les mêmes considérations ne peuvent pas nous guider, l'exportation n'est plus la même que celle du lait en nature, puisque le fumier du veau reste à la ferme; nous nous trouverons alors dans la pratique de l'élevage et le lait doit être considéré comme un fourrage quelconque.

Élevage. — Il est surtout caractérisé par la fixation d'acide phosphorique destiné à former la charpente osseuse de l'animal, il y a en outre dans les tissus une notable quantité d'azote immobilisé.

Un *veau* contient par 100 kilog. de poids vif :

	kilog.
Azote.	2.50
Acide phosphorique.	1.38
Potasse.	0.24

Un *bœuf adulte demi-gras* en renferme par 100 kilog. :

	kilog.
Azote.	2.66
Acide phosphorique	1.86
Potasse.	0.17

Le *bœuf gras* renferme un peu moins d'azote, soit 2 kil. 320 par 100 kilog.

Un *mouton demi-gras* renferme par 100 kilog. :

	kilog.
Azote.	2.30
Acide phosphorique.	1.23
Potasse.	0.15

100 kilog. d'*agneau gras* contiennent 1 kil. 970 d'azote.

Le *porc* donne par 100 kilog. :

	kilog.	
Azote.	2.00	{ 2.200 porc maigre.
		(1.760 — gras.
Acide phosphorique.	0.90	
Potasse.	0.18	

La plupart de ces chiffres sont empruntés aux travaux de MM. Lawes et Gilbert.

Chaque fois qu'on a vendu un animal ou un lot d'animaux on pourra calculer, d'après le poids, la quantité de matières fertilisantes enlevée de ce chef. Nous donnerons quelques exemples.

Les bœufs des grandes races Salers, nivernaise, charolaise, vendéenne, limousine, parthenaise, basquaise, sont livrés à la boucherie avec un poids qui varie de 800 à 1 000 kilog.; chacun de ces animaux, élevé dans le domaine, exporte en le quittant :

	kilog.
Azote	21.0 à 27.0
Acide phosphorique.	15.0 à 19.0
Potasse.	1.4 à 1.7

Les animaux des petites races de Ayr, de Jersey, de Bretagne, pèsent de 350 à 450 kilog. et exportent par tête :

	kilog.
Azote	9.0 à 12.c
Acide phosphorique.	6.5 à 8.5
Potasse	0.6 à 0.8

Les veaux qu'on livre à la boucherie à l'âge de trois mois pèsent ordinairement 90 kilog.; ils exportent donc :

	kilog.
Azote.	2.25
Acide phosphorique	1.24
Potasse.	0.22

Le poids des moutons est variable suivant les races; on peut admettre qu'il est en moyenne de 40 à 50 kilog., ce qui donne une exportation par tête de mouton de:

	kilog.
Azote	1.035
Acide phosphorique	0.553
Potasse	0.067

Le poids des porcs gras livrés à la boucherie peut varier selon la race, mais surtout selon l'âge et l'état d'engraissement, de 150 à 300 kilog.

Il y a donc dans l'un ou l'autre cas les exportations suivantes:

	kilog.
Azote	3.0 à 6.0
Acide phosphorique	1.5 à 3.0
Potasse	0.3 à 0.6

Engraissement. — L'engraissement est surtout caractérisé par la fixation de l'azote sous la forme de tissu musculaire.

L'animal soumis à l'engraissement est adulte; son squelette a acquis son développement; il n'aura donc plus à fixer de l'acide phosphorique en grande quantité.

L'augmentation de poids qui résulte du fait de l'engraissement est attribuable presque en totalité à la formation de viande et de graisse. Cette dernière n'est pas à considérer ici, puisqu'elle ne renferme aucun des éléments fertilisants que nous envisageons.

Mais le gain en poids peut être imputé uniquement à la chair musculaire ; en effet, même alors que le développement de graisse est très considérable, la proportion de viande proprement dite n'en est pas diminuée, puisque la graisse tient la place de l'eau.

Ainsi des analyses que nous avons eu l'occasion de

faire sur les animaux gras des concours généraux de Paris, il résulte que l'on peut considérer l'augmentation de poids vif avec une teneur de matière azotée à peu près constante, quelles que soient les quantités de graisse infiltrée dans les tissus, et quels que soient aussi la race et l'âge des animaux et même l'espèce.

100 kilog. de poids vif acquis par l'engraissement correspondent pour le bœuf à une fixation de :

	kilog
Azote.	2.80
Acide phosphorique	0.43
Potasse.	2.80

Pour le porc :

	kilog.
Azote.	2.60
Acide phosphorique.	0.46
Potasse.	0.39

Là encore l'agriculteur qui connaîtra le poids vif, acquis pendant la période d'engraissement, pourra calculer l'exportation de matières fertilisantes résultant de ce chef. C'est la pratique de l'engraissement qui est la moins préjudiciable au point de vue de l'appauvrissement du domaine. Il est bien entendu que, lorsque les animaux engraissés ont été élevés à la ferme, le calcul doit comprendre la somme des chiffres attribuables à l'élevage et à l'engraissement.

Production du travail. — Quand les animaux travaillent, ils sont dans des conditions telles qu'ils ne fixent plus de matières fertilisantes. Considérons-les à l'état adulte et se maintenant à un poids invariable, ce qui est à peu près toujours le cas des animaux de travail : ils rendent sous forme de fumier les éléments fertilisants qui étaient contenus dans les fourrages et ne causent par suite aucun appauvrissement du fait d'une exportation ou d'une immobilisation dans leurs tissus.

Production de la laine. — Nous avons vu plus haut ce qu'exporte un mouton, lorsqu'il est vendu après l'élevage ou après l'engraissement; il y a en outre l'exportation qui consiste dans la vente de la laine.

On peut admettre avec Wolff que 100 kilog. de laine lavée contiennent:

	kilog.
Azote	9.44
Acide phosphorique.	0.18
Potasse	0.19

Mais pour nos calculs il vaut mieux envisager la laine à l'état brut, telle qu'elle est obtenue par la tonte avant lavage. Dans des expériences sur l'engraissement des moutons, nous avons analysé, à différentes époques de croissance, la laine de moutons de races variées et nous avons trouvé p. 100 les résultats suivants :

	Dishley.	Mérinos.	Southdown.	Solognot.	South.-Solognot.
Eau	15.0	10.0	14.0	15.5	16.0
Matière grasse. . . .	8.0	30.0	19.0	6.0	10.0
Cendres	11.0	10.5	15.0	13.0	18.0
Contenant potasse . .	6.0	4.5	7.0	6.5	4.5
en moyenne. . . .					5.6
Matières azotées. . . / Laine pure . . . . . \	63.0	48.0	53.0	64.0	53.0
Contenant azote. . .	6.4 à 8.9; en moyenne,				7.7.

En comparant nos chiffres qui se rapportent à la laine brute, à ceux de Wolff qui se rapportent à la laine lavée, on se rend facilement compte que l'opération du lavage enlève une partie des matières azotées et presque la totalité de la potasse. Dans une exploitation bien tenue, on devra donc chercher à conserver les eaux de lavage et à les employer en arrosage sur le fumier ou sur les cultures.

Le rendement en laine varie surtout suivant les races :
Les dishley, les solognots, les southdowns, les charmois produisent de 2 à 3 kilogrammes de laine en suint, par année, les mérinos de 5 à 10 kilogrammes ; l'exportation par tête de mouton varie pour les premières races de :

grammes.
155 à 230 pour l'azote,
110 à 170 pour la potasse.

Pour les mérinos de :

385 à 770 pour l'azote,
280 à 560 pour la potasse.

Disons encore quelques mots de l'exportation qui résulte de la **vente des œufs.** Ceux-ci contiennent pour 100 kilog.

	kilog.
Azote	2.00
Acide phosphorique	0.32
Potasse.	0.16

Une bonne poule produit par an 100 œufs du poids moyen de 60 grammes, soit au total 6 kilog.

De tout ce qui précède, nous concluons que les animaux de la ferme fixent des quantités importantes de matières fertilisantes, qui sortent du domaine sous des formes diverses et n'y font pas retour.

M. Boussingault a exprimé cette idée dans une phrase heureuse, en disant que « le bétail n'est pas producteur, mais destructeur d'engrais ».

2° *Exportation par la production végétale.*

Passons maintenant à la production végétale, en considérant uniquement les produits qui sont en général exportés de la ferme.

Les **graines de céréales** contiennent des proportions assez notables d'azote et d'acide phosphorique. Comme elles sont toujours vendues, tout au moins en majeure partie, leur départ appauvrit d'autant le domaine; on peut admettre, d'après Wolff, que 100 kilog. de diverses céréales contiennent les éléments suivants:

	Azote	Ac. phosph.	Potasse.
	kilog.	kilog.	kilog.
Grain de froment.	2.08	0.82	0.55
— seigle.	1.76	0.82	0.54
— orge	1.52	0.72	0.48
— avoine.	1.92	0.55	0.42
— maïs	1.60	0.55	0.33
— sarrasin.	1.72	0.61	0.45

Ce qui fait, en rapportant à l'hectolitre, les quantités suivantes:

	Poids de l'hect.	Azote.	Ac. phosph.	Potasse.
	kilog.	kilog.	kilog.	kilog.
Froment	80	1.660	0.660	0.440
Seigle.	73	1.285	0.600	0.390
Orge	65	0.990	0.470	0.310
Avoine	48	0.920	0.265	0.200
Maïs.	70	1.120	0.385	0.230
Sarrasin.	60	1.030	0.370	0.270

Les **graines de plantes légumineuses** sont encore plus riches, surtout en azote :

	Azote.	Ac. phosph.	Potasse.
	kilog.	kilog.	kilog.
100 kilog. de pois contiennent . . .	3.58	0.88	0.98
— lentilles — . . .	3.81	0.52	0.77
— féveroles — . . .	4.06	1.16	1.20
— haricots — . . .	4.15	0.94	1.40

Ce qui fait par hectolitre de chacun de ces graines :

	Poids moyen de l'hectol.	Azote.	Ac. phosph.	Potasse.
	kilog.	kilog.	kilog.	kilog.
Pois	84	3.000	0.740	0.820
Lentilles	80	3.050	0.420	0.620
Féveroles. . . .	88	3.570	1.020	1.060
Haricots	78	3.240	0.730	1.090

Les **graines oléagineuses** se rapprochent des graines de légumineuses par leur richesse en matières fertilisantes ; 100 kilog. contiennent :

	Azote.	Ac. phosph.	Potasse.
	kilog.	kilog.	kilog.
Colza.	3.10	1.64	0.88
Lin	3.20	1.30	1.04
Chanvre.	2.62	1.75	0.97
Pavot . . . . , ...	2.80	1.64	0.71

Ce qui fait, en rapportant à l'hectolitre :

	Poids de l'hectol.	Azote.	Ac. phosph.	Potasse.
	kilog.	kilog.	kilog.	kilog.
Colza.	68	2.110	1.115	0.600
Lin.	70	2.240	0.910	0.730
Chanvre	52	1.360	0.910	0.500
Pavot.	60	1.680	0.980	0.430

Souvent le tourteau retourne à la ferme, où il est consommé par les animaux ; dans ce cas il n'y a en réalité qu'une exportation d'huile et aucune déperdition ne se produit de ce chef.

Avec ces données, l'agriculteur pourra calculer l'appauvrissement de son domaine, résultant du fait d'une exportation représentant un poids ou un volume déterminés.

Les **plantes textiles**, alors qu'on ne vend que la fibre,

composée presque uniquement de cellulose, n'emportent pas avec elles une proportion sensible de matières fertilisantes, mais il y a malgré cela une petite perte, due aux opérations du rouissage.

D'autres plantes industrielles épuisent davantage le sol; 100 kilog. de feuilles de **tabac**, séchées et telles qu'elles sont livrées à la régie, contiennent :

	kilog.
Azote	4.00 à 6.0
Acide phosphorique	0.45
Potasse	1.20 à 2.5

100 kilog. de cônes de **houblon** secs contiennent :

	kilog.
Azote	2.420
Acide phosphorique	0.800
Potasse	1.150

Parmi les **racines** et **tubercules** le plus grand nombre sont consommés dans la ferme même et nous n'avons pas à nous en occuper ici.

La *pomme de terre* et la *betterave à sucre* sont les seules qui soient vendues aux usines par le cultivateur, encore une partie retourne-t-elle fréquemment à la ferme sous la forme de pulpes.

Il y a dans 100 kilog. :

	Azote.	Ac. phosph.	Potasse.
	kilog.	kilog.	kilog.
Pommes de terre	0.320	0.180	0.560
Betteraves à sucre	0.160	0.110	0.400

L'hectolitre de pommes de terre pesant 65 kilog. enlève :

	kilog.
Azote	0.210
Acide phosphorique	0.120
Potasse	0.360

Le mètre cube de betteraves pesant 550 kilog. enlève :

kilog.

Azote 0.880
Acide phosphorique. 0.605
Potasse 0.220

Les pulpes de betteraves sucrières, qui rentrent souvent à la ferme, contiennent en moyenne par 100 kilog. :

kilog.

Azote 0.290
Acide phosphorique 0.100
Potasse. 0.360

Dans des cas exceptionnels, on vend des **fourrages
secs** et des **pailles** ; l'exportation qui en résulte peut être
calculée à l'aide des données suivantes :

100 kilog. contiennent :

	Azote.	Ac. phosph.	Potasse.
	kilog.	kilog.	kilog.
Foin de prairie.	1.310	0.350	1.600
— légumineuses	2.000	0.600	2.000
Paille de céréales.	0.400	0.250	0.700

Pour la **vigne**, il n'y a réellement d'exporté que le
vin, puisque les marcs restent au domaine.

1 hectolitre de vin exporte :

kilog.

Azote 0.020
Acide phosphorique. 0.030
Potasse 0.100

Il n'y a donc d'exportation sensible qu'en potasse.

Il en est du **pommier** comme de la vigne ; le cidre
seul est exporté ; chaque hectolitre enlève :

kilog.

Azote 0.020
Acide phosphorique. 0.020
Potasse 0.130

Les chiffres que nous venons de donner ne représentent que des moyennes. Dans chaque cas particulier, il pourra y avoir des différences dans les valeurs absolues représentant ces quantités ; mais comme il n'est pas possible de se placer dans les conditions de chaque cas particulier, il faut s'en tenir à l'usage de ces proportions moyennes, qui permettent de calculer avec une approximation, suffisante pour la pratique, la perte en principes fertilisants qui résulte de la vente des divers produits de la ferme.

Importation par les aliments. — Nous avons jusqu'ici considéré le cas où les animaux ne consomment que les produits de la ferme, mais il n'en est pas toujours ainsi. On introduit souvent dans la nourriture des animaux, surtout de ceux destinés à l'engraissement ou à la production laitière, des grains, des tourteaux, des issues, des déchets d'industrie, etc., achetés hors du domaine et dont les principes fertilisants vont au fumier, après avoir servi à l'alimentation des animaux.

Pour calculer l'apport par 100 kilog. dû à ces aliments introduits, nous pouvons nous servir des chiffres suivants :

	Azote.	Ac. phosph.	Potasse.
	kilog.	kilog.	kilog.
Graines de maïs	1.600	0.550	0.330
Farines —	1.600	0.430	0.270
— d'orge	1.600	0.950	0.580
— de seigle	1.680	0.850	0.650
Son de blé	2.240	2.880	1.330
— seigle	2.320	3.420	1.930
Tourteau de colza.	4.900	2.830	1.360
— lin	5 040	2.150	1.290
— coton décortiqué. .	6.550	3.050	1.580
— noix.	5.400	1.400	1.540
— maïs.	2.560	3.420	
— coprah.	3.900	1.120	2.540

	Azote.	Ac. phosph.	Potasse.
	kilog.	kilog.	kilog.
Tourteau de sésame.	6.000	2.000	1.400
— œillette	5.880	2.530	1.980
— arachide décortiqué	7.510	1.330	1.500
— cameline.	4.930	1.870	
— chanvre	4.910	1.890	
— palmiste naturel. .	2.390	1.160	0.550
Drèche de brasserie	0.780	0.460	0.050
Pulpes de betteraves	0.290	0.100	0.360
Grignon d'olives	0.780	0.090	0.400

L'introduction de l'une ou de l'autre des substances que nous venons d'énumérer déterminera donc un apport qu'il est facile de calculer avec les chiffres moyens que nous venons de donner. Dans beaucoup de cas, cet apport est suffisant pour contrebalancer les pertes dues à l'exportation des produits des récoltes.

Dans bien des exploitations, on considère l'emploi de ces matières comme avantageux, non seulement par suite du rendement plus élevé en produits animaux, mais aussi à cause de l'enrichissement du fumier.

Importation par les litières. — Enfin nous trouvons dans certaines régions une cause importante d'enrichissement du sol par l'apport de litières étrangères. Souvent on fauche, dans les bois ou sur les landes, des fougères, des genêts, des ajoncs, des bruyères, qui, comme nous l'avons vu plus haut, contiennent de l'azote et de la potasse. Tous ces matériaux, après avoir passé sous les animaux, sont donnés comme fumiers aux terres et peuvent compenser une partie des exportations.

§ II. — VALEUR DU FUMIER DE FERME

On peut envisager le fumier à deux points de vue différents : 1° celui de sa valeur intrinsèque, en tant que contenant des matières fertilisantes; c'est l'analyse chimique qui nous fixe à cet égard; 2° celui de la valeur commerciale qui tient essentiellement à l'offre et à la demande, et à la facilité des transports.

1° **Valeur intrinsèque.** — Plaçons-nous d'abord au premier point de vue et examinons la teneur du fumier en azote, acide phosphorique, potasse, en donnant à ceux-ci une valeur vénale fixée par le cours des matières fertilisantes dans les engrais commerciaux et en tenant compte de l'état plus ou moins assimilable sous lequel se présentent ces principes.

Mais il faut, pour faire ce calcul, attribuer une valeur à chacun des éléments fertilisants. Quelle base adopterons-nous pour la fixer? Les engrais chimiques ont des cours réglés par leur teneur en azote, acide phosphorique et potasse. — Pouvons-nous attribuer la même valeur aux éléments correspondants du fumier? c'est là un point qui mérite une discussion approfondie.

Les matières fertilisantes en général et l'azote en particulier se présentent sous des formes variées, d'où dépend leur degré d'assimilabilité. Ainsi l'on sait que ce n'est que sous la forme minérale, ammoniaque et acide nitrique, que l'azote est assimilé par les plantes. Sous ces deux états il est donc d'une utilisation immédiate et par cette raison doit être coté au prix le plus élevé. Quand il est à l'état organique, il n'est absorbé qu'à la condition de se transformer au préalable en ammoniaque ou en acide nitrique; cette transformation est plus ou moins longue et d'après MM. Lawes et Gilbert n'est complète pour l'azote des fumiers qu'au bout d'un certain nombre d'années. Il est donc logique d'attribuer une valeur moindre à l'azote organique. Le prix moyen, à l'heure actuelle et en France, de l'azote sous la forme nitrique ou ammoniacale est voisin de 1 fr. 80 le kilog. En accordant à l'azote du fumier, qui est principalement à l'état organique, mais en partie aussi à l'état ammoniacal, le prix de 1 fr. 50 le kilog., nous nous tiendrons dans de justes limites.

L'acide phosphorique se présente également sous des formes variées : en général plus son état de division est grand et mieux il est utilisé par les plantes. L'acide phosphorique des superphosphates ou des phosphates précipités, qui est à un grand état de division, est coté au prix le plus élevé.

Après avoir dépassé 1 franc le kilog. il n'est plus aujourd'hui qu'à 0 fr. 60 à 0 fr. 70 environ. Quand, il existe à l'état de phosphate naturel, sous une forme qu'on regarde généralement comme moins rapidement assimilable, on le cote au prix de 0 fr. 20 seulement.

Dans les fumiers, l'acide phosphorique a un degré d'assimilabilité assez grand, que nous croyons peu inférieur, sinon égal à celui des superphosphates. Son état de division est extrême, une partie même se trouve à l'état soluble, surtout dans le fumier décomposé. La matière organique qui l'accompagne aide d'ailleurs à sa solubilisation. En lui attribuant une valeur de 0 fr. 50 par kilog. nous sommes donc loin de commettre une exagération.

Quant à la potasse, elle est toujours sous une forme soluble qui lui assure une valeur égale à celle des engrais potassiques du commerce; nous la cotons à o fr. 40 le kilog.

Partant de ces données, nous pouvons calculer la valeur des différents fumiers, dont nous avons donné plus haut la composition.

Nous n'examinerons pas spécialement le fumier produit par les différents animaux; nous avons montré, dans un chapitre précédent, que cette composition n'avait rien de constant; dans un cas on trouvera le fumier de vache beaucoup plus riche que le fumier de cheval; dans un autre cas, le contraire se produira; il nous semble inutile de chercher à établir par des chiffres la différence de valeur du fumier de différents animaux. L'analyse chimique peut seule fournir des indications certaines; et comme exemple de calculs nous prendrons les différents fumiers mixtes dont nous avons parlé plus haut.

Fumier de ferme frais (Wolff) contenant par tonne :

	kilog.	francs.		francs.
Azote	4.5 à	1.50	=	6.75
Acide phosphorique	2.1 —	0.50	=	1.05
Potasse	5.2 —	0.40	=	2.08
				9.88

Fumier de ferme consommé :

	kilog.	francs.		francs
Azote	5.0 à	1.50	=	7.50
Acide phosphorique	2.6 —	0.50	=	1.30
Potasse	5.3 —	0.40	=	2.12
				10.92

Fumier très consommé :

	kilog.	francs.		francs.
Azote	5.8 à	1.50	=	8.70
Acide phosphorique	3.0 —	0.50	=	1.50
Potasse	5.0 —	0.40	=	2.00
				12.20

Fumier fait de Rothamstedt (Vœlcker) :

	kilog.	francs.		francs.
Azote	6.4	à 1.50	=	9.60
Acide phosphorique.	2.3	— 0.50	=	1.15
Potasse	3.2	— 0.40	=	1.28
				12.03

Fumier de Tomblaine (Grandeau) :

	kilog.	francs.		francs.
Azote	3.2	à 1.50	=	4.80
Acide phosphorique.	3.6	— 0.50	=	1.80
Potasse	8.2	— 0.40	=	3.28
				9.88

Fumier de Bechelbronn à demi consommé (Boussingault) :

	kilog.	francs.		francs.
Azote	4.1	à 1.50	=	6.15
Acide phosphorique.	2.0	— 0.50	=	1.00
Potasse[1]	5.0	— 0.40	=	2.00
				9.15

Nous avons fait des calculs analogues à ceux qui précèdent, pour la série des fumiers de ferme d'origines
diverses dont M. Aubin a fait l'analyse; et nous avons
constaté que pour une tonne :

La valeur de l'azote varie de 6 fr. 20 à 13 fr. 20, avec
une moyenne de 9 fr. 70;

Celle de l'acide phosphorique de 0 fr. 60 à 6 fr. 70,
avec une moyenne de 2 fr. 75;

Celle de la potasse de 1 fr. 60 à 5 fr. 20, avec une
moyenne de 2 fr. 90;

Enfin que la valeur de la tonne de fumier varie de
11 fr. 10 à 25 fr. 60, avec une moyenne de 15 fr. 35.

---

1. N'a pas été dosée, on a pris la moyenne contenue dans les
fumiers.

Les écarts observés entre la valeur agricole des fumiers pris dans des conditions différentes sont donc assez grandes. Mais les fumiers de ferme de qualité moyenne ne s'éloignent pas notablement d'une valeur agricole voisine de 10 francs par 1000 kilog., chiffre qui variera évidemment avec le cours des engrais et avec la valeur qu'on attribuera aux matières fertilisantes.

Examinons au même point de vue le purin, en prenant la composition moyenne donnée par Wolff; nous y trouvons par hectolitre :

	kilog.	francs.	francs.
Azote	0.150	à 1.50	= 0.225
Acide phosphorique	0.010	— 0.50	= 0.005
Potasse	0.490	— 0.40	= 0.196
			0.426

Mais il faut remarquer que dans le purin l'azote se trouve en majeure partie à l'état d'ammoniaque et, par suite, est immédiatement assimilable, ce qui, à richesse égale, lui assure une supériorité sur le fumier.

Outre ces trois éléments cotés par le commerce des engrais, il y en a d'autres dont il y a lieu de tenir compte, quoiqu'on ne puisse pas leur attribuer une valeur argent. Ce sont la magnésie, le soufre, la chaux et la grande quantité des matières organiques qui modifient le sol, au point de vue chimique autant qu'au point de vue physique, en formant l'humus dont nous avons indiqué le rôle important dans la constitution de la terre végétale.

Outre la considération de la richesse en éléments fertilisants, il y a celle de l'état de décomposition plus ou moins avancé du fumier. Lorsque celui-ci est frais ou peu consommé, il constitue une matière non homogène, pailleuse, qui s'incorpore plus difficilement au sol; et dans le sol même, la décomposition de ces débris végétaux restés entiers est relativement lente. D'un autre côté le fumier est plus volumineux et par suite d'un transport plus coûteux. Lorsque, au contraire, il est consommé, c'est-à-dire quand il se présente sous la forme d'une masse noire et homogène, il s'incorpore plus facilement à la terre et sa décomposition y est plus rapide; il est moins encombrant et d'un maniement plus facile. En outre l'azote s'y trouve en plus grande quantité à l'état d'ammoniaque, ayant ainsi une valeur supérieure; à égalité de principes fertilisants, on devra donc toujours donner la préférence au fumier consommé.

2° **Valeur commerciale.** — Le prix auquel se vend le fumier varie suivant les localités et dépend de la production. Le fumier ayant une valeur peu élevée, pour un poids considérable, ne peut supporter que peu de frais de transport; il doit donc être utilisé sur place ou tout au moins dans les localités voisines de celles de sa production. De toutes manières faut-il encore choisir les moyens de transport les plus économiques, tels que les bateaux si cela est possible. Mais même dans ces conditions, le transport augmente, dans une proportion importante, le prix de revient à pied d'œuvre.

Le plus généralement le fumier est employé par le producteur et la plupart des exploitations sont organisées de telle sorte que celui qui est recueilli à l'étable trouve sa place dans les terres labourées.

Il est peu de cas où l'agriculteur ait à vendre le fumier; il en est beaucoup au contraire où il a intérêt à en acheter; et chaque fois que la possibilité s'en présente, il ne manque pas de le faire.

Les producteurs de fumier qui n'en ont pas l'emploi direct sont en nombre limité, mais par contre ils produisent parfois des quantités considérables. Tous ceux qui, sans être cultivateurs, achètent des fourrages se trouvent dans ce cas. Ainsi les industries de transport par les animaux, l'administration de la guerre, tous ceux qui possèdent du bétail dans les villes, produisent du fumier dont ils n'ont pas l'emploi, puisqu'ils ne sont pas cultivateurs : ces fumiers sont vendus et les agriculteurs, dont l'exploitation est située à une petite distance de ces lieux de production, trouvent là une ressource importante ; aussi voit-on fréquemment les terres qui avoisinent les villes transformées en cultures intensives. Les cultivateurs qui amènent leurs denrées au marché de la ville ont surtout intérêt à se servir de ces fumiers ; car, au lieu de retourner à vide, ils peuvent emporter un chargement ; le transport se fait alors pour ainsi dire gratuitement. Dans les villes le fumier est une matière encombrante, et on a intérêt à s'en débarrasser le plus vite possible ; aussi le cède-t-on ordinairement à un prix très minime. Lorsque des cours d'eau permettent de le transporter à une certaine distance, la concurrence est plus grande et le prix tend à s'élever ; mais les frais des transports sur essieux ou par voies ferrées ne permettent jamais aux cultivateurs plus éloignés de s'adresser à ces produits.

Ainsi que nous l'avons dit plus haut, les transactions entre agriculteurs sont rares ; dans les cas où elles ont lieu, les prix sont très variables.

Il y a une vingtaine d'années, le fumier de ferme se vendait généralement à un prix compris entre 6 et 7 francs les 1000 kilog. ; aujourd'hui ce cours a augmenté et, tout en étant variable d'un fumier à l'autre et d'une localité à l'autre, il est monté en moyenne à 8 ou 9 francs la tonne. Ces chiffres se rapportent à des fumiers mixtes, dans lesquels les fumiers de bêtes à cornes dominent.

Le fumier de cheval, moins aqueux, se vend environ

2 francs plus cher et celui de moutons, très riche, atteint et dépasse 13 francs. Dans ces prix, bien entendu, ne se trouvent pas compris les frais de transport.

Il y a certaines régions qui achètent beaucoup de fumier. M. Crevat cite par exemple les riches vignobles du Bugey, où le fumier se paye jusqu'à 25 francs les 1000 kilog.; dans ce cas, les agriculteurs voisins auraient évidemment intérêt à fabriquer du fumier, et à exploiter le bétail spécialement en vue de cette production rémunératrice. C'est là un fait exceptionnel qui cependant méritait d'être signalé.

Dans les montagnes de l'Aveyron, où les moutons passent une partie de l'année au pâturage, on ramasse sur le sol de la prairie, à l'aide de rateaux et de balais, les déjections pures de ces animaux et on en fait des tas que les agriculteurs de la plaine viennent acheter. Le prix est peu élevé, mais le transport est extrêmement coûteux.

Mieux vaudrait certainement, dans les cas que nous venons de citer, avoir recours aux engrais chimiques.

TROISIÈME PARTIE

ENGRAIS PRODUITS DANS LES VILLES

Nous avons envisagé jusqu'à présent la production
du fumier dans les exploitations rurales, où le fourrage,
récolté et consommé sur place, tout au moins pour la
plus grande partie, laisse ses résidus après avoir passé
par le corps de l'animal; nous avons maintenant à parler
de conditions absolument différentes, où tout le fumier
provient de produits importés et ne trouve plus son em
ploi sur place; c'est le cas de toutes les agglomérations
de population, vers lesquelles affluent les substances
alimentaires produites dans les campagnes et où les
déjections des hommes et des animaux existant en
abondance, loin d'être une source de richesse, comme
dans les champs, deviennent une cause d'embarras.
Dans la généralité des villes les habitants cèdent avec
empressement les matières excrémentitielles et les
campagnes avoisinantes trouvent là à bas prix d'abondantes fumures. C'est donc une grande ressource
pour les agriculteurs voisins des villes qui peuvent se
procurer ces substances avec des frais de transport peu
élevés; aussi voit-on en général s'établir autour des cités
les cultures intensives, telles que la culture maraîchère.

Parmi les engrais qui se produisent en grande quantité dans les villes, nous avons surtout à examiner le fumier de cheval, les déjections humaines, les boues des rues et les ordures ménagères, enfin les eaux d'égout.

CHAPITRE PREMIER

FUMIER DE CHEVAL

Le fumier de cheval est souvent recueilli isolément, au lieu d'être mêlé à d'autres fumiers pour constituer le produit mixte qu'on appelle le fumier de ferme. C'est le cas dans les villes, où le cheval est presque le seul animal producteur de fumier, ainsi que dans les casernes de cavalerie, dans les gendarmeries, les écuries des industries de transport, les auberges, etc.

Ce fumier est ordinairement enlevé à l'état plus ou moins frais et livré à la culture; les conditions dans lesquelles il est recueilli ne permettent pas en général l'établissement de fosses à fumier de grandes dimensions, telles qu'il les faudrait pour une production aussi importante. Nous n'avons pas à étudier les divers cas dans lesquels on obtient le fumier de cheval, parce que sa composition est sensiblement constante, en raison de l'alimentation à peu près uniforme que reçoivent les animaux utilisés dans les villes. En effet cette alimentation est toujours composée de foin et de graines, parmi lesquelles l'avoine et le maïs tiennent le premier rang. Les fumiers diffèrent surtout entre eux par la proportion de litière qu'ils renferment, certaines administrations en donnant de plus grandes quantités que d'autres. La nature de la litière ne varie que très peu; c'est à peu près uniquement, en France du moins, la paille de céréales qui sert à cet usage.

1° **Fumier obtenu avec des litières de paille.** — Un fumier de cheval aura une valeur fertilisante d'autant plus grande que la quantité de paille qui y est mélangée sera moins considérable; la paille devant être considérée comme une matière presque inerte. Une forte proportion de paille a en outre pour effet d'augmenter inutilement les volumes et de ne pas permettre une répartition aussi égale du fumier. C'est pour cette raison que le fumier des écuries de luxe, où la paille est abondamment distribuée, est peu recherché par les cultivateurs et employé plutôt comme paillis en couverture qu'enfoui comme engrais.

Nous prendrons comme exemple de la production et de l'emploi du fumier de cheval, la Compagnie générale des Omnibus de Paris, sur laquelle M. Lavalard nous a fourni les renseignements les plus précis et dans laquelle nous avons pu faire un certain nombre d'observations directes. Cette Compagnie a un effectif d'environ 13300 chevaux qui en 1884 recevaient une ration composée de la manière suivante :

	kilog.
Foin	3.830
Avoine	3.933
Maïs	3.872
Féveroles	0.653
Son et carottes	0.411

et en outre 3 kil. 250 de paille qui forment la litière, mais en passant par le ratelier, de sorte que les animaux en mangent une certaine quantité. La consom-

mation totale dans le courant de l’année 1884 a été
la suivante :

	kilog.
Foin.	17 665 880
Avoine	17 910 696
Maïs	17 631 354
Féveroles	2 974 926
Son et carottes	1 872 820
Paille.	17 995 890

Pendant l’année 1885, avec un effectif de 12 500 chevaux, la ration moyenne a été de :

	kilog.
Foin.	3.855
Avoine.	2.816
Maïs.	5.125
Féveroles.	0.406
Son et carottes.	0.380

Les chevaux recevaient en outre comme litière passant par les rateliers 3 kil. 795 de paille :

La consommation totale a été la suivante :

	kilog.
Foin.	16 355 000
Avoine.	11 949 000
Maïs.	21 747 000
Féveroles	1 724 000
Son et carottes.	1 612 000
Paille.	16 105 000

Il y a donc là une production de fumier considérable.
Avec l’alimentation que recevaient anciennement les chevaux et dans laquelle la ration de grains était uniquement
constituée par de l’avoine, chaque cheval produisait en
moyenne par jour 24 kilogrammes de fumier. Mais depuis qu’à l’avoine on a, par économie, substitué du
maïs, la quantité de fumier produite journellement s’est
notablement abaissée, elle est tombée à 20 kilog. Dans

l'avoine, en effet, la balle qui entouré le grain n'est pas digérée et se retrouve entièrement dans les crottins, dont elle augmente le poids; le maïs au contraire se digère presque intégralement et produit ainsi un moindre poids de déjection, sans cependant que la quantité totale de matières fertilisantes soit pour cela diminuée.

Les fumiers dans lesquels l'avoine est partiellement ou complètement remplacée par du maïs, sont donc plus concentrés et contiennent à poids égal plus d'éléments utiles.

Si nous prenons le chiffre moyen de 20 kilog. de fumier par jour, nous trouvons pour les 4554000 journées de chevaux une production totale par an de 91000 tonnes de fumier, soit une quantité suffisante pour fumer énergiquement, à raison de 20000 kilog. par an et par hectare, une surface de plus de 4500 hectares de terrain.

La composition de ce fumier de cheval, pris dans les dépôts de la Compagnie des Omnibus, c'est-à-dire à l'état frais et tel qu'il est livré à l'agriculture, varie entre les limites suivantes :

```
Eau . . . . . . . . . . . . . . . . . . .   80.00 à 64.90 p. 100
Azote . . . . . . . . . . . . . . . . . .    0.48 à  0.67   —
Acide phosphorique . . . . . . . .           0.17 à  0.35   —
Potasse . . . . . . . . . . . . . . . .      0.27 à  1.01   —
```

Cette composition se rapproche beaucoup de celle du fumier de ferme. Si les chevaux étaient moins bien soignés sous le rapport de la litière et que, par suite, il y eut moins de paille dans le fumier, nous trouverions dans celui-ci un taux plus élevé de principes fertilisants.

Comme moyenne des différentes analyses que nous

avons effectuées sur ces fumiers, nous trouvons par tonne :

	kilog.	francs.		francs.
Azote	5.75	à 1.5o le kil.	=	8.63
Acide phosphorique. . . .	2.6o	à o.5o —	=	1.3o
Potasse	6.38	à o.40 —	=	2.55
Soit une valeur totale de				12.48

Ces fumiers se vendent de différentes manières :

1° Par journée de cheval; 2° par charge de voiture.

Dans ces deux cas pris par les cultivateurs dans les dépôts.

3° Au poids, chargés par les soins de la Compagnie sur wagon ou sur bateau.

Le prix de vente par journée de cheval a varié en 1883 et 1884 de o fr. 13 à o fr. 17; le prix moyen est de o fr. 15, correspondant à 7 fr. 5o pour la tonne. La vente à la voiture s'applique surtout aux maraîchers qui, chaque jour, enlèvent le fumier produit la veille; c'est la plus avantageuse pour l'acheteur qui s'efforce de charger sa voiture au maximum. Les prix varient avec le nombre des chevaux attelés au véhicule, ils ont été :

En 1883.

	Minimum.	Maximum.	Moyenne.
	francs.	francs.	francs.
Pour les voitures à 1 cheval.	9	20	13.66
— 2 chevaux. . . .	18	3o	22.83
— 3 »	25	35	3o.3o
— 4 »	35	55	35.70

En 1884.

	Minimum.	Maximum.	Moyenne.
	francs.	francs.	francs.
Pour les voitures à 1 cheval.	12	25	18.75
— 2 chevaux. . . .	20	3o	24.85
— 3 —	3o	35	32.68
— 4 —	35	6o	47.70

Quant aux fumiers vendus au poids et rendus sur wagon ou bateau, leur prix a varié en 1883 de 4 fr. 50 à 9 francs la tonne, en moyenne 8 fr. 30, et en 1884 de 3 fr. 25 à 11 fr. 50, en moyenne 7 fr. 90.

Pour montrer l'importance des transactions qui s'effectuent avec le fumier produit par la cavalerie des Omnibus de Paris, nous citerons les chiffres suivants se rapportant à l'année 1885 :

	kilog.		francs.
Vente à la journée.	24 286 380	pour	182 379.67
— au poids sur wagon ou bateau	45 348 738	—	358 203.13
— à la voiture..	25 644 862	—	63 869.00
Soit au total. . . .	95 279 980	—	604 451.80

Le prix moyen de la tonne de fumier s'élève en 1885 à 6 fr. 35.

Si on rapporte par le calcul les chiffres précédents à la journée et à la tonne, on obtient les résultats suivants :

	PRIX { Par journée de cheval.	Par tonne de fumier.
	francs.	francs.
Vente à la journée.	0.15	7.50
— sur wagon ou bateau (transport compris).	0.16	7.90
— à la voiture	0.056	2.48
Soit en moyenne.	0.131	6.34

On voit par là que le prix d'achat du fumier est bien inférieur à sa valeur calculée d'après sa teneur en éléments fertilisants et chaque fois que les transports n'augmentent pas le prix dans des proportions telles qu'il dépasse 12 fr. 48 représentant sa valeur intrinsèque, les cultivateurs auront intérêt à faire usage de ce produit. Le transport par voie ferrée coûte en général 5 centimes par tonne et par kilomètre.

Tout ce que nous venons de dire a trait au fumier frais tel qu'il est livré aux agriculteurs, mais ceux-ci peuvent s'approvisionner et établir des tas qui se consomment et forment ainsi, au bout de quelques mois, du fumier fait, dont l'emploi est plus facile et l'action plus immédiate. Un échantillon de fumier de cheval fait, qui était resté en tas pendant 6 mois, exposé en plein air, avait la composition centésimale suivante :

Eau..	69.80
Azote.	0.47
Acide phosphorique.	0.37
Potasse	0.80

Si l'agriculteur voulait faire un tas, pour le laisser se consommer, il devrait s'entourer de précautions spéciales, analogues à celles que nous avons recommandées pour le fumier de ferme. En particulier, il faudrait autant que possible soustraire l'engrais au lavage par les eaux pluviales.

Le fumier de cheval fermente facilement et s'échauffe beaucoup pendant le cours de cette fermentation. Nous avons constaté que la température s'élève fréquemment à 80° pendant les premiers jours de mise en tas et se maintient longtemps à 70°. Certains auteurs rapportent que l'élévation de température peut être assez élevée pour qu'il y ait combustion vive. Cette élévation de température est du reste utilisée par les jardiniers dans la fabrication des couches chaudes et pour le chauffage artificiel des serres et des châssis. De cet échauffement, dû à la pénétration de l'air dans l'intérieur du tas, résulte un dégagement d'ammoniaque notable et par suite un appauvrissement en azote; on l'évite le mieux en soumettant le fumier à un tassage énergique, qui est aidé par l'entretien d'une humidité suffisante.

Un autre inconvénient du fumier de cheval est d'être envahi à sa surface par des champignons, dont le mycélium s'enfonce profondément dans la masse, en soutire l'azote qu'il déverse dans l'atmosphère à l'état libre ; on donne le nom de moisissure, de blanc ou de chancissure à ces végétations nuisibles, qu'on peut éviter en majeure partie en recouvrant le fumier tassé avec une couche de terre, qui a en outre l'avantage de s'opposer au dégagement d'ammoniaque.

Nous avons pu nous procurer quelques renseignements sur le prix des fumiers de cheval, produits par la cavalerie militaire. La ration ordinaire des chevaux de troupes est la suivante :

Cavalerie légère . . . . . 3 kil. foin, 4 kil. paille, 4 kil. avoine.
Dragons et cuirassiers . . 3   —   4   —   4.55 —

Les crottins de cheval sont enlevés plusieurs fois par jour et portés au tas de fumier ; l'urine est presque complètement absorbée par la litière. L'enlèvement général du fumier se pratique tous les quinze jours. On fait près des écuries un tas ordinairement très peu soigné, que les entrepreneurs doivent enlever toutes les semaines ou deux fois par mois.

Le prix auquel on vend le fumier de cheval est :

	Par jour et par cheval. francs.
A Vincennes.	0.03
A Paris	0.04
A Montauban	0.025
A Valenciennes	0.08
A Limoges.	0.06 à 0.07

En admettant qu'un cheval produise, à raison d'environ 15 kilog. de fumier par jour, 6 000 kilog. par an, on calcule que, pour ces 6 tonnes, le prix varie suivant les localités de 11 à 29 francs, soit de 1 fr. 83 à 4 fr. 83 la tonne.

Les entrepreneurs de Limoges qui achètent le fumier de cavalerie au prix de 0 fr. 065 par journée de cheval, soit d'environ 3 fr. 95 la tonne, le revendent aux agriculteurs 9 francs la charretée de 5 mètres cubes. Or le mètre cube de fumier frais de cheval, pesant environ à 400 kilog., le prix de la tonne revient à l'agriculteur à 4 fr. 50 ; on admet qu'un cheval met 4 mois pour produire une charretée de fumier.

A Bordeaux, on peut se procurer du fumier de cheval de bonne qualité provenant, soit des compagnies de transport, soit de la cavalerie militaire, au prix de 4 fr. le mètre cube, soit 10 francs les 1000 kilogrammes.

Les fumiers des chevaux de troupe, provenant d'animaux recevant la même nourriture et les mêmes soins, ont une composition peu différente. Nous avons prélevé un échantillon moyen sur un tas important du camp de Saint-Maur, et nous lui avons trouvé la composition centésimale suivante :

	Fumier frais.	Le même après 2 mois de mise en tas.
Eau....................	57.30	54.16
Azote.................	0.44	0.44
Acide phosphorique..........	0.29	0.35
Potasse...............	0.56	0.49

Ce fumier n'est pas très riche, mais il est cependant d'une valeur intrinsèque supérieure à celle de son prix de vente habituel, il contient par tonne :

	kilog.	francs.	francs.
Azote...............	4.4 à 1.50	=	6.60
Acide phosphorique.......	3.0 à 0.50	=	1.50
Potasse..............	5.0 à 0.40	=	2.00
			10.10

Les agriculteurs qui ont à leur disposition un engrais aussi avantageux, doivent chercher à en tirer parti. Avec des prix généralement faibles, l'engrais peut supporter des frais de transport et l'agriculteur, même à une certaine distance des villes, l'emploiera encore avec profit, aussi bien que les maraîchers qui en sont les principaux acheteurs.

2° Fumier de cheval obtenu avec d'autres litières que la paille. — Quoique la paille soit généralement usitée comme litière dans les écuries, il y a lieu cependant d'examiner, au point de vue de la valeur du fumier, l'emploi d'autres substances placées sous les animaux et qui se mélangent au fumier. On se sert quelquefois à cet effet de sciure de bois, mais c'est plus spécialement la tourbe qui est regardée comme le succédané de la paille pour la litière des chevaux. En France, l'emploi de la tourbe ne s'est pas encore généralisé, mais dans d'autres pays, entre autres en Allemagne, en Angleterre, en Danemark, en Hollande, en Suisse, etc., cette matière est extraite sur une grande échelle, pour remplacer la paille comme litière.

La Compagnie des Omnibus de Londres ne donne pour ainsi dire pas d'autre couchage aux animaux, et en raison du bon marché de la tourbe et de ses propriétés absorbantes si énergiques, il est à prévoir que son emploi se généralisera. Il y a donc intérêt à examiner, au point de vue de son utilisation agricole, le fumier de cheval recueilli sur cette litière.

En France les essais, faits avec cette substance, ont en grande partie échoué par le discrédit qui en résultait pour le fumier. Les agriculteurs en effet, voyant un engrais d'une apparence différente de celle du fumier de cheval ordinaire, ont délaissé celui-là par un préjugé qui n'était fondé sur aucune observation directe. La

Compagnie des Omnibus de Paris a été forcée de renoncer à l'emploi excessivement avantageux de la tourbe, par l'impossibilité où elle s'est trouvée de vendre ce fumier. Un discrédit analogue pèse sur les fumiers produits avec les sciures de bois. Nous avons vu plus haut que la tourbe, en raison de ses propriétés absorbantes, retient énergiquement l'ammoniaque. On doit donc s'attendre à trouver le fumier de tourbe plus riche en azote que le fumier de paille. D'un autre côté la quantité de tourbe à employer par jour et par animal étant notablement moindre que celle de la paille, le fumier est plus concentré, étant moins chargé de matières inertes. Aussi la quantité de fumier obtenue est-elle inférieure avec la litière de tourbe, qu'avec celle de paille. Au lieu de 20 kilog. par jour on n'en obtient plus que 11 kilog. environ; avec la sciure, c'est 12 à 13 kilog. qui se produisent. A première vue les fumiers de tourbe doivent donc avoir une valeur fertilisante plus considérable que les fumiers de paille. Les expériences faites comparativement dans les écuries de la Compagnie des Omnibus, en employant comme litière, de la paille, de la tourbe et de la sciure de bois, ont donné, sous l'influence d'une alimentation uniforme, des fumiers contenant p. 100 :

	FUMIER DE		
	Paille.	Tourbe.	Sciure.
Azote.	0.519	0.68	0.49
Acide phosphorique.	0.170	0.23	0.15
Potasse.	0.265	0.55	0.31

On voit que c'est le fumier produit avec la tourbe qui est le plus riche. A ce titre déjà il doit être préféré par les agriculteurs. Son emploi est d'ailleurs facilité par l'état physique dans lequel il se trouve. Il est en effet court et notablement plus homogène que le fumier de paille. Vœlcker a trouvé que le fumier de tourbe valait presque 2 fois et demie le fumier d'écurie ordinaire.

Mais pour avoir une démonstration complète de la supériorité ou tout au moins de l'égalité du fumier produit avec la tourbe et la sciure, comparativement à celui produit avec la paille, nous avons institué avec M. Lavalard des expériences de culture, en employant simultanément ces différents fumiers.

C'est dans des terres légères de la plaine de Vincennes que ces essais ont été faits ; ces terres consommant de grandes quantités d'engrais, on a fumé à dose très élevée, en employant 80 000 kilog. de chacun de ces divers fumiers par hectare. On a semé des betteraves fourragères qui ont reçu les façons normales. L'année suivante, sans fumure nouvelle, on a semé du blé. Les récoltes pour chacune des années ont été les suivantes :

	1re année. — Betteraves.		2e année. — Blé.	
	Racines.	Feuilles.	Grains.	Paille.
	kilog.	kilog.	kilog.	kilog.
Fumier de paille. .	36 500	20 000	1 033	2 717
— tourbe .	44 000	22 600	1 234	3 246
— sciure. .	39 000	20 000	1 258	3 312
Sans fumier	19 800	15 500	977	2 573

Dans un autre sol placé dans de meilleures conditions, on a mis des fumiers non pas à poids égaux, mais en quantités telles que la proportion d'azote fût la même pour chacune des parcelles, en prenant le fumier de paille comme unité.

Chaque hectare recevait ainsi 408 kilog. d'azote, et les quantités correspondantes de fumier employé étaient les suivantes :

	kilog.
Fumier de paille. . . .	80 000
— tourbe. .	60 000
— sciure. .	83 200

La récolte obtenue a donné pour chaque hectare :

	1re année. — Betteraves.		2e année. — Avoine.	
	Racines.	Feuilles.	Grains.	Paille.
	kilog.	kilog.	kilog.	kilog.
Fumier de paille. .	52 800	12 000	2 625	4 375
— tourbe .	66 400	17 000	28 50	4 750
— sciure. .	64 400	14 400	2 925	4 975
Sans fumier	46 000	9 400	1 837	3 063

Ces résultats montrent que les fumiers de tourbe et
de sciure ont eu, soit en proportion égale, soit à égalité
d'azote, une supériorité notable sur les fumiers de paille
et que par suite la préférence qu'on accorde à ces
derniers n'est pas justifiée.

CHAPITRE II

L'homme peut être considéré comme un producteur d'engrais ; se nourrissant d'une alimentation en général substantielle et spécialement de grains et de viande, ses déjections sont plus riches en azote et en acide phosphorique que celles des herbivores que nous avons envisagées jusqu'à présent. Malgré cette richesse qui leur assigne une valeur fertilisante de premier ordre, on ne donne pas assez de soin à leur restitution au sol.

Le but de l'agriculture est de fournir aux hommes leur alimentation, en extrayant de la terre soit directement, soit par l'intermédiaire des animaux, une nourriture choisie et concentrée qui satisfasse aux besoins de l'organisme humain et aux exigences que la civilisation a introduites ; on peut dire que c'est en quelque sorte la quintessence de la production animale et végétale qui sert à l'entretien de l'homme. L'agriculteur peut être comparé à un industriel qui livre ses produits fabriqués et qui conserve les sous-produits et les déchets qu'il retravaille à nouveau ; les matières premières de cette fabrication sont les éléments fertilisants du sol, qui va s'appauvrissant de toutes les quantités exportées.

Les principes fertilisants ont des valeurs excessivement différentes suivant la forme dans laquelle ils sont engagés ; l'agriculteur les prend à l'état où ils ont le prix le plus bas pour les transformer en substances qui leur font acquérir le prix le plus élevé. Pour fixer les idées, prenons l'azote du fumier auquel nous pouvons assigner une valeur de 1 fr. 50 le kilog. pour arriver à la viande, dans laquelle l'azote atteint la valeur énorme de plus de 60 francs le kilog. ; en effet le kilogramme de viande ne contenant que 30 grammes d'azote se vend fréquemment au prix de 2 francs. En général, les produits élaborés pour entrer dans l'alimentation de l'homme offrent les éléments fertilisants à un prix 10 fois, 20 fois, 30 fois supérieur à celui qu'ils ont dans les matières premières employées à les produire. En achetant les déjections humaines, l'agriculteur reprend à un prix extrêmement minime les matières fertilisantes qu'il avait vendues très cher.

Quoique les éléments des déjections humaines soient les mêmes, sauf les proportions, que ceux des déjections des animaux de la ferme, des considérations très différentes doivent intervenir dans les conditions de leur production, de leur récolte, de leur conservation et de leur utilisation. En effet les animaux laissent dans l'exploitation rurale les résidus de leur alimentation ; ceux-ci trouvent toujours leur emploi dans la ferme même, sans avoir à subir des transports onéreux ; ils constituent une source de richesse et aucun agriculteur ne se plaindra de les voir s'accumuler. Pour les déjections humaines il n'en est pas ainsi dans beaucoup de cas ; s'il est vrai que celles qui sont produites par les habitants des campagnes retournent en partie au fumier, il en est autrement pour celles des populations urbaines. Les villes qui soutirent aux champs la totalité de la nourriture de leurs

habitants et qui les appauvrissent de toute la quantité des
matières fertilisantes que cette nourriture contient, concentrent sur une surface restreinte et loin des terres cultivées d'énormes quantités de principes utiles qui, n'ayant
pas leur emploi sur les lieux de production, constituent
une cause d'encombrement et d'insalubrité.

Ces déjections peuvent faire retour aux campagnes,
mais à une condition seulement, c'est que les frais né-
cessités pour les amener à pied d'œuvre ne dépassent pas
la valeur intrinsèque. En considérant les excréments
humains accumulés dans les villes, nous avons donc à
tenir compte de circonstances multiples et tout à fait
spéciales.

Au point de vue agricole les villes peuvent être considérées comme de véritables étables d'hommes ; et
nous trouvons la même analogie entre les villes et les
campagnes qui les environnent et les alimentent en
partie, qu'entre les étables, où sont réunis les animaux
et les terres qui dépendent de l'exploitation. Mais dans
un cas on a l'avantage de l'emploi sur place, dans l'autre
l'inconvénient de manutentions et de transports coûteux.

Dans les villes il y a une production énorme de déjections. Les matières alimentaires, produites sur de très
grandes surfaces cultivées, viennent se concentrer là en
un petit point, sous forme d'excréments ; l'utilisation de
ces matières est impossible dans les villes, elles ne sont
donc pas comme dans les champs une cause d'enrichissement, mais tout au contraire une cause d'embarras.
Il faut s'en défaire à tout prix, alors même que ce prix
est notablement inférieur à leur valeur intrinsèque.
Puisque le point essentiel pour les villes est l'expulsion
de ces matières, les considérations de valeur fertilisante
ne viennent qu'en seconde ligne et sont même d'une

importance tellement minime, qu'on n'en tient pour ainsi dire pas compte.

Il y a deux systèmes adoptés dans les villes pour l'enlèvement des matières excrémentitielles, le premier consiste à s'en débarrasser par n'importe quel moyen, sans chercher à en tirer parti pour l'agriculture; le second a pour but de les enlever et de les recueillir de telle sorte qu'elles puissent faire retour au sol.

Quand on se place uniquement au point de vue des intérêts agricoles, comme nous devons le faire ici, on doit regarder la première méthode comme préjudiciable à l'intérêt général du pays, puisqu'elle fait perdre à l'agriculture une quantité considérable d'éléments propres à maintenir ou à augmenter la fertilité du sol. Il faut chercher à concilier le point de vue de l'hygiène avec celui de l'utilisation agricole de ces produits.

§ I. — PRODUCTION, COMPOSITION ET VALEUR DES DÉJECTIONS HUMAINES

Les déjections humaines sont loin d'avoir une composition constante; en effet l'alimentation de l'homme varie dans des limites beaucoup plus grandes que celle des animaux de la ferme. Chez les habitants des campagnes, les aliments végétaux jouent un rôle plus important que chez les citadins, et l'on doit s'attendre par suite à trouver dans le premier cas une richesse moindre en azote et en acide phosphorique. Dans les villes la consommation de la viande est plus considérable et les déjections se trouvent par suite plus concentrées. Mais ce n'est pas seulement la nature de l'alimentation qui fait varier les proportions des éléments fertilisants des déjections humaines. Le mélange de substances étrangères modifie leur composition; la paille, la terre, le papier sont autant de substances inertes qui en abaissent la richesse, mais ce qui influe bien plus encore c'est le mélange avec les eaux ménagères ou avec les eaux de lavage.

On peut admettre que les déjections humaines contiennent chez les personnes adultes la totalité des principes fertilisants qui étaient renfermés dans les aliments. En effet nous n'avons pas ici à tenir compte de la fixation d'azote pour l'engraissement ou pour la production du lait. La production du lait en effet est relativement très limitée et ce lait ne servant d'ailleurs qu'à l'alimentation des enfants dont les déjections retournent à la fosse, il n'y a pas à tenir compte d'une déperdition de principes fertilisants opérée de ce chef. Il est donc permis de dire que c'est seulement pendant la période de croissance que l'homme prélève sur les aliments, pour les fixer dans son organisme, une certaine quantité d'azote, d'acide phosphorique et de potasse, immobilisés une fois pour toutes pendant le cours de son existence.

L'homme adulte d'un poids moyen de 70 kilog. contient environ 2 kilog. d'azote, en admettant un taux voisin de 3 p. 100 pour l'ensemble du corps. Le squelette pèse en moyenne 5 kil. 6 et contient d'après Berzélius 52,80 p. 100 de phosphate, soit au total 1 kil. 5 d'acide phosphorique.

Par les usages de notre civilisation les cadavres de l'homme sont accumulés dans les cimetières, dont le sol s'enrichit ainsi d'énormes quantités d'azote et d'acide phosphorique qui sont perdus pour l'agriculture. Il en résulte un épuisement général du sol en faveur de cer-

tains points déterminés qui sont fermés à l'exploitation
végétale. Ce n'est que dans la suite des temps que ces
accumulations de matière animale rentrent dans la circulation.

Étudions d'abord les déjections exemptes de tout mélange avec les matières étrangères, les déjections solides
et les déjections liquides séparément.   .

Pour nous rendre compte de la teneur de ces déjections
en principes fertilisants, examinons au point de vue de
leur composition les principaux aliments ingérés par
l'homme et déterminons la proportion pour laquelle
ils entrent dans la ration, en nous bornant aux cas les
plus généraux et en n'envisageant que les substances
fertilisantes qui y sont contenues :

	Azote. p. 100	Ac. phosph. p. 100	Potasse. p. 100
Pain.	1.35	0.55	0.36
Pommes de terre	0.35	0.15	0.60
Haricots et légumes secs.	3.50	0.85	1.00
Légumes herbacés verts..	0.40	0.10	0.40
Viande.	3.25	0.70	0.50
Poisson.	3.00		
Œufs.	2.00	0.35	0.15
Lait	0.55	0.20	0.16
Fromage.	4.50	1.20	0.25

On peut prendre comme type de la ration d'un homme
adulte de 63 kil. 5, vivant sous le climat de l'Europe,
une quantité d'aliments correspondant à 20 grammes
d'azote par jour. Ce chiffre est atteint par la consommation de 860 grammes de pain et 250 grammes de
viande.

L'ouvrier qui se livre à un travail musculaire a besoin
d'un supplément de nourriture qui porte à 25 et jusqu'à
30 grammes la quantité d'azote qu'il ingère chaque jour.

Suivant que les aliments sont moins concentrés, il faut en consommer davantage pour arriver au quantum voulu.

En se fondant sur un grand nombre d'observations, on admet qu'un homme adulte expulse par vingt-quatre heures environ 20 grammes d'azote ainsi répartis :

		grammes.
Sous forme d'urée		15.60
— de créatine et acide urique		0.70
— de fèces		3.33
— de sueurs, desquamation, produits		
— expirés, etc		0.37

La répartition de l'azote des déjections ne se fait pas de la même manière, selon que l'alimentation est végétale ou animale. Dans le premier cas une notable partie des matières azotées échappe à la digestion et, par suite, une plus forte proportion d'azote se retrouve dans les excréments solides; dans le second cas, les aliments azotés sont digérés en plus grande quantité et les excréments solides en renferment moins; c'est dans les urines qu'on retrouve alors l'azote qui avait été assimilé. Pour l'alimentation exclusivement végétale, on a constaté que la moitié de l'azote rejeté se trouvait dans les excréments solides, et l'autre moitié dans les urines, tandis que, pour une alimentation exclusivement animale, un quart seulement de l'azote passait dans les déjections solides, et trois quarts dans l'urine.

Déjections solides. — Les excréments solides, dont nous nous occupons d'abord, contiennent la totalité des résidus d'aliments qui ont échappé à la digestion, ainsi que les produits déversés sur le bol alimentaire par les organes du canal digestif; ils renferment en général près de 75 p. 100 d'eau et une quantité de matières minérales très variable, voisine de 1,5 p. 100 ; les cendres des excréments sont riches en acide phosphorique, combiné principalement à la chaux et à la magnésie ; voici leur teneur centésimale :

	Ac. phosph.	Potasse.	Chaux.
D'après Fleitmann	31.0	18.5	21.5
— Porter	36.0	6.1	26.5
— Way	42.7	11.9	17.2

Les quantités d'excréments solides rendues en 24 heures par un adulte, recevant une alimentation mixte moyenne, est de 130 à 150 grammes.

D'après Lecanu, l'émission moyenne, en 24 heures, est de 140 à 190 grammes de matières humides représentant 35 à 50 grammes de matière sèche ; le taux moyen d'azote des matières humides est de 0, 40 ; celui de l'acide phosphorique 0,30 p. 100 ; celui de la potasse n'est pas déterminé.

Ce qui fait pour l'année pour un homme :

	kilog.
Azote dans les déjections solides d'un individu. . .	0.240
Acide phosphorique — . . .	0.180

La moyenne d'un grand nombre d'observations donne les chiffres suivants par jour et par individu, pour la quantité des fèces et des substances qui y sont contenues :

	grammes.
Quantité	133.00
— à l'état sec	30.30
Azote	2.10
Acide phosphorique	1.64
Potasse	0.73

Wolff donne les chiffres suivants pour la produc-

tion annuelle par individu (adultes et enfants confondus) :

	kilog.
Quantité.	48.50
— à l'état sec..	11.00
Azote.	0.75
Acide phosphorique..	0.50
Potasse.	0.25

Ce qui donne pour la composition centésimale des
déjections solides :

Eau.	77.2
Azote.	1.6
Acide phosphorique.	1.0
Potasse	0.5

D'après Vœlcker on aurait :

Eau.	75.0
Matière sèche.	25.0
Azote.	1.5
Acide phosphorique.	1.0

D'après Way les déjections, contenant p. 100 75,7
d'humidité, renferment 1,38 d'azote.

Les chiffres varient d'ailleurs dans d'assez fortes limites avec la nature de l'alimentation et le degré d'humidité de la matière.

Déjections liquides. — Autant et plus que les déjections solides, les urines présentent des variations
dans leur composition. Une alimentation très azotée les
enrichit en azote ; des boissons abondantes les délayent.
D'après Lehmann, avec un régime exclusivement animal, la quantité d'urée produite journellement s'élève à
53 grammes ; avec un régime mixte, elle est de 32 gr. 5 ;
avec une alimentation exclusivement végétale, de 22 gr. 5
seulement. C'est dans les urines que se trouvent princi-

palement les matières fertilisantes des déjections ; l'azote et la potasse y sont concentrés en même temps qu'une certaine quantité d'acide phosphorique.

L'urine humaine est presque toujours acide, sa densité varie de 1005 à 1030 ; elle est caractérisée, comme celle des oiseaux, par la présence d'acide urique ; elle est riche en phosphate, tandis que les déjections liquides des animaux de la ferme, le porc excepté, en sont presque entièrement dépourvues.

Voici, d'après Lehmann, la composition moyenne de l'urine humaine :

Urée.	32.91
Acide urique.	1.07
Acide lactique.	1.55
Matières extractives	10.40
Lactate d'ammoniaque.	1.96
Sel marin et sel ammoniac.	3.60
Sulfates alcalins.	7.29
Phosphate de soude.	3.66
Phosphate de chaux et magnésie.	1.18
Mucus.	0.10
Matières solides.	63.72
Eau	936.28
TOTAL.	1000.00

Les cendres d'urines renferment généralement 12 à 13 p. 100 d'acide phosphorique et 15 à 16 p. 100 de potasse.

D'après Lecanu, l'urine émise en moyenne par vingt-quatre heures est de 1 kil. 268 grammes qui contiennent :

	grammes.	
Urée	25.0	Azote . . 12 gr.
Acide urique	1.0	
Sel marin.	17.5	
Acide phosphorique.	0.6	

Ces quantités représentent donc par an et par individu une quantité de :

	kilog.
Azote.	4.400
Acide phosphorique.	0.220

Wolff donne comme moyenne de nombreuses observations les chiffres suivants, pour la production annuelle par individu (adultes et enfants confondus) :

	kilog.		
Quantité.	422.00		
— à l'état sec.	19.80		
Azote.	4.00	soit p. 100	0.95
Acide phosphorique	0.85	—	0.20
Potasse.	0.75	—	0.18

La moyenne prise d'après un grand nombre d'auteurs donne par jour et par individu :

	grammes.
Poids total	1 200.00
Substance sèche.	64.00
Azote.	12.10
Acide phosphorique.	1.80
Potasse.	2.22

On voit par ces chiffres que les urines ont une composition variable, mais qu'elles renferment la plus grande partie des éléments fertilisants qui étaient contenus dans les aliments.

Déjections solides et liquides réunies. — Examinons maintenant l'ensemble des déjections pour arriver à la totalité des substances utiles rendues par l'homme comme résidu de son alimentation. Il suffit d'additionner les quantités d'urines et de déjections produites dans un temps donné, avec les proportions des divers éléments qu'elles renferment.

D'après Lecanu, on aurait ainsi pour la production d'une année par individu :

	Poids.	Azote.	Ac. phosph.
	kilog.	kilog.	kilog.
Déjections solides.	60.225	0.240	0.180
— liquides.	462.800	4.400	0.220
Totaux.	523.025	4.640	0.400

D'après les moyennes calculées par Wolff, on arrive aux résultats suivants :

	Poids.	Azote.	Ac. phosph.	Potasse.
	kilog.	kilog.	kilog.	kilog.
Déjections solides . . .	48.5	0.750	0.500	0.250
— liquides. . .	422.0	4.000	0.850	0.750
Totaux . . .	470.5	4.750	1.350	1.000

Ces quantités équivalent à 1 100 ou 1 200 kilog. de fumier de ferme; on voit donc que l'engrais produit par 20 personnes peut servir à fumer un hectare, comme le ferait une masse de 20 à 25 000 kilog. de fumier de ferme.

En prenant, d'après Heiden, la moyenne d'un grand nombre d'auteurs, nous trouvons par an et par individu :

	Déjections solides.	Déjections liquides.	Ensemble.
	kilog.	kilog.	kilog.
Quantité	48.50	438.00	486.50
Matières fixes	11.00	23.30	34.40
Azote.	0.80	4.40	5.20
Acide phosphorique. . . .	0.60	0.66	1.26
Potasse	0.26	0.81	1.07

Calculons, d'après le tableau de Wolff, la valeur des excréments produits par an et par individu, en admettant les prix que nous avons attribués aux matières fertilisantes du fumier de ferme, nous obtenons :

	kilog.	francs.		francs.
Azote.	4.750 à 1.50 le kilog.	=	7.12
Acide phosphorique . .	1.350 à 0.50	—	= 0.67
Potasse.	1.000 à 0.40	—	= 0.40
			8.19

Si l'on considère l'ensemble d'un pays comme la France et qu'on multiplie les résultats qui précèdent par le chiffre de la population, on arrive à des sommes extrêmement élevées pour représenter la valeur des déjections humaines. Ainsi en multipliant par 36 000 000 les 8 fr. 20 représentant la valeur des déjections humaines produites dans une année par un individu, nous trouvons une valeur de près de 300 millions de francs. On va bien loin chercher des matières fertilisantes et on en laisse se perdre des quantités considérables qui sont à notre portée; on transporte à grands frais les déjections des oiseaux marins et on ne songe pas assez à tirer le meilleur parti possible des déjections humaines. Une exploitation judicieuse de l'engrais humain pourrait nous affranchir en partie du tribut que nous payons à l'étranger pour l'achat des engrais.

Ce n'est que dans les centres populeux que se réunissent de grandes masses de déjections. Si nous prenons pour exemple une ferme avec un personnel de dix individus, et si nous tenons compte des déperditions forcées par le séjour hors de la ferme, nous n'aurons en réalité pour la production annuelle qu'une valeur de 40 à 50 francs. Il ne faut donc pas s'exagérer la valeur argent des déjections humaines, produites dans une exploitation agricole dont le personnel est restreint. C'est un appoint au fumier de ferme, qu'il faut se garder de négliger.

Mais dans les villes les déjections produites par une population nombreuse finissent par représenter par leurs quantités mêmes des sommes énormes. Là il y a lieu de tenir grand compte de l'utilisation de ces matières, dont l'exploitation régulière serait pour l'agriculture une source importante d'engrais.

Nous devons ajouter que ces calculs sont basés sur les rendements théoriques; pour les déjections humaines, plus encore que pour le fumier de ferme, il y a des causes de déperditions nombreuses, que nous allons passer en revue :

1° **Pertes par dissémination.** — Par la force même des choses, une notable partie de ces déjections est perdue pour la culture et ce n'est qu'en modifiant les habitudes des populations, en les astreignant à une régularité incompatible avec notre organisation sociale, que l'on pourrait arriver à éviter cette dilapidation; en effet une grande quantité de déjections et surtout de déjections liquides qui, comme nous l'avons vu, contiennent la plus grande quantité des éléments fertilisants, sont répandues de part et d'autre et ainsi perdues pour une utilisation directe.

Les personnes qui passent hors de chez elles une partie de leur temps, et c'est le cas le plus général pour la portion de la population qui absorbe le plus de nourriture et qui par suite produit une plus grande somme de déjections, les expulsent çà et là à mesure des besoins.

Il n'est donc possible de recueillir, en des points déterminés où l'accumulation en permettrait un emploi agricole, qu'une partie des déjections humaines.

2° **Pertes par infiltrations.** — Lorsque les fosses dans lesquelles se réunissent les déjections sont étanches, il n'y a pas à craindre d'autre déperdition que celle qui proviendrait du dégagement de l'ammoniaque,

dégagement d'autant plus fort que les matières sont elles-
mêmes à un degré de concentration plus grand et que la
fosse est plus ouverte et par suite plus exposée à la circulation de l'air. Lorsqu'au contraire les fosses ne sont pas
suffisamment étanches, il y a une déperdition notable
par suite des infiltrations des liquides dans les terrains
avoisinants et ces infiltrations, portant sur les matières
liquides, celles précisément qui sont les plus riches
en azote, appauvrissent dans une forte proportion les
matières de vidanges, non seulement comme quantité,
mais aussi et surtout comme qualité.

Les infiltrations, d'ailleurs, sont préjudiciables à la
santé publique et doivent être soigneusement évitées. Les
liquides qui s'introduisent ainsi dans le sol, peuvent
souiller l'eau des puits et quelquefois y apporter des
germes d'infection. C'est donc non seulement au point
de vue de l'agriculture, mais aussi à celui de l'hygiène,
que les fosses doivent être construites dans de parfaites
conditions d'étanchéité. Les pertes sont évidemment
d'autant plus grandes que les fissures d'infiltration sont
plus nombreuses et que le terrain avoisinant est lui-
même plus perméable.

3° **Pertes par fermentation**. — Une autre cause
de déperdition propre aux urines, c'est la fermentation
ammoniacale qui s'y établit rapidement. L'urine à l'état
frais contient la plus grande partie de sa matière azotée
sous forme d'urée, mais elle est rapidement envahie par
un ferment spécial extrêmement répandu et surtout
abondant dans les lieux où ont déjà séjourné les urines.
Ce ferment agit avec activité sur l'urée, qu'il transforme
en carbonate d'ammoniaque. L'azote devient alors sujet
à toutes les déperditions provenant de la volatilité de
l'ammoniaque. Cette fermentation se produit avec une
grande intensité dans les fosses.

L'importance des pertes par volatilisation est fonction :

1° De la concentration; plus la proportion de carbonate d'ammoniaque existant dans les liquides qui baignent la matière est élevée, plus est grande la tension de l'alcali volatil et par suite sa déperdition. Pour éviter cette perte ou tout au moins pour l'atténuer, on peut diluer les matières en les additionnant d'eau; ainsi étendues, elles laissent dégager l'ammoniaque moins facilement. Mais le délayage a le grave inconvénient d'augmenter le volume des matières et de rendre ainsi leur transport et leur emploi agricole beaucoup plus coûteux. Avec le système de cuvettes généralement adopté dans les villes, ce mélange d'eau se fait naturellement; aussi les vidanges des villes sont-elles dans des conditions plus avantageuses, au point de vue de la conservation des matières fertilisantes et au point de vue de l'hygiène; mais elles le sont bien moins au point de vue de la facilité des transports sur les lieux d'emploi.

2° L'air, lorsqu'il se renouvelle rapidement dans la fosse, entraîne de notables quantités d'ammoniaque. Il y a donc tout intérêt à avoir des fermetures hermétiques, autant à cause de la perte d'ammoniaque que des odeurs qui peuvent se dégager.

3° La température joue un certain rôle; plus elle est élevée, plus la fermentation et par suite la transformation de l'azote en combinaisons volatiles est rapide; plus aussi la tension de l'ammoniaque existant dans la matière est élevée et le dégagement abondant. C'est donc en été qu'il y a le plus à craindre ces émanations ammoniacales doublement préjudiciables et c'est dans cette saison qu'il y a lieu de boucher plus hermétiquement les orifices des fosses.

Dans les grandes accumulations de population

comme les villes, ces précautions sont surtout nécessaires. Dans les campagnes, le plus souvent les déjections humaines vont directement au fumier et sont alors incorporées à ce dernier.

Les fermentations qui s'opèrent dans les fosses ont beaucoup d'analogie avec celles qui ont lieu dans le fumier de ferme ; mais, en général, la décomposition des matières de vidange est notablement plus rapide, parce que les déjections humaines ne sont pas mélangées de débris végétaux tels que ceux des litières. Aussi la fermentation ammoniacale y est-elle très énergique et y voit-on se produire une véritable fermentation putride, donnant naissance à des phénomènes réducteurs dans le sein de la masse ; on y constate les produits ordinaires des réductions, parmi lesquels des sulfures qui donnent naissance à du sulfhydrate d'ammoniaque et augmentent ainsi les causes d'infection ; en même temps il peut se former des carbures d'hydrogène gazeux, comme le gaz des marais, qui ont quelquefois provoqué des explosions, au contact de matières enflammées.

Ces fermentations amènent rapidement les matières de vidange à un grand état de division et permettent leur emploi presque immédiat par l'agriculture. Elles n'ont pas besoin, en effet, de subir pendant longtemps une fermentation préliminaire pour devenir homogènes et pour pouvoir être répandues uniformément sur le sol. Elles peuvent être regardées comme *faites*, peu de jours après qu'elles ont été produites, tandis que le fumier de ferme a besoin de subir, au préalable, une lente décomposition.

Plus tôt on emploiera donc les vidanges pour l'agriculture, mieux cela vaudra au point de vue de leur action sur les terres, puisqu'elles auront ainsi subi des pertes bien moindres qu'après un long séjour dans les fosses.

§ II. — SYSTÈMES EMPLOYÉS POUR RECUEILLIR LES DÉJECTIONS

1° *Dans les Villes.*

Envisageons d'une manière générale la production des déjections dans les villes, en faisant abstraction de celles qui se perdent sur la voie publique et qui pour les centres populeux ne représentent d'ailleurs qu'une proportion minime. Nous avons à considérer les fosses qui existent dans les maisons, les casernes ou les établissements publics et qui reçoivent la presque totalité des déjections solides et une proportion notable d'urines.

1° **Fosses fixes**. — Nous ne pouvons pas entrer ici dans le détail des divers systèmes usités dans les cabinets d'aisance. Dans ces dernières années on a beaucoup perfectionné les appareils, afin d'empêcher les matières existant dans la fosse de répandre des odeurs au dehors. Des systèmes de cuvettes à siphon, munies d'un clapet avec une fermeture hydraulique, paraissent répondre le mieux à ce but; le déversement d'eau dans les cuvettes entraînant les matières sert en même temps à délayer celles-ci dans la fosse et à atténuer leur odeur. On recueille donc les déjections humaines mélangées de quantités d'eau extrêmement variables et en général d'autant plus grandes que les maisons sont habitées par les classes les plus aisées de la population.

On munit les fosses de tuyaux d'évent qui vont jusqu'à la hauteur des toits; mais le déversement des gaz dans l'atmosphère, par l'orifice de ces tuyaux ou par les fuites, n'est pas sans inconvénients graves. Les fosses fixes, même si les parois sont enduites de ciment ou de béton, et si elles sont construites avec toutes les indications prescrites, ne gardent pas longtemps une étanchéité parfaite et des fuites deviennent rapidement nombreuses; de là des infiltrations dans les terrains avoisinants et une cause d'infection, en même temps qu'une perte d'éléments fertilisants.

Ce fait ressort des analyses suivantes de M. Würtz :

RÉSULTATS pour 1 kilog. de terre sèche.	Terre rapprochée de la fosse.	Terre loin de la fosse.
	grammes.	grammes.
Perte au feu	140.000	40.000
Carbone des matières organiques . .	9.800	1.050
Ammoniaque des sels ammoniacaux.	0.013	0.002
— libérable des matières azotées	0.098	traces.
Acide nitrique.	0.316	0.019

C'est ici le cas de dire que le système des *puisards* ou fosses à fond perdu doit être proscrit, tant au point de vue de l'hygiène qu'au point de vue agricole. Si les fosses cimentées donnent lieu à des infiltrations malsaines, on doit penser combien est dangereux ce système des puisards qu'on met trop souvent en pratique et qui a pour conséquence inévitable de souiller les eaux des puits et de contribuer ainsi à la propagation des maladies contagieuses, telles que la fièvre typhoïde.

Les fosses fixes présentent donc de graves inconvénients; un des principaux, c'est de nécessiter l'extraction et par suite la manipulation des matières qui s'y sont accumulées.

On emploie à cet effet des pompes aspirantes, mais en général celles-ci ne fonctionnent qu'à la condition que les matières aient une certaine fluidité; il est donc nécessaire d'opérer au préalable un brassage qui se fait à l'aide de longues perches ; pendant cette opération, des émanations se dégagent en abondance. Elles sont diminuées si une désinfection préalable a eu lieu ; dans ce but on emploie le sulfate de fer ou le chlorure de zinc. Un mètre cube de vidange exige 10 litres de dissolution de sulfate de fer à 20°B, ou 3 kilog. de sulfate de fer cristallisé ; le prix de revient de cette désinfection est d'environ 0 fr. 18 à 0 fr. 20 par mètre cube.

Les matières sont ensuite refoulées par la pompe dans les tonneaux de vidange. Pour éviter pendant ce déversement le dégagement de produits odorants, on fait passer les gaz, soit dans des caisses contenant des désinfectants (sulfate de cuivre pour absorber l'hydrogène sulfuré, chlorure de chaux pour détruire l'ammoniaque) soit sur un foyer incandescent.

Ces systèmes peuvent être utilement remplacés par d'autres qui consistent à faire le vide dans les tonneaux à l'aide d'une machine à vapeur et à aspirer ainsi les matières. On brûle les gaz dans le foyer de la machine, ou bien si le vide a été fait au préalable dans le tonneau, les gaz dégagés ne s'en échappent pas et ne viennent pas infester l'air. Mais ces systèmes qui ont de grands avantages, au point de vue de la suppression des odeurs produites pendant la vidange, ont l'inconvénient de laisser, au fond des fosses, la plus grande partie des matières solides qui n'ont pas été brassées.

Il y aurait certainement avantage à remplacer les fosses cimentées par des réservoirs métalliques dont le fond aurait une forme conique et d'où partirait le tuyau de vidange qu'on pourrait faire aboutir à l'extérieur de l'habitation. La vidange se ferait soit par pression, soit par aspiration.

2° **Fosses mobiles.** — Ces fosses offrent quelques avantages sur les fosses fixes, partout où elles peuvent

être employées ; mais comme elles nécessitent des manutentions et des transports nombreux, on ne peut leur
donner qu'une petite dimension ; leur enlèvement doit
être très fréquent et cette considération rend leur usage
difficile et onéreux pour les grandes villes. Ainsi pour
Paris, on compte que pour desservir les 230 000 tuyaux
de chute, il faudrait 2 300 voitures portant chacune
10 tonneaux de 250 litres et circulant tous les jours
dans les rues. Ce système offre de plus l'inconvénient
de supprimer les tuyaux d'évent, de sorte que les gaz
infects refluent dans les cabinets et de là dans les caves
et les maisons.

Composition des matières extraites des fosses. —
Qu'il s'agisse de fosses fixes ou de fosses mobiles, la
nature des matières est la même. Ainsi que nous le
disions plus haut, c'est surtout la quantité d'eau venant
s'ajouter aux excréments qui modifie leur composition.
Aussi est-elle extrêmement variable, comme le montrent les chiffres ci-dessous, empruntés à M. Girardin.

Engrais n° 1, sans addition d'eau ; densité 1031.

Engrais n° 2, venant d'une maison de Lille, ayant reçu
12 à 15 p. 100 d'eau ; densité 1017,5.

Engrais n° 3, provenant d'une fosse de fabrique recevant beaucoup d'eaux d'infiltration ; densité 1007.

Un kilog. de ces engrais contient :

	N° 1.	N° 2.	N° 3.
	grammes.	grammes.	grammes.
Eau	950.819	981.55	989.52
Azote ammoniacal.	6.60 } 9.40	4.6 } 6.5	1.70 } 1.82
Azote organique. .	2.80	1.9	0.12
Ac. phosphorique .	3.30	1.0	0.25
Potasse	2.03	1.5	0.15

On voit par cet exemple quelle énorme différence

existe entre la composition des vidanges, suivant qu'elles ont été ou non mélangées d'eau.

Si nous cherchons à établir les valeurs relatives de ces engrais, nous trouvons pour les 1 000 kilog. :

	N° 1.	N° 2.	N° 3.
	francs.	francs.	francs.
Valeur de l'azote	14.10	9.75	2.75
— de l'acide phosphorique . .	1.65	0.50	0.12
— de la potasse.	0.81	0.60	0.06
	16.56	10.85	2.93

Donnons encore d'après M. Durand-Claye les quantités d'azote se rapportant à des matières de vidange prises dans diverses conditions :

	Azote pour 1000 kilog.
	kilog.
Matières de vidange solides et liquides, pures .	9.37
Urines pures	8.96
Vidanges de la rue Mouffetard.	6.00
— — St-Denis.	5.30
— — Chaussée-d'Antin	1.00
— du Grand-Hôtel	0.27

D'autres observations plus récentes nous montrent dans des vidanges d'une maison du boulevard Poissonnière, où l'eau est en abondance, 1 kil. 730 d'azote ammoniacal par mètre cube de matière, tandis que, dans une maison de la rue Montorgueil où la distribution de l'eau n'est pas faite aux différents étages, il y en avait 4 kil. 124.

On voit que c'est dans les conditions où les soins de propreté ont été le mieux observés que les vidanges contiennent les plus petites quantités d'azote.

Au point de vue de l'hygiène et de la santé publiques,

l'abondance de l'eau dans les cabinets d'aisance est absolument recommandable. Mais le déversement de l'eau oblige à des curages de fosses plus fréquents et par conséquent plus onéreux. Ainsi à Paris le mètre cube coûte 4 à 8 francs à extraire des fosses.

Le travail de vidange est facilité par l'abondance de l'eau ; cela est tellement vrai que dans les villes de province le prix de l'extraction du mètre cube varie de 3 à 7 francs, suivant que les fosses contiennent des déjections pures ou mélangées d'eau.

Au point de vue agricole et industriel, il y a avantage à traiter des matières concentrées. On voit donc que cette question d'eau présente des points de vue divers.

Pour les villes la question d'assainissement passe avant toutes les autres et on admet que pour entretenir la propreté des cabinets d'aisance, il faut déverser environ 3 litres d'eau par 24 heures et par habitant ; ce qui représente une dilution de l'engrais au quart de sa valeur primitive.

Outre l'influence de l'eau sur la teneur des vidanges en principes fertilisants, il y en a une autre qui tient à la nature de l'alimentation. Lorsque celle-ci est presque exclusivement animale, les déjections contiennent une bien plus grande quantité d'azote et d'acide phosphorique.

Ainsi les quantités d'eau ajoutées étant mises à part, on constate que les vidanges des hôtels et des restaurants sont en général plus riches que celles des maisons particulières et des casernes.

Ce fait ressort des analyses suivantes, dont la première, due à M. Corenwinder, se rapporte aux déjections d'ouvriers, recevant principalement une alimentation végétale, et la deuxième, faite par M. Girardin, aux déjections de bourgeois ayant une alimentation plus spécialement animale :

	DÉJECTIONS.	
	Ouvriers.	Bourgeois.
Eau.	95.190	95.100
Azote	0.549	0.869
Acide phosphorique.	0.167	0.323
Potasse	0.161	0.207

En calculant la valeur comparée de ces engrais, avec les prix que nous avons attribués aux matières fertilisantes, nous trouvons : par tonne de la vidange des ouvriers, une valeur de 9 fr. 74 et par tonne de la vidange des bourgeois, 15 fr. 47.

On voit par ce qui précède qu'à l'heure actuelle, où des systèmes fonctionnant avec de l'eau sont établis presque partout dans les villes, il est impossible de donner une composition moyenne pour les matières de vidange ; celle-ci pouvant varier dans des proportions énormes, suivant les quantités d'eau qui s'y trouvent mélangées. Nous pouvons dire cependant que la moyenne pour le dépotoir de Bondy est de 3 kil. 85 d'azote pour 1 000 kilogrammes.

Wolff nous donne comme moyenne de composition des matières provenant du grand collecteur de Stuttgart les chiffres suivants :

	1874.	1884.
Eau	97.40	97.30
Matières minérales.	1.11	1.10
Azote	0.43	0.46
Acide phosphorique	0.19	0.14
Potasse.	0.21	0.20

Les 6/7 de l'azote se trouvent à l'état ammoniacal.

3° **Système diviseur.** — Au lieu de fosses étanches

ou de réservoirs mobiles, on a employé quelquefois un système appelé diviseur ou système de *tinettes-filtres*, qui consiste en un appareil portant une paroi verticale à claire-voie, permettant l'écoulement des matières liquides.

Les excréments solides sont ainsi seuls retenus; les liquides vont directement à l'égout. On peut reprocher à ce système, outre les obstructions qui se produisent, de ne fonctionner que d'une manière très imparfaite, en ce sens que les matières solides sont en grande partie délayées et entraînées avec les liquides; mais, même dans le cas où ce fait ne se produirait pas, nous ne saurions approuver ce procédé au point de vue des intérêts agricoles. Nous avons vu en effet que les principes utiles sont surtout contenus dans les déjections liquides; ce qui peut rester dans l'appareil ne représente donc qu'une faible partie des substances fertilisantes des déjections.

La matière ainsi recueillie peut se comparer à celle qui se dépose dans les dépotoirs; sa composition est la suivante :

	kilog.
Matière sèche par mètre cube	174.0
Azote organique	6.4
— ammoniacal	4.0
— total	10.4

En la desséchant elle donne une véritable poudrette.

4° **Système à canalisation tubulaire.** — Les systèmes qui précèdent laissent beaucoup à désirer et aucun ne satisfait à la condition, essentielle pour la salubrité des grandes villes, de supprimer les dégagements fétides, ainsi que la manutention et la manipulation des matières fécales. Nous dirons quelques mots d'un système qui réalise à ce point de vue un très grand perfectionnement, c'est le *système Berlier à canalisation tubulaire*. Chaque tuyau de chute, débouchant dans une sorte de panier qui retient les matières grossières, communique, par une conduite étanche en fonte de o m. 15 de diamètre, à un réservoir dans lequel une pompe hydropneumatique fait un vide partiel, de telle sorte que les fosses sont complètement supprimées ainsi que l'appareil des vidangeurs; les matières fécales sont aspirées immédiatement, enlevées par une canalisation parallèle et semblable à celle du gaz et des eaux, et envoyées loin des villes dans des usines spéciales. Ce système fonctionne depuis plusieurs années dans certains quartiers de Paris avec une régularité parfaite.

A Dordrecht, à Leyde, à Amsterdam un système basé sur le même principe est appliqué depuis longtemps sous le nom de *système différentiel de Liernur* et donne des résultats excellents.

La vidange par canalisation tubulaire semble devoir répondre aux besoins des grandes cités; sans entrer dans les détails de son application, nous constatons qu'elle répond à un but très désirable, la suppression des fosses d'aisance dans les villes.

5° Système de tinettes mobiles avec matières absorbantes. — Jusqu'ici nous n'avons envisagé que le cas où les déjections sont plus ou moins mélangées d'eau; d'autres systèmes, dans lesquels l'eau est remplacée par des corps absorbants, sont fréquemment en usage, particulièrement dans les petites villes et dans les casernes. Les matières absorbantes employées sont de diverses natures et les procédés en usage portent les noms des inventeurs; ainsi on a le système Moule et le système Rochdalle en Angleterre, le système Goux en France, etc.

Le *système Moule* consiste à placer dans des récipients portatifs de minces couches de terre, sur lesquelles est recueillie la masse des déjections et qui alternent avec celles-ci; on mélange la matière qui est désinfectée et séchée par son contact avec la terre. La même terre peut servir plusieurs fois après avoir été mélangée; on calcule qu'une quantité de 250 kilog. est suffisante par tête et par an. Mais, même en la faisant servir à plusieurs reprises, elle ne s'enrichit jamais au point de devenir un engrais pouvant se transporter à une certaine distance; il faut l'utiliser sur place, aussi doit-on de préférence employer ce système dans les campagnes.

Vœlcker qui a fait l'analyse de la poudrette Moule a trouvé les chiffres suivants pour les produits obtenus :

TERRE.

	Avant l'emploi.	Après 1 fois.	Après 2 fois.	Après 3 fois.
	p. 100	p. 100	p. 100	p. 100
Humidité........	9.94	21.69	11.81	13.81
Azote..........	0.28	0.29	0.37	0.44
Acide phosphorique..	0.17	0.19	0.39	0.44

On voit que, après avoir servi plusieurs fois, cette terre ainsi imprégnée a une valeur fertilisante qui ne dépasse pas celle du fumier de ferme.

Le *système Rochdalle* consiste également à recevoir les matières dans des tinettes, où elles sont aborbées par des cendres; on ajoute de l'acide sulfurique pour saturer l'ammoniaque, du poussier de charbon et on dessèche le mélange à l'air libre.

Vœlcker a trouvé pour sa composition centésimale :

Humidité	15.13
Azote	0.69
Acide phosphorique.	0.36
Potasse	0.75

Dans le *système Goux*, la matière absorbante est constituée par des substances variées, déchets de laine, tontisses de filature, paille hachée; les déjections solides se déposent à la surface; les liquides sont absorbés. On obtient ainsi une désinfection partielle, qui rend la manipulation de cet engrais moins répugnante, en même temps que, par une plus grande consistance, le maniement en est devenu plus facile.

La désinfection est d'autant plus complète que la matière absorbante est de meilleure qualité. La tourbe nous semble devoir donner les meilleurs résultats, en raison de sa porosité et de ses propriétés absorbantes. Les matières employées pour obtenir la désinfection ne sont pas en quantité très considérable, et par suite l'engrais ne subit pas un délayage très grand, et peut supporter un transport à une certaine distance. Lorsque ces matières absorbantes contiennent elles-mêmes des principes fertilisants, comme les déchets de laine, la richesse de l'engrais se trouve augmentée. Vœlcker donne pour la composition centésimale de deux échantillons d'engrais Goux les chiffres suivants :

	1	2
Eau	51.65	31.16
Azote	0.67	0.94
Acide phosphorique	0.46	0.64
Potasse	0.30	

C'est un système analogue qui est adopté par le génie militaire et appliqué dans un très grand nombre de casernes; la Compagnie Lesage, qui a l'entreprise de ces vidanges, fournit le matériel et procède à l'enlèvement des matières aux prix de 0 fr. 60 par homme et par mois pour Paris, et 0 fr. 35 à 0 fr. 40 pour la province. La tinette mobile se compose d'une caisse

cylindrique en tôle, munie de poignées et d'une contenance de 60 litres environ; dans cette caisse on
place une enveloppe en tôle percée de trous, ouverte
aux deux bouts; l'intervalle de 0 m. 10 environ qui
existe entre les deux cylindres, ainsi que le fond du
récipient reçoivent de la paille hachée ou des balles,
environ 5 kilog. par tinette. En été on ajoute un peu de
sulfate de fer à la balle; en hiver cette précaution est
négligée.

La tinette ainsi disposée est placée sous les cabinets
(1 tinette pour 60 hommes); à mesure que les déjections
sont émises, les parties liquides filtrant à travers les trous
sont absorbées par les pailles. Lorsque le récipient est
plein, deux hommes l'enlèvent et le transportent au
dépôt; là on retire l'enveloppe intérieure; la balle qui
entoure les parois recouvre les déjections, dont la vue
et l'odeur même sont à peu près masquées; la caisse
cylindrique est renversée. La matière moulée est mise
en tas et vendue aux agriculteurs soit à l'état vert,
soit après une période de six mois ou d'un an. Sous
cette dernière forme, la substance n'offre aucune odeur
repoussante et son aspect rappelle beaucoup celui du
fumier de ferme très consommé, dit beurre noir. Nous
avons prélevé des échantillons de ces engrais des
casernes; nous avons obtenu les résultats suivants :

	Vidange fraîche.	Vidange d'un an.
	p. 100	p. 100
Eau	87.00	65.50
Azote	0.68	0.74
Acide phosphorique	0.19	0.72
Potasse	0.30	0.57

L'examen de ces chiffres nous apprend que, pendant
le séjour en tas, une forte proportion d'azote a disparu

et que les éléments minéraux se sont concentrés. Des analyses de matières prises au camp de Châlons donnent pour l'azote un chiffre voisin de 1 p. 100.

La valeur marchande de cet engrais, qu'on trouve à acheter dans beaucoup de villes de garnison, varie suivant les lois de l'offre et de la demande; les entrepreneurs de Paris en sont la plupart du temps embarrassés et le cèdent à bas prix. Certains agriculteurs l'achètent d'après la teneur en azote.

La *poussière de tourbe* ou *Torfmull*, provenant du tamisage de la tourbe litière, est depuis quelque temps utilisée comme matière absorbante pour les vidanges. Cette poussière absorbe sept à huit fois son poids de liquide et de fortes proportions d'ammoniaque; on estime que 55 à 60 kilog. sont suffisants par homme et par année; on ajoute quelquefois à la tourbe du sulfate de fer ou du plâtre, pour mieux fixer l'ammoniaque, et on obtient des engrais qui ont la composition centésimale suivante :

	D'après Wolff.	D'après Schultze	D'après Fleischer. Endroit public.	Maison particulière.
Eau	79.46 à 87.97	83.10	86.53	69.85
Substances organiques.	10.85 à 17.47	14.60	»	»
Cendres	1.18 à 2.30	2.30	»	»
Azote.	0.41 à 0.78	0.78	0.63	0.84
Acide phosphorique .	0.18 à 0.26	0.22	0.25	0.32
Potasse.	0.21 à 0.28	0.28	0.31	0.28

Il existe d'autres systèmes très variés dans lesquels on emploie comme matières absorbantes du charbon (noir animalisé ou jaillage) ou d'autres substances poreuses; on a même essayé sans succès l'enrobage ou pralinage des matières fraîches par la chaux (chaux animalisée). Nous avons donné les principaux procédés,

ceux qui nous ont paru les meilleurs et qui sont le plus
ordinairement adoptés. En général on peut comparer les
engrais obtenus au fumier de ferme; mais pour être fixé
sur leur valeur agricole, il est nécessaire d'en connaître
l'analyse. En faisant le calcul de la valeur argent de
ces produits, il faut y comprendre les frais de transport
à pied d'œuvre.

2° *Dans les Campagnes.*

Envoi direct au fumier. — Divers systèmes sont
employés dans les campagnes pour recueillir les déjections humaines; l'un des plus répandus consiste à établir les cabinets d'aisance sur le fumier même ou à côté
du fumier. Cette pratique a l'avantage de ne pas nécessiter une manipulation spéciale pour l'emploi de ces
matières; elles sont utilisées en même temps que le
fumier auquel elles sont venues s'ajouter; mais il y
a un inconvénient assez grave à signaler; c'est que
ces déjections s'accumulent en un point déterminé du
fumier, qu'elles ne s'y incorporent pas régulièrement
et que par suite elles nuisent à son homogénéité.
De plus n'étant pas absorbées par les matériaux du
fumier, elles constituent à la surface de celui-ci un
foyer d'infection. On ne saurait donc conseiller l'établissement direct des cabinets sur la fosse à fumier,
qu'à la condition de procéder de temps en temps à
l'épandage des déjections humaines à la surface du tas,
auquel cas l'engrais d'étable, venant les recouvrir, se
mélange plus intimement avec elles et en atténue
l'odeur. Mêlées à la masse, elles passent inaperçues,
lorsque les ouvriers procèdent au transport et à l'épandage. Il vaut mieux, dans le cas où l'on veut faire
aller directement les matières fécales au fumier, s'ar-

ranger de manière à ce qu'elles tombent dans la fosse à purin. On peut placer les cabinets soit directement au-dessus de la fosse, soit en tout autre endroit, même dans l'intérieur de l'habitation, à la condition d'avoir un tuyau étanche qui conduira les matières fécales dans la citerne; là elles se délayent dans le purin qu'elles enrichissent et elles subissent la fermentation ammoniacale. La quantité d'eau qui les délaye ainsi leur enlève la majeure partie de leur odeur repoussante, atténue la déperdition d'ammoniaque qui tendrait à se dégager et rend leur application à la terre beaucoup plus facile. Ce système nous paraît devoir être recommandé chaque fois que l'application en est possible; il est le plus simple et en même temps le plus économique de tous.

Mais on peut avantageusement employer d'autres méthodes, pourvu qu'elles conduisent à ce double but d'éviter l'infection des lieux avoisinants et de s'opposer à la déperdition des principes fertilisants.

Emploi des matières absorbantes. — On peut recueillir les déjections dans des fosses spéciales suffisamment étanches ou dans des réservoirs mobiles. Dans les premiers cas, elles s'accumulent pendant un certain temps dans la fosse qu'on vide à la pelle ou à la drague au bout d'un temps souvent assez long. Quand on emploie un système de cette nature, il convient d'ajouter au fur et à mesure des matières absorbantes, telles que les divers matériaux employés comme litière et principalement la tourbe, la tannée, etc. Mais quand on ne dispose pas de ces matériaux, on les remplace par de la terre ou mieux du terreau, dont on ajoute quelques pelletées de temps en temps. Non seulement on atténue ainsi l'odeur et on s'oppose à la volatilisation de l'ammoniaque, mais encore on rend plus facile l'extraction des matières qui se présentent sous la forme d'une sorte de compost.

Dans le second cas, on place au-dessous des cabinets des réservoirs mobiles de formes très variées, en tôle galvanisée ou en bois, mais qui doivent toujours être munis d'anses permettant de les enlever facilement à la main ou à l'aide de traverses. Les déjections qui tombent dans les réservoirs mobiles sont répandues fréquemment, soit, par exemple, toutes les semaines, sur les fumiers ou sur les composts. Cependant comme, en procédant ainsi, il y a une manipulation répétée de produits repoussants, on peut les modifier en y mélangeant des matières absorbantes, ainsi que nous l'avons dit à propos des fosses.

Les corps à employer sont de natures très diverses et leur proportion doit être d'autant plus grande que leurs propriétés absorbantes sont moindres. Le plus souvent on utilise la terre sèche, comme dans le système Moule; celle-ci est placée au fond du récipient et on en met de temps en temps à la surface, afin d'avoir des couches stratifiées qui sont imprégnées de matières. On forme ainsi une sorte de compost qui peut être facilement manié à la pelle et à la bêche et qui ne répand pas d'odeur. Dans ce cas l'enlèvement de l'engrais peut être retardé jusqu'au moment où le réservoir est plein. On donne à ce dernier des dimensions telles que le transport soit facile. C'est là une pratique évidemment recommandable.

La quantité de terre nécessaire varie de 250 à 350 kilog. par personne et par année. L'emploi du terreau est encore préférable; ses propriétés absorbantes étant plus grandes, on peut se contenter d'en mettre des quantités moindres.

La composition du mélange ainsi obtenu est variable

suivant les proportions de terre mélangées; on n'obtient dans tous les cas qu'un engrais pauvre qui ne peut pas supporter de grands frais de transport.

Si au lieu de terre, on se sert de matières qui sont douées d'une faculté d'imbibition et d'un pouvoir absorbant plus grands, on peut en répandre moins. Ainsi la tourbe divisée à l'état de filaments ou de matières pulvérulentes est avantageusement employée, dans la proportion du 1/4 ou du 1/5 des déjections produites, cette quantité étant suffisante pour retenir par imbibition tous les liquides des déjections. De plus par sa nature acide, la tourbe fixe l'ammoniaque et empêche ainsi toute déperdition.

Au lieu de tourbe, on peut utiliser la sciure de bois, en en mettant une quantité un peu plus élevée, ou de la tannée sèche dans les mêmes proportions.

Avec l'emploi de ces matières, dont on n'a besoin que de mettre des poids relativement minimes, soit par tête et par an :

Pour la tourbe	5o à 6o kilog.
— sciure	7o à 8o —
— tannée	6o à 7o —

l'engrais ne se trouve pas trop délayé et les frais de transport ne sont pas trop augmentés. D'un autre côté l'épandage est facile, la désinfection est complète et la dépense extrêmement minime.

Toute autre substance absorbante pourra servir au même usage : la paille hachée, les chiffons de laine, les résidus de filature, les poussiers de charbon.

On peut encore adopter un système qui économise les absorbants, en plaçant dans le récipient une cloison verticale percée de trous et formant double paroi. Les liquides s'écoulent par là et se rendent directement dans la fosse à purin; il faut ainsi une surface absorbante bien moindre, puisqu'il ne s'agit plus que de retenir les parties solides.

Matières désinfectantes. —Au lieu de ces matières, absorbantes et désinfectantes à la fois, on emploie quelquefois des produits chimiques qui ont pour effet d'atténuer l'odeur et en même temps de fixer les sels ammoniacaux.

On se sert souvent du sulfate de fer ou couperose verte ou vitriol vert, préconisé par M. Schattenmann; 2 à 3 kilog. suffisent pour désinfecter un hectolitre de vidanges. On peut mettre ce sulfate de fer d'avance dans la fosse pour un temps déterminé; mais dans ce cas, il faut opérer de temps en temps un brassage, afin de bien mélanger les matières. Il est plus commode de verser journellement dans la fosse une quantité de ce sel correspondant à 25 à 30 grammes par personne; la quantité totale nécessaire par année et par individu est inférieure à 10 kilog. et représente une valeur de 0 fr. 75. La matière devient noire et se sépare en général en une partie liquide qui peut aller à la fosse à purin ou qu'on applique directement aux cultures, après l'avoir étendue d'eau; et en une partie solide qu'on doit assimiler au fumier de ferme.

Les sels de zinc s'employent d'une manière analogue. Ces sels fixent l'hydrogène sulfuré auquel les produits de vidange doivent en grande partie leur odeur repoussante et en outre retiennent l'ammoniaque qui se combine à l'acide qu'ils renferment. Le plâtre, quelquefois usité, a une action moindre, en ce sens qu'il ne retient qu'imparfaitement et l'hydrogène sulfuré et l'ammoniaque. On se sert en Allemagne d'acide phénique qui empêche la fermentation et tue les micro-organismes; un litre d'une dissolution contenant

3 grammes d'acide phénique brut, suffit pour désinfecter les déjections d'une personne pendant un jour. Des
expériences directes ont montré que l'engrais phéniqué
n'entrave pas la germination des graines et ne nuit pas
à la végétation, à moins qu'il ne soit employé en couverture.

Quelquefois on mélange les diverses substances dont
nous venons de parler pour obtenir un résultat plus
complet.

Le plâtre cuit, additionné de 15 à 20 p. 100 de poussier de charbon, donne des résultats meilleurs que le
plâtre seul. De plus en faisant prise avec les liquides
des vidanges, il les solidifie et en rend la manipulation
plus facile.

M. Girardin conseille l'emploi, pour 3 hectolitres de
matières stercorales, d'un mélange intime formé de :

Poussier de charbon.	12 kilog.
Plâtre cru en poudre	1 —
Couperose en poudre	1 —

Pour rendre la dépense plus minime, on peut remplacer
le charbon par toute autre matière absorbante et
poreuse : tourbe, tan, sciure de bois, suie de cheminée, etc.

On a encore proposé d'autres mélanges de plâtre avec
du sulfate de fer ou du sulfate de zinc et du charbon
pulvérisé; en général toutes ces formules, qu'on peut
varier à l'infini, se résument en celle-ci :

Mélange d'une notable quantité de plâtre, avec une
quantité moindre de sulfate de fer, et addition d'une
matière poreuse.

Au lieu de multiplier les citations, nous donnons
une formule qui les comprend toutes en quelque sorte

et qui peut les remplacer ; elle se rapporte à l'hectolitre de matières fécales :

```
Plâtre. . . . . . . . . . . . . . . . . . . .   2 kilog.
Sulfate de fer . . . . . . . . . . . . . . . .   1  —
Matières absorbantes : argile calcinée, tourbe,
    sciure, tannée, charbon, etc. . . . . . . . 5 à 10 —
```

En général sans fixer de chiffres, on peut conseiller d'ajouter du plâtre et du sulfate de fer, lorsque l'odeur de l'hydrogène sulfuré et de l'ammoniaque se manifeste dans les matières fécales ; et des substances absorbantes, en poids suffisant pour donner de la consistance à l'engrais.

On a recommandé quelquefois, pour rendre la désinfection plus complète, l'usage des sels de cuivre et de plomb ; il est à craindre que ces sels vénéneux, introduits dans les engrais, ne soient préjudiciables aux plantes. Nous rangeons dans la même catégorie le savon, le goudron, l'huile, qui, introduits dans le sol avec les vidanges, peuvent avoir une action nuisible à la végétation.

Comme il s'agit ici de l'engrais humain produit dans la campagne et que par suite nous nous trouvons dans le cas où il est toujours facile de s'en débarrasser, soit en l'incorporant au fumier, soit en le portant directement à la terre, il est inutile de faire de grandes dépenses pour la désinfection. Lorsque, par la disposition des lieux, cette désinfection est rendue nécessaire, on recourra donc toujours aux procédés les plus économiques et c'est le prix relatif des matières désinfectantes qui doit guider dans le choix à faire.

Dans les villes on ne peut appliquer le même raisonnement ; là les matières fécales sont une cause d'embarras et d'infection et il faut employer, non pas les procédés de désinfection les plus économiques, mais les plus efficaces.

Dans aucun cas il n'y a lieu dans les campagnes de faire subir aux déjections humaines de préparation pour les transformer en produits pouvant se conserver ou se transporter, tels que les poudrettes. Ce seraient des frais inutiles, tout au plus peut-on les faire entrer dans les composts au même titre que d'autres substances analogues.

Ce n'est pas seulement au point de vue de l'utilisation des matières fécales que nous recommandons les systèmes dont nous avons parlé plus haut. C'est aussi au point de vue de la propreté, dont l'influence sur le bien-être matériel et sur la valeur morale des populations est considérable.

§ III. — EMPLOI DIRECT DES MATIÈRES DE VIDANGE

Les matières de vidange peuvent être directement employées par les agriculteurs, leur effet sur la végétatoin est très rapide et on peut les regarder comme des engrais d'excellente qualité et valant, à richesse égale en principes fertilisants, au moins autant que les fumiers de ferme.

Leur emploi est très général en Flandre, le pays de la belle culture, en Alsace, dans le Dauphiné, en Provence; les Marcites du Milanais doivent à cet engrais leur grande fertilité. En Chine, où les usages religieux interdisent la consommation de la viande, l'engrais humain est la seule substance qu'on utilise à la fumure des terres; aussi ne le laisse-t-on pas perdre. La matière mélangée avec de l'argile sèche et moulée en briquettes porte le nom de *taffo*.

Une grande répugnance s'attache à la manipulation de ces matières et dans beaucoup de régions on aurait de la peine à trouver des ouvriers pour travailler l'engrais humain, qui a rendu si florissante l'agriculture de certains pays. Il y a lieu de dire ici que les contrées où les excréments humains sont le plus utilisés, sont celles dans lesquelles règne la plus grande propreté.

Appréciation de leur valeur. — L'agriculteur a tout avantage à s'adresser à ces produits tels qu'ils sont extraits des fosses, de préférence à ceux qui ont subi des préparations ; mais en même temps il ne doit pas oublier qu'ils sont en général encombrants et, que pour une minime quantité de principes fertilisants, ils représentent des masses considérables dont les frais de transport sont relativement énormes. Quand on veut utiliser ces produits on doit donc avant tout s'enquérir : 1° de leur valeur intrinsèque, en tant que contenance en principes fertilisants ; 2° des frais qu'on a à supporter pour les amener à pied d'œuvre et qu'on ajoute au prix d'achat pour établir leur prix de revient réel. Si la valeur calculée en argent d'après la richesse en principes fertilisants est supérieure au prix de revient, l'agriculteur a tout intérêt à s'adresser aux vidanges des villes plutôt qu'aux engrais chimiques, pour donner un supplément à son fumier ; dans le cas contraire, qui est très fréquent, surtout si une distance assez grande le sépare des lieux de production et augmente ainsi les frais de transport, il devra renoncer à l'usage de ces matières.

L'analyse chimique est le procédé le plus sûr pour se rendre compte de la richesse des matières de vidange, mais elle n'est pas toujours à la portée des agriculteurs ; ils pourront avoir recours à d'autres moyens d'appréciation d'une application plus facile et se contenter d'une évaluation approximative.

Pour des personnes ayant l'habitude de l'emploi de ces produits, le simple aspect donne un renseignement utile, ainsi que l'odeur et même le goût auquel on a quelquefois recours. Les praticiens reconnaissent la qualité de l'engrais liquide à sa viscosité et à sa saveur salée et piquante ; mais il est un autre moyen, moins repoussant et à la portée de tout le monde, qui permet d'évaluer approximativement la richesse des vidanges ; il consiste à en prendre la densité, après les avoir convenablement mélangées. Plus en effet cette densité est élevée, plus sera grande la teneur en éléments fertilisants. L'addition d'eau, qui dilue les matières, diminue du même coup leur densité. L'emploi d'un densimètre remplace avantageusement les appréciations basées sur l'aspect et sur les épreuves répugnantes auxquelles certains cultivateurs ne craignent pas de recourir.

Les vidanges non mélangées d'eau ont ordinairement une densité assez voisine de 1032, qui s'abaisse à mesure que les quantités d'eau deviennent plus considérables ; fréquemment le densimètre descend au-dessous de 1007. On peut calculer dans une certaine mesure, d'après cette densité, les quantités d'eau ajoutées à l'engrais, celui qui pèsera 1030 peut être regardé comme non délayé. Mais pour avoir quelque exactitude, il est nécessaire de faire un mélange parfaitement homogène, afin que les matières solides se trouvent en suspension.

On donne souvent le nom d'*engrais flamand* aux matières de vidange, souvent aussi on les désigne sous le nom de *courte graisse*, *gadoues*, etc.

Mode d'emploi. — Avantages et inconvénients. — Dans certaines régions et dans le Nord en particulier, les agriculteurs qui achètent ces produits dans les villes, les emmagasinent dans des citernes de 3o à 40 mètres cubes, voûtées, pavées en grès et munies d'un tuyau d'évent, qu'on ouvre et ferme à volonté. On croit généralement qu'une fermentation d'au moins deux mois est indispensable. On ne vide jamais entièrement les citernes et on laisse toujours au fond une sorte de pied de cuve.

En Alsace, afin d'éviter les frais de construction assez notables et une double extraction, les agriculteurs préfèrent, avec juste raison, appliquer les gadoues au moment même où le transport s'en effectue, supprimant ainsi les frais d'un nouveau chargement.

Le transport et l'épandage dans les champs se font, en grande culture, à l'aide de forts tonneaux montés sur roues et munis de dispositifs de formes très diverses, pour permettre l'écoulement de l'engrais en nappe mince ou en pluie. Dans la petite culture, le transport s'effectue dans de petits tonneaux, portés par deux hommes au moyen de traverses passées dans deux crochets, ou bien avec une sorte de brouette dont la caisse est remplacée par un tonneau; quant à l'épandage il se fait au moyen d'écoppes de formes variées, ou bien à la lance, l'ouvrier portant sur le dos une sorte de hotte ou de réservoir d'où le liquide s'échappe par un tuyau de caoutchouc.

Souvent on trouve plus convenable d'étendre les matières de deux ou trois fois leur volume d'eau, auquel cas elles se répandent avec plus de facilité et de régularité.

L'emploi de l'engrais flamand se fait à l'automne sur une terre labourée, hersée et roulée; on donne souvent un second coup de herse après l'opération. L'arrosage pratiqué au printemps offre des dangers, surtout pour les céréales, dont il développe la paille au détriment du grain et qu'il peut prédisposer à la verse. Les cultures maraîchère et fourragère en tirent un meilleur parti et c'est plus spécialement à celles-ci qu'il convient de l'appliquer. La culture maraîchère a toujours intérêt à se développer autour des centres de populations, d'un côté à cause du prix de revient peu élevé des vidanges, de l'autre à cause de la facilité d'écouler les produits de la récolte. Quant à la culture fourragère, elle tire le plus grand profit des arrosages faits à l'aide de ces matières, dont l'action est voisine de celle du purin.

Presque toutes les autres cultures, la betterave fourragère, les plantes oléagineuses, le tabac, les choux, le chanvre, le lin, les navets, carottes, etc., se trouvent bien de l'emploi de cet engrais à la dose de 15 à 30 mètres cubes à l'hectare; cette dose varie avec l'état de fertilité du sol. On doit de préférence l'appliquer avant l'ensemencement.

Si nous comparons les vidanges au fumier de ferme, nous constatons que leur influence sur la végétation est en général beaucoup plus accentuée, à cause de leur état de division plus grand; mais cette action étant plus rapide que celle du fumier de ferme a également moins de durée; elles donnent donc leur effet dès la première année et doivent être considérées comme des engrais annuels. Lorsque les excréments solides dominent, la durée d'action est plus prolongée; lorsque la gadoue est surtout composée d'urine, son action est presque immédiate. C'est dans les terres calcaires ou sableuses que leur effet s'épuise le plus rapidement. Dans les terres fortes et argileuses, il ne faut pas user exclusivement de l'engrais flamand; car de pareils sols ont des tendances à s'engorger et les végétaux y pourrissent.

Quand les matières de vidange sont mélangées avec
des substances absorbantes, comme dans les cas des
systèmes dont nous avons parlé, elles sont en général
d'une consistance plus grande et sont employées de la
même manière que les fumiers de ferme, soit au moment des labours, soit quelquefois en couverture. Leur
action est d'ailleurs celle des vidanges ordinaires, à égalité de principes fertilisants.

Les engrais humains diffèrent des fumiers de ferme
par leur composition. Celle-ci, comme nous l'avons vu,
est loin d'être constante et les différences de l'une à
l'autre de ces matières sont plus grandes qu'elles ne le
sont dans les fumiers de ferme; il y a donc lieu pour les
vidanges, plus que pour le fumier, de recourir à l'analyse chimique pour se rendre compte de leur valeur. En
comparant les teneurs moyennes en principes fertilisants, nous constatons que l'azote existe dans ces deux
engrais en quantité sensiblement égale, que l'acide
phosphorique et surtout la potasse se trouvent en proportion notablement inférieure dans les vidanges; la
chaux et la magnésie y sont également moins abondantes.
On peut donc dire que les vidanges forment un engrais
principalement azoté dans lequel les sels minéraux ne
sont pas dans le même rapport avec l'azote que dans
le fumier de ferme. Nous avons vu que ce dernier constitue en quelque sorte un engrais complet et que la
plante y trouve dans des proportions généralement convenables les divers éléments fertilisants nécessaires à
son développement; il n'en est pas de même des déjections humaines qui, en apportant l'azote, n'apportent
pas du même coup les quantités correspondantes d'acide
phosphorique et de potasse et qui par suite ne sauraient
être employées exclusivement comme fumure pendant
une longue période. L'épuisement de la terre en sels

minéraux ne tarderait pas à se manifester, car ils ne seraient pas restitués en quantité suffisante. C'est donc seulement comme engrais complémentaire que l'on doit considérer l'engrais flamand, capable de donner une impulsion vigoureuse à la végétation, par l'azote qu'il renferme sous une forme rapidement assimilable, mais incapable de maintenir à lui seul la fertilité du sol.

D'un autre côté, son rôle presque exclusif d'engrais azoté doit le faire employer avec précaution, dans les cultures pour lesquelles une forte proportion de cet élément est inutile ou nuisible ; ainsi, pour les céréales, il peut provoquer la verse, s'il est employé en trop forte quantité ou à une époque trop rapprochée du moment de la végétation. Pour les légumineuses il ne saurait convenir, celles-ci n'ayant pas en général besoin de fumures azotées. Pour les betteraves sucrières, la gadoue doit être proscrite, car l'expérience a démontré qu'elle exerce une influence dépressive sur la production du sucre et augmente le rendement en poids au détriment de la richesse saccharine ; son emploi sur des betteraves en pleine végétation a pour effet d'accumuler dans la racine des sels minéraux qui entravent la cristallisation du sucre. C'est surtout aux cultures maraîchère ou fourragère, sur lesquelles l'azote produit un effet rapide, que son emploi est le plus efficace. Les asperges, les choux, les choux-fleurs, les graminées des prairies permanentes ou temporaires, etc., profitent largement de son application.

On accuse quelquefois ces matières, dont l'odeur est si repoussante, de communiquer aux récoltes un goût particulier qui se transmettrait au lait quand il s'agit de fourrages, au pain lorsqu'il s'agit du blé et surtout aux légumes. Nous considérons ces allégations comme dénuées de fondement, à la condition toutefois qu'on s'abstienne d'asperger les plantes elles-mêmes avec les vidanges. On sait que les matériaux des fumiers ne sont utilisés et introduits dans la plante qu'après avoir subi une décomposition profonde, les ramenant à un état minéral, dans lequel l'odeur et le goût primitifs ont complètement été détruits.

Ce qu'on peut leur reprocher c'est de donner en général des produits plus aqueux ou d'une qualité inférieure quant à la finesse, de pousser plus à la production des parties ligneuses et foliacées qu'à celle du fruit et des grains. Cet inconvénient est commun aux fumures contenant un excès d'azote facilement assimilable.

Pour ces raisons, on a exclu les vidanges des fumures données à la vigne et aux arbres fruitiers, moins par crainte du goût qu'elles pourraient communiquer, que pour éviter l'exubérance de la végétation et l'abaissement de la qualité des produits. Dans la Provence cependant, on applique les gadoues à l'olivier, au figuier et même aux raisins muscats.

Il convient d'ajouter qu'en cas d'épidémie, l'emploi des vidanges peut devenir une cause d'infection. On sait en effet que les germes de diverses maladies épidémiques, telles que le typhus, le choléra, ont leur siège dans le tube digestif et que les organismes, causes de ces maladies, se retrouvent dans les déjections. Si celles-ci sont transportées dans des lieux indemnes, elles peuvent y apporter la contagion, soit en se répandant dans l'air à l'état de poussière, soit plutôt en venant souiller par infiltration les eaux des puits et des rivières, soit encore en s'attachant aux plantes cultivées sur les terrains où elles ont été déposées.

§ IV. — TRAITEMENT INDUSTRIEL DES MATIÈRES DE VIDANGE. — FABRICATION, COMPOSITION ET EMPLOI DES POUDRETTES

L'emploi immédiat des vidanges est évidemment celui qu'il faut préférer ; il permet d'utiliser de la manière la plus complète les éléments fertilisants qui s'y trouvent contenus et il ne nécessite pas de frais de préparation ; mais dans beaucoup de cas l'emploi direct est impossible, surtout au voisinage des grandes villes, où la production de matières fécales dépasse de beaucoup la consommation que peuvent en faire les cultures situées dans un rayon assez rapproché pour que le transport en soit possible. On a alors cherché un moyen de faire subir à ces matières une préparation, destinée à permettre leur transport à de plus grandes distances.

Fabrication des poudrettes par les procédés ordinaires. — Dépotoirs. — Aussi a-t-on dû établir au voisinage des villes des dépotoirs, c'est-à-dire de grands bassins dans lesquels les déjections humaines viennent s'accumuler. Ces dépotoirs sont toujours une cause d'infection, non seulement pour le voisinage, mais encore pour des régions plus éloignées, placées sous le vent des émanations qui se produisent.

D'un côté l'encombrement de ces matières qu'on ne peut pas laisser s'accumuler indéfiniment, d'un autre la valeur comme engrais de ces produits, ont fait faire des essais très nombreux pour leur utilisation agricole. En général, on a cherché à concentrer sous un moindre volume les principes fertilisants, en se débarrassant des parties liquides ; de là l'industrie des poudrettes et celle du sulfate d'ammoniaque.

On désigne, sous le nom de poudrette, une substance sèche, composée principalement des débris organiques existant dans les vidanges. Voici comment ces poudrettes sont ordinairement obtenues :

Les matières extraites sont amenées dans les établissements connus sous le nom de dépotoirs et qui se trouvent à une petite distance des villes ; à quelques-uns de ces établissements sont annexées les usines pour le traitement des vidanges.

Les *dépotoirs* sont le plus souvent à l'air libre ; ce sont des bassins de dimensions variables, dans lesquels on déverse les matières qui ne tardent pas à fermenter ; il se forme ainsi trois couches : une mousse épaisse appelée ciel, qui surnage et qu'on enlève pour la sécher ; un liquide auquel on donne le nom d'eaux vannes et qui contient les sels ammoniacaux ; ces eaux sont décantées dans plusieurs bassins successifs communiquant par des vannes ; enfin le dépôt solide qu'on enlève avec des dragues et qui, étant séché, constitue la poudrette.

Un grand nombre d'analyses d'eaux vannes prises dans le bassin de Bondy ont donné la composition moyenne suivante :

	Par mètre cube.
	kilog.
Azote ammoniacal volatil	2.378
— fixe	0.476
Total	2.854

Ces eaux sont traitées par la distillation, avec ou sans addition de chaux, pour l'extraction du sulfate d'ammoniaque. Nous ne parlerons pas ici de cette fabrication, mais nous pouvons donner comme renseignement sommaire que les proportions de sulfate d'ammoniaque obte-

nues par mètre cube des eaux vannes de Bondy sont
de 9 à 11 kilog; ce dernier chiffre étant atteint lorsqu'on emploie de la chaux. Les eaux résiduaires ou usées
contiennent encore environ 0 kil. 500 d'ammoniaque
par mètre cube; elles sont évacuées.

Par le dépôt dans les bassins, il se forme, comme
nous l'avons dit, une vase épaisse qui représente à Bondy
environ 4 mètres cubes par 100 mètres cubes de matières
tout venant; on a donc enlevé 96 mètres cubes de liquides.
Ces boues de décantation sont elles-mêmes encore imprégnées de grandes quantités de liquide; elles ne contiennent en effet qu'environ 11 p. 100 de matière sèche
et fournissent par mètre cube 155 kilog. de poudrette
à 30 p. 100 d'eau. On peut leur assigner comme
composition moyenne, les chiffres suivants :

```
Matière sèche . . . . . . . . . . . . . . .    11.00 p. 100
Azote ammoniacal. . . . . . . . . . . . .     0.32    —
  —   organique. . . . . . . . . . . . . .     0.34    —
Acide phosphorique. . . . . . . . . . .       0.60    —
```

Ces boues sont plus ou moins compactes et assez
semblables comme consistance à des curures d'étang;
on leur donne le nom de matières lourdes. On les enlève
à la drague et on les place sur des terrains battus disposés en dos d'âne où elles se ressuient et où elles sè-
chent lentement; on les retourne à la pelle pour en
favoriser la dessiccation, et quelquefois on est obligé
d'avoir recours à la charrue, tant la croûte est dure; puis
on les emmagasine sous des hangars.

Cette pratique est tout à fait déplorable; car non seulement la poudrette ainsi obtenue a perdu à peu près la
totalité des éléments solubles que renfermaient les déjections, et qui sont restés dans les eaux vannes ou qui
ont été enlevés par l'action des pluies; mais encore les

environs des endroits où ce traitement s'opère sont infectés à de très grandes distances par les vapeurs ammoniacales et l'hydrogène sulfuré qui se dégagent.

Composition des poudrettes. — Pendant la dessiccation de ces poudrettes, il s'établit une fermentation très active et un dégagement d'ammoniaque énorme. On peut donc dire que l'engrais ne renferme qu'une bien faible partie des principes qui existaient dans les déjections, lorsqu'on le prépare par ce moyen barbare. Aussi les poudrettes ainsi obtenues ne contiennent-elles que 1 à 2 p. 100 d'azote et, quoique desséchées, elles ne sont pas beaucoup plus riches que les matières déposées qui ont servi à les préparer; il n'y a donc pas en réalité une concentration, mais bien une destruction de matières fertilisantes.

Les phosphates seuls par leur insolubilité échappent à ces pertes, aussi l'acide phosphorique existe dans la proportion de 4 p. 100 dans la poudrette.

La potasse est en partie éliminée dans les eaux vannes et n'existe que dans la proportion moyenne de 0,6 p. 100.

Les poudrettes fabriquées par ce procédé ont des compositions variables; nous donnons différentes analyses, se rapportant à celles qui sont vendues aux agriculteurs dans diverses régions de la France et dont les résultats, rapportés à 100, ont été obtenus par M. Aubin.

PROVENANCE.	Azote.	Ac. phosph.	Potasse.
	kilog.	kilog.	kilog.
Paris.	1.65	2.62	0.67
—	1.83	3.76	1.96
—	1.88	2.12	0.90
—	2.09	4.60	»
—	1.10	3.32	»
—	1.81	2.76	0.57

PROVENANCE.	Azote.	Ac. phosph.	Potasse.
	kilog.	kilog.	kilog.
Paris.	0.32	1.34	1.80
—	0.43	»	»
—	1.78	3.83	»
Seine-et-Oise	1.86	2.39	»
—	0.68	0.98	»
—	1.02	3.62	»
—	1.20	3.84	»
Seine-et-Marne	1.12	1.70	»
—	1.20	2.93	»
—	1.48	4.48	»
—	1.90	2.91	»
Oise.	1.57	2.53	0.39
—	1.65	3.71	»
Loiret	1.50	3.77	»
—	1.43	3.84	»
Loir-et-Cher	0.46	1.21	1.29
Aisne.	1.77	4.90	0.52
Yonne	2.62	4.80	»
Indre-et-Loire	1.32	0.60	»
—	0.97	»	»
—	0.83	1.02	»
Lot-et-Garonne	1.35	3.75	0.36
Haute-Saône.	1.52	1.79	1.05
Reims.	2.79	8.14	0.53
—	1.06	4.51	0.41
—	0.83	3.24	0.11
—	1.06	4.50	0.41
Inconnue.	1.22	2.50	»
—	1.66	3.26	1.36
—	1.47	1.06	»
—	1.90	5.86	»
Le Caire.	2.09	6.89	0.85
—	1.86	2.52	0.97

Voilà les produits qu'on trouve actuellement dans le commerce en France, ils se rapportent aux années 1884, 1885 et 1886.

On voit combien leur composition est différente, et

cela s'explique aisément par les préparations ou les mélanges qu'on leur a fait subir. Quand elles sont exposées plus longtemps à l'action des pluies, les poudrettes s'appauvrissent en potasse et en éléments azotés ; lorsqu'elles sont additionnées de corps inertes comme la tourbe, le charbon, le plâtre ou d'autres substances absorbantes, elles sont également moins riches. Dans d'autres cas, elles sont au contraire additionnées de matières fertilisantes telles que les superphosphates, qui ont le do ble effet d'y introduire de l'acide phosphorique et de retenir l'ammoniaque. Souvent aussi on ajoute simplement des phosphates naturels, qui n'ont d'autre action que d'augmenter leur teneur en acide phosphorique.

Valeur des poudrettes. — La poudrette n'étant pas un produit homogène et identique, l'agriculteur doit toujours avoir recours à l'analyse pour être fixé sur sa valeur. Il lui sera impossible au simple aspect de distinguer une poudrette pauvre d'une poudrette riche et il est exposé à de graves mécomptes. La poudrette en effet est une des substances sur lesquelles la fraude peut s'exercer le plus facilement par le mélange avec des substances inertes.

Une autre pratique préjudiciable à l'agriculteur consiste à acheter au volume et non au poids. Dans ce cas, on ne sait pas en réalité ce qu'on achète ; des matières légères occupant un grand volume, comme la tourbe, peuvent être frauduleusement ajoutées à la poudrette. Nous recommandons d'acheter toujours au poids et de se rendre compte par l'analyse de la richesse en principes utiles.

Pour déterminer la valeur vénale de ces produits, il ne faut tenir nul compte de leur apparence et du nom sous lequel ils sont vendus. Leur composition chimique seule doit servir à fixer leur prix, à la condition toutefois que ces produits soient purs et non pas mélangés de matières les enrichissant en un principe fertilisant d'une assimilabilité moindre que celui qu'ils contiennent naturellement. Si, par exemple, une poudrette est mélangée, comme il arrive souvent, de tourbe riche en azote, on s'exposerait à payer l'azote très difficilement assimilable de la tourbe au même prix que l'azote très assimilable de la poudrette. Les intérêts de l'agriculteur seraient dans ce cas considérablement lésés. S. au contraire l'azote ajouté à la poudrette se trouve être d'une plus grande assimilabilité, comme est celui du sulfate d'ammoniaque et des nitrates, il y a avantage pour l'agriculteur, si on lui fait payer, au prix de l'azote de la poudrette, l'azote de ces sels.

Nous avons dit qu'on mélangeait souvent à la poudrette des phosphates; si on se sert à cet effet de phosphate de chaux naturel, qui doit être regardé comme moins facilement assimilable par les plantes et si on fait payer cet acide phosphorique de moindre valeur au même taux que l'acide phosphorique des poudrettes qui est certainement plus assimilable, l'agriculteur est encore lésé dans ses intérêts. Si au contraire on ajoute à la poudrette des superphosphates ou des phosphates précipités, dont l'état de division mécanique est plus grand et qui, par suite, sont d'une utilisation plus immédiate par les plantes, l'acide phosphorique ainsi introduit peut être sans préjudice payé au même prix que celui qui fait partie de la poudrette.

Il faut donc, en outre de la garantie d'analyse, exiger la garantie de pureté ou tout au moins l'assurance que des matières fertilisantes de moindre valeur n'ont pas été introduites dans l'engrais.

Discutons ici la valeur qu'il convient d'attribuer aux

principes fertilisants de la poudrette en supposant celle-ci exempte de mélange. Nous avons admis pour le fumier de ferme, qui doit nous servir de type et de point de repère pour les appréciations que nous avons à formuler sur les différents engrais, que dans l'état actuel du commerce des matières fertilisantes, l'azote pouvait être coté au prix de 1 fr. 50 le kilog., l'acide phosphorique à 0 fr. 50 et la potasse à 0 fr. 40. Nous pouvons attribuer une même valeur aux éléments contenus dans les poudrettes, dont l'action est, il est vrai, plus rapide, mais de moindre durée.

Nous pouvons donc calculer dans chaque cas particulier, dans lequel on connaîtra la composition, la valeur réelle de ces produits si variables. Prenons pour exemple de ces calculs, parmi les poudrettes énumérées plus haut, l'une représentant les produits moyens que l'on trouve dans le commerce; l'autre une poudrette très pauvre; la troisième une qui soit très riche :

COMPOSITION.	Valeur du kilog.	POUDRETTE MOYENNE.		POUDRETTE TRÈS PAUVRE.		POUDRETTE TRÈS RICHE.	
		Teneur. p. 100	Valeur.	Teneur. p. 100	Valeur.	Teneur. p. 100	Valeur.
	francs.	kilog.	francs.	kilog.	francs.	kilog.	francs.
Azote. . . .	1.50	1.60	2.40	0.46	0.69	2.79	4.18
Ac. phosph.	0.50	3.00	1.50	1.21	0.60	8.14	4.07
Potasse. . .	0.40	0.50	0.20	1.29	0.52	0.53	0.22
Valeur des 100 kilog. . . .			4.10		1.81		8.47

On voit quelle différence énorme peut exister dans la valeur réelle des poudrettes et de quelles précautions l'agriculteur a besoin de s'entourer pour ne pas acheter au prix de 4 francs une poudrette valant à peine 2 francs.

A Bondy, la poudrette se vend à raison de 1 fr. 10
l'unité d'azote et de 0 fr. 40 l'unité d'acide phosphorique. L'engrais qu'on désigne sous le nom de tourteaux
organiques moulus, se vend 5 francs les 100 kilog.
en sacs, ou 4 francs en vracs avec une garantie de composition de 1,5 à 2 p. 100 pour l'azote et de 5 p. 100
pour l'acide phosphorique, quand il s'agit de ventes
en gros par wagons complets; les prix pour des quantités inférieures à 5000 kilog. sont majorés de 2 francs
par 100 kilog.

Le prix moyen des poudrettes est de 3 francs l'hectolitre et de 4 francs les 100 kilogrammes.

Emploi agricole. — Les poudrettes sont regardées
comme des engrais dont l'action est aussi rapide
qu'elle s'épuise vite; en général c'est sur la récolte de
l'année que se produit leur effet; il ne faut donc pas
compter sur elles pour la durée d'une rotation, mais
répéter les fumures d'année en année.

Ordinairement la poudrette est répandue sur le sol
au moment des labours; il convient de l'écraser au
préalable, si elle se trouve en mottes; mais comme sa
cohésion est très faible, cette opération se fait sans difficulté à la bèche ou à la batte. On la sème ordinairement à la volée, mais tout autre moyen d'épandage
peut être employé. La proportion qu'on en met varie le
plus fréquemment de 1 500 à 2 000 kilog. par hectare,
soit à peu près 20 à 25 hectolitres. Cette proportion est
recommandée par les auteurs comme étant convenable.
Calculons comparativement avec le fumier de ferme
les quantités d'éléments fertilisants que nous introduisons dans le sol, en employant la poudrette à la dose
indiquée. Le fumier de ferme a, comme on le sait, plus
de durée dans son action, étant d'une décomposition
plus lente; aussi la fumure au moyen de cet engrais

peut-elle se faire seulement au commencement de la rotation et exercer son action pendant plusieurs années. Comparons deux surfaces de terrain identiques, l'une recevant tous les trois ans une quantité de 50 000 kilog. de fumier de ferme par hectare, chiffre se rapprochant de ce qu'on emploie dans la pratique. En admettant pour le fumier la composition moyenne de 0,50 p. 100 d'azote, 0,26 p. 100 d'acide phosphorique et 0,53 de potasse; nous aurons pour une année une quantité d'éléments fertilisants correspondant par hectare à :

Azote. 83 kilog.
Acide phosphorique. . . . . 43 —
Potasse. . . . . 88 —

tandis que dans les cas où on emploiera la poudrette, à raison de 2 000 kilog. par an, nous aurons :

	p. 100	p. 2 000 kil.
Azote	1.60	32
Acide phosphorique.	3.00	60
Potasse	0.50	10

On voit que la fumure au fumier de ferme a été beaucoup plus riche en matières fertilisantes que celle à la poudrette, pour l'azote et pour la potasse, mais moins riche pour l'acide phosphorique.

La poudrette, qui donne d'excellents résultats et surtout des effets immédiats, ne doit pas être regardée comme pouvant remplacer purement et simplement le fumier de ferme, dont elle est différente par sa composition et par son action; mais il faut surtout remarquer qu'à la dose qu'on emploie généralement, on ne pratique qu'une très faible fumure et que celle-ci est presque exclusivement azotée et phosphatée. C'est donc comme engrais complémentaire qu'il convient d'uti-

liser la poudrette, en l'appliquant plus spécialement
aux cultures et aux sols qui ont besoin d'azote et d'a-
cide phosphorique.

**Traitement des vidanges dans les grandes
villes. — Procédés perfectionnés.** — Nous avons
parlé de la poudrette d'une manière générale, sans nous
inquiéter de sa provenance; c'est dans les grandes villes
surtout que se produisent des quantités de matières
fécales trop considérables pour que les cultures avoisinantes puissent les utiliser. C'est dans ce cas qu'il y
a lieu de leur donner une forme plus concentrée, permettant leur transport à une plus grande distance. La
ville qui, en France, se trouve dans les conditions les
plus accentuées à cet égard est Paris, où l'accumulation
de la population sur une surface restreinte donne naissance à des quantités énormes de déjections, qu'il faut
enlever au fur et à mesure, pour assurer la salubrité de
la capitale. C'est aussi là qu'ont été faits les essais les plus
nombreux et les plus suivis pour l'élimination de ces
matières et pour leur préparation au point de vue de
l'utilisation agricole.

Commençons par donner, d'après M. Durand-Claye,
la consommation qui se fait à Paris dans une année en
diverses matières alimentaires :

Pain.	293 000	tonnes.
Vin	560 000	—
Viande	166 000	—
Poisson	27 000	—
Légumes et fruits	488 000	—
Fromage, etc.	5 700	—

La presque totalité de cette quantité est ingérée par
la population ; une fraction passe dans les déjections ;
une autre portion, formée par les détritus et les débris de

toute sorte, se retrouve sous forme de boues des voies publiques et d'ordures ménagères; le reste va se déverser dans les égouts, avec les eaux ménagères, une partie des urines et quelquefois des matières fécales. Si nous ne tenons compte que de l'azote, nous remarquons que les produits énumérés en contiennent environ 9 150 000 kilog. En calculant ce qui passe dans les vidanges, dans les ordures ménagères et dans les eaux d'égout, M. Durand-Claye a constaté qu'il n'y a pas eu de déperditions, mais au contraire une augmentation de 40 000 kilog., qui provient principalement de produits autres que les résidus de l'alimentation de l'homme, et parmi lesquels les déjections des animaux viennent en première ligne.

Sur cette quantité totale d'azote, contenue dans les matières résiduaires, un quart seulement se retrouve dans les vidanges; un autre quart dans les ordures ménagères et les boues de ville, la moitié dans les eaux d'égout.

La plus grande partie de cette masse énorme de matières fertilisantes est perdue; les eaux d'égout ne sont, à l'heure qu'il est, utilisées qu'en faible proportion, les matières de vidange sont imparfaitement traitées et par suite perdent une portion énorme des éléments qu'elles renferment. Les ordures ménagères et les boues de ville seules sont directement transportées aux champs et sont sujettes à de moindres déperditions.

Nous avons parlé plus haut de la transformation des matières de vidange en poudrette, par le procédé usuel dont nous avons signalé l'imperfection. Dans ces dernières années, on a préconisé l'emploi de systèmes de fabrication qui commencent à s'introduire dans la pratique et dont l'adoption définitive aurait les résultats les plus favorables pour l'agriculture.

Parmi ces systèmes il en est un qui est appliqué à Paris pour le traitement d'une fraction des matières fécales et qui réalise, tant au point de vue agricole qu'au point de vue hygiénique, un réel progrès.

Voici comment on opère : les matières vertes ou boues de décantation des vidanges, contenant 87 p. 100 d'humidité, sont déversées dans un réservoir métallique étanche et parfaitement clos, puis acidifiées au moyen d'acide sulfurique à 60° B. à raison de 10 kilog. par mètre cube. Cette opération a pour but de retenir, à l'état de sulfate, l'ammoniaque qui se trouve sous forme volatile dans la matière et qui s'en irait pendant la dessiccation. Après une première concentration, opérée dans des réservoirs hermétiques chauffés à l'air chaud, la matière est transportée dans un séchoir et étalée sous une épaisseur de 0 m. 10 sur des tables en fonte, où elle se dessèche jusqu'à ne plus contenir que 20 p. 100 d'humidité. Les gaz qui s'échappent sont brûlés en passant dans un foyer et on évite tout contact des matières avec l'air. On supprime ainsi les odeurs qui se dégagent d'ordinaire pendant la préparation des poudrettes. L'acide sulfurique ayant fixé l'ammoniaque, on obtient des poudrettes beaucoup plus riches en azote.

Ce procédé est évidemment supérieur à celui qui est ordinairement suivi. Voici l'analyse des produits préparés à Bondy par l'une et l'autre méthode.

1° POUDRETTES FABRIQUÉES PAR SIMPLE ÉVAPORATION A L'AIR.

	N° 1	N° 2	N° 3	N° 4	N° 5
Eau	27.34	34.0	32.18	42.00	35.00
Azote total.	1.39	2.1	1.88	1.02	1.32
Acide phosphorique	3.67	4.7	2.46	»	»

2° POUDRETTES FABRIQUÉES PAR DESSICCATION AU FOUR, APRÈS ACIDIFICATION.

	N° 1	N° 2	N° 3	N° 4	N° 5	N° 6
Eau	33.00	22.00	20.76	17.00	27.00	22.48
Azote total	3.64	4.17	4.24	4.45	3.59	5.17
Acide phosphorique	3.70	4.00	»	4.50	»	4.15

La poudrette fabriquée avec addition d'acide a donc une richesse au moins double de celle qui est obtenue par les procédés ordinaires; cette dernière, qui a en moyenne 1,6 p. 100 d'azote et 3,7 p. 100 d'acide phosphorique, a une valeur de 4 fr. 25 les 100 kilog., tandis que la seconde, contenant en moyenne 4,30 d'azote et 4,10 d'acide phosphorique, a une valeur de 8 fr. 50, double de la précédente. L'addition d'acide sulfurique, qui n'a occasionné qu'une dépense d'environ 0 fr. 50 par mètre cube de boue, a eu pour résultat de fixer une quantité d'azote d'une valeur bien supérieure.

Dans quelques villes de l'Allemagne, on suit un procédé à peu près analogue, mais en opérant sur les matières tout venant c'est-à-dire solides et liquides mélangées. On y verse de l'acide sulfurique jusqu'à réaction acide et on cuit à la vapeur, en ayant soin de brûler les gaz qui se dégagent; on continue l'évaporation dans des chaudières munies d'agitateurs et chauffées à la vapeur; puis la dessiccation se poursuit dans des caisses-séchoirs en fer et se termine dans un tambour chauffé. Le produit obtenu, finement pulvérisé, est connu sous le nom d'*extrait fécal;* il a la composition suivante :

			Moyenne.
Eau	12.0 à 22.5 p. 100		17.2 p. 100.
Azote	6.3 à 8.8	—	7.4 —
Acide phosphorique	1.6 à 3.4	—	2.4 —
Potasse	3.2 à 3.9	—	3.5 —

Quelquefois on ajoute à cet extrait du superphosphate ou de la poudre d'os et on vend le mélange sous le nom de *guano fécal;* sa composition se rapproche beaucoup en effet de celle du guano.

On a aussi essayé de remplacer l'acide sulfurique soit par de l'acide phosphorique, soit par des superphosphates; on atteint ainsi le double but de retenir l'ammoniaque et d'enrichir la matière.

Souvent aussi on dessèche les matières sans addition d'acide par des appareils de formes très variées; si elles ne sont pas à un état de fermentation trop avancée, on obtient encore des produits ayant :

Azote . . . . jusqu'à   7   p. 100.
Acide phosphorique. . . . . 2 à 2.5 —

En Angleterre, on emploie depuis quelques années pour la dessiccation rapide des substances très humides et encombrantes telles que les gadoues, les déchets d'abattoir, les matières de vidange, etc., une machine qui consiste en un gros tambour cylindrique, tournant horizontalement, et dans la double paroi duquel circule la vapeur; la matière placée dans l'intérieur est brassée fortement par des palettes creuses dans lesquelles circule également la vapeur; la température s'élève à 130°; les gaz sont brûlés dans le foyer du générateur, avant de s'échapper dans la cheminée; la masse se dessèche rapidement.

Ailleurs on traite les matières de vidange par une petite quantité de chaux, de chlorure de manganèse et de sulfate d'alumine; le précipité est passé au filtre-presse; le liquide est distillé en présence de 1 p. 100 de chaux vive pour l'obtention de l'ammoniaque, puis versé dans des bassins où il laisse déposer du phosphate de chaux, enfin filtré sur de la tourbe ou du charbon et envoyé dans les rivières. Le mélange des matières solides est vendu avec la garantie de composition suivante :

Azote . . . . 4 p. 100.
Acide phosphorique . . . . 3 —
Potasse . . . . 2 —

On a préconisé, dans ces derniers temps, l'emploi d'un système qui consiste à traiter, au point de vue de la fabrication du sulfate d'ammoniaque, des matières tout venant. Au lieu de conduire les vidanges dans les bassins de décantation et de ne traiter par la distillation que les eaux surnageantes, on les conduit directement et telles quelles dans de vastes appareils, dans lesquels elles sont soumises à la cuisson en présence de la chaux. L'ammoniaque se dégage et se trouve recueillie dans l'acide sulfurique; il reste dans l'appareil un mélange qui se sépare en une matière solide et en un liquide clair. La presque totalité de l'azote organique se trouve dans le dépôt calcaire en même temps que les phosphates. On turbine ou on presse ce dépôt pour le débarrasser de la plus grande quantité du liquide qui l'imprègne et on le soumet à la dessiccation. Les poudrettes ainsi obtenues sont plus pauvres en azote, puisqu'une notable partie de cet élément a été séparée à l'état de sulfate d'ammoniaque; la potasse reste presque entièrement dans les eaux qui sont évacuées.

Cette méthode se recommande au point de vue hygiénique, autant qu'au point de vue agricole :

Au point de vue hygiénique: 1° parce qu'elle supprime les bassins à l'air libre qui sont une cause d'infection pour le voisinage; 2° en ce qu'elle détruit, par la température de la cuisson, les germes de maladies infectieuses; 3° en ce qu'elle ne laisse comme résidu qu'un liquide en grande partie désinfecté, pauvre en matières organiques et privé de germes.

Au point de vue agricole, l'avantage consiste à recueillir à l'état de sulfate d'ammoniaque, l'azote qui dans les procédés anciens est généralement perdu et d'extraire ainsi d'un côté, sous forme de sulfate d'ammoniaque, de l'autre, sous forme d'une sorte de poudrette, tout l'azote contenu dans les matières, ainsi que tout l'acide phosphorique. Il n'en est pas de même de la potasse qui, par ce procédé comme par tous les autres, qui ne reposent pas sur l'évaporation directe des matières tout venant, est en majeure partie entraînée par les eaux résiduaires.

L'application de ce système, préconisé par la Commission de l'assainissement de Paris, réaliserait donc un grand progrès au point de vue de la salubrité et même au point de vue du retour des matières fertilisantes à l'agriculture.

Dans un rapport fait à cette Commission, en 1882, M. Aimé Girard fait remarquer que ce procédé supprimerait les dépotoirs à air libre, la manipulation en plein air des vidanges et toutes les causes d'infection qui en résultent; de même l'encombrement de ces matières n'existerait plus, puisqu'elles seraient traitées au fur et à mesure de leur arrivée dans les usines. En évaluant à 2 400 mètres cubes la production journalière des déjections humaines, et en admettant pour chaque usine un approvisionnement correspondant à quatre journées, on calcule que des réservoirs métalliques formant ensemble un volume de 10 000 mètres cubes seraient suffisants; c'est-à-dire que 100 réservoirs en tôle de 100 mètres cubes chacun serviraient à cet emmagasinement dans les diverses usines qui entourent Paris.

D'après la courte énumération que nous avons faite

des procédés qui sont aujourd'hui en plein fonctionne-
ment ou à l'essai, on voit combien sont nombreuses
les manières proposées pour le traitement des matières
excrémentitielles. Presque tous les nouveaux procédés
répondent aux exigences de l'hygiène, en même temps
qu'ils satisfont aux besoins de l'agriculture. L'utilisation
intégrale des matières fertilisantes contenues dans les
vidanges, la suppression de l'accumulation de ces matières et de leur traitement en plein air, constituent des
innovations heureuses. Ces divers systèmes ne diffèrent
souvent entre eux que par des détails d'exécution.

Nous nous sommes abstenu de les désigner par les
noms des personnes qui les ont préconisés, parce que
souvent un même procédé porte plusieurs noms, suivant le pays dans lequel il est appliqué, et aussi parce
que chaque modification, même insignifiante, a entraîné
un changement de dénomination.

Quoi qu'il en soit on est aujourd'hui sur la voie de
perfectionnements importants, dont l'application ne
saurait tarder à se généraliser.

CHAPITRE III

GADOUES ET BOUES DE VILLES

Les matières fécales ne sont pas les seules sources de
principes fertilisants qui s'accumulent dans les villes, en
devenant pour elles une cause d'embarras et d'infection;
il y a en outre les déchets de ménage, de cuisine, d'ateliers, ainsi que les balayures des rues, des halles et des
marchés, qui sont enlevés chaque matin, utilisés immédiatement ou mis en tas. L'ensemble de ces déchets
porte le nom de *gadoues* ou **boues de villes**. Leur composition varie à l'infini, suivant les quartiers, suivant les
saisons, suivant l'état atmosphérique; leur enlèvement
intéresse les villes au point de vue de la salubrité publique; il intéresse aussi l'agriculture qui trouve là un
engrais abondant et à bon marché. L'enlèvement se
fait par des entrepreneurs suivant des conditions stipu-
lées par un cahier des charges; certaines villes af-
ferment leurs boues et en tirent un bénéfice important;
d'autres au contraire sont obligées de payer l'entrepre-
neur, selon que l'agriculture locale tire parti ou non
de ces détritus.

Par leur origine, les gadoues sont formées des éléments les plus hétérogènes: débris végétaux, cendres,

écailles d'huitres, pierres, papiers, verre et porcelaine, ustensiles métalliques, bouchons, etc., etc. Leur masse est donc très peu homogène et les proportions de débris qui la composent varient à l'infini. D'un autre côté, les gadoues sont différentes, suivant qu'elles sont recueillies par un temps sec ou par un temps pluvieux, en été les déchets de légumes sont plus abondants; en hiver ce sont les cendres qui dominent.

Ce qui précède montre qu'il ne faut pas s'attendre à une composition uniforme de ces détritus et que, pour établir une moyenne de composition, il faut prélever un grand nombre d'échantillons, dans les conditions les plus variées, et c'est l'ensemble de tous les résultats qui seul pourra donner avec quelque certitude la composition moyenne des gadoues d'une ville.

Les débris végétaux et animaux qui entrent dans leur composition leur donnent une certaine valeur comme engrais; aussi les emploie-t-on fréquemment à la fumure des terres, mais seulement dans les localités très voisines des villes, où elles peuvent arriver avec des frais de transport peu élevés; car ces matières ne contiennent qu'en petite quantité les éléments fertilisants; elles sont encombrantes, d'un volume considérable; aussi les transports par bateaux, les moins coûteux de tous, sont-ils employés de préférence.

Lorsque les matières sont fraîches, elles portent le nom de *gadoues vertes*; lorsqu'elles sont restées en tas pendant quelques semaines, leur aspect s'est complètement modifié, par suite de la fermentation qui s'y est établie; c'est sous cette dernière forme qu'elles sont le plus souvent utilisées par les agriculteurs, sous le nom de *gadoues noires*.

Nous allons les examiner au point de vue de leur valeur agricole, c'est-à-dire de la quantité d'éléments utiles à la végétation qu'elles renferment, en étudiant d'un côté les gadoues vertes, d'un autre les gadoues noires.

Nous citerons, comme exemple, les résultats que nous avons obtenus dans un travail spécial sur les gadoues de la ville de Paris; et pour montrer l'importance de cette question pour les grandes villes, nous dirons que ces matières forment à Paris un volume journalier de 2 000 mètres cubes, charriés dans 600 tombereaux.

Gadoues vertes de Paris. — Elles sont formées :

1° De matières pierreuses, verre, etc., etc. sans valeur agricole et dont il est inutile de faire l'analyse;

2° D'une partie fine passant à la claie, pouvant contenir cendres, fumier de cheval, boues de rues, etc., etc. et renfermant une quantité notable de principes fertilisants ;

3° De débris organiques végétaux et animaux, surtout constitués par des déchets de légumes, de la paille, des chiffons, papiers, etc.

Un échantillon prélevé le 20 novembre 1885, dans les voitures opérant le déchargement dans les bateaux, au quai de Javel, a donné p. 100.

    1er lot. — Pierres, verre, porcelaine, etc., rejetés
       comme inutiles. 8.3
    2° lot. — Partie fine passée à la claie. 59.3
    3° lot. — Débris organiques grossiers. 32.4

La partie fine passée à la claie avait la composition centésimale suivante :

    Eau 30.30
    Matière sèche. . 69.70   Matières organiques . . 18.09
                                atières minérales . . . 51.61

et une richesse p. 100 en principes fertilisants, de :

Azote. 0.43
Acide phosphorique 0.52
Potasse. 0.56
Chaux 3.26

Les débris organiques grossiers avaient la composition centésimale suivante :

Eau 60.6

Matière sèche . 39.4 { Matières organiques . . . 14.74
{ Matières minérales. . . . 24.66

et une richesse p. 100 en principes fertilisants de :

Azote. 0.41
Acide phosphorique 0.33
Potasse. 0.36
Chaux 1.99

Ce sont les parties fines, contenant principalement les balayures, qui ont la richesse la plus grande en éléments utiles.

La gadoue verte, telle qu'elle se trouvait dans les tombereaux, c'est-à-dire avec les pierres, contenait donc par 100 kilogrammes :

                                      kilog.
Azote. 0.38
Acide phosphorique 0.41
Potasse. 0.42
Chaux 2.57

On peut dire que ces gadoues ont une valeur comparable, en tant que richesse en éléments fertilisants proprement dits, à celle du fumier de ferme ordinaire.

Voici encore la composition d'une gadoue verte, constituée par les résidus et détritus, recueillis sur les grilles placées dans les bouches d'égout des Halles centrales, contenant beaucoup d'épluchures de légumes, de paille, etc.

Ces matières, beaucoup moins abondantes que les précédentes, sont, paraît-il, plus estimées par les agriculteurs; c'est pour cette raison que nous les avons examinées.

Ces gadoues contenaient p. 100.

Pierres, coquilles, etc., qu'on a rejetées. 2.43
Débris organiques, etc. 97.57

Ces derniers avaient la composition centésimale suivante :

Eau. 53.20
Matière sèche. . 46.80 { Matières organiques . 13.71
                        {   —   minérales. . 33.09

Leur teneur centésimale en principes fertilisants était de :

Azote. 0.27
Acide phosphorique 0.33
Potasse. 0.25
Chaux 3.30

Cette gadoue verte, telle qu'elle sort des grilles d'égout, contient donc pour 100 kilog.

Azote. 0.26
Acide phosphorique 0.31
Potasse. 0.24
Chaux 3.20

La richesse des gadoues de grilles d'égout est moindre que celle des gadoues ordinaires; et cela s'explique facilement, puisque les parties fines en ont été enlevées

par les eaux; la préférence que leur accorde le cultivateur ne se trouve donc nullement justifiée.

Gadoues noires de Paris. — Les gadoues vertes,
mises en tas, se décomposent rapidement, sous l'influence de la fermentation et de l'accès de l'air, qui est
facilité par leur état physique; il s'y développe une
chaleur intense et au bout de quelques semaines, le
tas s'est affaissé, il a pris une teinte noire et s'est transformé en une sorte d'humus. Ce produit est beaucoup
moins volumineux que la gadoue verte, il est également
plus homogène à cause de la disparition des
éléments végétaux grossiers qui s'y trouvaient.

Nous donnons l'analyse d'un échantillon que nous
avons prélevé à Bagneux sur des gadoues provenant
du XIV° arrondissement. Ce dépôt, très important, a six
mois d'existence, il ressemble à du terreau et sa décomposition est très avancée. Sous cet état il paraît
très propre à être employé par l'agriculture.

Le triage opéré, comme nous l'avons expliqué plus
haut pour les gadoues vertes, a donné 2 lots :

1er lot. Matières inertes, pierres, etc. . . . .   8.4 p. 100
2e lot. Matières organiques décomposées et
parties terreuses fines . . . .   91.6 —

Le lot n° 1 a été rejeté comme sans valeur, le lot n° 2
avait la composition centésimale suivante :

Eau 41.88
Matière sèche .   58.12 { Matières organiques . .   14.02
                        { —   minérales . .   44.10

Sa richesse p. 100 en principes fertilisants est de :

Azote. 0.48
Acide phosphorique 0.65
Potasse. 0.56
Chaux 4.10

La gadoue noire, telle qu'elle a été prélevée dans le tas établi à Bagneux, contenait donc pour 100 kilogrammes :

	kilog.
Azote.	0.45
Acide phosphorique	0.59
Potasse.	0.52
Chaux	3.75

Elle est un peu plus riche que les gadoues vertes.

Des gadoues, prises à Gentilly, provenant du Ier arrondissement, formaient un terreau plus grossier, plus pailleux que le précédent, leur odeur était assez forte ; le dépôt avait six mois de date.

On les a divisées, comme précédemment, en 2 lots :

	p. 100.
Matières pierreuses, débris de verres, etc.	2.43
— organiques décomposées, parties terreuses fines.	97.57

Le premier lot a été rejeté comme sans valeur.

Le second lot a été seul examiné, sa composition centésimale est la suivante :

Eau.	49.3	Matières organiques.	14.30
Matière sèche.	50.7	— minérales.	36.40

Richesse p. 100 en principes fertilisants :

Azote.	0.40
Acide phosphorique	0.47
Potasse.	0.50
Chaux	3.03

La gadoue noire, telle qu'elle a été prélevée dans le

tas de Gentilly, contenait donc pour 100 kilogrammes :

	kilog.
Azote.	0.39
Acide phosphorique	0.45
Potasse.	0.29
Chaux	2.92

Ici encore, nous trouvons une richesse en principes fertilisants qui ne s'éloigne pas notablement de celle du fumier de ferme.

Nous pouvons dire d'une manière générale que les gadoues vertes, aussi bien que les gadoues noires, sont peu inférieures, au point de vue de la richesse en éléments fertilisants, au fumier de ferme normal; mais que les gadoues noires étant à un degré de décomposition plus avancé et transformées pour ainsi dire en terreau, doivent être d'un emploi plus avantageux pour l'agriculture. La pratique qui consiste à laisser les gadoues fermenter pendant un certain temps semble donc parfaitement justifiée, au point de vue de leur utilisation agricole.

En nous plaçant au point de vue de l'hygiène, cette pratique est peut-être moins recommandable, parce que les gadoues, mises immédiatement en contact avec le sol, ne subissent que des fermentations qui ont lieu sous l'influence d'organismes aérobies, et ont leurs éléments plus facilement transformés en produits ultimes de la combustion : acide carbonique, eau, acide nitrique; tandis que, placées en tas, elles finissent par devenir le siège de fermentations qui ont lieu à l'abri de l'air et sous l'influence d'organismes réducteurs, et par suite elles exhalent des produits de combustion incomplète : carbures d'hydrogène, acide sulfhydrique, etc.

Nous disions plus haut que la valeur de ces gadoues peut être comparée à celle du fumier de ferme; en adoptant pour cet engrais la valeur vénale du fumier, on aura donc une estimation approchée du prix auquel l'agriculteur peut les acheter. Si nous faisons le calcul en ne considérant que les principes fertilisants, sans tenir compte de l'encombrement des matières, des frais relativement considérables de transport et de l'utilisation plus ou moins rapide par la végétation, nous obtiendrons les résultats ci-dessous en assignant les valeurs suivantes par kilog. : à l'azote organique, 1 fr. 50; à l'acide phosphorique, o fr. 5o; à la potasse, o fr. 40; à la chaux, o fr. 01 ; ces chiffres n'étant d'ailleurs donnés qu'à titre de renseignement et étant sujets à variation, suivant les cours des engrais commerciaux.

1° Les gadoues vertes auraient une valeur par 100 kilog. :

	francs.
Pour l'azote de.	0.57
— l'acide phosphorique	0.20
— la potasse	0.17
— la chaux	0.02
Total	0.96

2° Les gadoues vertes de grilles d'égout auraient une valeur par 100 kilog. de :

	francs.
Pour l'azote	0.39
— l'acide phosphorique.	0.15
— la potasse.	0.10
— la chaux	0.03
Total	0.67

3° Les gadoues noires de Bagneux auraient une valeur par 100 kilog. de :

	francs.
Pour l'azote	0.67
— l'acide phosphorique	0.30
— la potasse.	0 20
— la chaux	0.04
Total	1.21

4° Les gadoues noires de Gentilly auraient une valeur par 100 kilog. de :

	francs.
Pour l'azote.	0.58
— l'acide phosphorique	0.24
— la potasse.	0.12
— la chaux	0.03
Total	0.97

Voilà la valeur de ces matières, calculée d'après les principes fertilisants proprement dits, sans tenir compte de la matière organique dont l'importance n'est nullement négligeable, mais ne peut être chiffrée.

Il est hors de doute que les gadoues constituent une matière fertilisante d'un prix très peu élevé, si elles sont employées à proximité des lieux de production et si par suite leur prix n'est pas trop augmenté par des frais de transport.

Autres gadoues. — M. Petermann a trouvé pour les boues ou gadoues de la ville de Bruxelles les résultats suivants :

	Juillet.	Novembre.
Eau.	4.20	7.26
Matières organiques.	22.88	17.73
Azote.	0.39	0.17
Acide phosphorique.	0.60	0.44
Potasse.	0.31	0.32
Chaux.	3.17	3.70

Les boues étaient prises sur un tas de plusieurs milliers de mètres cubes, accumulé hors de la ville; elles étaient en partie décomposées et se trouvaient d'ailleurs dans un état de siccité remarquable; leur valeur agricole, calculée comme celle des produits précédents, varierait de 6 à 10 francs la tonne; elle est sensiblement égale à celle que nous avons trouvée pour les gadoues de la ville de Paris, malgré l'humidité plus grande renfermée dans ces dernières.

Nous avons analysé un échantillon prélevé sur un tas de gadoues fermentées provenant de Bordeaux, et nous avons obtenu les résultats suivants :

Partie fine . . . . 80 p. 100.
Matières inertes. . . . . 20 —

COMPOSITION CENTÉSIMALE

	Partie fine.	Matière brute.
Eau	26.37	»
Matières organiques.	18.28	»
— minérales	55.35	»
Total	100.00	
Azote.	0.61	0.49
Acide phosphorique	0.73	0.58
Potasse.	1.53	1.22

Dans cette ville la gadoue verte se vend à raison de 3 fr. 50 le mètre cube rendu dans le Médoc, où on l'emploie à la fumure des vignes, après fermentation. Elle est mise en tas, recoupée plusieurs fois pour lui donner de l'homogénéité et la débarrasser le plus possible des débris inertes; on estime que le prix de la gadoue noire ressort, après la préparation et au moment de l'emploi, à environ 6 francs le mètre cube, pesant 800 kilog. On voit par là que l'emploi de cette matière est encore assez avantageux pour le cultivateur.

Les gadoues forment un engrais chaud et peuvent, comme le fumier de cheval, servir à la confection des couches; les jardiniers s'en servent pour obtenir des légumes précoces. Il est d'usage de ne les utiliser qu'après une fermentation de deux ou trois mois; elles sont mises en tas, recoupées plusieurs fois; leur emploi est alors facile.

Le poids du mètre cube varie de 800 à 1 200 kilog. quand l'engrais est ainsi décomposé; la forte proportion de pierres et d'autres matières lourdes qu'il renferme est la principale cause de cette densité élevée.

Les gadoues s'appliquent aussi bien aux plantes de grande culture qu'à la production maraîchère; nous n'insisterons pas d'une façon spéciale sur la manière de les employer, qui ne diffère en rien de celle qui est suivie pour le fumier de ferme.

Balayures des rues. — Les gadoues contiennent ordinairement, en mélange avec les détritus, les boues et balayures des rues; souvent aussi ces dernières sont envoyées dans les égouts; enfin quelquefois, et surtout par les temps secs, elles sont recueillies à part. Lorsqu'elles sont formées en majeure partie de crottins de cheval, elles sont volontiers employées par les agriculteurs.

Pour nous rendre compte de la valeur fertilisante de ces boues et balayures, nous en avons prélevé divers échantillons sur les chaussées de Paris, et nous avons déterminé leur composition centésimale qui est la suivante :

	30 décembre 1886.	3 janvier 1887.	12 janvier 1887.
Eau.	77.80	22.00	34.00
Azote	0.13	0.63	0.47
Acide phosphor. . .	0.29	0.60	0.48
Potasse	0.02	0.09	0.07
Chaux	7.61	6.39	8.18
Observations . . .	Pluie abondante.	Temps sec.	Pluie légère.

Comme on le voit, les boues sont très pauvres en potasse; leur richesse en azote et acide phosphorique se rapproche de celle des gadoues, elle dépend essentiellement de l'état de siccité. Il convient aussi de faire remarquer que, dans les grandes villes où circulent de nombreux attelages, on doit s'attendre à trouver des balayures d'une valeur plus élevée que dans les petites villes, où les déjections laissées par les animaux sur les voies publiques sont peu abondantes, et où alors les poussières provenant de l'usure de la chaussée dominent. Dans tous les cas, ces poussières entrent pour une forte proportion dans la constitution de ces balayures et par suite la nature du pavage influe sur leur composition.

Dans certaines villes, il existe une négligence déplorable au point de vue de l'utilisation des gadoues. Nous citerons Marseille où, chaque jour, on jette à la mer 100 à 120 tonnes de balayures de rues. Des bateaux de 60 tonnes, stationnés au vieux port, reçoivent toutes les ordures ménagères pour les conduire au large, à peu près au niveau de l'île d'If et les déverser à la mer. Les détritus sont non seulement perdus pour l'agriculture, mais encore ils salissent les abords des ports, car les vagues tendent sans cesse à les ramener sur le rivage.

Il y a là une perte énorme de matières fertilisantes, d'autant plus blâmable que l'utilisation de ces engrais semble tout indiquée pour la fertilisation et la fumure des terres de la Camargue.

Dans quelques villes, notamment en Allemagne, on opère le mélange des matières fécales avec les boues de ville et les gadoues; on forme ainsi des compost assez riches, dosant d'après Wolff :

	Brême.	Groningue.
Azote	0.52	0.67
Acide phosphorique	0.50	0.54
Potasse.	0.26	0.21

Les municipalités se chargent elles-mêmes de la préparation de ces engrais, qui sont très recherchés par les cultivateurs; elles en retirent même des bénéfices importants.

Ainsi qu'on le voit par ce qui précède, les résidus laissés sur les voies publiques dans les villes constituent une ressource précieuse pour les campagnes avoisinantes.

CHAPITRE IV

Composition. — Par leur provenance même, les eaux d'égout ont une composition très variable, en rapport avec les époques de l'année, qui y introduisent des quantités plus ou moins grandes d'eau; elles contiennent tous les détritus ou résidus divers qui ne sont pas recueillis comme matières de vidange, comme boues de ville, gadoues, etc. Une partie des urines produites dans les villes par les hommes et par les animaux; la presque totalité des eaux ménagères; les eaux de pluie et d'arrosage se réunissent dans les égouts, entraînant avec elles des matières dissoutes et d'autres en suspension. Parmi les diverses substances minérales et organiques qu'elles charrient, il y en a qui ont des propriétés fertilisantes, ce sont celles dont nous aurons à nous occuper exclusivement ici.

En première ligne nous y voyons figurer l'azote, qui s'y trouve à divers états, mais principalement sous les formes organique et ammoniacale; il y a en outre de l'acide phosphorique et de la potasse.

La moyenne de richesse trouvée par M. Durand-Claye, dans une période d'environ dix années, a été la suivante, pour un mètre cube d'eau d'égout de la ville de Paris :

Matières minérales : 1 kil. 622, contenant :

	kilog.
Acide phosphorique.	0.018
Potasse	0.037
Chaux.	0.350

Matières organiques : 0 kil. 773, contenant :

Azote	0.045

Ces chiffres vont : pour l'azote, de 0 kil. 080 à 0 kil. 020 par mètre cube; pour l'acide phosphorique, ils descendent fréquemment jusqu'à 0,010 et s'élèvent parfois à 0,060; la potasse est dans le même cas, le taux en descend au-dessous de 0,020, ou arrive à dépasser 0,060. On voit par là combien est variable la teneur en principes fertilisants des eaux d'égout de la ville de Paris.

M. Schlœsing a trouvé par mètre cube d'eau d'égoût, prise dans les grands collecteurs de Clichy et de Saint-Denis :

COLLECTEUR DE CLICHY

Matières minérales : 2 kil. 075. — Matières organiques : 1 kil. 079, contenant :

	kilog.
Azote soluble	0.029
— insoluble	0.024
Total	0.053

COLLECTEUR DE SAINT-DENIS RECEVANT LES EAUX DE BONDY

Matières minérales : 1 kil. 943. — Matières organiques : 1 kil. 378, contenant :

Azote.	0.140

Ces matières sont en partie dissoutes, en partie seulement en suspension, voici les chiffres se rapportant aux eaux des collecteurs de Clichy :

kilog.
Matières minérales solubles. o.683
     —   insolubles 1.392
Matières organiques solubles : o kil. 35o, contenant :
Azote. o.029
Matières organiques insolubles : 9 kil. 738, contenant :
Azote. o.024

Dans d'autres centres populeux, nous trouvons des eaux ayant des compositions analogues.

Vœlcker a dosé dans les eaux d'égout ou *sewage* de Londres, par mètre cube :

Matières organiques : o kil. 428, contenant :

kilog.
Ammoniaque o.099
Matières minérales : o kil. 856, contenant :
Acide phosphorique o.014
Potasse. o.043
Matières inertes o.799

D'après M. Ronna, la moyenne de composition des eaux d'égout, prises sur trente-deux villes anglaises, est par mètre cube :

kilog.
Matières en suspension. o.419
    —   dissolution. o.773

M. Petermann a trouvé pour les eaux d'égout de Bruxelles prises au mois de juin, par mètre cube :

EN SUSPENSION

kilog.
Matières organiques o.262
    —   minérales. o.256

EN DISSOLUTION

Matières organiques : o kil. 439, contenant
Azote organique. o.014
— ammoniacal. o.038
Matières minérales : o kil. 484, contenant :
Acide phosphorique. o.008
Potasse o.068

La moyenne de quatre analyses a donné à cet auteur les résultats suivants, rapportés à un mètre cube :

EN SUSPENSION

Matières organiques : o kil. 511, avec :
Azote. o.024
Matières minérales : o kil. 367, avec :
Acide phosphorique. o.021

EN DISSOLUTION

Matières organiques : o kil. 478, avec :
Azote.. . . . . o.112
Matières minérales : o kil. 880, avec :
Acide phosphorique. o.023
Potasse o.104

Le mètre cube contiendrait donc :

	grammes.
Azote.	136
Acide phosphorique	44
Potasse	104

Ces chiffres sont bien plus élevés que ceux trouvés pour les eaux d'égout de Paris et de Londres.

Voici, d'après M. A. Muller, la composition des eaux d'égout de Berlin, par mètre cube :

	kilog.
Azote organique.	o.010
— ammoniacal	o.090
Potasse	o.040
Acide phosphorique.	o.040
Magnésie.	o.017
Carbonate de chaux.	o.150

Cette composition des eaux d'égout leur assigne une valeur agricole, mais la proportion des principes utiles étant très minime, il faut les considérer sous des volumes énormes, pour leur faire représenter une certaine quantité d'éléments fertilisants. Ainsi le mètre cube d'eau d'égout de Paris contient 45 grammes d'azote, 37 grammes de potasse, et 18 grammes d'acide phosphorique qui, évalués en argent, au taux des matières fertilisantes, ne représentent qu'une valeur inférieure à 10 centimes. En employant directement ces eaux en agriculture, il sera donc nécessaire d'agir sur de grandes masses, pour apporter au sol une quantité suffisante de principes utiles à la végétation.

Phénomènes chimiques dont les eaux d'égout sont le siège. — Ces liquides peuvent être regardés comme des milieux en pleine fermentation; ils sont en effet envahis par les organismes inférieurs les plus divers, qui trouvent là, en abondance, les éléments de leur développement. La matière organique qu'ils contiennent est donc incessamment en voie de décomposition; mais les phénomènes de transformation, dont les eaux d'égout sont le siège, sont d'un ordre bien différent et pour ainsi dire opposé, suivant qu'elles sont soustraites à l'action de l'oxygène aérien ou que ce dernier élément y trouve accès.

Lorsque, par suite de l'abondance des matières organiques en décomposition, l'oxygène a été complètement absorbé et s'il n'a pas été remplacé à mesure, les phénomènes réducteurs se produisent au sein de la masse et donnent naissance à une véritable putréfaction. On voit alors apparaître toute la série des transformations qui caractérisent la vie dans les milieux réducteurs, et particulièrement la fermentation ammoniacale, qui donne naissance à de l'ammoniaque, formée aux dépens de l'azote des matières organiques. Cette production est quelquefois accompagnée de celle de sulfures, par suite de la réduction des sulfates. C'est le cas général des eaux d'égout, qui contiennent toujours une proportion notable d'ammoniaque, aussi sont-elles une cause d'infection, autant par les germes qu'elles contiennent que par les gaz qu'elles dégagent.

Il en est autrement lorsque l'eau est aérée : il s'y produit alors une véritable combustion, sous l'influence d'organismes ayant une action différente et qui transportent l'oxygène sur la matière organique pour la brûler. Les principaux effets de cette combustion sont : la transformation des matières azotées organiques et de l'ammoniaque en nitrates, la disparition graduelle des matières carbonées et par suite l'épuration des eaux. Ces notions nous serviront dans l'application que nous ferons des eaux d'égout à la fertilisation des terres.

Les eaux d'égout constituent une matière éminemment encombrante dont il convient de se débarrasser à tout prix ; il faut faire passer l'intérêt de leur évacuation, avant l'intérêt qu'elles peuvent offrir au point de vue agricole. Quand on peut les déverser dans la mer, il est toujours à conseiller de le faire ; elles sont entraînées par les eaux marines et ne deviennent pas des causes d'infection ; mais il faut dans ce cas opérer le déversement assez loin, pour que les vagues ne puissent les ramener au rivage.

Le plus souvent elles sont versées directement dans les fleuves ; c'est en général le moyen le plus commode pour les villes de se débarrasser de leurs immondices, mais qui offre les inconvénients les plus sérieux et porte un grave préjudice aux riverains placés en aval. Les eaux ainsi souillées peuvent, il est vrai, se purifier à mesure qu'elles s'éloignent, par cette combustion sous l'influence de l'oxygène, dont nous avons parlé ; mais il n'en est pas moins vrai que, sur un assez long parcours, le fleuve est corrompu. La proportion d'oxygène qui y existe à l'état de dissolution est absorbée par les matières organiques venant des égouts, et on peut suivre facilement, par le dosage de cet oxygène dissous, le degré d'infection et la transformation graduelle de ces eaux souillées, qui reprennent, en même temps que leur pureté primitive, leur proportion normale d'oxygène. A mesure que ce dernier reparaît, on voit l'ammoniaque disparaître et se transformer en nitrate.

Ainsi, la Seine contient :

	cent. cubes.	
A l'entrée de Paris..	7 à 9	d'oxygène par litre.
A la sortie de Paris.	5.3	—

A Asnières, au débouché du grand collecteur de Clichy, la Seine est un véritable égout; elle renferme 25 grammes d'azote par mètre cube, 1 cent. cube d'oxygène seulement par litre, et 200 000 organismes microscopiques au centimètre cube.

A Saint-Denis, il n'y a plus de poissons. Ce n'est qu'à Mantes, à 86 kilomètres du débouché du grand collecteur, que l'eau a repris son taux normal d'oxygène et se trouve entièrement purifiée.

Pendant ce parcours, les matières en suspension se sont déposées et forment dans le lit des fleuves, surtout à l'embouchure des égouts, des bancs vaseux et des limons qui deviennent eux-mêmes le siège de putréfactions. En 1884, le service de la navigation de Paris a dû extraire au débouché des collecteurs, plus de 125 000 mètres cubes de ces dépôts fétides.

En présence d'inconvénients si graves, il n'y a donc pas lieu de s'étonner qu'on ait cherché des procédés pour épurer les eaux d'égout, avant de les jeter dans les fleuves, et on a eu recours à des systèmes très divers, tels que : 1° l'épuration soit par filtration à travers des substances minérales poreuses, soit par des produits chimiques ayant pour effet de précipiter les impuretés ; 2° l'épuration par filtration à travers le sol, avec utilisation éventuelle des matières fertilisantes par les végétaux ; 3° enfin l'emploi simultané des uns et des autres de ces procédés.

Épuration par filtration ou décantation. — Les eaux d'égout contenant en même temps les matières en suspension et en dissolution, on peut se débarrasser des premières par la filtration, on évite ainsi les dépôts vaseux qui se forment dans les rivières. Mais l'eau d'égout est loin d'être épurée suffisamment pour que son déversement dans les fleuves soit sans inconvénient ; en effet elle retient la totalité des matières qui s'y trouvaient dissoutes et qui ont la principale part dans l'infection des cours d'eau. Les filtrations faites sur des matières poreuses inertes, comme le sable, coke, tourbe, etc., sont bien loin de conduire aux résultats voulus ; il en est de même des procédés de décantation qui ont pour but de séparer, sous forme d'un dépôt, les substances qui se trouvaient en suspension.

Épuration par procédés chimiques. — Les procédés chimiques qu'on a employés fréquemment ont pour action principale de coaguler les matières en suspension et d'en faciliter ainsi le dépôt, et en même temps d'entraîner dans ce dépôt des matières organiques dissoutes, rendues insolubles par la combinaison avec l'agent chimique ; ordinairement on ajoute, en même temps que ce dernier, une matière poreuse, telle que de l'argile, des charbons, etc., destinée à compléter son action. Les agents chimiques qu'on a employés le plus souvent sont la chaux, les sels d'alumine, les dissolutions de phosphates acides, les sels de magnésie et de fer; ils forment des combinaisons variables qui, se précipitant à l'état insoluble, produisent la clarification de l'eau. L'argile, le charbon et les autres corps poreux activent cette précipitation et, par leur porosité propre, fixent une certaine proportion de la matière organique dissoute; on obtient d'un côté un liquide clair et de l'autre un dépôt boueux dont l'utilisation agricole n'est pas profitable. Ce dépôt est en effet très pauvre en matières fertilisantes, d'un maniement difficile et ordinairement mélangé de substances chimiques qui pourraient nuire aux plantes; il devient donc lui-même une cause d'embarras. Quant au liquide clarifié, il est loin d'avoir un degré d'épuration qui permette de le déverser impunément dans les eaux courantes.

L'épuration par les agents chimiques essayés jusqu'à ce jour ne constitue donc pas un progrès sensible sur la simple filtration, qui elle-même n'est pas d'une réalisation pratique. L'un et l'autre de ces deux procédés ne peuvent être considérés comme avantageux ni au point de vue de l'hygiène, ni au point de vue agricole, puisqu'ils ne fournissent que des engrais trop pauvres et non susceptibles d'être économiquement employés.

Vœlcker a fait un certain nombre d'analyses de produits obtenus par filtration ou précipitation chimique d'eaux d'égout de diverses villes de l'Angleterre; mais il convient de dire tout d'abord que les eaux d'égout sur lesquelles on a opéré, reçoivent la plus grande partie des matières fécales et par suite donnent des dépôts plus riches que ceux qu'on obtiendrait avec d'autres eaux.

L'échantillon n° 1 provient de la précipitation faite au moyen de matières alcalines : chaux, cendres, soude et de perchlorure de fer.

L'échantillon n° 2 est de la boue simplement décantée d'une autre eau d'égout.

Le n° 3 représente la précipitation par la chaux de l'eau décantée du n° 2.

Le n° 4 est un précipité obtenu au moyen d'un mélange de sulfate d'alumine et de schistes alumineux, et ensuite d'un lait de chaux; il a été desséché à l'air.

Le n° 5 a été obtenu en précipitant le sewage par de l'alun, du sang et de l'argile. On a donné à ce produit le nom de guano natif; le procédé est connu sous le nom de procédé A. B. C.

Voici la composition centésimale de ces divers échantillons :

	No 1.	No 2.	No 3.	No 4.	No 5.
Eau	60.83	51.41	82.41	47.36	57.20
Azote	0.41	0.44	0.14	0.69	0.31
Acide phosphorique. .	0.30	0.30	0.30	0.80	0.35
Potasse	0.30	0.47	0.16	0.20	0.39
Carbonate de chaux. .	8.18	4.10	0.50	7.30	5.60

Ces matières ont en général une composition qui les rapproche beaucoup du fumier de ferme et des gadoues; en les desséchant, on obtient des engrais plus concentrés, mais dont la teneur en principes fertilisants n'atteint jamais celle des poudrettes les plus pauvres, et qui par suite ne peuvent être employés qu'à une petite distance des lieux de production.

Des dépôts obtenus en faisant agir des phosphates acides sur les eaux d'égout de Bruxelles, avec addition subséquente d'un lait de chaux, ont été analysés par M. Petermann; ils contenaient, à l'état de siccité complète, 0,60 p. 100 d'azote et une quantité d'acide phosphorique de 9,64 p. 100, provenant évidemment presque en totalité des phosphates ajoutés. Dans ce procédé on n'a donc eu d'autre résultat que de délayer le phosphate et de lui enlever ainsi une partie de sa valeur. L'azote gagné n'est qu'en proportion extrêmement minime.

En employant la précipitation par la chaux seule, M. Hervé Mangon a obtenu des résidus qui, après avoir été bien séchés, contenaient environ 1 p. 100 d'azote.

Les procédés d'épuration mécanique ou d'épuration chimique paraissent aujourd'hui complètement abandonnés, tant par suite de la difficulté des opérations, qui nécessitent des réservoirs énormes, qu'à cause de la valeur minime des produits obtenus et de l'insuffisance des résultats.

ÉPURATION DES EAUX D'ÉGOUT PAR LE SOL. — UTILISATION AGRICOLE.

L'épuration par le sol est le procédé le plus parfait pour les eaux chargées de matières organiques. Nous voyons en effet les eaux les plus infectés, clarifiées et débarrassées de ces matières après leur passage à travers la terre.

Phénomènes de combustion. — En faisant l'analyse de ces eaux, ainsi épurées, on constate dans leur composition une modification profonde. Les matières organiques, cause principale de l'infection, ont complètement disparu; les sels ammoniacaux, qui sont toujours un indice de putréfaction, ont été transformés en nitrates; enfin tous les germes microscopiques sont retenus par le sol, et les eaux qui s'écoulent par les drains sont dans un état de pureté remarquable. Ainsi sous le rapport de la salubrité, la filtration des eaux à travers le sol, dans des conditions déterminées, donne des résultats absolument satisfaisants. D'un autre côté, les plantes cultivées dans les terres qui reçoivent ces eaux y puisent leurs aliments azotés et minéraux.

Plaçons-nous d'abord au point de vue de l'épuration. Le premier effet qui se produit quand les eaux d'égout sont versées sur un sol meuble, c'est une filtration par laquelle les particules en suspension sont retenues mécaniquement à la surface; les eaux filtrantes descendent dans le sol, elles entourent les particules terreuses, auxquelles elles s'attachent par capillarité. Ainsi divisée, l'eau présente à l'air qui circule dans la terre une surface énorme et, dans ces conditions, l'oxygène agit énergiquement sur les matières organiques dissoutes; il se produit une combustion, qui a pour effet de détruire la matière organique, en formant de l'acide carbonique et de l'eau avec le carbone et l'hydrogène, et en transformant l'azote organique ou ammoniacal en nitrates. Les matières en suspension qui avaient été retenues à la surface du sol subissent une décomposition et sont transformées en matières humiques et plus tard en produits ultimes de la combustion, comme le fumier de ferme, dont elles se rapprochent par leur composition physique et chimique.

La combustion étant opérée, l'eau s'infiltrant dans le sol peut passer dans les puits ou les cours d'eau, sans aucun inconvénient pour la salubrité.

L'agent qui produit cette transformation est un être organisé, dont nous avons déjà expliqué le rôle au sein de la terre végétale; le ferment de la nitrification a la plus grosse part dans la combustion de la matière organique et, par suite, dans l'épuration de l'eau d'égout; aussi le sol que l'on veut destiner à servir d'épurateur, doit-il remplir les conditions nécessaires à une nitrification énergique et principalement être doué d'une perméabilité qui assure la circulation de l'air et pourvu d'une certaine quantité d'éléments calcaires, pouvant fournir la base à l'acide nitrique formé.

Mais nous savons que cette combustion, tout en ayant une grande énergie, n'est pas instantanée; il faut donc laisser les eaux en contact avec le sol, pendant un temps suffisant pour obtenir une épuration complète et ce temps variera suivant la nature du terrain, le degré d'impureté des eaux, et aussi suivant la température, l'action du ferment nitrique étant beaucoup plus lente pendant les froids de l'hiver.

Le mécanisme de cette opération se divise donc en trois parties :

1° La distribution des eaux impures à la surface, le dépôt des matières en suspension et l'imbibition du sol par le liquide;

2° La combustion de la matière organique et des sels ammoniacaux, qui détermine l'épuration;

3° Le départ des eaux épurées.

Si le sol était complètement imbibé de liquide, la circulation de l'air ne s'y effectuerait pas, et le résultat cherché ne pourrait pas se produire; il est donc indispensable de favoriser, dans la limite du possible, l'aération du sol; on obtient ce résultat en l'ameublissant par des labours profonds et en opérant des drainages qui sollicitent le départ de l'eau.

Pour effectuer la combustion dans les conditions les plus avantageuses, il est indispensable d'amener les eaux par intermittences et non d'une manière continue; les intermittences doivent être réglées de telle sorte que l'épuration des liquides imprégnant le sol soit complète, lorsqu'on amène le nouveau liquide à épurer.

Pouvoir épurateur du sol. — La nature de la terre influe dans une large mesure sur la rapidité avec laquelle s'effectue cette action; il n'y a pas d'ailleurs à craindre que les eaux impures déversées se mélangent aux eaux déjà épurées; il s'effectue en effet un véritable déplacement et le liquide épuré se trouve chassé et remplacé par celui qu'on introduit à nouveau. Ce liquide impur doit être versé en quantité telle qu'il soit tout entier retenu dans le sol; celui qui s'écoulerait par simple filtration, sans avoir effectué un séjour suffisant, serait filtré mais non épuré; il en est de même des eaux qui resteraient stagnantes à la surface.

Si nous considérons des sols cailouteux et perméables comme ceux de Gennevilliers, nous constatons que chaque mètre cube de terre peut retenir 150 litres de liquide et que le temps nécessaire pour une épuration complète de l'eau d'égout est de vingt jours. Le sol ayant d'ailleurs une épaisseur de 2 mètres, l'eau est évacuée après avoir traversé cette couche. Ces données nous permettent de calculer les quantités d'eau d'égout susceptibles d'être épurées par une surface donnée et nous conduisent à un chiffre de 300 litres de liquide pouvant être versés tous les vingt jours par chaque mètre carré; mais on a reconnu qu'il n'y a pas intérêt à espacer ainsi les déversements. Il convient de rapprocher autant que possible les arrosages, de manière à obtenir cette quantité de 300 litres au bout de vingt jours; le déplacement des liquides épurés se fait ainsi avec une régularité beaucoup plus grande.

D'après M. Franckland, les arrosages journaliers sont les plus convenables.

Les chiffres que nous venons de donner varient avec chaque cas particulier et dépendent du pouvoir épurateur du sol, de l'épaisseur de la couche traversée et de la quantité d'eau retenue par capillarité. C'est donc toujours par une expérience directe qu'il convient de déterminer le pouvoir épurateur.

M. Franckland a indiqué une marche à suivre pour faire cette détermination : la terre à essayer est introduite dans un tube vertical, ayant près de 30 centimètres de diamètre et 2 mètres de hauteur; on verse à la surface, tous les jours, un volume connu d'eau d'égout, et l'on examine si les liquides qui s'écoulent après filtration, contiennent encore de la matière organique. On augmente, au bout de quelques semaines, la dose journalière de liquides, et on continue ainsi, en faisant durer chaque régime pendant plusieurs semaines, jusqu'à ce qu'on constate que l'eau qui s'écoule dans ces conditions, contient encore de la matière organique et par suite n'est pas complètement épurée. On a ainsi atteint la limite de la faculté d'épuration du sol, et on adopte pour règle, dans la pratique, de déverser dans celui-ci une quantité journalière de liquide un peu inférieure à cette limite.

Nous avons dit que le pouvoir épurateur est variable suivant la nature des terres; mais nous pouvons ajouter que 1 mètre cube de terre épure en moyenne de 25 à 30 litres d'eau d'égout par jour; en admettant que le sol ait une profondeur de 2 mètres, chaque hectare pourrait donc recevoir par jour 500 mètres cubes d'eau ou 182 000 mètres cubes par an. Hâtons-nous de dire que ces chiffres représentent des maxima, et que dans la pratique on ne doit pas les atteindre; en mettant en moyenne 50 000 mètres cubes par hectare et par an, on peut avoir la certitude d'une épuration complète.

Utilisation agricole des eaux d'égout. — Nous avons jusqu'ici envisagé la question de l'épuration, qui, si elle est la plus importante au point de vue de la salubrité, n'est que secondaire au point de vue de l'agriculture; nous allons entrer dans un autre ordre d'idées et examiner l'emploi agricole de ces eaux et les ressources en principes fertilisants qu'elles peuvent apporter aux cultures.

Nous avons vu que les eaux d'égout contiennent en moyenne par mètre cube :

		kilog.
Azote		0.045
Acide phosphorique		0.018
Potasse		0.037

Calculons l'apport fait à un hectare de terre par un volume connu de ces liquides. Les 57 000 mètres cubes que les ingénieurs de la ville de Paris ont déversés par an et par hectare dans la plaine de Gennevilliers représentent :

		kilog.
Azote		2 565
Acide phosphorique		1 026
Potasse		2 109

Ces quantités sont énormes, elles dépassent de beaucoup ce que les fumures les plus exagérées pourraient amener au sol; elles représentent en effet un apport annuel d'environ 500 000 kilog. de fumier de ferme.

On voit donc que les procédés d'épuration, tels qu'on les emploie dans la plaine de Gennevilliers, constituent au point de vue agricole un véritable gaspillage, puisqu'ils amènent au sol une quantité de matières vingt fois supérieure à celle que la culture la plus intensive peut utiliser. Les récoltes ne seront pas en rapport avec les éléments fertilisants introduits et ne dépasseront pas un maximum, quel que soit, au-dessus d'une certaine limite, l'apport d'engrais. Non seulement la végétation ne profite pas de cet excès de nourriture, mais encore le sol lui-même ne s'enrichit pas; car les eaux traversant la terre en si grande abondance opèrent un lavage qui entraîne à peu de choses près les éléments qu'elles avaient apportés.

Vœlcker a analysé la terre de prairies situées près d'Édimbourg, ayant reçu pendant près de 80 années consécutives 30 à 40 000 mètres cubes d'eau d'égout par hectare et par an; elle contenait par kilogramme :

	grammes.
Azote	0.4
Acide phosphorique	0.6
Potasse	0.8

Ce sol est resté excessivement pauvre, malgré les quantités énormes de matières fertilisantes déversées à sa surface, sous forme d'eaux d'égout.

Il ne faut donc pas s'attendre à un emmagasinement de matières fertilisantes, ni même à une obstruction par les matières organiques, celles-ci après avoir été brûlées disparaissant en même temps que les liquides qui s'écoulent. Dans de pareilles conditions, le sol sert uniquement de support, et c'est de l'eau elle-même que les récoltes tirent leur nourriture.

L'épuration des eaux et leur utilisation agricole se font par le même procédé, c'est-à-dire par l'irrigation; mais si des surfaces restreintes suffisent pour l'épuration, il n'en est pas de même pour l'utilisation complète des principes fertilisants par l'agriculture. Plaçons-nous exclusivement à ce dernier point de vue et calculons quelles sont les quantités d'eaux d'égout qu'il convient de donner à la terre pour obtenir le maximum d'effet utile, en supposant bien entendu que les surfaces dont on peut disposer soient en quantité suffisante.

On sait qu'en fumant à raison de 25 000 kilog. de fumier de ferme par an, on se place dans les conditions d'une production végétale abondante. Pour représenter

cette quantité, il faudrait environ 3 000 mètres cubes
d'eau d'égout, volume environ 20 fois moindre que
celui qu'on a déversé dans les terres de Gennevilliers,
et environ 80 fois moindre que celui que l'on pourrait
épurer annuellement par hectare.

Il faut donc séparer entièrement dans cette discussion
la question de l'épuration de celle de l'emploi agricole.

Le volume d'eau d'égout produit annuellement à
Paris étant d'environ 100 millions de mètres cubes,
pourrait fournir une fumure abondante à 40 000 hectares; tandis que pour l'épuration seule, 2 000 hectares
sont plus que suffisants.

La quantité d'azote contenue dans cette masse de
liquide, est voisine de 5 millions de kilogrammes, équivalant à plus d'un million de tonnes de fumier de ferme.

Chaque fois que l'on pourra appliquer les eaux
d'égout aux vastes surfaces, l'agriculture y trouvera
donc un grand avantage. Jusqu'à présent, on a principalement réservé ces liquides à la culture maraîchère
qui s'en trouve très bien, mais on a tort de croire
que c'est à cette culture seulement qu'il convient de
les appliquer. Toutes les plantes, susceptibles de vivre
dans un sol fréquemment arrosé, peuvent profiter de
cette irrigation; c'est surtout la production herbagère
qui peut utiliser au plus haut degré les eaux d'égout,
et en Angleterre cette pratique est usitée depuis longtemps avec succès. On a quelquefois prétendu que les
plantes engraissées au moyen de ces eaux contrac-
taient un goût préjudiciable; il ne paraît pas qu'il en
soit ainsi; une végétation plus active, en raison de
l'humidité du sol et de l'abondance des matières fertilisantes, peut amener une moindre finesse des produits
récoltés, mais les quantités obtenues compensent largement cette infériorité.

Irrigations de Gennevilliers. — Dans la presqu'île de Gennevilliers, sur laquelle nous insistons davantage, parce qu'elle a servi en quelque sorte de champ d'expérience, l'usage de l'eau est libre; aucun propriétaire n'est obligé d'en prendre; chacun peut en consommer autant qu'il lui plaît et l'appliquer à la culture qu'il juge convenable. Le sol irrigué est généralement disposé en billons séparés par des rigoles; ces dernières reçoivent l'eau, les billons sont réservés pour les plantes. C'est la culture potagère qui domine, mais les pommes de terre, les betteraves, les céréales, la luzerne, les plantes de prairies profitent également bien de ces irrigations. On obtient des rendements très élevés : 60 000 têtes d'artichauts à l'hectare; 100 000 kilog. de betteraves fourragères; 5 à 6 coupes de fourrage vert donnant jusqu'à 80 à 100 tonnes. Le produit brut à l'hectare varie entre 3 000 et 10 000 francs.

Lorsque la culture exige que le sol soit uni, il est simplement traversé par de petites rigoles, ordinairement parallèles et établies à 3 ou 4 mètres de distance. L'eau circule à découvert dans le champ, les matières en suspension, minérales et organiques, que charrient les eaux d'égout, se déposent au fond des rigoles sous forme d'un dépôt noirâtre, d'apparence imperméable, mais prenant, au bout de peu de temps, la constitution d'un feutre qui laisse parfaitement passer les liquides. Les labours incorporent ce feutre organique dans la terre, où il se décompose à la manière du fumier de ferme, contribuant ainsi à l'amélioration du sol. Pendant l'hiver, où les plantes ne puisent pas dans les eaux les éléments fertilisants, les arrosages ont pour principal avantage d'opérer le dépôt de ces matières organiques et minérales et constituent un véritable colmatage.

Pour donner une idée de la prospérité que l'emploi

des eaux d'égout a apportée dans ces plaines sableuses
et arides, il suffit de dire que la valeur locative des
terrains, qui était avant les irrigations de 90 à 150 francs,
s'élève aujourd'hui à 450 ou 500 francs dans le pé-
rimètre arrosé; la valeur foncière est de 10 000 à
12 000 francs l'hectare. La porosité du sol de Gennevilliers n'a pas subi de modifications depuis que les irrigations à l'eau d'égout y ont été pratiquées. En comparant des échantillons de terres irriguées depuis sept ans
et d'autres non irriguées, M. Schlœsing, au rapport de
qui nous empruntons une grande partie de ces détails, a
trouvé les résultats suivants, pour 100 kilog. de terre :

TERRAIN LIMONEUX.

	IRRIGUÉ.		NON IRRIGUÉ.	
	Carbone.	Azote.	Carbone.	Azote.
	kilog.	kilog.	kilog.	kilog.
Surface du sol.	2.20	0.23	1.90	0.19
A 0^m,50 de profondeur . . .	0.83	0.11	0.57	0.07
A 1 mètre —	0.61	0.10	»	0.06

TERRAIN GRAVELEUX.

	IRRIGUÉ.		NON IRRIGUÉ.	
	Carbone.	Azote.	Carbone.	Azote.
	kilog.	kilog.	kilog.	kilog.
Surface du sol	1.63	0.150	1.250	0.100
A 0^m,50 de profondeur. .	0.32	0.035	0.160	0.027
A 1^m,50 —	0.04	0.006	0.022	0.004

On voit que l'apport d'eaux d'égout a enrichi le sol en
matières carbonées et azotées; et cet enrichissement
doit être attribué en majeure partie, sinon en totalité,
au dépôt des matières en suspension dans les eaux
d'égout employées en grande abondance; c'est surtout
à la surface que ces matières se sont accumulées;

le sous-sol est peu différent de ce qu'il était à l'origine ; les éléments solubles le traversent sans y rien laisser.

Irrigation des prairies. — Expériences de MM. Lawes et Gilbert. — MM. Lawes et Gilbert ont entrepris sur l'utilisation des eaux d'égout des expériences qui méritent d'être rapportées ici ; elles montrent que leur emploi peut augmenter la production végétale dans une forte proportion, sans modifier guère le degré de richesse du sol ; c'est un engrais qui agit vite, mais dont il ne reste rien dans la terre. Les principes de l'eau d'égout ont sur la végétation un effet immédiat, mais aussitôt que l'irrigation est suspendue, la terre revient à son état de fertilité primitif.

MM. Lawes et Gilbert ont opéré sur deux prairies, dont l'une était constituée par une terre très perméable et peu fertile ; la seconde par un sol plus fort, argileux et riche en matières organiques, notablement plus fertile ; ces prairies divisées en parcelles étaient irriguées par des quantités connues de sewage, déversées d'une manière continue.

Voici les rendements en herbe fraîche, obtenus en prenant la moyenne de trois années :

	Rendement moyen à l'hectare. kilog.
TERRE PLUS PERMÉABLE ET MOINS FERTILE	
Parcelle témoin non irriguée	18 747
— avec 7 500 mèt. cubes d'eau d'égout par an.	54 404
— — 15 000 — —	80 753
— — 22 500 — —	85 663
TERRE MOINS PERMÉABLE ET PLUS FERTILE	
Parcelle témoin non irriguée.	28 007
— avec 7 500 mèt. cubes d'eau d'égout	57 467
— — 15 000 — —	71 540
— — 22 500 — —	78 074

L'influence de l'eau d'égout comme fumure se traduit ici par des résultats sur l'importance desquels il est inutile d'insister. Il en ressort en outre un enseignement très intéressant, c'est que l'individualité du sol, c'est-à-dire sa richesse propre en éléments fertilisants est sans influence sur le produit de la récolte, l'eau d'égout apportant en quantité suffisante, et même superflue, toutes les matières nécessaires au développement végétal.

Le sol le plus perméable paraît être celui dans lequel l'effet a été le plus avantageux.

On voit aussi que la production herbagère ne s'accroît pas proportionnellement aux quantités d'eau employées ; ce qui s'explique facilement, puisqu'un volume assez faible contient déjà en suffisance les principes nutritifs.

On a remarqué que, sous l'influence des irrigations à l'eau d'égout, les légumineuses disparaissent, et que la végétation finit par être composée presque exclusivement d'un petit nombre de graminées comprenant le ray-grass, le dactyle et la houlque. Le fauchage peut se faire sur les jeunes pousses, ce qui permet d'avoir un chaume moins grossier ; il est répété quatre ou cinq fois dans l'année. En général, les fourrages ainsi récoltés sont de qualité inférieure, plus aqueux et plus ligneux, et les animaux n'en tirent pas le même profit que d'herbes venues dans les conditions normales.

Si, au point de vue agricole, la distribution des eaux d'égout sur une grande surface permet une utilisation plus grande des principes fertilisants, elle a encore d'autres avantages ; elle assure l'épuration complète ; de plus, elle évite les inconvénients que produit le déversement d'énormes quantités d'eau sur des surfaces restreintes, c'est-à-dire l'inondation des caves, et l'infiltration dans les puits.

Système du « Tout à l'égout ». — En parlant de l'utilisation agricole des eaux d'égout, nous ne pouvons nous dispenser d'aborder une question soulevée depuis un certain nombre d'années, et qui est l'objet de nombreuses controverses. Il s'agit de savoir si, dans les grandes villes comme Paris, il y a avantage à déverser dans les égouts les déjections humaines à mesure de leur production, ce qui supprimerait les fosses et les nombreux inconvénients qui y sont afférents, et ferait disparaître en même temps le travail de l'extraction, de l'accumulation et du traitement dans les dépotoirs ; ou bien si ces matières doivent être recueillies isolément et amenées dans les usines, où elles peuvent être transformées en un engrais concentré. De là ce dilemme qui a été souvent posé : « *Tout à l'égout ou tout à l'usine.* »

Le premier système est certainement celui qui offre le plus d'avantages aux cités, puisqu'il les débarrasse sans efforts supplémentaires des matières dont l'encombrement est le plus fâcheux ; aussi est-il appliqué dans beaucoup de villes d'Angleterre, d'Allemagne, et rencontre-t-il de nombreux partisans en France.

Le système du « Tout à l'égout » est vivement combattu au point de vue de l'hygiène même des villes, par des hommes autorisés qui signalent les dangers suivants :

1º Infection de l'air à la suite des dégagements de gaz fétides, tels que l'hydrogène sulfuré et l'ammoniaque, se répandant, par les bouches d'égout ouvertes, sur les voies publiques, dégagements d'autant plus à redouter que les égouts ayant moins de pente, laissent déposer et s'accumuler des vases et des boues, et que le niveau des eaux, subissant des alternatives de hausse et de baisse, laisse à découvert sur les parois des matières fermentescibles.

2° Infiltration des eaux dans le sous-sol, par suite de la non-étanchéité ou de l'usure des parois de l'égout.

Ce système ne saurait donc être appliqué que si les égouts sont placés dans des conditions parfaites d'imperméabilité et d'obturation, si leur pente est suffisante, si le déversement d'eau est assez considérable pour diluer les matières fécales et le lavage des égouts fréquemment répété, enfin si les eaux chargées de matières fécales peuvent être répandues sur de grandes surfaces capables de les épurer. On arriverait ainsi à utiliser en grande partie ces matières, à la condition toutefois que les étendues de terrain qui recevront les eaux seront suffisamment vastes pour permettre l'utilisation des substances fertilisantes et l'absorption des liquides. Mais comme l'arrivée des eaux d'égout ne saurait être arrêtée, et que l'arrosage ne peut pas se pratiquer à l'époque des récoltes, il faut leur trouver pendant cette période un autre écoulement.

De plus, l'arrosage qui doit se continuer en hiver, ferait perdre la totalité des matières dissoutes, déversées sur le terrain en dehors de l'époque où la végétation est active.

Pour avoir un écoulement, une utilisation et une épuration des eaux d'égout aussi parfaits que possible, il faut que les villes possèdent, à une faible distance, des terrains très vastes et dans les conditions voulues de perméabilité. Au point de vue purement agricole, un canal couvert qui conduirait ces liquides loin des villes, en les distribuant aux riverains sur tout le parcours, offrirait les plus grands avantages.

La question s'est posée de savoir si l'irrigation pratiquée avec des eaux chargées de matières fécales ne développerait pas, dans les lieux arrosés, et ne propagerait pas, par l'intermédiaire des légumes, les germes de maladies contagieuses, telles que la scarlatine, la fièvre typhoïde, la variole, la diphtérie, etc. M. Pasteur est sur ce point très réservé : « La question à résoudre, posée devant la science, ne peut être actuellement résolue... La science sur ce point est tout à fait incomplète. » M. Pasteur cependant admet comme n'ayant aucun inconvénient l'irrigation pratiquée avec mesure.

Quand les matières de vidange sont recueillies séparément par les procédés les plus parfaits, quand elles sont traitées industriellement par les méthodes que nous avons décrites, les inconvénients qui résultent de leur accumulation disparaissent; de plus elles fournissent à l'agriculteur un engrais puissant qui peut se transporter et s'appliquer en temps opportun. En nous plaçant donc uniquement au point de vue de l'utilisation des principes fertilisants par l'agriculture, nous trouvons un avantage marqué dans la pratique qui consiste à retenir isolément les déjections humaines et à les traiter d'une manière judicieuse pour en faire des engrais concentrés.

QUATRIÈME PARTIE

ENGRAIS CONSTITUÉS
PAR DES SUBSTANCES VÉGÉTALES

Nous avons jusqu'ici considéré presque exclusivement les engrais constitués par les résidus de la vie animale, comme les fumiers et les déjections humaines. Dans ce cas les matières végétales, avant de servir à la fumure des terres, passent par le corps animal et subissent des transformations profondes. Mais le contact des matières végétales avec les liquides de l'organisme n'est nullement indispensable; nous avons vu dans un précédent chapitre que les gadoues, constituées par les ordures ménagères, formaient un excellent engrais. Dans cette quatrième partie nous étudierons les substances végétales qui sont employées à la fumure des terres, sans avoir passé par l'intermédiaire de l'animal; le type de ces engrais, c'est l'engrais vert, c'est-à-dire la plante servant directement de fumure à la plante, fécondant le sol où elle a végété, soit après y avoir été enfouie en entier, soit en y laissant des résidus tels que fanes, feuilles et racines; on peut encore y ajouter les plantes transportées de leur lieu d'origine sur les terres en culture, par exemple les végétaux de la mer, des bois et des landes. Dans cette catégorie d'engrais viennent encore se placer les résidus des industries qui traitent les matières végétales, comme les tourteaux et les marcs.

CHAPITRE PREMIER

ENGRAIS VERTS CULTIVÉS ET RÉSIDUS LAISSÉS PAR LES RÉCOLTES

On appelle *engrais verts* des matières végétales qu'on enfouit directement dans le sol, sans qu'elles aient préalablement servi à l'alimentation; elles contiennent de l'azote, de l'acide phosphorique, de la potasse et tous les éléments fertilisants minéraux, en même temps qu'une grande quantité de matière organique.

Leur composition et leur action peuvent se comparer à certains égards à celles des fumiers frais, dans lesquels la matière organique est à un très faible degré de désagrégation.

Les engrais verts sont de deux sortes : 1° ceux qu'on produit directement sur le sol auquel ils doivent servir de fumure; dans ce cas c'est à proprement parler une récolte enfouie sur place; 2° ceux qu'on apporte du dehors, tels que les varechs, les bruyères, etc., et qui n'ont rien emprunté au sol sur lequel on les répand. Occupons-nous d'abord de la première catégorie de ces engrais, de ceux dont l'emploi est le plus général et peut s'effectuer dans tous les sols.

§ I. — ENGRAIS VERTS CULTIVÉS

Végétaux usités comme engrais verts. — Les végétaux qu'on cultive dans le but de les enfouir comme engrais doivent être choisis parmi ceux dont le développement foliacé est très grand, dont les racines sont très développées et s'enfoncent profondément, enfin dont la végétation est rapide ; en un mot il faut choisir les plantes qui exploitent au maximum l'atmosphère et le sous-sol et qui sont susceptibles de donner rapidement une masse végétale considérable, sans trop épuiser le sol proprement dit.

Les plantes doivent être appropriées au sol et au climat ; la semence doit être peu coûteuse, afin de diminuer le prix de revient de la fumure ; enfin l'enfouissement ne doit pas offrir de difficultés.

Les végétaux qui répondent le mieux à ces conditions appartiennent à la famille des légumineuses : ce sont les trèfles rouge et incarnat, les lupins jaune et blanc, la vesce, la féverole ; parmi les autres plantes, on emploie encore le seigle, le colza, la navette, la moutarde blanche, la spergule, le sarrasin.

Les engrais verts cultivés peuvent se diviser en deux catégories, ceux qu'on peut enfouir au printemps et ceux qu'on peut enfouir en été.

Les premiers comprennent : la féverole d'hiver, la vesce d'hiver, le colza d'hiver, la navette d'hiver, le lupin blanc, le trèfle incarnat ou farouche, le seigle. Ces diverses plantes se sèment de septembre à octobre ; leur enfouissement se pratique dans les mois de mars, avril et mai ; elles peuvent donc servir de fumure aux plantes sarclées, betteraves, pommes de terre, carottes, maïs, tabac, etc., en général aux récoltes qui se sèment au printemps.

Les engrais verts d'été comprennent : le lupin jaune, le lupin blanc, le sarrasin de Tartarie, qui se sèment en mai et s'enterrent en août-septembre; la moutarde blanche et la navette, la spergule, très usitée en Belgique, qui se sèment en juillet et sont enfouies en octobre. Ces engrais d'été serviront plus particulièrement de fumure aux céréales d'hiver.

Le trèfle rouge semé au printemps, généralement dans une céréale, donne l'année suivante vers la fin de mai une coupe abondante qu'on peut enfouir ou bien récolter pour l'alimentation du bétail, en n'enterrant que la deuxième ou même la troisième coupe.

La féverole d'hiver, le colza et la navette d'hiver s'accommodent des terres argileuses qui ne conviendraient nullement aux lupins. Ces derniers prospèrent surtout dans les terres siliceuses, et l'on est émerveillé de les voir végéter vigoureusement dans des sables arides; à l'encontre des légumineuses en général, qui sont calcicoles, le lupin réussit très mal dans les sols calcaires. Les trèfles, la moutarde et la navette conviennent aux terres riches en carbonate de chaux.

Enfouissement et action des engrais verts. — On doit attendre pour mettre l'engrais vert en terre que la floraison soit atteinte, c'est à ce moment en effet que le développement végétal est arrivé à son maximum; plus tard la plante devient dure et sa décomposition ultérieure dans le sol est plus lente.

Deux procédés sont mis en pratique pour enfouir l'engrais vert :

Le plus simple consiste à faire passer sur la récolte un fort rouleau dans le sens du labour. La charrue munie d'une rasette met l'engrais en terre.

Le deuxième procédé est plus coûteux, mais fournit un meilleur travail. On fauche la récolte, on l'épand sur le sol comme du fumier et on laboure avec la charrue dépourvue de coutre. Il est bon de faire accompagner le laboureur par des aides qui ramènent l'engrais dans la raie ouverte.

Il faut, avant de semer sur un enfouissement, donner à la terre soulevée le temps de se tasser; on aide ce tassement par un fort roulage précédant les semailles; car s'il se produisait après la levée des céréales, il amènerait le déchaussement des jeunes plantes.

C'est un fait d'observation qui semble bien établi, que les fumures vertes réussissent beaucoup mieux et donnent des effets plus rapides dans les régions du Midi, que dans celles du Nord; dans les terres légères, que dans les terres compactes. Ces observations justifient les notions que nous avons déjà données sur la décomposition des engrais dans le sol et particulièrement sur la nitrification des matières organiques, favorisée par une température chaude, par l'accès de l'oxygène et par la présence du calcaire.

L'engrais vert ne saurait convenir aux terrains d'origine granitique ou schisteuse; il formerait par sa décomposition de l'humus acide, à moins qu'on ait eu soin, comme cela se pratique parfois, de saupoudrer de chaux la plante verte fauchée.

Enfin dans les terres sèches, la fumure verte maintient un certain degré d'humidité et de fraîcheur très favorable; aussi dans le Midi appelle-t-on parfois ces engrais *rafraîchissants*.

Composition. — Pour nous rendre compte de la somme d'éléments fournis au sol par les engrais verts, nous donnons d'après Wolff la composition des principales plantes, à l'état dans lequel on les enfouit ordinairement, c'est-à-dire à l'époque de la floraison.

	Azote.	Ac. phosph.	Potasse.	Chaux.
Vesces	0.56	0.13	0.43	0.35
Lupins	0.50	0.11	0.15	0.16
Trèfle incarnat.	0.43	0.08	0.26	0.36
Trèfle rouge.	0.48	0.13	0.44	0.48
Colza	0.46	0.12	0.35	0.23
Spergule	0.37	0.20	0.47	0.26
Sarrasin.	0.39	0.08	0.38	0.50

Les rendements par hectare peuvent varier dans de très larges limites, suivant la qualité du sol, et il nous semble difficile de fixer des chiffres moyens. En comparant la composition de ces plantes avec celle des fumiers de ferme, on constate que la teneur en azote est peu différente dans les deux engrais ; les taux d'acide phosphorique et de potasse sont moins élevés pour les engrais verts.

Théorie des engrais verts. — A première vue on peut se demander comment les engrais verts peuvent fertiliser le sol, puisqu'en fait ils ne lui rendent que ce qu'ils lui ont pris et nous devons ici entrer dans des explications pour montrer pourquoi cette pratique donne à la terre une plus grande fertilité.

On choisit généralement, pour les enfouir en vert, des plantes dont les racines sont profondes, qui peuvent chercher, dans les parties inférieures du sol, les principes fertilisants et qui les ramènent à la surface, sous forme de matière végétale, pour les mettre ensuite à la disposition des plantes à racines plus superficielles.

Les premières ont la propriété de soutirer aux parties inaccessibles du sol leurs éléments fertilisants, pour les mettre à la disposition des récoltes qui n'ont pas les mêmes facultés.

D'un autre côté, on choisit ces mêmes plantes de préférence parmi celles dont les organes foliacés ont un grand développement et qui, par suite, présentant une plus grande surface à l'action des agents atmosphériques, peuvent probablement par là soutirer à l'air une plus forte proportion d'aliments azotés sous forme d'ammoniaque. Nous pensons que ce plus grand développement de végétation aérienne a aussi et surtout pour effet de déterminer une plus grande évaporation et par suite un appel plus énergique des liquides chargés de matières fertilisantes qui baignent les racines. On comprend donc qu'en enfouissant la production végétale développée dans ces conditions favorables, on produise une fumure et par suite une amélioration notable du sol. L'enrichissement de la terre en principes assimilables, par la culture des légumineuses, est un fait bien constaté; on sait que les résidus laissés par la luzerne constituent un véritable engrais.

Les éléments contenus dans cette substance végétale se transforment rapidement en matériaux assimilables et sont, à la récolte suivante, offerts aux plantes sous une forme dont celles-ci peuvent tirer parti. L'engrais vert ne doit pas être considéré comme un créateur, mais comme un collecteur, comme une sorte de condensateur des matières fertilisantes. Les principes minéraux, qui sont diffusés et dispersés dans un grand cube de terre, se trouvent réunis par la récolte préparatoire et mis en masse, par suite de l'enfouissement, à la disposition d'une nouvelle récolte, qui développera ainsi ses racines dans un sol plus riche. Nous savons que les éléments minéraux contenus dans les particules terreuses subissent l'action lente des racines, qui les absorbent après les avoir dissous. La plante employée comme fumure verte a fait pour la culture qui doit la suivre un travail préliminaire profitable à cette dernière;

elle met à sa disposition, sous une forme organisée et d'une désagrégation facile, des éléments qui se trouvaient auparavant dans le sol sous une forme concrète, peu accessible aux racines des plantes.

La matière organique influe aussi sur l'état physique de la terre, qui s'améliore par cette fumure naturelle, en s'enrichissant en humus et en acquérant plus de fraîcheur. Dans une ferme cultivée exclusivement aux engrais chimiques, la pratique des fumures vertes est tout à fait justifiée.

On connaît les bons effets de la jachère, système qui consiste à laisser reposer le sol, c'est-à-dire à ne pas lui demander de récolte. La végétation spontanée qui se développe à sa surface est enfouie par un labour, lorsqu'on veut remettre le champ en culture, et la récolte suivante profite des éléments assimilables dont le sol s'est enrichi.

En somme les engrais verts ne constituent qu'une jachère renforcée, en ce sens qu'au lieu de laisser agir la végétation spontanée, toujours assez maigre et clairsemée, on fait développer une végétation luxuriante dont l'action est bien plus considérable. Mais de toute manière on sacrifie une récolte sur deux, c'est-à-dire que la première production végétale est entièrement consacrée à nourrir la seconde. Dans les terres très pauvres, très maigres, qu'on veut améliorer par des procédés lents et sans avoir recours aux engrais de ferme, on fait quelquefois plusieurs cultures successives d'engrais verts, l'une servant de fumure à l'autre.

Le choix des légumineuses, comme engrais verts, nous semble très heureux. Nous n'avons pas à discuter ici si le trèfle absorbe l'azote de l'air, nous nous sommes étendus sur ce sujet à propos de l'alimentation des végétaux; mais il est un fait qui ressort très nettement des expériences de MM. Lawes et Gilbert; c'est que les récoltes de trèfle et de fèves, quoique très riches en matières azotées, sont insensibles à l'action des engrais azotés : nitrate de soude ou sulfate d'ammoniaque; et que, dans les sols épuisés pratiquement, les légumineuses ont la faculté de prendre plus d'azote que toute autre plante.

On peut donc semer du trèfle on des féveroles sur des sols appropriés, leur donner une fumure minérale de superphosphate, plâtre et potasse; on obtiendra ainsi un fort rendement, contenant une quantité d'azote que n'eût donné dans les mêmes conditions aucune autre culture. A l'aide d'une fumure minérale sans azote, on arrive à mettre en circulation de l'azote inaccessible aux autres récoltes et qui constituait pour ainsi dire un capital inerte.

Mais il ne faut pas oublier, en employant ce système de culture, que les légumineuses ne peuvent pas se succéder à intervalles fréquents et rapprochés sur la même terre, car les couches profondes finissent par s'épuiser.

Les engrais verts au point de vue économique. — L'effet indiscutable de la pratique des engrais verts étant établi, il convient d'étudier la question au point de vue économique, et là nous lui trouverons peut-être moins d'avantages qu'elle n'en présente de prime abord.

Lorsque nous avons fait développer dans nos champs de la matière végétale destinée à former un engrais vert, nous devons, avant de procéder à son enfouissement, nous arrêter un instant et faire le calcul comparé de ce que vaut notre récolte, d'un côté comme engrais vert comparable à du fumier de ferme, de l'autre comme aliment pour les animaux de la ferme, en tenant compte des frais nécessaires pour la faire servir à l'un ou à l'autre de ces usages.

Prenons pour exemple l'une des espèces les plus fréquemment cultivées comme engrais vert, le trèfle, et calculons sa valeur, d'une part comme engrais, d'autre part comme aliment.

Admettons que la plante développée représente pour un hectare 3 000 kilog. de foin de trèfle; cette récolte contiendra les quantités suivantes d'éléments fertilisants :

```
Azote . . . . . . . . . . . . . . . . . . . .  63 kilog.
Acide phosphorique . . . . . . . . . . . .  17  —
Potasse. . . . . . . . . . . . . . . . . . .  58  —
```

En leur appliquant la valeur que nous leur avons donnée pour le fumier de ferme, nous trouvons :

```
                                        francs.   francs.
Pour l'azote . . . . . . . . . .  à 1.50 le kilog.  94.50
Pour l'acide phosphorique. . .      0.50     —       8.50
Pour la potasse . . . . . . . .  à 0.40     —       23.20
                                                  ─────────
    Ce qui donnerait un chiffre de . . . . . . .  122.60
```

Comme valeur commerciale cette récolte de trèfle représenterait, si nous nous en rapportons aux prix auxquels sont cotés ordinairement les foins de trèfle (7 fr. les 100 kilog.), une somme de 210 francs.

Si nous défalquons de ce chiffre les frais de fauchage, de fanage et de charrois, estimés à 50 francs, notre fourrage représente encore 160 francs, c'est-à-dire une valeur notablement supérieure à celle qui peut lui être attribuée à titre d'engrais. Nous aurions donc avantage à vendre notre récolte et le prix de vente nous permettrait d'apporter à la ferme une plus grande somme d'éléments fertilisants.

Si maintenant nous faisons le calcul de ce fourrage

comme aliment, en attribuant aux principes alimentaires qu'il renferme, le prix qu'on leur accorde généralement, nous trouvons pour ces 3 000 kilog. de trèfle :

		francs.	francs.
Matière azotée.	394 kilog.	à 0.40 =	157.60
— grasse.	93 —	à 0.20 =	18.60
— hydrocarbonée très assimilable	450 —	à 0.10 =	45.00
Soit une valeur totale de.			221.20

se rapprochant beaucoup de la valeur marchande.

De plus nous retrouvons dans le fumier après la consommation de ce fourrage à la ferme :

		francs.	francs.
60 p. 100 de l'azote.	soit 38 kilog.	à 1.50 =	57.00
La totalité de l'acide phosphorique	— 17 —	à 0.50 =	8.50
— de la potasse	— 58 —	à 0.40 =	23.20
			88.70

Les frais de récolte, de charrois et de transformation étant déduits, nous avons encore dans ce cas pour notre production d'un hectare une plus-value notable.

En résumé il vaut mieux vendre sa récolte au marché ou au bétail qu'à la terre.

Envisageons maintenant la question à un autre point de vue, celui de l'appauvrissement du domaine. Si nous enfouissons notre récolte en vert, il est évident que nous n'aurons aucune déperdition; tandis que si nous faisons consommer par les animaux, nous aurons, pour l'azote, une déperdition d'environ 40 p. 100 provenant en partie de ce qui a été fixé à l'état de matière animale, en partie des pertes qui se produisent dans le fumier. Mais aussi dans le cas de l'enfouissement en vert nous n'aurons rien produit, dans le second nous aurons produit de la matière animale sous forme de lait ou de viande.

Ne prenons que l'azote comme base de nos calculs, puisque nous savons que les déperditions de la potasse et de l'acide phosphorique sont peu importantes. La perte en azote par le passage à travers le corps de l'animal aura été de 25 kilog. représentant une valeur de 37 fr. 5o. Mais la consommation des 3 000 kilog. de foin de trèfle, que nous continuons à prendre comme exemple, aura produit 126 kilog. de poids vif, si nous admettons que 6 p. 100 seulement de l'azote ingéré soit absorbé par l'organisme animal pour la constitution de ses tissus. Le chiffre de 6 p. 100 est inférieur aux résultats de nos expériences directes.

Au prix de 1 franc le kilog. (poids vif) nous avons, dans cette opération, gagné en chair musculaire 126 francs contre une déperdition en azote évaluée à 37 francs.

De quelque manière qu'on considère la pratique de l'enfouissement des fourrages verts, on voit qu'elle ne conduit pas au même résultat économique que l'emploi de ces fourrages à l'alimentation.

La fumure aux engrais verts se fait toujours au prix du sacrifice d'une récolte; aussi pour les vignes, où d'avance on renonce au bénéfice d'une culture intercalaire, il y a tout avantage à cette pratique.

Il y a des cas où les fumures vertes peuvent rendre de très grands services; nous placerons en première ligne celui où l'on veut mettre en état de fertilité des terrains très en pente, escarpés et d'un accès difficile, ou éloignés de la ferme; en un mot des terres où le transport des fumiers occasionne de grands frais. Les récoltes enfouies peuvent alors constituer une fumure moins coûteuse que les autres; comme exemple, nous citerons les coteaux calcaires où l'addition des sels de potasse peut permettre des végétations satisfaisantes d'engrais verts et particulièrement de légumineuses, dont l'enfouissement donnera au sol la matière organique qui lui fait défaut. On peut, dans de pareils terrains, compter, au bout de quelques années, sur une heureuse transformation. Cette transformation entre dans le cas des améliorations foncières qui ne s'obtiennent jamais sans faire des sacrifices de temps et d'argent.

Il peut encore se présenter des conditions où, par suite de circonstances économiques particulières, l'exploitation du bétail soit dispendieuse et où par conséquent le fumier revienne à un prix trop élevé. Dans de pareilles situations, il peut être avantageux d'avoir recours aux engrais chimiques et, quand on ne peut pas se procurer à bon marché des engrais riches en matières organiques, de compenser l'épuisement de la matière carbonée du sol par des cultures vertes.

A part ces cas exceptionnels, et dans les terres de haute valeur et d'un accès facile, il y a mieux à faire que d'enfouir une partie des récoltes produites.

Sidération. — Dans ces dernières années, M. G. Ville a préconisé l'usage, sur une grande échelle, des engrais verts, et a fondé, sur leur emploi, une théorie à laquelle il a donné le nom de sidération.

Sans vouloir entrer dans les détails relatifs à cette manière de voir, qui n'est pas nouvelle, nous pouvons, dès à présent, lui appliquer les mêmes considérations que celles qui ont motivé notre jugement au sujet de l'emploi des engrais verts en général, et, par suite, nous ne sommes pas disposés à la recommander aux agriculteurs, sauf dans les cas particuliers que nous avons énumérés plus haut. Mais nous pensons que la théorie de M. G. Ville peut se défendre à certains égards dans une exploitation qui serait, suivant ses idées mêmes, exclusivement conduite aux engrais chimiques; en effet, l'emploi exclusif de ces derniers a pour action de faire

disparaître du sol la matière organique, puisque celle-ci
est consommée à mesure par les phénomènes chimiques
du sol, sans être renouvelée par l'apport du fumier de
ferme. On verrait ainsi disparaître l'humus, dont nous
avons signalé l'importance au point de vue de la fertilité.
Si donc, dans des sols ainsi épuisés en matière organique, nous enfouissons des fourrages en vert, à défaut
de fumier, nous leur restituons l'humus qui leur a
été enlevé, et nous leur rendons leurs propriétés de
terres arables.

Si tant est que la pratique recommandée par M. G.
Ville conduit à de bons résultats, nous pensons que
c'est comme correctif de l'emploi exclusif des engrais
chimiques que cette action se produit. Mais, dans ce
cas encore, si nous faisions le calcul de la valeur du
fourrage ainsi enfoui comme fumier, comparé à la valeur qu'il aurait comme aliment des animaux de la
ferme, nous constaterions une moins-value notable
dans le premier cas. Employer, dans ces sols épuisés de
matière organique, du fumier de ferme ou des déchets
d'industrie, nous paraît une opération bien plus avantageuse et bien plus logique que l'enfouissement de récoltes en vert.

M. G. Ville base sa théorie sur le fait de l'absorption
de l'azote libre de l'air par les plantes. Or, cette absorption est loin d'être démontrée; au contraire, les travaux les plus dignes de confiance semblent prouver
que l'azote libre de l'atmosphère n'est pas directement utilisé par les végétaux; ceux-ci, croyons-nous,
ne trouvent dans l'air d'autre élément azoté dont ils
puissent tirer parti, que l'ammoniaque qui y est diffusée. Nous nous sommes d'ailleurs expliqués sur ce
point, en exposant les principes relatifs au développement des végétaux.

§ II. — RÉSIDUS DES RÉCOLTES

Toutes les cultures laissent après elles, sur le sol qui les a portées, des débris qui sont enfouis par les labours ultérieurs et qui constituent de véritables engrais verts. Ce sont les racines qui restent dans la terre, les feuilles et les tiges qu'on abandonne sur le champ après la récolte, les débris divers qui se détachent de la plante dans le cours de sa végétation.

L'utilisation directe des récoltes ne porte donc que sur une partie de la masse végétale; le sol en retient une certaine quantité, que celle-ci soit impossible à enlever, ou qu'elle ne trouve pas son emploi dans la ferme.

Pour toutes les plantes, quelles qu'elles soient, même pour celles dont on arrache les racines, une notable quantité de matière végétale reste dans le sol, à l'état de radicelles et de fibrilles. Les parties déliées du système radiculaire ne peuvent pas s'extraire, elles sont retenues, à l'état de fils très fragiles, dans les interstices de la terre; les quantités qui restent ainsi chaque année sont importantes.

Pour toutes également, il y a, à mesure que la végétation avance, des parties qui se dessèchent et qui tombent sur le sol, feuilles, pétales, etc.

Pour beaucoup de plantes, divers organes sont laissés intentionnellement au champ, à cause de leur faible valeur: feuilles de betteraves, fanes de pommes de terre, chaumes de céréales, tiges et repousses de tabac, etc.

Lorsqu'on opère un défrichement de prairie naturelle ou artificielle, on enfouit encore, à l'état d'engrais vert, une forte quantité de matière végétale.

Les résidus de récolte sont donc d'une grande impor-

tance pour les cultures suivantes; ceux des légumineuses sont en général beaucoup plus considérables et
constituent une fumure suffisante pour les plantes qu'on
cultive après leur défrichement. Ce sont surtout les racines qui forment la partie importante de ces résidus.

Mais, aussi bien pour les résidus que pour les engrais
verts proprement dits, il n'y a pas en réalité apport de
matières fertilisantes, c'est une simple restitution au
sol, sous une forme plus assimilable, de principes fertilisants que les plantes lui avaient soustraits.

Racines. — Le développement radiculaire varie avec
les plantes; pour beaucoup d'entre elles il est énorme.

M. de Gasparin a observé qu'un hectare de luzerne
laisse au sol, au moment du défrichement, un poids
de matière s'élevant à 37 000 kilog. et renfermant
296 kilog. d'azote, ce qui équivaut à plus de 50 000 kilog.
de fumier de ferme. Les racines ont la plus grande part
dans ce chiffre; mais il y a aussi une quantité importante de chaumes.

Les racines et les chaumes de trèfle donneraient des
quantités variant entre 30 et 60 kilog. d'azote, représentant 6 à 12 tonnes de fumier de ferme.

M. Boussingault, en ne tenant compte que de la partie radiculaire superficielle, trouve les chiffres suivants,
rapportés à l'hectare :

	Résidus secs.	Azote.
	kilog.	kilog.
Blé.	518	2.1
Avoine.	650	2.6
Trèfle	1 547	27.9

John obtient par hectare d'avoine 1 658 kilog. qui se
divisent ainsi :

Chaumes.	700 kilog.
Racines.	958 —

M. Joulie a déterminé la quantité de racines que renferment les sols de prairie sur une épaisseur de 20 centimètres; il a été conduit aux résultats suivants qui sont très frappants :

	Vieil herbage de Normandie.	Vieille prairie fauchée du Rhône.
Racines sèches par hectare. . . .	47 144	145 600
contenant :		
Azote	482	1 782
Acide phosphorique	86	428
Potasse	136	645
Chaux.	428	1 366
Magnésie	29	534

Cette masse végétale qui existe dans la terre au moment du défrichement est énorme, elle correspond pour l'azote seulement dans un cas à près de 100 000 kilog. de fumier de ferme, dans un autre cas à plus de 350 000 kilog.; il ne faut donc pas s'étonner si l'on voit les sols de prairies défrichées produire pendant de longues années et sans le secours d'engrais, d'abondantes récoltes.

Si au lieu de considérer le système radiculaire tout en entier, on ne s'occupe que de la souche, c'est-à-dire de la partie qu'on peut arracher facilement, on n'a qu'une idée bien imparfaite de ce que le sol renferme de débris de cette nature. Ne se rendant pas compte de ce que représentent les radicelles, les auteurs donnent des résultats comme les suivants :

Poids de racines de choux par hectare : 4 000 kilog. contenant :

Azote.	12 kilog.
Acide phosphorique	3 —
Potasse.	9 —
Chaux	5 —
Magnésie.	3 —

Le poids des racines de colza, en ne considérant encore que la partie qu'on peut arracher, est, d'après Is. Pierre, de 6 000 kilog. représentant 1 200 kilog. de matière sèche, et renfermant :

kilog.

Azote.	6.0
Acide phosphorique.	8.5
Chaux	20.4

On peut évaluer de la même manière à environ 6 000 kilog. le poids des racines de tabac.

Mais il faut observer que les racines des plantes, telles que le chou, le colza et le tabac, constituées par une souche très dure et très ligneuse, se décomposent dans le sol assez lentement, et que le labour est rendu plus difficile par leur présence. Aussi on les arrache souvent à la main, et on les met en tas pour les brûler, perdant ainsi la matière azotée qu'elles renferment.

La quantité de radicelles et de fibrilles dont on n'a pas l'habitude de tenir compte et dont on ne soupçonne pas le développement est très considérable.

Nous avons fait, pour un grand nombre de plantes cultivées, des déterminations ayant pour but de fixer cette quantité; voici quelques-uns des chiffres obtenus :

RADICELLES RESTÉES DANS LE SOL

	Poids sec par hectare.
Blé.	1 500 kilog.
Avoine	1 637 —
Trèfle.	2 264 —

Ces dernières radicelles tenant 1,6 p. 100 d'azote laissent au sol 36 kilog. de cet élément.

Dans les chiffres précédents ne sont pas comprises les parties supérieures de la racine qui s'arrachent avec la plante.

On voit donc qu'après la récolte il reste dans le sol avec les racines une notable quantité de substance végétale constituant une fumure verte.

Tiges, feuilles et fanes. — Dans la plupart des cultures on enlève du champ toute la partie aérienne. Les plantes fourragères, les céréales, sont coupées aussi près que possible de terre, sans qu'on en laisse sur place.

Mais dans d'autres cultures, les feuilles et les fanes ne sont utilisées qu'en partie, on les laisse sur le sol auquel elles s'incorporent ; leur effet vient donc s'ajouter à celui des débris des racines. Dans ce cas se trouvent les betteraves, les carottes, les navets, dont les feuilles ne sont consommées qu'en partie par les animaux ; les fanes de pommes de terre, qu'on abandonne ordinairement en totalité ; les feuilles et les tiges de topinambours, etc.

Pour se rendre compte de l'importance pratique que peut avoir cette fumure verte constituée par ces déchets, Schober a divisé un champ de navets en deux parties, l'une dans laquelle on a enterré les feuilles, l'autre dans laquelle on les a enlevées ; il a obtenu pour une récolte d'avoine subséquente :

	Grains.	Paille.
	kilog.	kilog.
Champ avec feuilles enfouies	1 150	1 700
— — enlevées	900	1 100

Si nous nous reportons en effet aux chiffres que nous avons donnés, en indiquant la composition des végétaux, nous voyons que les feuilles pour une récolte

moyenne d'un hectare de plantes racines, fournissent
au sol, quand elles lui sont restituées :

	Betteraves fourragères.	Betteraves à sucre.	Carottes.	Navets.
	kilog.	kilog.	kilog.	kilog.
Azote	60	36.0	51	45.0
Acide phosphorique . .	16	15.6	21	19.5
Potasse	86	48.0	37	48.0
Chaux.	34	43.2	86	67.5

La pomme de terre et le topinambour donnent eux
aussi des fanes qui, n'étant pas consommées, peuvent
faire retour au champ; ces fanes contiennent pour une
récolte moyenne d'un hectare :

	Pommes de terre.	Topinambours.
	kilog.	kilog.
Azote.	20.6	53.2
Acide phosphorique.	4.2	8.5
Potasse	12.6	14.5
Chaux.	21.1	202.3

Nous considérons ici la composition des fanes du
topinambour au mois de novembre; le tubercule étant
mûr, les feuilles tombent peu à peu et font retour à la
terre.

D'après Is. Pierre, les fânes de betteraves produites
sur un hectare, contiennent en moyenne 60 kilog.
d'azote, et équivalent à une fumure d'au moins
10 000 kilog. de fumier de ferme.

Les fanes de pommes de terre donneraient par hectare 16 kilog. d'azote, équivalant à 2 600 kilog. de
fumier.

Le tabac laisse, comme résidu, des tiges ou côtes qui
sont séparées soit dans le champ même, soit dans les

séchoirs, mais qui toujours reviennent au sol. On trouve dans 100 de ces tiges sèches :

Azote	2.5 à 3.5
Acide phosphorique	0.5 à 0.7
Potasse	4.0 à 10.0

Ces résidus constituent donc une fumure puissante. En outre, le tabac, après la récolte de septembre, donne une repousse qui, si le temps est propice, peut fournir des rendements élevés ; les nouvelles feuilles pourraient être enfouies et constituer une fumure verte très énergique, si l'administration tolérait cette pratique, qui favorise la fraude.

La vigne abandonne le plus souvent ses feuilles sur la terre même et lui restitue ainsi environ 24 kilog. d'azote, 5 kilog. d'acide phosphorique, 8 kilog. de potasse et 72 kilog. de chaux. Les rameaux et les branches sont parfois utilisés à la fumure. Ils contiennent d'après Wolff :

Eau	55.00 p. 100.
Azote	0.41 —
Potasse	0.41 —
Chaux	0.40 —
Acide phosphorique	0.14 —

Les sols qui portent des arbres fruitiers et des arbres forestiers s'enrichissent rapidement, parce que les feuilles tombées s'accumulent à leur surface.

Débris tombés sur le sol. — Un fait qui ne semble pas avoir frappé suffisamment les observateurs, c'est le départ, dans le cours de la végétation, d'une grande quantité de feuilles qui meurent sur pied, se dessèchent et tombent bien avant que la plante soit arrivée à maturité. Si nous suivons une tige de blé, nous la voyons au printemps pourvue de feuilles abondantes; sa végétation est luxuriante, mais peu à peu les feuilles inférieures jaunissent, se détachent et tombent sur la terre, où elles disparaissent rapidement par la décomposition. A mesure que l'épi se développe et approche de la maturité, le chaume se dénude peu à peu, et, au moment de la moisson, la quantité de feuilles desséchées qui y restent adhérentes, est insignifiante. Il y a donc eu là un départ de matière végétale qui a profité au sol.

Toutes les plantes sont dans ces conditions et, pendant qu'elles sont encore en pleine végétation, elles perdent graduellement les feuilles inférieures qui ont cessé de contribuer à la nutrition.

Les pétales, les étamines qui se détachent constituent également un engrais vert, mais leur apport est peu important.

Nous avons institué des observations, pour nous rendre compte des quantités de feuilles qui se séparent ainsi de la plante pendant sa vie et qui font retour au sol; ces quantités sont plus considérables qu'on serait tenté de le croire :

FEUILLES SE DÉTACHANT PEU A PEU, A L'ÉTAT SEC

	Par hectare.
Blé	1 700 kilog.
Avoine.	1 600 —
Colza	1 000 —
Pavot	1 700 —

Ces chiffres sont suffisamment éloquents pour nous dispenser d'insister sur le rôle important que jouent ces déchets, au point de vue des propriétés physiques et de la composition chimique du sol, auquel ils contribuent à conserver ses qualités de terre arable.

Ainsi qu'on le voit par l'ensemble des résultats que nous venons d'exposer, les résidus laissés dans le champ par les récoltes représentent une fumure verte annuelle qui est loin d'être sans importance.

Il y a même des systèmes de culture qui sont basés sur l'accumulation et la décomposition des débris organiques; dans beaucoup de pays pauvres, dans la Champagne pouilleuse par exemple, on laisse le sol en jachère avec du·sainfoin; les résidus des chétives plantes qui poussent pendant quelques années permettent au cultivateur d'obtenir sur un léger labour une maigre récolte de seigle. La culture des landes défrichées n'est autre chose que la mise en circulation d'une fertilité accumulée depuis de longues années, par suite de la décomposition des racines et résidus divers de plantes.

CHAPITRE II

ENGRAIS VERTS ÉTRANGERS

Passons maintenant aux engrais verts qui ne sont pas produits par le sol auquel on les incorpore; leur emploi nécessite des frais de transport et quelquefois des frais d'achat; il est important de calculer le prix de revient de cette sorte de fumier et de le comparer à sa valeur réelle, basée sur la teneur en principes fertilisants.

Les végétaux qui sont employés à cet effet sont ou d'origine terrestre, comme les fougères, les genêts, etc., ou d'origine marine comme les goëmons, les varechs, etc.

Par leur emploi, on importe du dehors une certaine quantité de principes fertilisants, en même temps qu'une forte masse de matières organiques qui forment de l'humus. Examinons séparément ces deux catégories d'engrais, qui rendent dans beaucoup de régions les plus grands services à l'agriculture.

§ I. — PLANTES DES FORÊTS ET DES LANDES

Les plantes diverses qui poussent spontanément dans les terrains incultes et qui ne sont pas susceptibles d'entrer dans l'alimentation des animaux : fougères, bruyères, roseaux, joncs, buis, etc., servent dans diverses localités comme engrais verts. Elles sont ordinairement répandues sur le sol et enfouies par le labour; mais à notre avis, chaque fois qu'on peut les utiliser comme litière, on a plus d'avantage à le faire; elles n'en retournent pas moins au sol, sous la forme de fumier, mais après avoir joué au préalable un rôle utile dans l'exploitation et après avoir subi un commencement de décomposition qui active leur effet.

Composition. — Les fougères, les bruyères et les genêts contiennent, même à l'état vert, des proportions importantes de matières fertilisantes et sont riches surtout en azote et en potasse; les roseaux et les joncs sont plus pauvres; nous réunissons ci-dessous un certain nombre d'analyses de ces divers végétaux :

La *Fougère* (*Pteris aquilina*) contient p. 100:

	D'après Petermann.	D'après Wolff
Eau	15.00	25.00
Matières organiques	75.75	»
Azote	2.38	»
Acide phosphorique	0.33	0.37
Potasse	2.75	1.86
Chaux	0.84	0.60

En général il y a dans les fougères une richesse très grande en azote et en potasse.

La *Bruyère* (*Erica vulgaris*) séchée à l'air donne :

	D'après Petermann.	D'après Wolff.
Eau	13.00	20.00
Matières organiques	85.06	»
Azote	0.80	1.00
Acide phosphorique	0.03	0.11
Potasse	0.37	0.21
Chaux	0.23	0.36

Ces quantités sont bien inférieures à celles qui avaient été trouvées pour les fougères. De Gasparin constate que les feuilles de bruyère sont plus riches et plus facilement décomposables que la plante entière avec ses tiges ligneuses; aussi conseille-t-il de séparer ces tiges par le battage et de conserver seulement les feuilles comme engrais.

Les *Genéts* séchés renferment p. 100 :

	D'après Petermann.	D'après Wolff.
	G. pilosa)	(G. scoparia)
Eau.	12.50	25.00
Matières organiques.	84.79	»
Azote	2.54	»
Acide phosphorique.	0.30	0.11
Potasse	0.90	0.50
Chaux	0.40	0.22

Les rameaux de *Buis* sont employés dans quelques départements de l'Est et du Sud-Est; ils sont assez riches en azote et en contiennent 1 p. 100 à l'état vert; en les desséchant, cette teneur s'élève à plus de 3,5 p. 100. On emploie cet engrais vert pour la fumure de la vigne en l'enfouissant dans des fosses profondes de 2 mètres de large et espacées de 20 mètres; on change de place chaque année, de façon que le vignoble reçoive tous les dix ans une fumure complète.

Les *Joncs* et les *Roseaux* sont également employés dans les vignobles du Midi; d'après Wolff, ils contiennent :

	Roseaux.	Joncs.
Eau	18.00	14.00
Acide phosphorique	0.18	0.43
Potasse	0.60	1.69
Chaux.	0.27	0.42

La teneur en azote serait, d'après Is. Pierre, pour les roseaux frais de 0,27 p. 100; pour les roseaux secs de 1,07.

M. Aubin donne l'analyse suivante de roseaux ordinaires et de plantes marécageuses, se rapprochant du roseau et appelées vulgairement triangles :

	Roseaux.	Triangles.
Azote	0.42	0.57
Acide phosphorique	0.04	0.15
Potasse.	0.29	0.58

Dans le Gard on les répand en couverture sur les vignobles et on obtient ainsi une sorte de paillis qui maintient la fraîcheur, puis on les enterre par le labour; ces plantes jouent ainsi un double rôle.

Nous avons déjà donné la composition des feuilles d'arbres forestiers, qui servent plutôt comme litière que comme fumure directe; ce sont du reste de médiocres engrais.

Emploi. — Nous voyons par les chiffres qui précèdent que les plantes des forêts et des landes contiennent des quantités sensibles de matières utiles et que leur apport au sol constitue une véritable fumure. Mais il ne faut pas perdre de vue que les parties ligneuses se décomposent lentement et s'éloignent par là des végétaux herbacés cultivés comme engrais verts et dont la décomposition est rapide.

On doit les employer de préférence dans les sols contenant de la chaux; cette base rend leur combustion plus active par la nitrification; dans les terres argileuses elles se décomposent lentement, mais elles ont l'avantage de les soulever et de diminuer leur compacité.

Il faut se garder de les introduire dans les sols déjà riches en matières organiques, tels que les terres tourbeuses ou les landes, dont ils ne feraient qu'augmenter l'acidité naturelle. Les principes que nous avons exposés au sujet du mode d'emploi du fumier de ferme s'appliquent à cette catégorie d'engrais.

Comme ces végétaux sont généralement durs et ligneux, il est très utile de les laisser écraser sous les pieds des animaux ou sous les roues des voitures, avant de les enfouir; ils sont ainsi plus rapidement décomposés dans le sol.

Le procédé le plus rationnel consiste à les employer comme litière, dans le but de les utiliser doublement et de rendre leur désagrégation plus complète.

Pour éviter des frais de transport, on incinère souvent les végétaux sur place, afin de n'avoir que de petites quantités de matières à transporter. Mais dans ce cas, on sacrifie entièrement l'azote, ainsi que la totalité de la matière organique, et on n'effectue pas une application d'engrais vert. Aussi ne parlerons-nous pas ici de cette pratique que nous examinerons avec les amendements.

Tourbe. — Parmi les résidus végétaux qu'on peut à un certain point rapprocher des engrais verts, se trouvent les matières plus ou moins décomposées, connues sous le nom de tourbe. L'accumulation des plantes mortes s'étant produite au sein de l'eau, la décomposition complète et surtout la combustion de la matière organique n'ont pas pu s'effectuer et l'on trouve ainsi dans les tourbes de grandes quantités de substances carbonées et azotées dont l'introduction, dans les terres qui manquent de ces deux éléments, peut souvent être très avantageuse, surtout quand les sols qui les reçoivent contiennent de la chaux et sont aptes à nitrifier. En effet, introduite dans un sol riche en éléments calcaires, la tourbe ne tarde pas à se transformer en humus et l'azote qu'elle renferme en fortes proportions passe à l'état de nitrates et devient ainsi assimilable par les plantes. L'action de la tourbe est donc aussi favorable dans les sols calcaires, au point de vue chimique qu'au point de vue physique et chaque fois que l'on peut économiquement l'introduire dans de semblables terres, il y a intérêt à le faire. Mais, comme toutes les matières encombrantes et d'une valeur vénale relativement minime, elle ne saurait supporter des frais de transport d'une certaine importance.

La tourbe peut s'employer directement dans les terres, en la répandant à la manière des engrais, mais il vaut mieux la transformer au préalable par l'action de la chaux ou du calcaire, en faisant des composts qui l'amènent à un plus grand degré de décomposition. Comme matière fertilisante, elle contient principalement de l'azote, dont la proportion varie de 1 à 2 p. 100 de tourbe séchée à l'air et renfermant 15 à 20 p. 100 d'eau. M. Petermann a trouvé pour une tourbe de la Campine belge 1 p. 100 d'azote; d'après Wolff, les tourbes séchées à l'air contiennent p. 100 :

	TOURBES de mousse.	TOURBES LÉGÈRES du Holstein.	TOURBES lourdes.
Azote	0.64	0.95	1.1 à 2.5
Acide phosphorique . .	0.09	»	
Potasse	0.08	»	

'Nous avons dosé dans des tourbes provenant de la Bretagne, des quantités d'azote variant entre 1,5 et 2 p. 100.

Elles contiennent en outre des proportions variables de potasse qui sont d'autant plus considérables que le sol sur lequel elles reposent est plus imperméable. En effet quand le sous-sol est perméable, les eaux en filtrant à tra-.

vers la matière lui enlèvent la potasse qu'elle renferme. Aussi les cendres des premières peuvent-elles être employées pour la lessive, comme cela se fait en Alsace, tandis que celles des secondes y sont impropres.

Quant à l'acide phosphorique, il existe ordinairement à l'état de trace et il n'y a pas lieu d'en tenir compte dans le calcul de la matière fertilisante.

Observation générale. — Un grand nombre des substances que nous venons d'énumérer, particulièrement les fougères, bruyères, fanes diverses, tourbes, etc., peuvent être utilisées non seulement comme engrais mais aussi comme litières. Nous devons examiner quel est le mode d'emploi le plus avantageux pour l'agriculteur. Doit-il donner la préférence à l'emploi comme litière, ou à l'emploi direct comme engrais des terres? Nous n'hésitons pas à préconiser le premier mode d'utilisation; car lorsque les substances ont servi de litière, les matières fertilisantes qu'elles renferment n'en reviennent pas moins à la terre, tout au moins en majeure partie, et de plus elles ont permis de procurer aux animaux le couchage et de retenir leurs déjections, rendant ainsi un service supplémentaire qu'on peut regarder comme gratuit. Elles doivent contribuer à remplacer des litières d'une valeur vénale plus grande et que l'agriculteur peut transformer en argent. Les pailles de céréales sont, dans bien des conditions, susceptibles d'être vendues; mais c'est seulement lorsqu'on a recours à ces litières, étrangères au domaine, qu'on peut se priver de celles qui sont produites dans l'exploitation.

Le prix de la paille est quelquefois très élevé, à proximité des centres de consommation, comme les villes, les dépôts de cavalerie, etc. L'intérêt qu'a l'agriculteur de remplacer cette matière d'une valeur vénale assez élevée par une autre qu'il peut se procurer à très bas prix est évident dans ces cas déterminés, qui sont fréquemment réalisés. L'emploi de ces matériaux est bien souvent négligé et nous ne saurions trop appeler l'attention des cultivateurs sur des produits qui peuvent lui être d'un si grand secours.

Pour fixer les idées sur le résultat économique de ces substitutions, nous ferons le calcul de l'avantage qui doit résulter pour l'agriculteur de l'emploi de ces diverses litières, alors qu'il les a à sa disposition à bas prix.

100 kilog. de tourbe peuvent remplacer plus de 200 kilog. de paille dont la valeur, à raison de 5 francs les 100 kilog., est de 10 francs. Le prix de revient de la tourbe sera extrêmement variable; en adoptant le chiffre de 3 francs, on aura un maximum, puisque les tourbes exploitées à Oldenbourg et qui ont subi des tamisages et d'autres préparations et qui sont d'une qualité tout à fait exceptionnelle, sont livrées au public à un prix qui n'est pas sensiblement plus élevé. En exploitant les tourbes pour l'emploi sur place, les frais sont en réalité très faibles et le chiffre de 3 francs par 100 kilog. sera rarement atteint. En substituant donc à 200 kilog. de paille d'une valeur de 10 francs, 100 kilog. de tourbe d'une valeur de 3 francs, on réalisera un bénéfice de 7 francs. Considérant la production moyenne d'un hectare de paille de blé, nous arrivons à 3000 kilog. de paille représentant une valeur de 150 francs; en la vendant ce prix et en la remplaçant par 1500 kilog. de tourbe qui nous reviendront à 45 francs, il résultera de cette substitution un avantage pécuniaire, qui n'a d'ailleurs rien de préjudiciable au point de vue de la fertilité des terres, puisque l'apport en principes fertilisants dû à la tourbe est sensiblement égal à l'apport que fournirait la paille.

Nous pourrions faire des calculs semblables pour les

fougères, les bruyères, etc., ils conduiront à des résultats analogues. Chaque cultivateur qui trouvera ces matières à sa portée devra substituer dans le calcul précédent les chiffres qui résultent de sa propre observation et se rendra compte ainsi de l'économie qu'il peut réaliser.

Dans l'exemple ci-dessus, les 100 kilog. de tourbe substitués à la paille représentent pour nous une valeur de 10 francs, puisqu'ils ont remplacé une quantité de paille ayant ce prix. Si, au lieu de faire servir cette tourbe comme litière, nous ne l'avions envisagée que comme engrais, en lui attribuant la valeur proportionnelle à sa richesse en principes fertilisants, nous ne serions arrivés qu'à un chiffre de 1 fr. 50 à 2 francs les 100 kilog.

§ II. — PLANTES MARINES. — GOEMONS

Sur le littoral de la mer on recueille les plantes marines, principalement des algues appartenant aux genres *Fucus* et *Laminaria*. On désigne sous le nom de *Goëmons* ou *Varechs*, ces débris végétaux qu'on transporte jusqu'à d'assez grandes distances dans l'intérieur des terres.

C'est sur les côtes de Bretagne et de Normandie qu'on les emploie en plus grande abondance. Sur une longueur de 200 kilomètres, de Paimpol à Brest, le goëmon vert, suivant M. de Kerjégu, est le seul engrais employé; jusqu'à 2 kilomètres de la mer, cet engrais forme les deux tiers de la fumure; enfin jusqu'à 12 kilomètres, on l'utilise encore largement.

On distingue deux sortes de goëmons : les *goëmons vifs* ou *goëmons de coupe* qui sont adhérents aux rochers ; on les obtient soit en fauchant, soit en grattant, avec des rateaux tranchants, les rochers situés à fleur d'eau ou à une petite profondeur ; on les transporte ensuite dans des gabarres ; les *goëmons épaves* ou *goëmons morts*, qui, détachés des roches ou du fond de la mer, sont amenés au rivage par les vagues.

La récolte des goëmons de toutes sortes n'était autorisée que de jour par les décrets du 4 juillet 1853 relatifs à la police côtière qui régit les quatre premiers arrondissements maritimes ; et du 1er octobre au 31 mars, pour les goëmons attenant au rivage. A la suite de plaintes nombreuses, la récolte des goëmons épaves est autorisée aujourd'hui la nuit comme le jour ; mais, comme l'agglomération d'un nombre souvent considérable d'individus, pendant la nuit sur le rivage, peut présenter des inconvénients, un décret du 19 février 1884 laisse aux conseils municipaux la faculté d'interdire la récolte de nuit.

Composition. Emploi. — Les goëmons contiennent des quantités d'azote assez variables et de notables proportions de potasse ; en outre, ils entraînent avec eux, attachés à leur surface, des petits coquillages, qui apportent l'élément calcaire si utile dans certains sols.

Voici quelques résultats se rapportant à la composition de ces plantes prises à l'état dans lequel elles se présentent ordinairement :

	N° 1	N° 2	N° 3	N° 4	N° 5	N° 6	N° 7
Eau. . . .	70.00	75.00 à 80.00	80.44	56.60	77.30 à 88.00	80.00	»
Azote . . .	0.3 à 0.4	0.15 à 0.50	0.45	1.10	0.30 à 0.40	0.30	0.23
Ac. phosph.	0.1 à 0.2	0.20 à 0.30	0.46	»	0.24 à 0.14	0.58	»
Potasse . .	0.5 à 1.0	1.00 à 2.00	1.29	»	0.34 à 0.43	»	»
Chaux. . .	0.5 à 1.0	0.50 à 1.00	1.86	3.41	2.60 à 0.80	0.66	»

I. Divers *Fucus* de la mer du Nord. — II. Divers *Laminaria* de la mer du Nord. — III. Mélange d'espèces telles quelles. — IV. *Ryliplaca pinastroïdes.* — V. *Elodea canensis* (peste d'eau). — VI. *Zostera marina.* — VII. *Ceramium rubrum* égoutté.

Nous donnons encore plusieurs analyses de M. Durand-Claye :

	1° GOEMONS D'ÉPAVE.			
	1	2	3	
Eau.	76.06	72.74	72.55	61.11
Azote.	0.38	0.53	0.43	0.57
Acide phosphorique. . . .	0.08	0.07	0.11	0.20
Chaux	0.68	0.76	0.84	1.10

	2° GOEMONS DE COUPE.	
	1	2
Eau	69.75	66.92
Azote	0.53	0.36
Acide phosphorique	0.13	0.15
Chaux.	0.86	1.10

Tous ces chiffres montrent que les plantes marines constituent un engrais assez puissant pour être utilisé ur place avec grand profit, mais qui ne peut supporter des frais de transport élevés.

Les chiffres de M. Durand-Claye montrent en outre qu'il n'y a pas lieu d'établir de différence entre la valeur fertilisante des goëmons de coupe et des goëmons d'épave; en Bretagne, on considère à tort ces derniers comme inférieurs aux premiers.

On emploie sous des formes très diverses les algues de la mer; tantôt c'est à l'état frais, mais après les avoir laissées égoutter pour enlever l'eau marine, qu'on les enfouit dans le sol; tantôt on leur laisse subir l'influence de quelques pluies pour les débarrasser du sel qu'elles retiennent en quantité notable. Ce lavage préalable est à recommander, puisqu'on sait que la soude ne doit pas être considérée comme un élément fertilisant, et qu'un excès de sel peut être nuisible à la végétation. Tantôt enfin on laisse le goëmon pendant longtemps en tas, pour lui faire subir une véritable fermentation. A l'état décomposé, il s'incorpore mieux à la terre, mais il a perdu une certaine quantité de sa matière azotée et surtout de ses sels potassiques. Il n'est donc pas à conseiller de le laisser pendant longtemps sous l'action des agents atmosphériques. En général, le goëmon se décompose rapidement dans le sol; il a donc moins besoin de subir une préparation qui rende sa désagrégation plus facile.

Les goëmons n'introduisent aucune semence de mauvaise herbe dans les cultures, et ont ainsi un avantage marqué sur d'autres résidus végétaux. On les emploie à des doses très variables; dans le Finistère on va jusqu'à 6o et 8o mètres cubes à l'hectare; une fumure de 40 mètres cubes permet d'obtenir d'abondantes récoltes. Ainsi les côtes de Guincamp, Morlaix, Brest, qui forment ce qu'on appelle la *ceinture dorée*, produisent jusqu'à 40 hectolitres de blé à l'hectare; on y voit des cultures admirables de légumineuses, de lin, de chanvre et de légumes; les plantes qui ont de grands besoins en potasse, telles que les pommes de terre et les navets, sont très sensibles à l'application de cette fumure.

Suivant M. de Kerjégu, le mètre cube de goëmons frais pèse de 400 à 45o kilog.; une fumure de 40 mètres cubes représente donc 16 à 18 000 kilog., ce qui n'a rien d'exagéré.

Les goëmons verts ne peuvent être employés que sur le littoral; au delà de 8 à 10 kilomètres on ne doit, à cause des frais de transport, utiliser que le goëmon desséché pesant 25o à 3oo kilog. le mètre cube et valant environ trois fois plus que le goëmon frais.

Voici, d'après différents auteurs, la composition de quelques goëmons desséchés :

	Eau.	Azote.	Ac. phosp.	Potasse.	Chaux.
Goëmon en branches	»	1.75	0.44	2.15	1.93
— pulvérisé. .	»	1.05	0.30	3.24	2.24
Algues de la Méditer-ranée.	10.00	0.50	0.11	0.18	»
Varechs des mers du Nord	15.00	1.40	0.40	1.60	1.70
Goëmon épave . . .	32.55	1.33	0.36	»	3.01
— de coupe. .	37.66	1.10	0.21	»	1.29
— séché et broyé.	19.20	1.68	0.47	4.27	»
Zostera marina. . .	10.00	0.44 à 1.20	0.14	0.71	3.00
Fucus divers. . . .	15 à 20.00	1.00 à 2.00	»	»	»

Les matières fertilisantes se sont concentrées par le départ de l'eau, et l'engrais, devenu plus riche, peut supporter des frais de transport.

On s'est beaucoup occupé de transformer les goëmons en engrais transportables et marchands. On leur a appliqué la pression et on a obtenu des sortes de tourteaux qui, avec 29 p. 100 d'eau, contenaient 1,28 d'azote et 60 de matières organiques. On a encore proposé de soumettre les varechs desséchés à l'action de la vapeur, pour en extraire les sels livrables aux soudières; les résidus pressés formaient un tourteau à 2 p. 100 d'azote.

Au lieu d'employer les varechs en nature, on a l'habitude, dans certaines localités, de les brûler au préalable, pour employer les cendres en qualité d'engrais. Dans ce but, on les étend sur la plage et on les laisse exposés à l'action du soleil et de la pluie; ils sont ainsi lavés et se dessèchent, si on a soin de les retourner de temps en temps. On les allume alors après les avoir réunis en tas, et on obtient des cendres incomplètement brûlées, encore riches en charbon; souvent aussi on emploie les varechs secs comme combustible, lorsque le bois est rare, et on recueille les cendres qui servent d'engrais.

Le goëmon brûlé, et dont la combustion est ordinairement restée très incomplète, peut renfermer encore 0,4 p. 100 d'azote. Par cette opération, on a donc perdu la plus grande partie de l'azote qui y était primitivement contenu, mais on a réussi à en réduire le volume et le poids et à diminuer ainsi les frais de transport. On n'a plus alors en réalité qu'un engrais minéral, dont la potasse et la chaux constituent les éléments les plus importants.

Nous insisterons en temps et lieu sur l'emploi de ces cendres qui ne constituent plus une fumure verte.

Remarque à propos des engrais végétaux. — Après avoir parlé des engrais végétaux, nous devons ajouter que l'agriculteur qui les utilise doit toujours calculer le prix de revient de sa fumure et comparer la valeur des engrais naturels menés à pied d'œuvre, à celle des engrais chimiques. Cette comparaison, dont nous avons donné des exemples à maintes reprises, apprendra au cultivateur si l'opération à laquelle il se livre est bonne ou mauvaise, et substituera à des évaluations trop approximatives des chiffres plus précis.

L'emploi des matières fertilisantes naturelles a eu beaucoup d'importance, alors qu'elles constituaient la seule ressource de certaines régions. On a fait de grands frais pour les extraire et les conduire aux champs; on ne doit pas oublier qu'on dispose aujourd'hui d'engrais chimiques, contenant sous un faible volume de fortes quantités d'éléments fertilisants.

CHAPITRE III

DÉCHETS INDUSTRIELS D'ORIGINE VÉGÉTALE

La plupart des industries extractives laissent, comme déchets, des substances qui peuvent faire retour à l'agriculture, soit sous la forme d'aliments, soit sous celle d'engrais ; ces industries ont pour but d'extraire des parties végétales : graines, racines, tubercules, etc., l'un des principes qu'elles renferment, abandonnant tous les autres comme résidus. Par une coïncidence heureuse la matière qui fait l'objet de l'extraction se trouve toujours être celle qui ne contient et n'entraîne aucune matière fertilisante. Le sucre, l'amidon, la fibre textile, l'alcool, l'huile, sont formés exclusivement de carbone, d'hydrogène, d'oxygène, éléments fournis gratuitement et en abondance par l'atmosphère ; toutes les substances ayant une valeur fertilisante, qui les accompagnaient dans les tissus végétaux, restent dans les déchets et, sauf les pertes, reviennent au sol soit directement, soit après avoir passé par le corps des animaux.

On peut dire que l'exploitation de ces produits industriels n'appauvrit pas le domaine, si les résidus retournent intégralement aux champs.

A côté des productions industrielles dont nous venons
de parler, on peut en placer d'autres, qui laissent également
ment après elles comme résidus, sinon en totalité, du
moins en grande partie, les matières fertilisantes du produit
duit végétal auquel elles doivent leur origine; tels sont
le vin, le cidre, la bière, qui donnent naissance à des
marcs ou à des drèches pouvant être utilisés.

Enfin certaines industries traitant des matières végétales
tales donnent également des déchets dont l'agriculture
peut profiter; telles sont les filatures de coton, les
tanneries.

§ I. — RÉSIDUS DE LA FABRICATION DE L'HUILE

Les tourteaux qui sont le résidu de la fabrication de
l'huile constituent des déchets qui peuvent être utilisés
soit comme aliment pour les animaux de la ferme, soit
comme engrais. Leur provenance, les procédés de fabrication
brication employés, l'état de conservation, les désignent
pour l'un ou pour l'autre de ces deux emplois. Ce sont
ceux de qualité supérieure qu'on utilise comme nourriture
ture; en effet, dans ce cas, ils représentent une valeur
beaucoup plus grande et conduisent au double résultat
de servir de nourriture d'abord, d'engrais ensuite, après
avoir passé par le corps de l'animal.

En règle générale, chaque fois que les tourteaux peuvent
vent être consommés par les animaux, il faut les réserver
server pour l'alimentation. Ils sont riches en substances
alimentaires : matières azotées, matières grasses, amidon
don, sucres et corps ternaires facilement digestibles; ils
fournissent un appoint important aux fourrages usuels.

Le fumier produit par les animaux qui en consomment
est beaucoup plus concentré que le fumier de ferme nor-

mal; en effet l'azote, l'acide phosphorique et même la potasse sont apportés en abondance par les tourteaux.

Les résidus de la fabrication de certaines huiles ne sont jamais de nature à entrer dans l'alimentation et servent uniquement comme engrais; il en est d'autres qui, susceptibles d'être consommés quand ils sont frais et préparés avec certains soins, ne le sont plus quand ils sont avariés ou que le procédé d'extraction de l'huile a pu les modifier. Ils rentrent alors dans la catégorie des engrais.

Nous avons à nous occuper ici des tourteaux, exclusivement au point de vue de leur application directe à la fumure des terres.

A. — Tourteaux de graines oléagineuses. — Les tourteaux de graines oléagineuses sont en général d'une grande richesse, non seulement en principes fertilisants, mais aussi en matières alimentaires; comme engrais, l'azote et l'acide phosphorique y dominent; comme aliments, nous y rencontrons de grandes quantités de matières albuminoïdes et de matières hydrocarbonées : corps gras, amidon, etc.

L'emploi des tourteaux à la fumure remonte déjà à près d'un siècle, mais il n'a pris un grand développement que depuis un petit nombre d'années, c'est-à-dire depuis l'époque où on a appris à déterminer dans les matières fertilisantes les proportions des éléments réellement utiles.

On avait cru autrefois que l'huile contenue dans les tourteaux était la principale cause de leur action comme engrais, mais on a bien vite reconnu qu'il n'en est rien et que ce sont au contraire les produits dans lesquels les proportions de matière grasse sont les plus faibles, qui méritent la préférence.

Pour se rendre compte de la valeur d'un tourteau au point de vue de l'apport en matières fertilisantes, il faut y doser l'azote, l'acide phosphorique et la potasse; il y a lieu encore d'y déterminer la proportion d'huile, qui doit plutôt être regardée comme un élément nuisible.

Composition. — Nous donnons, pages 510 et 511, un tableau contenant les moyennes obtenues par divers auteurs (principalement Boussingault et Payen, Girardin, Soubeyran, Córenwinder, Wolff, Décugis, etc.), dans l'analyse des tourteaux les plus usités. Nous y comprenons aussi ceux qui, étant généralement alimentaires, peuvent cependant quelquefois être employés comme engrais, que leur prix soit très bas, ou qu'ils aient subi des avaries qui les rendent impropres à la consommation.

Ces chiffres n'ont rien d'absolu; ils varient suivant l'origine et la composition des graines, la quantité d'huile qui y reste, les matières étrangères mélangées, etc.; mais ils suffisent comme indication générale. Il est utile dans chaque cas particulier de recourir à l'analyse, pour être fixé sur la valeur du produit qu'on veut acheter et qu'on paiera suivant sa richesse en éléments fertilisants.

L'usage s'est introduit, sous l'influence des travaux de M. Boussingault, de comparer les engrais entre eux, en ne tenant compte que de la proportion d'azote qu'ils renferment et en prenant pour type le fumier de ferme. De là, l'habitude d'exprimer la valeur des matières fertilisantes en fumier de ferme; lorsqu'une substance contient quatre fois plus d'azote que ce dernier, on dit que 25 kilog. de cet engrais équivalent à 100 kilog. de fumier de ferme. Cette méthode d'évaluation manque de précision, non seulement parce que le fumier de ferme est loin d'avoir une composition constante, mais encore et surtout parce que les éléments fertilisants autres que l'azote, doivent entrer en ligne de compte dans le calcul de la valeur d'un engrais. On s'exposerait donc à commettre de graves erreurs, en

DÉSIGNATION	AZOTE p. 100.	ACIDE phosphor. p. 100.	POTASSE p. 100.	HUILE p. 100.	VALEUR calculée d'après leur richesse, p. 100 kil.
					francs.
Tourteau d'Arachides brutes. . .	5.37	o.59	»	8.12	8.74
— — décortiquées.	7.51	1.33	1.50	7.90	12.52
— de Noix de Bancoul décortiquées.	4.90	1.40	»	7.00	8.45
Tourteau de Béraf (gros)	4.89	1.45	»	7.16	8.46
— — (petit)	4.42	1.76	»	8.25	8.00
— Cameline.	4.93	1.87	»	9.22	8.72
· — Chanvre	4.91	1.90	»	6.20	8.75
— Colza d'Europe. . .	4.90	2.83	1.36	11.10	9.31
— — exotique. . .	5.40	1.90	1.25	7.25	9.55
— Coprah.	3.90	1.12	2.54	4.70	7.45
— Coton brut.	3.90	1.24	1.65	6.18	7.15
— — décortiqué. .	6.55	3.05	1.58	16.40	12.00
— — cotonneux . .	3.20	1.60	»	6.10	6.05
— Courge brute. . . .	6.50	2.33	»	11.50	11.30
— — décortiquée.	8.90	»	»	11.40	14.80
— Faines brutes. . . .	3.85	1.05	0.72	4.20	6.60
— — décortiquées.	5.94	»	»	7.50	10.00
— Glaucie.	5.3o	1.47	0.76	9.00	9.00
— Gombo repassé. . .	4.18	1.55	»	»	7.45
— Lin.	5.04	2.15	1.29	9.90	9.20
— — exotique. . . .	5.40	1.06	»	»	9.3o
— Madia	5.o6	3.40	»	15.00	9.70
— Mafouraire naturel.	2.65	0.90	»	13.20	4.90
— — repassé.	3.o3	0.91	»	6.75	5.40
— Moutarde blanche. .	5.81	2.05	»	11.80	10.15
— — noire. . .	5.15	1.67	1.20	12.10	9.05
— — sauvage. .	4.5o	1.8o	»	9.00	8.05
— Navette.	4.63	1.65	1.46	»	8.35
— Niger de l'Inde. . .	5.00	1.72	»	5.80	8.80
— Noix décortiquée. .	5.40	1.40	1.54	10.50	9.40
— Palmiste naturel . .	2.40	1.20	0.55	13.5o	4.45
— — repassé . .	2.68	1.20	»	1.10	5.00
— Pavot d'Europe. . .	5.88	2.53	1.98	10.50	10.90
— — de l'Inde. . .	5.81	2.90	»	6.33	10.90

DÉSIGNATION	AZOTE p. 100.	ACIDE phosphor. p. 100.	POTASSE p. 100.	HUILE p. 100.	VALEUR calculée d'après leur richesse, p. 100 kil.
					francs.
Tourteau de Pignon d'Inde . . .	3.14	1.50	»	17.00	5.90
— Pépins de pommes .	5.84	1.17	»	9.17	9.75
— — de raisins. .	2.31	0.70	»	10.60	4.25
— Pulguères	3.04	1.00	»	»	6.00
— Ravison et rabette .	5.00	1.00	1.44	6.20	8.50
— Ricin brut..	3.67	1.62	1.12	8.25	6.80
— — décortiqué. .	7.42	2.26	»	8.75	12.80
— Sésame noir	6.34	2.03	1.45	9.70	11.10
— — roux.. . . .	6.14	1.60	»	11.15	10.45
— — panaché . . .	5.51	1.94	»	11.25	9.65
— Baies de sureau . .	3.73	0.60	»	5.50	6.30
— Thlaspi.	3.56	»	»	»	6.30
— Toulouconna décortiqué	4.37	»	»	4.46	7.60
Tourteau de Toulouconna brut .	2.68	0.86	»	10.00	4.90
— Tournesol brut (Tunis)	3.27	1.40	»	10.50	6.05
Tourteau de tournesol brut (Allemagne)	5.47	2.13	1.17	12.20	9.75

adoptant cette manière de voir. L'acide phosphorique et la potasse ont une valeur qui peut se chiffrer en argent et qu'on ne doit pas négliger ; il est beaucoup plus exact d'exprimer toujours en valeur réelle calculée d'après les cours assignés aux matières fertilisantes.

Valeur. — Les divers tourteaux, d'origine exotique ou indigène, ont une action peu différente sur la végétation, à égalité de principes fertilisants, et on peut appliquer à ces principes fertilisants la même valeur qu'à ceux des engrais végétaux en général, c'est-à-dire, au cours actuel des matières fertilisantes : azote,

1 fr. 50; acide phosphorique, 0 fr. 50; potasse, 0 fr. 40 le kilogramme.

Chaque fois que le prix d'achat sera supérieur au prix ainsi calculé d'après la composition, il n'y aura pas intérêt à acheter ces produits. Pour fixer les idées, nous prendrons comme exemple le tourteau de coprah; sa valeur comme engrais s'établit ainsi :

		kilog.	francs.	francs
100 kilog. contiennent :	Azote.	3.90	à 1.50 =	5.85
	Acide phosphor.	1.12	à 0.50 =	0.56
	Potasse. . . .	2.54	à 0.40 =	1.02
	Total			7.43

Or le prix commercial est de 12 fr. 25 à Marseille; nous concluons sans hésitation que l'emploi de cette matière, comme fumure, est onéreux.

Telle est la marche que l'agriculteur doit suivre pour l'achat de ces produits; afin de faciliter les calculs, nous avons, dans le tableau ci-dessus, placé une colonne où nous avons établi, d'après ce principe, la valeur du tourteau. Là où le dosage de potasse nous manquait, nous avons adopté la teneur moyenne de 1 p. 100.

Quoique les tourteaux soient des matières fertilisantes relativement concentrées, puisqu'en moyenne ils contiennent 4 à 5 p. 100 d'azote, il y a pourtant lieu de prendre en considération les frais de transport. Les tourteaux sont principalement produits en France dans deux régions très éloignées l'une de l'autre, le Midi où il y a une grande importation de graines étrangères, le Nord où les tourteaux proviennent des graines oléagineuses indigènes. Pendant longtemps la production de l'huile, dans les départements du Nord de la France, fournissait à l'agriculteur comme engrais et surtout comme aliments les tourteaux de colza, de lin, de chanvre, d'œillette;

mais cette production a considérablement diminué dans ces dernières années. Les huiles de provenance exotique, ainsi que les huiles minérales, ont fait baisser dans de fortes proportions les prix, aussi la production indigène des graines oléagineuses est-elle aujourd'hui devenue moins importante.

Les agriculteurs qui, éloignés des principaux centres de fabrication tels que Marseille[1], veulent employer des tourteaux comme engrais, auront donc à supporter des frais de transport notables; ils devront comparer le prix de revient de ces tourteaux à pied d'œuvre à leur valeur calculée d'après leur teneur en principes fertilisants. Nous n'indiquons pas les prix commerciaux toujours très variables; l'agriculteur les trouve soit dans les mercuriales des journaux agricoles, soit chez les dépositaires, mais nous pouvons dire qu'aux cours actuels, il y a peu de tourteaux dont l'emploi comme engrais soit économique.

Tourteaux employés comme aliments ou comme engrais. — C'est qu'en effet les tourteaux sont le plus souvent employés comme nourriture et c'est toujours le parti le plus avantageux qu'on en peut tirer. Car, ainsi que nous avons déjà eu l'occasion de le dire, l'azote

---

1. Marseille a produit pendant l'année 1886 environ 200 millions de kilogrammes de tourteaux, dont on a exporté 68 270 000 kilogrammes. Dans ce dernier chiffre :

Les tourteaux d'arachide figurent pour.		. . . . .	46 630 000	kilog.
—	de coton	—	. . . . . . 10 500 000	—
—	de colza	—	. . . . . . 809 000	—
—	de sésame	—	. . . . . . 540 000	—
—	d'autres graines	—	. . . . . . 9 800 000	—

132 millions de kilog. ont été livrés à l'agriculture française.

L'Allemagne et l'Angleterre nous demandent les plus fortes quantités de tourteaux.

En 1885, l'exportation avait été seulement de 53 350 000 kilog.

employé comme aliment a une valeur bien supérieure à celle qu'on lui attribue comme engrais; de plus dans les tourteaux il y a toujours de fortes quantités de substances hydrocarbonées, dont le rôle, au point de vue fertilisant, est nul, tandis qu'il est considérable au point de vue alimentaire.

Si nous considérons par exemple un tourteau de colza, nous trouvons que, comme engrais, 100 kilog. ont la valeur suivante :

	kilog.	francs.	francs.
Azote.	4.90 à	1.50 =	7.35
Acide phosphorique.	2.80 à	0.50 =	1.40
Potasse.	1.40 à	0.40 =	0.56
Total.			9.31

Employé dans l'alimentation, il se vend généralement au prix de 13 à 16 francs et sa valeur alimentaire, calculée d'après sa richesse, est de :

	kilog.	francs.	francs.
Matières azotées	30.60 à	0.40 =	12.25
— grasses	11.10 à	0.20 =	2.20
— hydro-carbonées.	35.00 à	0.10 =	3.50
Total			17.95

et dans ce chiffre n'est pas comprise la valeur de l'acide phosphorique et de la potasse qui reviennent au fumier. Dans le cas actuel la valeur comme aliment est presque double de celle comme engrais.

Les tourteaux de graines oléagineuses sont en général bien plus riches en matières alimentaires que les grains, tels que le blé ou le maïs. Vouloir les employer comme engrais, au lieu de les utiliser comme nourriture, constitue une erreur économique aussi grave que de vouloir employer comme engrais les grains de blé, d'avoine, etc. C'est seulement lorsque ces tourteaux, par leur nature même, par suite des procédés de fabrication ou par les altérations qu'ils ont subies, se trouvent impropres à l'alimentation, qu'on doit les employer comme fumier; mais alors aussi, on ne doit les payer qu'à un prix bien inférieur, en rapport avec les quantités de matières fertilisantes qu'ils renferment.

Il en est un certain nombre qui contiennent des principes vénéneux et qui, par suite, doivent être absolument exclus de l'alimentation, d'autres ne sont pas acceptés par les animaux. C'est dans ces deux catégories qu'il faut surtout chercher les tourteaux pour la fumure des terres.

Parmi les tourteaux nuisibles aux animaux et dont on dispose comme engrais, citons :

Les tourteaux d'Amandes amères, dans lesquels peut se développer de l'acide prussique. Les tourteaux provenant de noyaux sont presque tous dans le même cas.

Ceux de Belladone qu'on produit dans quelques parties de l'Allemagne, contiennent un principe narcotique très dangereux.

Ceux de Moutarde noire, blanche et sauvage peuvent donner naissance, dans l'estomac des animaux, à des principes actifs dont les effets sont funestes; la moutarde noire en particulier donne une essence volatile dont les propriétés irritantes sont bien connues.

Les tourteaux de Pignon d'Inde contiennent des substances toxiques et produisent sur l'appareil digestif des troubles extrêmement violents.

Les tourteaux de Ricin et de Pulguère sont également âcres et vénéneux; ils agissent sur le tube digestif avec une grande énergie et ont un effet caustique qui se manifeste même à l'extérieur.

Ces divers produits doivent donc être absolument rejetés comme aliments.

Les tourteaux de Béraf, de Mafouraire, de Courge de Madia, de Niger, de Ravison, de Toulouconna, de Tournesol, peuvent entrer dans l'alimentation; mais le plus souvent on les emploie comme engrais.

Les tourteaux de Sésames noirs et d'Arachides en coques sont rarement donnés au bétail, à cause de leur goût désagréable.

Le mode de fabrication de l'huile influe beaucoup sur les qualités des tourteaux; ainsi pour les mêmes graines, les produits obtenus par l'expression pourront être comestibles, alors que ceux qui auraient subi des procédés d'extraction chimique ne le seraient plus.

Les tourteaux proprement dits, obtenus par simple expression, sont désignés pour l'alimentation, parce qu'ils contiennent de notables quantités de matières grasses ayant une valeur nutritive, mais point de valeur fertilisante. Au contraire les tourteaux ayant subi l'action du sulfure de carbone ont contracté un mauvais goût qui les fait difficilement accepter par les animaux; ils renferment d'ailleurs moins de matière nutritive, et sont par contre plus riches en éléments fertilisants. Tous les tourteaux de repasse, qui ordinairement se présentent en poudre fine, sont pour ainsi dire exclus de l'alimentation et reviennent au sol comme engrais.

Il arrive souvent aussi que les tourteaux qui étaient comestibles cessent de l'être au bout d'un certain temps; il s'y produit des altérations qui les font accepter difficilement par les animaux et qui peuvent occasionner une véritable intoxication. Ces altérations paraissent dues à l'action de ferments ou de moisissures. D'autres fois les tourteaux réputés comestibles sont mélangés de graines étrangères qui peuvent les rendre impropres à la consommation.

Emploi agricole. — De nombreuses expériences

ont montré quelle était l'action des tourteaux sur la production des récoltes.

M. de Bec, dans les Bouches-du-Rhône, a obtenu les résultats suivants :

	Fumure par hectare.	1re ANNÉE. Blé.	2e ANNÉE. Avoine.
	kilog.	kilog.	kilog.
Sans fumure.		667	611
Tourteau de madia . . .	750	1 294	644
— de coton.	750	1 001	940
— de lin	750	1 320	987
— de colza	750	1 178	1 128
— de sésame	750	1 394	1 067
Fumier de ferme.	38 750	1 078	1 316
Guano.	750	1 914	1 119

Ces résultats montrent que les tourteaux, produisant la majeure partie de leur effet dès la première année, doivent être regardés comme étant de décomposition facile et ayant une action rapide sur la végétation.

MM. Lawes et Gilbert ont expérimenté pendant de longues années les tourteaux oléagineux; pour l'orge, une fumure annuelle de 1120 kilog. de tourteau de navette a donné, comme moyenne de vingt années de production consécutive, un rendement de 40 hect. 64 de grains et de 3373 kilog. de paille, tandis que la parcelle sans engrais donnait 17 hect. 96 de grains et 1475 kilog. de paille. L'emploi des tourteaux, avec ou sans addition d'engrais minéraux, a fourni pour l'orge une récolte assez élevée, mais moindre cependant, relativement à l'azote contenu, que celle fournie par les sels ammoniacaux ou le nitrate de soude.

Dans une autre série d'expériences sur l'orge, une fumure moyenne de 1130 kilog. de tourteaux, par hectare et par an, a fourni un produit moyen annuel, pendant quatorze ans de suite, de 39 hect. 52 de grains pesant 68 kil. 60 l'hectolitre. Dans ces expériences, l'addition de superphosphate au tourteau n'a pas accru le rendement.

Les bons effets des tourteaux se trouvent vérifiés par une longue pratique agricole.

Dans quelques cas cependant leur emploi a produit des effets nuisibles. On attribue généralement ces accidents à l'huile restant dans le tourteau, dans la pensée où l'on est que les grains huilés ne sont pas susceptibles de germer. C'est là une erreur; l'huile n'est pour rien dans les effets fâcheux qu'on a quelquefois remarqués et des essais multipliés nous ont montré que les graines enduites d'huile, soit directement, soit par le contact avec des tourteaux oléagineux, ne perdaient nullement leur faculté germinative.

C'est donc à une autre cause qu'il faut attribuer les accidents qui ont été quelquefois signalés. Dans nos expériences, nous avons remarqué que les tourteaux avaient une très grande tendance à se recouvrir de moisissures et à se putréfier. Les graines qui sont en contact avec eux à ce moment, sont envahies également et les germes pourrissent. C'est parce que le tourteau leur communique l'infection dont il est le siège, que la levée des grains ne se fait pas; il faut donc éviter de mettre la semence en contact avec le tourteau, aussi longtemps que celui-ci est dans la période de putréfaction qui, d'ailleurs, n'est pas de longue durée. Ainsi, il serait imprudent de répandre les tourteaux immédiatement avant ou après les semailles et surtout de les mélanger à la semence pour l'épandage simultané, ou encore de mettre dans le même sillon la graine et le tourteau. Le mieux est d'employer cet engrais avant les semailles; de cette manière les graines n'ont plus rien à craindre, la pourriture des tourteaux étant terminée. Quelquefois aussi on le répand en couverture sur des plantes déjà avancées qui n'ont plus à redouter l'action des ferments.

C'est dans les terres légères, dans celles qui consomment les engrais le plus facilement, que l'emploi des tourteaux est aussi le plus avantageux; on peut les appliquer aussi bien aux céréales qu'au colza, au lin, au chanvre, aux racines en général, ainsi qu'aux cultures arbustives.

Souvent on emploie les tourteaux réduits en poudre; on les sème à la volée en évitant les jours où le vent souffle. On peut activer ou ralentir leur décomposition en les triturant plus ou moins.

L'agriculteur, pour éviter les frais de concassage, achète quelquefois les tourteaux en poudre, et très souvent ces poudres sont fraudées par l'addition de matières sableuses; nous avons eu l'occasion d'analyser un semblable produit qui dosait 35 p. 100 de matières minérales insolubles. La fraude par addition de matières inertes est bien plus difficile dans les tourteaux en pains. En faisant exception pour les tourteaux de repasse, tels que ceux de palmiste, qui se présentent toujours à l'état pulvérulent, nous conseillons vivement au cultivateur d'acheter les tourteaux en pains et de procéder lui-même au concassage.

Souvent on a l'habitude de délayer les tourteaux dans de l'eau ou dans les purins et de les laisser fermenter pendant quelque temps. Il se produit ainsi une décomposition putride et le liquide prend une odeur infecte, mais pendant cette décomposition les éléments de l'engrais sont devenus plus assimilables; il s'est formé en particulier des sels ammoniacaux ou d'autres combinaisons azotées solubles.

Le liquide qui tient en suspension les matières non entièrement décomposées peut être employé en guise de purin. L'intervention de l'eau paraît utile chaque fois qu'on applique des tourteaux aux cultures; on a remarqué que, répandus en poudre, ils ont une action plus avantageuse, si la pluie survient peu de temps après leur application. Leur décomposition est en effet singulièrement hâtée par la présence de l'humidité.

La valeur des tourteaux consistant surtout dans leur teneur en azote et en phosphate, ce sont les produits les mieux débarrassés d'huile qu'il faut regarder comme les plus riches, parce que les éléments fertilisants s'y sont concentrés. Les tourteaux de repasse, c'est-à-dire ceux qui ont été épuisés une seconde fois, doivent donc être regardés comme plus riches que les mêmes tourteaux simplement exprimés; l'absence d'huile a en outre l'avantage de laisser la décomposition se produire plus rapidement. En général les tourteaux dits de repasse, ceux surtout qui sont épuisés à l'aide du sulfure de carbone, sont impropres à l'alimentation et employés directement comme engrais.

Les tourteaux doivent principalement leur efficacité à l'azote qu'ils renferment et qui se transforme facilement en ammoniaque et en nitrate; ils peuvent être rangés parmi les engrais à décomposition rapide, il est prudent de ne pas les donner au sol très longtemps avant que les plantes puissent utiliser leurs éléments.

Souvent on trouve avantageux de les répandre sur des plantes déjà levées, soit directement et en poudre, soit après les avoir fait fermenter dans l'eau.

Il ne faut pas regarder les tourteaux comme des engrais complets; l'acide phosphorique en effet y est ordinairement en proportion un peu faible, relativement au taux d'azote, et la potasse ne s'y trouve qu'en petite quantité. C'est donc principalement un apport d'azote qu'on fait au sol par leur emploi et, pour compléter la fumure, il convient d'ajouter des phosphates et des sels potassiques.

Application aux différentes terres. — Les tourteaux ne conviennent pas également à tous les sols; il y en a dans lesquels on doit se garder de les mettre, d'autres dans lesquels il faut les donner en mélange avec des engrais différents, d'autres enfin où ils peuvent être employés seuls.

Dans les terres très fortes, leur décomposition est extrêmement lente, les plantes n'en tireraient donc pas un grand profit; dans les terrains acides, comme les terres de bruyère, de landes, etc., leur introduction ne produirait aucune amélioration, parce que leur décomposition serait sensiblement nulle ou tout au moins ne conduirait pas à des principes assimilables.

En général, les terres dans lesquelles la nitrification est entravée ne sont pas sensibles à l'emploi des tourteaux ou des autres engrais organiques; ce n'est que lorsque ces terrains, par l'apport d'amendements calcaires, peuvent devenir le siège des réactions chimiques propres à la terre arable, que l'usage des engrais organiques donne de bons résultats.

Dans les sols pauvres en acide phosphorique ou en potasse, les tourteaux employés seuls sont insuffisants; il faut leur adjoindre des phosphates et des sels potassiques; mais quand ces deux éléments sont abondants dans les terres, l'azote apporté peut produire toute son action.

Les tourteaux agissent d'ailleurs comme le font en général les engrais organiques, c'est-à-dire qu'ils tendent à ameublir les terres fortes et donnent de la consistance aux terres légères.

Quantités de tourteaux à appliquer au sol. — Elles varient avec la nature de la terre, la composition du tourteau et la récolte qu'on veut produire. Dans les départements du Nord, on emploie de 1000 à 1500 kilog. à l'hectare, pour les cultures de blé, et de 2 000 à 2 500 pour les betteraves.

Dans le Midi les tourteaux sont employés principalement pour la vigne, et en proportion éminemment variable, on en met jusqu'à 200 grammes par pied. Leur action se fait rapidement sentir.

B. — Marcs d'olives. — Dans les pays où on cultive l'olivier pour la production de l'huile, on obtient des *marcs* ou *grignons* qui sont quelquefois employés comme combustibles, surtout en raison de la grande quantité de matières ligneuses provenant des noyaux écrasés; souvent aussi on les emploie comme engrais, soit pour l'olivier, soit pour la vigne. Les marcs, après avoir été soumis à l'action de fortes presses qui ont enlevé en partie l'huile qu'ils renfermaient et ensuite desséchés au contact de l'air, contiennent en général 0,80 à 1 p. 100 d'azote.

M. Pétermann a trouvé pour un tourteau d'olives venant de l'Espagne et séché à l'air :

Eau.	10.80 p. 100
Azote.	1.35 —
Acide phosphorique.	0.25 —
Potasse.	0.81 —
Chaux	0.63 —

M. Décugis, pour un tourteau du Midi de la France, indique 0,80 p. 100 d'azote et 0,10 d'acide phosphorique.

Ces marcs retiennent encore de très fortes proportions d'huile, ordinairement 10 p. 100, quelquefois jusqu'à 25 p. 100, et pour cette raison constituent un aliment assez riche; par le départ de l'eau de végétation ils ont perdu la saveur amère qui caractérise le fruit; aussi quelquefois les utilise-t-on, quand ils sont frais, pour l'alimentation du porc et du mouton.

Pulpes et boues de recense. — Le plus souvent les grignons sont vendus aux *recenses*. Dans les moulins dits de recense, on sépare les noyaux de la pulpe, et on envoie cette *pulpe de recense* dans des usines qui extraient l'huile restante par le sulfure de carbone. La *pulpe de recense repassée* est de couleur foncée; sèche, elle est ordinairement brûlée, alors qu'elle pourrait servir de litière aux animaux.

M. Décugis a obtenu, pour l'analyse de ces deux sortes de pulpes, les chiffres suivants rapportés à 100 :

	Pulpe de recense.	Pulpe de recense repassée.	
Eau	13.85	8.3o	16.65
Matières organiques	54.52	»	»
Azote	0.97	1.64	0.97
Acide phosphorique	0.07	0.12	0.27
Huile restant	29.15	»	»

Ce ne sont pas en général les grignons qu'on utilise à la fumure des terres; ce qui est utilisé, c'est le dépôt, la *boue de recense*, qui se forme dans les réservoirs où l'on a envoyé les eaux de recense; un peu d'huile s'en sépare et peut être recueillie à la surface du liquide. Dans le sein de la masse, il se développe une fermentation active qui transforme les pulpes en une bouillie noire, utilisée comme engrais, soit directement, soit en compost; d'après M. Décugis, elle renferme 2,31 p. 100 d'azote, et 0,05 d'acide phosphorique. Les eaux acides des citernes, préalablement saturées par la chaux, peuvent servir à l'irrigation, car elles contiennent de 0,1 à 0,3 d'azote p. 100.

Résidus de raffinage des huiles. — Les huiles de qualité inférieure sont raffinées par l'acide sulfurique; on obtient dans cette opération un résidu très acide, contenant environ, p. 100, 0,7 d'azote et 4 d'acide phosphorique. L'acidité de ce résidu doit, avant l'emploi agricole, être neutralisée par un lait de chaux ou par du carbonate de chaux; on pourrait encore mélanger la matière avec du phosphate naturel qui se transformera en superphosphate, ou bien la verser dans la fosse à purin pour la saturation de l'ammoniaque.

§ II. — RÉSIDUS DE BRASSERIE, DE DISTILLERIE, DE SUCRERIE, DE FÉCULERIE

A. — Résidus de la brasserie. — Ces résidus comprennent les marcs de drèche et de houblon, les touraillons, etc.; ils constituent des engrais qu'il faut se garder de laisser perdre.

1° *Drèche.* — La drèche sert plus souvent comme aliment; elle a la réputation de pousser beaucoup à la production du lait, mais on lui reproche d'être nuisible à la santé des animaux et de les user rapidement. Les vaches qui les consomment à l'état frais ont souvent une sorte d'enivrement; le lait qu'elles produisent passe pour être de qualité inférieure.

Ces résidus entrent rapidement en fermentation acide, et se conservent peu de temps. Quand ils ne peuvent pas servir de nourriture, on doit les utiliser comme engrais. A l'état naturel, c'est-à-dire contenant environ 77 p. 100 d'eau, ils renferment en moyenne 0,8 p. 100 d'azote. 0,5 d'acide phosphorique et seulement des traces de

potasse; ils ont donc pour l'azote et l'acide phosphorique une richesse supérieure à celle du fumier de ferme.
Leur décomposition dans le sol n'est pas très rapide,
aussi est-il à conseiller de les faire entrer dans les composts, où ils se désagrègent avant d'être employés à la
fumure.

2° *Eaux de trempage.* — Les eaux dans lesquelles on
a fait détremper l'orge avant la germination contiennent
toujours quelques principes fertilisants, et on peut les
utiliser pour l'arrosage en guise de purin. Elles renferment en moyenne par litre :

	grammes.
Azote	0.3
Acide phosphorique	0.3
Potasse	1.0

Quand on peut les faire écouler directement dans les
prairies, on tire parti, sans dépense, de leurs principes
utiles.

3° *Touraillons.* — Ce déchet de brasserie est essentiellement constitué par les radicelles et tigelles qui se
détachent de l'orge germée, lorsque celle-ci est desséchée
dans les tourailles. Ces germes se présentent à l'état de
poudre plus ou moins grossière; on les emploie quelquefois à la nourriture des animaux, mais le plus souvent, ils sont utilisés comme engrais. Leur richesse en
matières fertilisantes leur assigne une valeur très grande,
encore augmentée par la rapidité de leur décomposition
dans le sol. Ils contiennent en moyenne à l'état sec, avec
5 à 10 p. 100 d'eau :

Azote	4 à 5.0 p. 100
Acide phosphorique	1 à 2.0 —
Potasse	2 à 2.5 —

C'est donc un engrais excessivement riche, compa-

rable aux meilleurs tourteaux. Sa forme pulvérulente
permet de le répandre avec une grande facilité; son
épandage doit se faire par des temps calmes et lorsque le
sol est mouillé par la rosée ou par la pluie, afin que le
vent ne puisse pas l'enlever. Souvent il est semé en même
temps que la graine et enterré alors par le hersage; quelquefois on l'emploie en couverture. Les praticiens estiment qu'une terre recevant par hectare 40 hectolitres de
touraillons est fortement fumée.

On a conseillé de faire entrer les touraillons dans la
confection des composts. Ceux-ci ne peuvent évidemment que gagner à l'apport d'une matière aussi riche;
mais la facilité et l'efficacité de l'emploi direct font considérer cette opération préalable comme inutile.

Nous devons encore citer, parmi les déchets de brasserie, les *marcs de houblon*, les *levures usées*, qu'on
aurait tort de laisser perdre.

Ces résidus contiennent p. 100, dans l'état où ils
sortent de la brasserie :

	Azote.	Acide phosphor.	Potasse.
Marcs de houblon. .	0.5 à 1.0	0.3 à 0.5	0.15 à 0.30
Vieilles levures. . .	0.7 à 1.5	0.6 à 1.4	»

On peut les faire entrer dans la confection des composts ou les porter directement au fumier.

B. — Résidus de distillerie. — Les substances
riches en sucre ou en amidon, d'où l'on retire de l'alcool
après fermentation, laissent après elles des résidus
généralement connus sous le nom de vinasses et qui
sont formés d'une partie liquide dans laquelle se trouvent en suspension des débris végétaux. Ces résidus
contiennent presque en totalité l'azote, l'acide phosphorique et la potasse qui étaient contenus dans la matière

mise en fermentation, car la production de l'alcool n'élimine aucun de ces principes.

1° *Vinasses.* — Les vinasses proviennent soit de la distillation des grains tels que le maïs, le seigle, le riz, le dari, ou des mélanges de graines diverses, impropres à la consommation, qui constituent les produits d'épuration du blé, de l'avoine, etc., soit de la distillation des racines, comme la betterave, ou des tubercules, comme la pomme de terre et le topinambour, soit encore des résidus de la fabrication du sucre, comme les mélasses.

Ces vinasses peuvent être employées de différentes manières : quelquefois on s'en sert directement pour l'irrigation des prairies; les parties en suspension vont ainsi se répandre à la surface des cultures, pendant que les liquides imprègnent le sol. Souvent on laisse ces vinasses se déposer au préalable dans des bassins; elles donnent alors un liquide clair, qu'on fait écouler sur les prairies, et un dépôt qui, renfermant les débris organiques primitivement en suspension, contient les éléments insolubles, principalement de l'azote à l'état de matière organique et des phosphates. La potasse reste dans le liquide.

Ce dépôt a une composition très variable, suivant les matières qui lui ont donné naissance; considéré à l'état sec, il contient une quantité d'azote organique qui peut varier de 2,5 à 5 p. 100.

Les vinasses contiennent par litre :

	Mélasses.	Grains.	Betteraves.	Pommes de terre.	Topinambours.
	grammes.	grammes.	grammes.	grammes.	grammes.
Azote. . .	1.5 à 3.0	2.5	0.7 à 2.0	1.5 à 2.5	1.20
Ac.phosph.	0.1 à 0.2	2.5 à 4.5	0.2 à 0.8	0.3 à 1.0	0.02
Potasse . .	1.8 à 9.0	2.6	1.5 à 3.0	2.5 à 3.5	2.87

Les vinasses doivent donc surtout être considérées

comme des engrais potassiques. Quand elles sont très riches en potasse, comme celles des mélasses, elles peuvent être évaporées, et leur résidu incinéré donne ce qu'on appelle les salins, dont il sera question plus tard. Quelquefois leur acidité rend leur emploi direct nuisible à la végétation; dans ce cas il est prudent de les saturer au préalable par de la chaux, du carbonate ou du phosphate de chaux.

2° *Pulpes et drèches*. — Nous devons encore citer, comme résidus de la fabrication de l'alcool, les drèches et les pulpes qui ne sont pas toujours consommées par les animaux et qui peuvent aller directement au sol, ou mieux entrer dans la préparation des composts.

C. — Résidus de sucrerie. — Ils comprennent les pulpes de betteraves, les écumes de défécation, les eaux d'osmose et les mélasses. Il y a en outre les noirs dont nous parlerons en traitant des engrais phosphatés.

1° *Pulpes*. — Les pulpes de betteraves sont presque toujours employées pour l'alimentation du bétail; au point de vue fertilisant elles n'ont qu'une minime valeur; elles contiennent p. 100 :

	Pulpes de presses.	Pulpes de diffusion.
Azote	0.3	0.10.
Acide phosphorique	0.1	0.02
Potasse	0.3	0.05
Chaux.	2.5	1.10

Les pulpes de diffusion, beaucoup plus aqueuses, sont extrêmement pauvres. L'une et l'autre se prêtent mieux à la confection des composts qu'à l'emploi direct.

2° *Écumes de défécation*. — Les écumes de défécation sont le résultat de l'action de la chaux sur les jus sucrés bruts; cette base précipite, outre des substances carbonées diverses, des matières azotées, et de l'acide phosphorique, qu'on retrouve mélangés avec la chaux transformée en carbonate dans le cours de l'opération.

Ces résidus sont assez riches, surtout en chaux, et forment un amendement calcaire fréquemment employé. Voici la composition moyenne des écumes de défécation, contenant environ 40 p. 100 d'eau, après passage au filtre-presse :

Azote	0.3 à 0.8
Acide phosphorique	0.8 à 1.5
Potasse	0.1 à 0.5
Chaux	15.0 à 30.0
Magnésie	0.8 à 1.5

Une partie de la chaux reste ordinairement à l'état libre.

Lorsqu'on fait une double carbonatation, on obtient des résidus moins riches, surtout en acide phosphorique, puisque celui-ci est presque en entier entraîné dans la première opération. Voici l'analyse d'une écume de cette nature :

Eau	34.00 p. 100.
Azote	0.35 —
Acide phosphorique	0.05 —
Potasse	0.30 —
Chaux	36.00 —

Le meilleur emploi qu'on puisse faire de ces produits, qui forment autour des sucreries des montagnes de matières encombrantes et infectes, c'est de les introduire dans les composts, auxquels ils apportent l'élément calcaire, en même temps qu'une proportion notable de substances fertilisantes.

3° *Eaux d'osmose.* — Les mélasses, en passant à travers les dialyseurs, cèdent à l'eau les sels qui entravent la cristallisation. Les eaux chargées de sels s'appellent eaux d'osmose; elles contiennent des quantités notables d'azote et de potasse; il est à remarquer qu'une partie de cet azote se trouve à l'état de nitrate. Elles peuvent être directement employées pour l'irrigation; très souvent aussi on les concentre pour en extraire la potasse. Nous ne parlons ici que de l'emploi direct, pour l'arrosage des prés, des champs ou des fumiers; la fabrication des salins sera décrite plus tard.

La composition de ces eaux est éminemment variable, suivant la richesse de la mélasse et les quantités d'eau employées dans les osmogènes.

On trouve pour une eau d'osmose par litre :

	D'après Strohmer.	D'après M. Aubin.
	grammes.	grammes.
Azote.	2.60	7.10
Acide phosphorique	0.17	0.56
Potasse.	6.60	42.00

L'emploi direct pour l'irrigation n'est à conseiller que pour les eaux peu chargées en potasse; celles qui sont riches sont plus avantageusement utilisées pour la fabrication des salins, nous devons cependant faire observer que cette fabrication offre, au point de vue agricole, le grand désavantage de faire perdre l'azote des eaux d'osmose; mais elle concentre sous un faible volume un élément important, la potasse.

Quant aux *mélasses*, nous en avons parlé à l'occasion des résidus de la distillerie; elles sont en effet presque toujours transformées en alcool et laissent dans les vinasses les substances fertilisantes qu'elles renferment.

D. — Résidus de féculerie et d'amidonnerie. — Les produits riches en amidon sont souvent exploités en vue de la fabrication de la fécule et de l'amidon ; les pommes de terre, le maïs, le riz, les grains avariés sont fréquemment employés à cet usage.

Pulpes et drèches. — Les résidus d'amidonnerie de maïs donnent des tourteaux blancs très estimés comme aliment du bétail, voici leur composition centésimale :

Azote.	2.60
Acide phosphorique	1.00 à 3.00
Potasse.	0.50

Il est très rare, vu leur prix élevé, qu'ils soient employés à la fumure des terres.

Les pulpes de pomme de terre, obtenues par le rapage, abandonnent aux eaux de lavage l'amidon qu'elles renferment, et laissent un résidu qui est souvent consommé par les animaux. Mais ce résidu, du reste peu riche, est éminemment altérable ; il ne se conserve que pendant peu de temps, et devient souvent impropre à l'alimentation ; il est alors employé comme engrais pour les terres. Ces pulpes résiduaires étant exprimées sont encore très aqueuses ; Wolff en donne l'analyse suivante :

Eau	80.60
Azote	0.13
Acide phosphorique	0.05
Potasse	0.03

Amenées à l'état sec, elles contiennent quelquefois jusqu'à 2,5 p. 100 d'azote.

Eaux. — Ordinairement, les eaux qui ont servi à laver la pulpe, et dont l'amidon a été séparé, sont recueillies dans des bassins où elles laissent déposer les matières organiques qu'elles tiennent en suspension.

Clarifiées par le repos, elles peuvent être employées

directement pour l'irrigation. Voici un exemple de composition d'une eau de féculerie. Par litre :

	grammes.
Azote	0.24
Acide phosphorique	0.09
Potasse	0.55

Quant au dépôt, il est égoutté, séché à l'air, et constitue un engrais dont la teneur en azote s'élève à 1,5 ou 2,5 p. 100 après dessiccation.

Depuis peu d'années, on défèque les eaux au moyen de la chaux et du perchlorure de fer. Les eaux purifiées sont évacuées ; le dépôt, passé au filtre-presse, contient 0,75 p. 100 d'azote.

Les eaux des distilleries et surtout celles des féculeries, tout en constituant un excellent engrais, sont souvent une cause d'infection pour les localités avoisinantes ; il s'y détermine une fermentation putride suivie d'exhalaisons aussi désagréables que nuisibles au point de vue de l'hygiène. Les bassins qui contiennent ces liquides sont de véritables foyers d'infection et corrompent les cours d'eau dans lesquels ils déversent leurs liquides putrides. Pour éviter autant que possible l'insalubrité qui résulte du voisinage des féculeries, il convient de distribuer, sur une surface de terre suffisante, les eaux qui s'écoulent des fabriques.

Leur incorporation au sol est non seulement utile au point de vue de l'apport en matières fertilisantes, mais encore au point de vue hygiénique. Au contact d'une terre suffisamment aérée, les exhalaisons putrides et les inconvénients qui en résultent cessent immédiatement, la terre étant un milieu dans lequel les phénomènes d'oxydation ont une grande énergie.

§ III. — RÉSIDUS DIVERS D'INDUSTRIE

Déchets de coton. — Dans les filatures de coton, il se produit une certaine quantité de déchets qui sont quelquefois employés comme engrais.

Provenant d'une matière végétale, ils sont loin d'avoir la richesse des déchets de laine, avec lesquels les agriculteurs pourraient être tentés de les confondre. Quand ils sont séchés à l'air (10 p. 100 d'eau), ils contiennent, en moyenne, de 1 à 1,5 p. 100 d'azote, et de 0,40 à 0,50 d'acide phosphorique (Petermann). Ils ne constituent donc qu'un engrais bien inférieur aux engrais similaires d'origine animale. Leur décomposition dans le sol n'est guère plus rapide que celle d'autres matières végétales résistantes, comme la bruyère, la tourbe, la paille, etc. En leur attribuant une valeur de 1 fr. 50 à 2 francs les 100 kilogrammes, en moyenne, on les cote à un prix suffisamment élevé.

On peut utilement les employer comme matières absorbantes pour les déjections humaines. Ainsi que les autres substances végétales d'une désagrégation difficile, le meilleur usage qu'on en puisse faire est de les introduire dans les composts.

Poussières de moulins. — Dans les minoteries, on recueille des quantités assez importantes de poussières et balayures qui, vu leur état de finesse, constituent un engrais assez actif; leur richesse en azote varie de 1 à 2 p. 100 et le taux d'acide phosphorique de 0,5 à 1; celui de la potasse est voisin de 0,6. Il faut, avant d'employer ces matières, prendre garde qu'elles ne contiennent point de graines susceptibles de germer et de salir la terre où on les applique comme engrais.

Résidus de papeterie. — Les fabriques de papier lavent les fibres végétales ou les chiffons qu'elles emploient, avec des eaux qui sont écoulées directement dans les rivières, et sont une cause d'infection. Les eaux des papeteries d'Essone contiennent 8 grammes d'azote par mètre cube ; on a essayé de les traiter par la chaux, et on a obtenu alors un précipité qui, égoutté, dose 0,3 p. 100 d'azote. Le plus souvent on laisse déposer ces liquides, et on recueille le dépôt formé qu'on sèche à l'air ; M. Petermann y a trouvé p. 100 :

	N° 1.	N° 2.
Eau.	13.92	4.63
Azote.	0.70	0.47
Acide phosphorique.	1.68	0.41
Potasse	0.34	0.49
Chaux	71.68	»

On obtient aussi dans ces fabriques d'abondants dépôts formés par la décomposition des carbonates alcalins par la chaux. Ces résidus doivent être plutôt considérés comme engrais calcaire ; ils contiennent en effet à l'état humide 30 p. 100 de carbonate de chaux, très peu d'azote (0,2), des traces d'acide phosphorique (0,1) et pas de potasse.

Déchets de tannerie. — La *tannée* qui constitue le résidu des écorces employées pour le tannage des cuirs peut se comparer à certains égards à la tourbe, mais avec cette différence qu'elle est toujours assez riche en chaux ; la proportion de cette base est en général de 3 à 4 p. 100. Elle contient 0,5 à 1 p. 100 d'azote, une très petite quantité seulement d'acide phosphorique et une proportion appréciable de potasse.

Lorsque la tannée est restée en tas pendant assez longtemps, elle devient noire et les fibres ligneuses se désagrègent; dans cet état de décomposition, elle convient mieux à la fumure, étant déjà transformée en terreau. C'est dans les terres fortes qu'elle produit les meilleurs résultats, en augmentant l'ameublissement. Dans les sols peu riches en chaux, elle peut modifier la terre au point de vue chimique, en y apportant du calcaire et la rendre propre à la culture des légumineuses.

Lorsque les frais de transport sont trop considérables, on peut se contenter de brûler la tannée et d'en employer les cendres. Nous ferons pour la tannée la même observation que pour la tourbe; il y a beaucoup plus d'avantages à l'utiliser comme litière que comme engrais.

Des résidus analogues, mais plus riches, sont ceux que laisse l'emploi de feuilles tannantes, comme le *sumac;* séchés à l'air et contenant 10 à 15 p. 100 d'eau, ils renferment, suivant nos analyses :

Azote.	1.60 à 2.00 p. 100
Acide phosphorique	0.25 à 0.40 —
Potasse.	0.40 à 0.60 —

Mais ils retiennent ordinairement des quantités notables de tannin; leur emploi direct n'est donc pas à recommander. Le mieux est de les additionner de chaux ou de les laisser se décomposer en tas, mélangés avec de la terre, comme cela est en général à conseiller pour tous les résidus végétaux.

Joignons à ces renseignements les analyses suivantes d'un autre produit de tannerie, résidu que laisse l'ébourrissage des peaux par la chaux :

	I.	II.
Eau	60.00	79.00 p. 100.
Chaux, en partie à l'état libre.	18.68	» —
Azote	0.42	1.10 —
Acide phosphorique	0.21	0.10 —
Potasse	Traces.	

C'est un amendement calcaire, semblable aux écumes de défécation, mais souvent assez riche en azote.

Observations générales. — Nous venons de passer en revue les résidus des industries qui travaillent les substances végétales. Nous ferons à leur propos deux observations importantes.

Toutes les fois que les résidus peuvent être consommés par le bétail, il y a beaucoup plus d'avantage à les faire passer par le ratelier que de les porter directement au sol. Les considérations que nous avons développées à ce sujet, en parlant des tourteaux de graines oléagineuses, s'appliquent aux pulpes, aux drèches et aux tourteaux d'amidonneries. C'est seulement lorsqu'ils ne sont pas acceptés par les animaux, par suite des traitements industriels (acides ou alcalins), ou par suite des avaries, qu'on doit les utiliser comme engrais.

Nous ferons enfin remarquer que, pour les déchets d'industrie, plus peut-être que pour tout autre engrais, il est indispensable de faire intervenir l'analyse, si l'on ne veut pas s'exposer à transporter à grands frais des matières de faible valeur. Nous pouvons dire d'une façon générale que les résidus d'industrie ne sont utilisables que pour les fermes situées à proximité des lieux de production; elles peuvent souvent en tirer un excellent parti, car les prix d'achat sont ordinairement très minimes. Avant de traiter un marché de quelque importance, l'agriculteur doit toujours prélever des échantillons, faire déterminer les éléments fertilisants et établir le prix de revient de l'engrais rendu à pied d'œuvre, en appliquant à chaque principe sa valeur marchande suivant les cours.

§ IV. — RÉSIDUS PRODUITS A LA FERME

La considération des frais de transport n'intervient pas pour les déchets et résidus qui sont produits à la ferme même et qui sont une ressource importante pour l'agriculture de certaines régions. Dans aucuns cas on ne doit les laisser perdre, c'est un engrais tout trouvé qui est à pied d'œuvre et qui ne nécessite qu'une manutention peu importante. Parmi les résidus produits à la ferme, les marcs de raisins et de pommes sont les plus importants.

Marcs de raisins. — Ils sont constitués par le résidu de l'expression du raisin; la rafle, les pépins et la peau en forment la plus grande partie. Quelquefois ils sont consommés par les animaux de la ferme, et c'est là le meilleur emploi qu'on en puisse faire; mais le plus souvent ils vont au fumier; enfin dans les exploitations mal conduites, on les laisse perdre, au grand détriment des terres.

Leur composition est assez variable, surtout pour la potasse, car fréquemment ces marcs servent à la fabrication de vins de 2ᵉ cuvée ou de piquettes, ce qui les épuise davantage en potasse; l'azote et l'acide phosphorique se trouvant sous une forme insoluble, ne sont pas enlevés par ce second traitement.

Quand les marcs sont distillés pour l'obtention de l'eau de vie, ils n'ont rien perdu de leurs éléments fertilisants; mais ils sont moins concentrés, parce qu'on a dû ajouter une certaine quantité d'eau pour la distillation. Cette vinasse contient des éléments fertilisants, notamment de la potasse, et il faut se garder de la perdre; elle doit retourner au fumier aussi bien que le résidu solide.

Voici quelques analyses rapportées à 100 de marcs de raisins à l'état naturel, c'est-à-dire contenant les 2/3 de leur poids d'eau :

	I.	II.	III.	IV
Azote.	1.11	1.22	1.30	0.81
Acide phosphorique.	0.25	0.33	0.25	0.28
Potasse.	0.90	1.63	0.86	0.20

Le dernier échantillon provient d'un marc ayant servi à la fabrication de la piquette.

La préparation de vins de raisins secs a pris une importance considérable et il se produit dans certaines usines des quantités énormes de marcs, que l'agriculteur pourrait utiliser avec le plus grand profit. Aux environs de Paris, à Charenton notamment, ces produits sont tellement encombrants qu'on s'en débarrasse en les jetant dans des carrières ou sur les routes. Nous donnons ci-dessous l'analyse que nous avons faite de ces produits, ainsi qu'une analyse de M. Petermann d'un marc de raisins secs obtenu en Belgique :

	Charenton.	Belgique.	
Eau.	77.35	75.00	p. 100.
Azote.	0.77	0.61	—
Acide phosphorique.	0.14	0.11	—
Potasse.	0.60	0.45	—

Ces marcs constituent, comme on le voit, un engrais de richesse comparable à celle du fumier de ferme et dont le prix calculé s'élève à environ 15 francs la tonne.

La décomposition de certaines parties du marc de raisins est assez lente, les pépins en particulier résistent longtemps ; les rafles et les pellicules se retrouvent dans le sol quelque temps après leur emploi. Il est donc utile de les laisser se décomposer au préalable. Dans le fumier cette décomposition n'est que partielle; si l'on avait soin de faire des mélanges avec de la chaux et de la terre, de véritables composts, on activerait beaucoup leur transformation et on obtiendrait un terreau excellent.

Les marcs de raisins contiennent, au bout d'un certain temps, des acides libres et plus particulièrement de l'acide acétique; nous avons dosé dans un marc de raisins secs exposé à l'air libre 0,3 p. 100 d'acide exprimé en acide sulfurique.

On peut saturer cette acidité, qui quelquefois est très prononcée, par l'addition de calcaire ou mieux de phosphate de chaux naturel qui se trouve ainsi solubilisé.

Les *lies de vin* sont employées dans les pays viticoles comme engrais de la vigne; à l'état sec, elles contiennent près de 2 p. 100 d'azote, jusqu'à 4 p. 100 d'acide phosphorique et seulement un peu de potasse; ce dernier élément s'étant déposé à l'état de tartre cristallisé ou étant resté en solution.

Le marc de raisins est appliqué assez souvent aux cultures d'oliviers ; il peut l'être du reste à toutes les cultures, de la même façon que le fumier de ferme; mais il est plus logique de le faire retourner à la vigne. Un vignoble qui reçoit le marc des raisins qu'il a produits ne subit aucune exportation appréciable de principes fertilisants.

Marcs de pommes. — L'expression des pommes destinées à la fabrication du cidre, donne des marcs qui peuvent être consommés par le bétail; souvent ils sont distillés en vue de la production des eaux-de-vie; quelquefois aussi ils vont directement à la terre ou aux fumiers.

La composition du marc de pommes est variable suivant son degré d'humidité et l'épuisement plus ou moins complet qu'il a subi.

M. Houzeau, pour des marcs épuisés, contenant 80 p. 100 d'eau, indique la composition suivante par 1000 kilog. :

	kilog.
Azote.	1.1 à 1.7
Acide phosphorique	0.4 à 0.7
Potasse.	1.2 à 1.9
Sels calcaires et magnésiens	3.0 à 7.6

Pour des marcs moins épuisés, contenant 75 p. 100 d'eau, M. Lechartier a obtenu par 1000 kilog. :

	kilog.
Azote	2.20
Acide phosphorique.	0.70 à 0.84
Potasse	2.08 à 3.05
Chaux.	0.59 à 0.61
Magnésie.	0.44 à 0.87

M. Aubin a trouvé pour 1000 kilog. de marcs de pommes venant de l'Aisne :

	kilog.
Azote.	2.8
Acide phosphorique	0.9
Potasse.	2.6

Les marcs de pommes qui, certaines années, se produisent en quantités énormes dans les pays à cidre, quoique ne constituant qu'un engrais peu riche, peuvent cependant être utilisés en guise de fumier. Mais leur emploi direct offre certains inconvénients, à cause de l'acidité qui s'y produit avec la plus grande rapidité et qui peut devenir nuisible à la végétation. Pour détruire cette acidité, surtout dangereuse dans les terres manquant de calcaire, on a recommandé de mélanger ces marcs avec de la chaux ou du carbonate de chaux, qui en saturent l'acide; en stratifiant un semblable mélange, on obtient une sorte de compost qui peut être avantageusement employé.

On a recommandé également et avec raison d'additionner les marcs acides de fumier de basse-cour. Le mélange subit une fermentation très active; l'acide s'empare de l'ammoniaque qui tendrait à se dégager, et se trouve saturé.

On peut plus utilement encore combattre cette acidité et obtenir du même coup un résultat favorable, en incorporant à ces marcs du phosphate de chaux naturel. L'acide formé pourra jouer un rôle analogue à celui que joue l'acide sulfurique dans la fabrication des superphosphates et solubiliser l'acide phosphorique, tout en perdant ses qualités nuisibles.

Ainsi que nous venons de le dire, le procédé le plus généralement employé pour utiliser les marcs comme engrais, consiste à les introduire dans des composts en mélange avec de la chaux ou des phosphates fossiles. Les terreaux obtenus sont répandus sur les herbages garnis de pommiers. Voici un des procédés de confection de ces composts.

Sur une couche de terre de 3 à 5 centimètres, on répand une couche de 15 à 18 centimètres de marcs, saupoudrés de 5 à 6 millimètres de phosphate fossile. On recommence la superposition dans le même ordre, jusqu'à une hauteur de 1 mètre à 1,5o. Au mois de juin ou au plus tard en août, on recoupe le tas ainsi formé et on utilise le mélange obtenu, pendant l'hiver suivant.

On a reconnu que ces composts favorisent le développement des légumineuses dans les herbages.

Les marcs de pommes, ainsi que les marcs de poires

qui leur sont semblables, servent souvent dans les plan-
tations de jeunes pommiers ; on les emploie aussi pour
fumer les prairies ou encore le colza et la navette.

Marcs de café. — Dans certaines régions de la
France, et principalement dans le Nord, on fait une grande
consommation de café. Le marc qu'on obtient comme
résidu peut être employé en agriculture. M. Is. Pierre
a trouvé, dans ce résidu desséché à l'air, 1,85 p. 100
d'azote et plus de 12 p. 100 d'acide phosphorique.

Ces marcs ont donc une valeur fertilisante très grande
et peuvent être regardés comme un véritable engrais
phosphaté.

D'ailleurs tous les résidus provenant soit de la consommation, soit de l'industrie, contiennent une certaine
quantité de matières fertilisantes que l'agriculteur soucieux de ses intérêts doit chercher à utiliser ; il y trouve
souvent un adjuvant utile au fumier de ferme, dont la
production n'est pas ordinairement suffisante pour les
besoins de ses cultures.

Résidus de la préparation des filasses. — Le
lin et le chanvre produits dans les fermes subissent,
avant d'être transformés en filasses, des opérations qui
ont pour but d'isoler la fibre. La cellulose seule est
exportée, les matières végétales contenant l'azote, l'acide
phosphorique et la potasse sont enlevées par le rouissage d'abord, et ensuite par le teillage et l'écangage.

Le *rouissage* se fait soit à l'eau courante et alors
toutes les matières fertilisantes sont perdues ; soit sur les
prés qui profitent des débris végétaux ; soit enfin à l'eau
dormante, dans des mares ou des citernes. Ces eaux putrides seront avantageusement appliquées aux irrigations, au lieu d'être perdues.

Les *chénevottes* ne doivent pas être brûlées, mais
portées à la litière ou au tas de fumier.

Wolff établit ainsi la répartition des éléments fertilisants contenus dans 1000 kilogrammes de tiges de lin :

	Potasse.	Chaux.	Ac. phosph.
	kilog.	kilog.	kilog.
1 000 kilog. de tiges de lin renferment.	9.430	6.750	3.990
On retrouve dans les eaux de rouissage.	9.175	4.100	3.400
— la chénevotte	0.171	2.050	0.475
— la filasse	0.054	0.650	0.125

C'est-à-dire que la culture du lin et du chanvre n'appauvrirait nullement le domaine, si l'agriculteur pouvait utiliser les déchets de la préparation des filasses.

CINQUIÈME PARTIE

CURURES D'ÉTANGS. — COMPOSTS ET TOMBES

Nous savons que les matières les plus diverses, pourvu qu'elles contiennent des principes fertilisants, peuvent favoriser le développement des végétaux. Les résidus d'origine végétale et animale sont particulièrement aptes à jouer ce rôle; souvent on trouve ces résidus en mélange avec des parties terreuses plus ou moins divisées. Tels sont les dépôts qui se forment au sein des eaux et surtout des eaux stagnantes, où les substances minérales en suspension viennent se mélanger avec les résidus laissés par les plantes et par les animaux; de là l'origine des vases ayant une certaine richesse en principes utiles, comme celles qu'on trouve dans le fond des étangs, des fossés et des cours d'eau. Les matériaux qui les forment sont à un état de division et de décomposition très favorable et peuvent être utilement appliqués à la terre.

Lorsque les matières organiques sont d'une désagrégation difficile, on a intérêt à l'activer par une pratique fréquemment usitée et qui consiste dans l'établissement soit de composts, mélange de toute espèce de sub-

stances avec la terre et souvent avec de la chaux, soit
de tombes, sorte de compost dans la confection duquel
entrent du fumier et de la chaux. Les transformations
qui s'opèrent au sein de cette masse rendent assimilables des matériaux qui, auparavant, étaient inertes et on
obtient ainsi un terreau très favorable aux cultures.
Lorsque la terre qui est entrée dans la composition
des composts contient elle-même des substances fertilisantes, la valeur du mélange s'en trouve augmentée;
il est à ce point de vue très avantageux d'employer les
vases des étangs et des fossés. Nous réunirons donc
aux composts et aux tombes ces matériaux qui entrent
fréquemment dans leur constitution.

CHAPITRE PREMIER

CURURES DE MARES. — VASES DE RIVIÈRES, etc.

Il se dépose souvent dans les fossés, les mares, les étangs et principalement dans les eaux stagnantes, des débris organiques qui s'accumulent sous la forme de boues; mélangées avec les particules terreuses que l'eau tenait en suspension, elles finissent par former une sorte de terreau.

Les curures des mares, des étangs, des fossés, sont presque entièrement constituées par ces dépôts et renferment une certaine quantité de principes fertilisants.

Leur composition est essentiellement variable et en rapport avec la nature géologique des terrains traversés par les eaux qui les charrient; l'azote est l'élément qu'on y rencontre ordinairement en plus forte proportion. Pour des curures séchées à l'air, le taux d'azote est en moyenne de 0,4 à 0,5 p. 100; il y a en outre des quantités variables et quelquefois assez fortes d'acide phosphorique, de petites quantités seulement de potasse et quelquefois de la chaux en abondance. Ordinairement on n'emploie pas directement ces matières, à cause de leur consistance boueuse, qui en rend l'épandage extrêmement difficile; on les abandonne à

l'air en couches plus ou moins épaisses, pour leur donner le temps de sécher et de se déliter. Le meilleur
moyen de les utiliser est d'en faire des composts, en
mélangeant avec la vase de la chaux vive en couches alternatives. La chaux vive, en se délitant sous l'influence de
l'humidité, gonfle et foisonne et donne ainsi à la masse
une certaine porosité qui active la dessiccation. De
cette manière, en recoupant le mélange au bout de
quelques semaines, on lui donne une plus grande homogénéité et on obtient plus rapidement un compost
susceptible d'être employé. La proportion de chaux
varie entre 1/4 et 1/6 de la quantité de vase, suivant que
celle-ci est plus ou moins consistante. La chaux active
la décomposition des débris organiques; en se combinant avec eux, elle produit un véritable terreau et, d'un
autre côté, opérant sur les éléments minéraux très fins
qui s'y trouvent, elle les coagule et les rend meubles.

Voici ce que dit à ce sujet M. Hervé Mangon : « Les
« vases peuvent être employées comme engrais de diffé-
« rentes manières; on peut les répandre sur les prairies
« ou bien les enfouir par un labour en même temps
« que les fumiers; mais en général on peut en tirer un
« meilleur parti par une préparation particulière, va-
« riant avec leur composition et les circonstances
« locales de l'exploitation agricole.

« Les vases non calcaires ou celles qui sont très
« riches en matières organiques incomplètement dé-
« composées, forment avec la chaux d'excellents com-
« posts. Comme litières terreuses la plupart des vases
« peuvent également rendre d'excellents services. Enfin
« les vases séchées à l'air et écrasées, forment la
« meilleure substance à mêler aux engrais salins ou
« pulvérulents, que l'on répand ordinairement mélangés
« avec de la terre ou des cendres.

« La vase, au moment où on l'extrait, est plus ou
« moins humide; exposée à l'air ou au soleil, elle perd
« rapidement 50 à 70 p. 100 de son poids d'eau. Ainsi
« desséchée elle contient encore en général de 3 à
« 10 p. 100 d'eau, qu'elle n'abandonne qu'à une tem-
« pérature de 105° environ.

« La vase séchée au soleil et réduite en poudre pèse
« ordinairement de 700 à 800 kilog. le mètre cube. Ce
« poids, comme celui de la vase fraîche, qui est de
« 1100 à 1400 kilog. le mètre cube, doit varier beaucoup
« suivant les localités. Certaines vases contiennent
« de fortes proportions de carbonate de chaux et cons-
« tituent des marnes d'autant plus énergiques que le
« calcaire est plus divisé. D'autres vases sont presque
« complètement privées de calcaire; elles abandonnent
« toutes à l'eau froide, comme les terres fertiles, une
« certaine somme de produits solubles, formés en par-
« tie de matières organiques et en partie de matières
« minérales.

« Les vases contenant des quantités notables de
« phosphates sont assez rares; toutes au contraire
« contiennent une assez forte proportion d'azote. Cette
« proportion est assez variable d'un échantillon à l'autre,
« cependant on peut admettre que les vases de bonne
« qualité, desséchées à l'air, contiennent de 0,4 à
« 0,5 p. 100 de leur poids d'azote, c'est-à-dire presque
« autant que le fumier frais; cet azote n'est pas toujours
« aussi immédiatement assimilable par les récoltes que
« celui du fumier, mais il constitue toujours pour la
« terre une augmentation de fertilité en rapport avec
« son poids.

« Ce produit a donc en général pour l'agriculture
« une valeur très supérieure à son prix d'extraction,
« de manipulation et d'emploi. On conclut d'ailleurs

« facilement des chiffres qui précèdent que le pro-
« duit des curages pourrait fournir par an à la cul-
« ture autant d'azote que 200 000 tonnes de fumier de
« ferme.

« Car on a calculé que le produit des curages des
« cours d'eau de la France pourrait s'élever à
« 250 000 mètres cubes par année. »

Les vases sont d'autant plus riches que les mares d'où
elles proviennent reçoivent plus de déchets animaux et
végétaux. Quand ces mares sont fréquentées par le bétail, les déjections des animaux s'ajoutent à la vase et
en augmentent la richesse. Quand il y existe une végétation abondante, la vase s'enrichit d'autant en matières
organiques.

Il y a donc de très grandes différences entre les vases
produites dans les diverses conditions.

Un des inconvénients que l'on peut reprocher à
l'emploi des vases, des curures d'étangs et des fossés, c'est
de renfermer souvent des graines de mauvaises herbes,
graines qui se conservent inaltérées pendant un temps
assez long et peuvent germer après l'épandage sur le
sol. Lorsque ces vases sont transformées en compost
par l'addition de chaux, comme nous l'avons indiqué
plus haut, cet inconvénient est moins à craindre. La
vitalité d'un grand nombre de semences est détruite et
l'introduction de plantes nuisibles à la culture est
en partie évitée. Mais cependant, afin d'être complètement à l'abri des inconvénients résultant de l'intervention de ces graines, il convient d'employer de
préférence les curures ou les composts qu'elles ont
fournis, sur les récoltes sarclées, afin que les mauvaises
herbes introduites soient plus facilement éliminées
par les façons culturales.

On a trouvé pour des vases d'étang, séchées quelque

temps à l'air, les chiffres suivants rapportés à 100 de matière :

	I M. Petermann.	II M. Petermann.	III M. Aubin.
Eau	2.56	8.15	
Matières organiques	4.54	7.20	
Azote	0.05	0.13	0.18
Acide phosphorique	0.14	»	0.15
Potasse	»	»	0.41
Chaux	»	»	1.55

Pour une vase à l'état frais, contenant 41 p. 100 d'eau :

Matières organiques.	3.77
Azote	0.21
Acide phosphorique	0.61
Potasse	0.44

On voit quelles variations existent dans la composition de ces produits; souvent ils ne contiennent les éléments fertilisants que dans une proportion ne dépassant pas celle de la terre ordinaire. D'autres fois au contraire, ils sont assez riches. Dans tous les cas leur emploi est à conseiller, mais à la condition seulement qu'on n'ait pas à subir des frais de transport et des manipulations coûteuses.

A Nantes, en 1859, on a retiré de l'Erdre, sur une longueur de 100 mètres, 3 200 mètres cubes de vases pesant 5 254 000 kilog. Ces boues, venant d'une rivière souillée par le déversement des déjections et des détritus, contenaient d'après M. Bobierre :

Eau	35.00	p. 100.
Matières organiques	7.24	—
Azote	0.31	—
Acide phosphorique	0.25	—

C'est un véritable fumier qui n'avait pourtant pas preneur à 1 franc le mètre cube. Un agriculteur intelligent aurait pu trouver là, à un prix très minime, une source considérable de matières fertilisantes.

Après les curures d'étangs, de fossés et de rivières, nous devons parler des *boues retirées des ports de mer*, et qui sont ordinairement riches en calcaire; voici quelques chiffres, montrant leur composition centésimale :

	Boues du port de Cherbourg.	Boues des ports de la mer du Nord.
Azote.	0.39	0.27 à 0.31
Acide phosphorique .	0.05	0.18 à 0.23
Potasse.	Traces.	0.60 à 0.90
Chaux	0.50	5.86 à 7.10
Magnésie	»	1.70 à 1.80

Ces boues peuvent être employées de la même manière que celles qui sont retirées des eaux douces. Le séjour à l'air, destiné à les sécher, les expose aux eaux pluviales qui en éliminent le sel marin.

Colmatage. — Les riches *limons* que déposent certains fleuves pendant leurs crues ont une grande analogie de composition avec les vases et curures de fossés. Les colmatages ont pour but d'enrichir le sol de ces dépôts fécondants, auxquels les bords du Nil doivent leur richesse proverbiale.

Le limon de la Loire, analysé aux inondations de 1856 et 1866, dosait de 0,40 à 0,45 d'azote et 0,30 d'acide phosphorique p. 100 de matière sèche. M. Hervé Mangon a effectué différentes analyses de 1860 à 1863 sur les limons du même fleuve ; il a trouvé :

Minimum d'azote. . .	0.21 p. 100 de matière sèche.	
Maximum — . . .	0.61 —	—
Moyenne — . . .	0.39 —	—

D'après ce savant, ce fleuve peut entraîner de 2736 à 29423 mètres cubes de limon par vingt-quatre heures.

CHAPITRE II

COMPOSTS

On désigne sous le nom de composts, des mélanges très variés de résidus divers avec de la terre, mélanges ayant pour but d'augmenter l'assimilabilité des substances fertilisantes.

Préparation. — Les résidus de toutes sortes, d'origine animale ou végétale, sont employés à cet effet. Les recettes très variées qu'on a proposées ont reçu le nom de ceux qui les ont préconisées. Nous ne pouvons pas entrer dans le détail de ces formules, qui d'ailleurs se résument toutes dans le principe suivant : favoriser la décomposition des résidus divers, de manière à en rendre l'emploi plus efficace. Dans les fermes où l'on fait des composts, on y incorpore tous les débris de l'exploitation, balayures, criblures, suie, déchets du ménage, chiffons de laine, matières fécales, fumier, tourbe, sciure, feuilles d'arbres, mauvaises herbes, débris de paille et de fanes, genêts, joncs, roseaux, poussières de grenier, marcs de pommes et de raisins, ratissures de chemins, épluchures de légumes, cadavres d'animaux, déchets de boucherie, chiffons, poils, plumes, débris de cuir, enfin toutes les matières végétales et animales qui n'ont pas d'emploi et qui contiennent des principes fertilisants. C'est une manière de tirer parti des résidus qui, n'allant pas ordinairement à la fosse à fumier, pourraient être perdus pour les terres. Les composts se préparent toujours en mélangeant avec de la terre les matières qu'on utilise ; ce mélange se fait ordinairement en stratifiant les couches. On forme ainsi un tas de dimensions variables, dans lequel les substances en contact avec la terre subissent des transformations et finissent par donner un mélange constituant un véritable terreau ; mais pour que cette décomposition soit plus rapide et plus complète, il ne suffit pas d'attendre un temps plus ou moins long ; il faut encore l'activer par des façons et par des arrosages.

Les façons ont pour but de rendre le mélange plus intime et, par suite, de mettre en présence les matériaux qui doivent réagir les uns sur les autres, et en même temps de faciliter l'introduction de l'air ; elles se font généralement à la bêche. Suivant les ouvriers dont on peut disposer, on renouvelle le *recoupage* à plusieurs reprises, mais il ne faut jamais y consacrer une main-d'œuvre dispendieuse, le compost étant en lui-même un engrais très pauvre, ne supportant pas des frais élevés ; c'est donc à l'époque où les travaux des champs sont interrompus ou peu pressés que ce travail doit se faire.

L'humidité du tas est la condition nécessaire d'une bonne transformation ; il ne faut donc pas négliger les arrosages. Ils peuvent être effectués avec de l'eau seule, mais il est bien plus avantageux d'employer des eaux ménagères, ou même du purin, des eaux grasses ou savonneuses, des eaux de féculerie, des liquides des abattoirs, des eaux de suint ou des mares à rouir le chanvre, et en général toutes celles qui sont susceptibles de contenir quelque matière fertilisante.

Cet arrosage se fait de temps en temps, de manière à entretenir la fraîcheur, mais en évitant en même temps une humidité trop grande qui imprégnerait le tas et empêcherait la circulation de l'air ; car on n'obtiendrait alors qu'une décomposition très incomplète. Pour faciliter le travail de l'arrosage et du recoupage, on donne aux tas une forme rectangulaire, dont la hauteur ne dépasse pas $1^m,50$ à 2 mètres ; on choisit d'ailleurs un endroit ombragé afin que la dessiccation soit ralentie. Le tas doit être légèrement incliné, de façon que les eaux d'arrosage, au lieu de ruisseler en tous sens, puissent s'écouler facilement vers une fosse qui les retiendra. Quelquefois on entoure le sommet du tas avec une couche de gazon, de façon à former dans le centre une sorte de cuvette, dans laquelle on déverse les liquides d'arrosage. Pour rendre leur pénétration plus régulière et plus rapide, on a préalablement pratiqué avec un pieu et un marteau des trous dans le tas, à différentes profondeurs.

On peut utiliser indifféremment toutes les terres pour la confection des composts, mais il est évident que ceux-ci seront d'autant meilleurs, qu'on aura employé une terre de meilleure qualité ; en général on prend celle qui se trouve à portée et on y ajoute les boues de route, les cendres, les charrées, les vases, curures des fossés et des étangs, les plâtras et débris de terres cuites, des marnes, etc. Ces diverses matières introduisent dans le compost les principes fertilisants qu'elles peuvent contenir et y jouent en outre un rôle physique, en donnant de la porosité à la masse. Mais la substance dont le rôle est le plus important et qu'il faut introduire dans les composts, chaque fois qu'on le peut, c'est la chaux, qui a une action chimique considérable et active la décomposition des débris organiques. La chaux s'emploie en quantité variable; si le compost est destiné à des terres manquant de calcaire, il y a intérêt à en augmenter la proportion; on pratique alors un véritable chaulage en épandant le compost.

La chaux peut s'employer à l'état de pierre, ou à l'état de chaux éteinte; dans le premier cas, qui nous semble le plus recommandable, on l'introduit en morceaux au moment de faire le mélange. Sous l'influence de l'humidité elle foisonne, échauffe le tas, et le rend plus perméable. Au moment du recoupage, on la mélange intimement avec les autres substances.

Phénomènes chimiques. — Examinons les phénomènes chimiques qui se produisent dans les composts. Ces phénomènes qui nous serviront à expliquer les raisons de cette pratique sont de diverses natures. Nous avons d'abord une action directe des substances alcalines : chaux libre ou carbonatée, marne, cendres, etc. sur la substance organique ; cette action décomposante amène la formation des matières noires, que nous avons étudiées à propos du fumier de ferme et qui, se combinant aux éléments alcalins, forment du terreau; il y a donc cette différence avec le fumier de ferme que, dans celui-ci, la matière brune ne forme de terreau qu'après son mélange à la terre arable ; tandis que dans le compost, ce mélange étant fait au préalable, la formation du terreau a lieu dans le compost lui-même. Il y a, par suite, une désagrégation complète des éléments organiques, qui se trouvent transformés en produits assimilables et en même temps très favorables à l'état physique du sol. Les éléments azotés doivent surtout nous occuper; on pourrait craindre que la chaux, agissant sur les sels ammoniacaux préexistant dans les matériaux, mît en liberté l’ammoniaque, qui se trouverait ainsi perdue. On pourrait craindre également que, agissant sur la matière organique azotée, elle produisît de l’ammoniaque et provoquât ainsi une nouvelle déperdition.

L’effet de la chaux est en réalité celui que nous venons d’indiquer; elle décompose les sels ammoniacaux et produit de l’ammoniaque aux dépens des matières organiques azotées; mais l’ammoniaque ainsi formée reste unie aux éléments de la terre, dont nous connaissons les propriétés absorbantes. La déperdition résultant de la présence d’ammoniaque libre est d’autant moins grande que le compost est entretenu dans un état d’humidité plus convenable. Si le tas venait à se dessécher, il n’en serait plus ainsi; la terre perdrait en partie ses propriétés absorbantes et l’ammoniaque ne serait plus retenue. Il ne faut donc pas s’inquiéter de la déperdition de l’azote, lorsqu’on a préparé le compost dans des conditions convenables.

L’action de la chaux sur la substance organique et la formation d’ammoniaque qui en résulte doivent être envisagées comme des plus utiles, en ce sens qu’elles transforment en produits essentiellement assimilables, des matières qui sont en général très lentes à se décomposer.

D’ailleurs l’ammoniaque ne persiste pas sous cette forme dans le tas; les conditions réalisées pour un compost se trouvent en effet être identiques à celles qui sont favorables à l’établissement des nitrières. Il se développe donc dans la masse une fermentation nitrique très énergique qui a pour action de transformer en nitrates de chaux, de potasse, de magnésie, etc., non seulement l’ammoniaque qui s’est formée, mais encore l’azote des matières organiques. Les éléments azotés sont donc amenés, par la pratique des composts, au plus haut degré d’assimilabilité; les recoupages ont pour effet principal d'activer cette nitrification, autant par le mélange des matières, que par la perméabilité qu'ils donnent au tas.

On sait que la chaux, lorsqu'elle se trouve à l'état libre, arrête la nitrification; on peut se demander comment, malgré l'introduction de chaux caustique, les composts sont aptes à nitrifier. Voici l'explication de cette apparente contradiction :

La chaux, ainsi mise en contact avec les matières organiques, ne reste à l'état de chaux caustique que durant un certain temps, pendant lequel, il est vrai, toute nitrification étant arrêtée, la formation de l'ammoniaque prédomine. Mais l'acide carbonique, se dégageant en abondance dans ce milieu riche en matières carbonées, transforme rapidement la chaux en carbonate. La matière organique elle-même, se combinant à la chaux pour former des humates, active la saturation. A partir de ce moment, rien ne s'oppose plus au développement de la nitrification, qui envahit rapidement tout le tas et qui continue incessamment son œuvre.

Aussi, dans les composts bien établis, trouve-t-on de notables quantités de nitrates; M. Boussingault a dosé jusqu'à 6 grammes de nitre par kilogramme de terreau, provenant d'un compost dans lequel on avait accumulé les débris produits à la ferme. En se plaçant dans de bonnes conditions d'aération et d'humidité, on peut obtenir des engrais, dans lesquels la proportion de nitre s'élève jusqu'à 10 grammes par kilogramme. Ces nitrates sont très solubles et très faiblement retenus par le pouvoir absorbant de la terre; ils sont donc facilement entraînés par les eaux de pluie ou d'arrosage; c'est pour cette raison qu'il faut s'arranger de manière à recueillir les eaux d'égouttage du tas.

La double action de la chaux d'abord, de la nitrification ensuite, est extrêmement énergique, puisqu'elle arrive à décomposer, en un temps relativement court, des matières très résistantes, telles que plumes, débris de corne, de cuir, etc., qui dans le sol ne sont rendues utilisables qu'au bout d'un temps très long. Lorsqu'on n'a pas introduit de chaux dans le compost et que c'est la terre elle-même qui a apporté l'élément calcaire ou bien lorsque ce dernier a été introduit à l'état de marne, de tangue, de plâtras, de cendres, etc., l'action n'est pas de même ordre. En effet dans ces derniers cas, la chaux ne se trouvant jamais à l'état libre, mais bien à l'état de carbonate, d'humate, de silicate, n'exerce pas son action caustique sur la matière organique et n'a pas la faculté de la désagréger et de l'altérer profondément. C'est alors la nitrification seule qui agit et elle agit sur des matières moins bien préparées à subir son action. Aussi trouve-t-on avantage à introduire de la chaux caustique dans les composts, les matières organiques se trouvant ainsi soumises successivement à deux effets dont l'un complète l'autre.

Un compost doit en résumé être regardé comme un milieu dans lequel prédominent les phénomènes de combustion; aussi voit-on fréquemment la température s'élever dans son intérieur. Il faut donc que les conditions de perméabilité qui permettent l'accès de l'oxygène de l'air soient remplies. Les débris organiques grossiers : branchages, bruyères, ajoncs, roseaux, contribuent à augmenter l'aération.

Il convient de faire ressortir ici l'importance qu'il y a à mélanger de la terre aux diverses substances entrant dans la confection des composts. On pourrait en effet être tenté de supprimer la terre, pour restreindre les transports et se contenter du mélange des diverses matières résiduaires avec la chaux ou les substances calcaires; mais par cette pratique on n'atteindrait pas le but qu'on se propose. L'action de la chaux resterait la même sur la matière organique, mais l'ammoniaque formée n'étant plus retenue, se dégagerait dans l'atmosphère. De plus, les conditions de la nitrification ne se trouveraient pas remplies, parce que le tas ne serait plus placé dans les conditions de perméabilité et d'aération que lui donne son mélange avec des substances inertes. Au lieu d'un milieu en voie de combustion, on aurait un milieu en voie de putréfaction, qui serait non seulement une cause d'infection, mais aussi de déperdition d'azote. Dans la pratique des composts, la terre est donc un élément de la plus grande utilité.

Pour des matières de décomposition difficile, comme des roseaux, des feuilles mortes, etc., on emploie quelquefois de la chaux seule; cette chaux, délayée dans l'eau, est versée sur les matières préalablement mises en tas. La décomposition se trouve ainsi notablement accélérée et on obtient un terreau au bout de quelques mois; mais dans cette pratique l'élément le plus utile, l'azote, a été en grande partie éliminé et on n'a jamais qu'un engrais d'une valeur fertilisante extrêmement minime, inférieure à son prix de revient.

L'établissement d'un tas de compost devrait être annexé à toute exploitation rurale, qui utiliserait ainsi une foule de résidus ordinairement perdus ou d'un emploi difficile. Ce serait une ressource qui pourrait compenser l'insuffisance du fumier de ferme. Cette pratique a de plus le grand avantage d'introduire dans l'exploitation des habitudes d'ordre et de propreté.

CHAPITRE III

TOMBES

On appelle *tombes* un compost formé de chaux, de terre et de fumier, qui est très usité en Flandre, en Belgique, en Normandie, dans l'Anjou, la Mayenne, la Manche.

Formation. — Voici comment on opère le plus généralement. Au commencement de l'hiver, on extrait de la terre dans les herbages, auprès des haies et dans les endroits ombragés, fréquentés par le bétail; avec ces terres, auxquelles on joint des curures de fossés, on forme des tas de 1 à 2 mètres de large et de longueur variable; on trace à la charrue ou à la bêche un sillon au milieu; et on dépose au fond de cette sorte de tombe de la chaux vive en pierre; on recouvre d'une couche de 40 ou 50 centimètres de terre et on abandonne ce tas aux influences de l'air et de l'eau. La chaux ne tarde pas à s'éteindre; pendant l'hiver, on pratique un recoupage, c'est-à-dire qu'à l'aide de la bêche et de la pelle, on opère un mélange du tas.

Après l'hiver, en février, on apporte du fumier; on le place sur la tombe et on fait une seconde fois un mélange intime; puis, après quinze jours environ, on transporte ce compost sur les champs ou les prés et on le dépose comme le fumier en petits tas également espacés, qu'on répartit ensuite.

On emploie ordinairement la chaux, le fumier et la terre dans les proportions suivantes :

	mètres cubes.
Chaux	4
Terre	16 à 20
Fumier	10

Il existe une autre manière d'opérer; mais elle est moins répandue que la précédente. Elle consiste à déposer le fumier dans la tombe, en même temps que la chaux vive et en contact avec elle; on laisse ainsi passer l'hiver, après avoir recouvert de terre, et on recoupe en février pour l'épandage.

Les avis qui ont été émis sur la question des tombes sont très divers; les uns les condamnent, prétendant qu'il y a des pertes énormes d'ammoniaque; d'autres, s'appuyant sur l'observation des résultats obtenus depuis de longues années, s'en montrent partisans. Des expériences bien conduites pourraient seules trancher cette question si controversée; mais elles font encore défaut.

Phénomènes chimiques. — Nous ne pouvons que répéter les observations d'ordre général, précédemment exposées à propos des composts, et dire que la chaux hâte la décomposition des matières organiques, favorise la formation d'ammoniaque et, lorsqu'elle est carbonatée, provoque la nitrification; tous ces phénomènes ont pour but de rendre l'engrais plus assimilable, il n'est donc pas étonnant de voir que ses effets sont plus manifestes et plus rapidement appréciables.

Quant à la déperdition d'ammoniaque, nous savons qu'en présence d'une grande quantité de terre, elle est très peu à redouter et les craintes émises à ce sujet nous semblent exagérées. Mais il est une opinion qui a cours dans le public agricole et qu'il convient d'examiner.

Il y aurait, dit-on, dans les composts, fixation de l'azote atmosphérique, puis nitrification due à la porosité même du mélange.

Nous ne pensons pas que ce soit la véritable interprétation ; en effet, l'absorption de l'azote atmosphérique par le sol, quoique soutenue par des savants éminents, n'est pas encore démontrée ; tout au contraire des faits nombreux et bien observés font penser que cette absorption n'a pas lieu. On sait, il est vrai, que l'ammoniaque de l'air s'y fixe en petite quantité et se transforme en nitrate, mais cet apport sur une petite surface, comme celle d'une tombe, peut être regardé comme absolument négligeable. Si la tombe agit plus efficacement comme engrais azoté, lorsqu'elle est arrivée au point voulu, cela tient uniquement à ce que les matières azotées qu'elle renferme se trouvent amenées à un plus haut degré d'assimilabilité, étant en partie transformées en nitrates.

Emploi et valeur des composts et des tombes. — Les composts et les tombes doivent être regardés comme des terreaux et non comme des engrais proprement dits, puisque leur richesse en principes fertilisants est toujours très faible et atteint tout au plus celle du fumier.

Lorsque l'élément calcaire s'y trouve joint, ils constituent en outre un amendement, en opérant un véritable chaulage ou marnage. Quand la chaux fait défaut dans le sol, c'est donc une pratique doublement utile d'introduire ce principe dans les composts.

Si nous nous plaçons uniquement au point de vue des résultats que donnent les composts et les tombes, nous ne pouvons que recommander cette pratique. En

effet, appliqué sur les prairies et sur les terres labourées, le terreau obtenu agit très efficacement, en raison
du degré de décomposition des éléments qui s'y trouvent; mais c'est surtout sur les prairies naturelles que
ses effets sont avantageux.

Il nous reste à discuter maintenant si, au point de vue
économique, l'établissement des composts est une bonne
opération. Si nous considérons la main-d'œuvre qu'il
faut leur donner, les charrois qu'ils occasionnent en
raison de la grande quantité de terre qui s'y trouve
mélangée, nous voyons que la valeur des matières premières introduites ne doit pas seule être prise en considération. C'est donc un calcul à faire pour le cultivateur;
et si, dans des conditions de main-d'œuvre et de charrois
peu onéreuses, les composts forment un appoint avantageux à la fumure des terres, dans d'autres cas, leur
prix de revient peut devenir plus élevé que leur valeur
réelle.

L'analyse chimique seule peut nous fixer sur la valeur
d'un compost, puisque la composition dépend essentiellement des matériaux qui y ont été entassés et peut
varier à l'infini. Nous ne pouvons donc pas donner de
chiffres relatifs aux quantités de matières fertilisantes
qui existent dans les composts; mais nous pouvons discuter approximativement la valeur d'un tas placé dans
de bonnes conditions et dans lequel la nitrification a
pu se développer, de manière à opérer la transformation
presque complète de l'azote en nitrate. Dans de pareils
composts, on peut obtenir 5 grammes de nitre par kilogramme, c'est-à-dire 6 à 7 kilogrammes par mètre cube
qui équivalent à 1 kilog. d'azote nitrique valant 1 fr. 80;
il y a lieu évidemment de tenir compte aussi de l'azote
organique et ammoniacal qui peut y rester, ainsi que
de l'acide phosphorique et de la potasse. Mais la valeur

de ces éléments réunis ne dépassera pas celle que nous avons assignée à l'azote nitrique. C'est donc principalement comme un amendement calcaire, et en raison de l'état de terreau sous lequel se trouve la matière organique, que les composts ont une action favorable sur les terres.

Si nous ne tenons compte que des principes fertilisants contenus dans les matières incorporées aux composts, nous pouvons nous demander si, au lieu de les traiter de cette manière, il ne vaudrait pas mieux les porter directement au fumier; on éviterait ainsi toute la main-d'œuvre nécessitée pour la confection du compost; on éviterait également les charrois de la terre qui est mélangée. Mais l'effet produit sur ces matières n'est pas le même dans l'un et l'autre cas : ce sont en général des débris de décomposition difficile qui entrent dans la confection des composts; si on les mélangeait simplement au fumier, leur transformation en éléments assimilables serait beaucoup plus longue; tandis que dans les tombes, sous l'action successive de la chaux et de la nitrification, elle devient rapide.

Le mode de décomposition est très différent dans le fumier, milieu réducteur où la fermentation ammoniacale domine, et dans le compost, milieu oxydant qui est le siège d'une nitrification intense.

FIN

TABLE DES MATIÈRES

PREMIÈRE PARTIE

PRINCIPES GÉNÉRAUX DE L'ALIMENTATION DES PLANTES

	Pages.
INTRODUCTION	1

CHAPITRE PREMIER

Nutrition des plantes	9
§ I. — *Origine des matières organiques*	9
Carbone	10
Hydrogène	15
Oxygène	16
Azote	17
1° Azote libre	18
2° Azote nitrique	19
3° Azote ammoniacal	23
Azote du sol	27
Circulations de l'Azote combiné à la surface de la terre	29
Formes sous lesquelles l'azote est utilisé par les plantes	31
§ II. — *Origine des matières minérales*	32
Acide phosphorique	33
Acide sulfurique	34
Chlore	35
Silice	35

	Pages.
Potasse	36
Soude	36
Chaux	36
Magnésie	37
Fer et manganèse	37
Alumine	38

CHAPITRE II

MÉCANISME D'ABSORPTION DES RACINES	40
Constitution des racines	41
Profondeur à laquelle pénètrent les racines	43
Distribution des racines dans le sol	46
Poids des radicelles à l'hectare	48
Surface absorbante des racines	52
Cheminement des racines dans le sol	53
Absorption des principes solubles	55
Absorption des principes insolubles	58

CHAPITRE III

LE SOL	61
§ I. — *Les roches et leur décomposition.*	62
Roches primitives	65
Feldspath	65
Mica	66
Granit	67
Gneiss, schistes et porphyres	69
Sables	70
Argiles	71
Roches volcaniques	73
Basaltes	73
Trachytes	74
Laves	74
Grès	75
Roches calcaires	76
§ II. — *Composition chimique et propriétés de la terre arable.*	80
Plantes caractéristiques	82
Origine de l'humus	84

Pages.

Matières fertilisantes contenues dans le sol. — Analyse
   chimique.   87
Azote.   89
Acide phosphorique.   92
Potasse   93
Chaux   94
Magnésie 96
Acide sulfurique 96
Éléments divers : soude, fer.   97
Interprétation des résultats de l'analyse. 98
Sous-sol 102
Principes nuisibles du sol : sulfure de fer, sulfate de fer,
   sel marin, sels de magnésie. 103
Pouvoir absorbant des terres à l'égard des principes fer-
   tilisants 104
Phénomènes de combustion dans le sol; nitrification, for-
   mation d'acide carbonique 109
Relations entre le sol et l'atmosphère. 113

CHAPITRE IV

EXIGENCES DES PRINCIPALES CULTURES EN ÉLÉMENTS FERTI-
   LISANTS 115

Causes qui font varier la composition des plantes. . . . 116

PLANTES CÉRÉALES

Leur composition. 121
Blé. 122
Orge 125
Seigle. 126
Avoine 127
Maïs 127
Sarrasin 129
Résumé. 131

PLANTES LÉGUMINEUSES CULTIVÉES POUR LEURS GRAINES

Leur composition. 132
Haricots 133
Pois. 133
Féveroles. 134
Lentilles 134
Résumé. 135

PLANTES INDUSTRIELLES

Pages

§ I. — *Plantes oléagineuses* 138

Leur composition 138
Colza. 138
Pavot ou œillette 138
Résumé 139

§ II. — *Plantes textiles* 140

Leur composition. 140
Lin. 140
Chanvre 141

§ III. — *Houblon.* 142

§ IV. — *Tabac.* 143

PLANTES CULTIVÉES POUR LEURS RACINES

Leur composition. 146
Carottes 146
Navets, raves ou turneps 147
Rutabagas et choux-navets. 147
Betteraves fourragères 148
Betteraves à sucre 148

PLANTES CULTIVÉES POUR LEURS TUBERCULES

Leur composition. 149
Pommes de terre. 149
Topinambours 149
Résumé 152

PLANTES FOURRAGÈRES

§ I. — *Plantes fourragères graminées* 155

Leur composition. 155
Foin de prairie; épuisement par les prairies. 155
Seigle en vert. 159
Maïs fourrage. 160

§ II. — *Choux fourrages.* 160

Leur composition; exigences des différentes variétés. . . 161

Pages.

§ III. — *Plantes fourragères légumineuses*..   162

Trèfle commun ou trèfle rouge..   163
Luzerne.   164
Sainfoin.   164
Gesses et vesces.   165
Résumé.   165

CULTURES ARBUSTIVES

Vigne.   169
Pommier   175
Composition de différents fruits.   177
Mûrier.   180

PRODUCTION FORESTIÈRE

Chêne.   181
Hêtre.   182
Epicéas et Pins.   183

DEUXIÈME PARTIE

FUMIER DE FERME.   187

CHAPITRE PREMIER

DÉJECTIONS DES ANIMAUX. — LITIÈRE. — PRODUCTION DU FUMIER.   190

§ I. — *Composition des déjections solides et liquides.*   190

1° Espèce bovine..   192
2° Chevaux.   195
3° Moutons.   197
4° Porcs.   198

§ II. — *Litières.*   201

Litière de paille.   202
Balles de céréales et siliques.   203
Fanes.   203
Litières diverses : bruyères, fougères, genêts, roseaux,
carex, etc.   204

Pages.

Feuilles mortes. 206
Tourbe. 207
Sciure de bois. 210
Tannée. 212
Propriétés absorbantes des litières. 212
Litières de terre.. 216
Étables sans litières. 218

§ III. — *Production du fumier en poids et en volume.*. 220

Quantités de fumier produites par les différents animaux;
   multiplicateurs. 220
Poids du fumier frais et fait.. 223

CHAPITRE II

RÉACTIONS CHIMIQUES ET COMPOSITION DU FUMIER.. 226

§ I. — *Réactions chimiques qui se produisent dans le fumier
de ferme*. 226

1º A l'étable.. 227
   Fermentation des urines.. 229
2º En tas. 231
   Comparaison entre le fumier frais et le fumier fait;
      combustion; perte de poids. 233
3º Purins. 235

§ II. — *Composition chimique du fumier*.. 235

Causes qui font varier la composition du fumier. 235
Composition du fumier, d'après les divers animaux. . . 240
Analyses des différents auteurs.. 240
Composition des fumiers de ferme mixtes. 243
Tableau donnant la composition centésimale de différents
   fumiers, d'après divers auteurs. 245
Composition du purin.. 248

CHAPITRE III

DÉPERDITIONS DES PRINCIPES FERTILISANTS. 253

§ I. — *Causes naturelles de déperdition des matières fertilisantes dans le fumier*. 253

Expériences sur la déperdition de l'azote à l'étable. . . 255
Déperditions d'azote dans le tas de fumier. 261

Pages.

§ II. — *Moyen d'éviter les pertes des matières fertilisantes.* 266

Pertes à l'étable. 266
Influence des litières.. 266

    Tourbe. 267
  2° Litières végétales diverses. 267
  3° Litières terreuses.. 268

Plâtre. 271
Sulfate de fer. 274
Kaynite. 276
Chaux.. 277
Pertes dans le tas de fumier. 278
Pertes dans la fosse à purin. 279

CHAPITRE IV

RÉCOLTE. — CONSERVATION ET EMPLOI DU FUMIER. 281

§ I. — *Manière de conserver et de recueillir le fumier.* 281

Disposition des étables; bergerie à claire-voie; étable
   belge; paddock, etc. 281
Formation du tas. 286
Soins à donner au tas. 292

§ II. — *Emploi du fumier.*. 294

Chargement du tas. 294
Enfouissement du fumier. 296

  1° Enfouissement immédiat. 296
  2° Enfouissement après un certain temps. 297
  3° Fumure en couverture. 298
  4° Époque de l'enfouissement. 299

Action du fumier sur les différents sols.. 300

  1° Terres légères. 300
  2° Terres argileuses. 300
  3° Terres calcaires.. 301
  4° Terres acides. 302
  5° Terres en pente. 302

Action du fumier sur les diverses plantes. 302
Quantités de fumier à donner par hectare. 304
Transport immédiat des fumiers dans les champs. . . . 304

Pages.

§ III. — *Utilisation du purin*. 3o6

§ IV. — *Parcage*. 3o9

Expériences sur la déperdition d'azote dans le cas du parcage. 3ıo

§ V. — *Rôle de la matière organique dans le sol*. 3ı4

Son influence au point de vue des qualités physiques du
sol. 3ı5
Combustion dans le sol. 3ı9
Sols dépourvus de chaux. 32o
Sols contenant de la chaux. 32o

CHAPITRE V

CONSIDÉRATIONS ÉCONOMIQUES SUR L'EMPLOI ET LA VALEUR DU
FUMIER. 322

§ I. — *Agriculture soutenue par le fumier de ferme*. 322
*Épuisement du stock d'éléments fertilisants contenus dans
le sol et le sous-sol*. 325

1º Exportation par la production animale. 33o
Production du lait. 33o
Élevage. 33ı
Engraissement. 333
Production du travail. 334
Production de la laine. 335
Vente des œufs. 336
2º Exportation par la production végétale. 336
Graines de céréales. 337
Graines de légumineuses. 337
Graines oléagineuses. 338
Tabac. 339
Houblon. 339
Racines et tubercules. 339
Fourrages secs et pailles. 340
Vigne. 340
Pommier. 340
Importation par les aliments. 341
Importation par la litière. 342

Pages.

§ II. — *Valeur du fumier de ferme.* 343

1º Valeur intrinsèque. 343

Prix des éléments fertilisants. 344
Différents fumiers. 345

2º Valeur commerciale. 348

TROISIÈME PARTIE

ENGRAIS PRODUITS DANS LES VILLES

CHAPITRE PREMIER

FUMIER DE CHEVAL. 353

1º Fumier obtenu avec des litières de paille. 354

Production du fumier à la Cⁱᵉ des Omnibus de Paris. 354
Ration des chevaux. 355
Composition et valeur des fumiers produits. 356
Conditions de vente. 357
Fumier de la cavalerie militaire. 360
Composition et valeur. 361

2º Fumier de cheval obtenu avec d'autres litières que la
paille. 362

Composition et comparaison entre les fumiers de paille, de
tourbe et de sciure. 363

CHAPITRE II

DÉJECTIONS HUMAINES. 366

§ I. — *Production, composition et valeur des déjections humaines.* 369

Déjections solides. 372
Déjections liquides. 374

Pages.

Déjections solides et déjections liquides réunies. 376
1º Pertes par dissémination. 379
2º Pertes par infiltrations. 379
3º Pertes par fermentation. 380

§ II. — *Systèmes employés pour recueillir les déjections.* . . 383

1º Dans les villes. 383
    1º Fosses fixes. 383
    Leurs inconvénients. 384
    2º Fosses mobiles. 385
    Composition des matières extraites des fosses. 386
    3º Système diviseur. 389
    4º Système de canalisation tubulaire. 390
    5º Système de tinettes mobiles avec matières absor-
        bantes. 391

        Système Moule. 391
        Système Rochdalle. 392
        Système Goux. 393
        Système à la tourbe 395

2º Dans les campagnes. 396
    Envoi direct au fumier. 396
    Emploi des matières absorbantes. 397
    Matières désinfectantes 400

§ III. — *Emploi direct des matières de vidange.* 403

Appréciation de leur valeur. 404
Mode d'emploi. — Avantages et inconvénients. 405
Application aux différentes cultures. 406
Comparaison avec le fumier de ferme. 408

§ IV. — *Traitement industriel des matières de vidange. — Fabrication, composition et emploi des poudrettes* 411

Fabrication des poudrettes par les procédés ordinaires. —
    Dépotoirs 411
Composition des boues de décantation 413
Composition des poudrettes. 414
Valeur des poudrettes. 416
Emploi agricole 419
Traitement des vidanges dans les grandes villes. — Procé-
    dés perfectionnés. 421

    Acidification. 423
    Extrait et guano fécal. 424
    Cuisson en vase clos avec la chaux, etc. 426

CHAPITRE III

Pages.

GADOUES ET BOUES DE VILLE. 429

Gadoues vertes et boues de Paris; composition. 431
Gadoues vertes de grilles d'égout. 432
Gadoues noires de Paris; composition. 434
Valeur calculée de ces gadoues. 437
Autres gadoues (Bruxelles, Bordeaux). 438
Balayures des rues 440

CHAPITRE IV

EAUX D'ÉGOUT. 443

Composition de différentes eaux d'égout 443
Phénomènes chimiques dont les eaux d'égout sont le siège. 447
Corruption des fleuves. 448
Épuration par filtration ou décantation. 450
Épuration par précipitation chimique. 450
Composition des produits obtenus; procédé A. B. C. . . 452
Epuration des eaux d'égout par le sol. — Utilisation agri-
cole 453
Phénomènes de combustion 453
Pouvoir épurateur du sol 455
Utilisation agricole des eaux d'égout. 457
Irrigations de Gennevilliers 461
Irrigation des prairies. Expériences de MM. Lawes et Gil-
bert 463
Système du « Tout à l'égout ». 465

QUATRIÈME PARTIE

ENGRAIS CONSTITUÉS PAR DES SUBSTANCES VÉGÉTALES

CHAPITRE PREMIER

ENGRAIS VERTS CULTIVÉS ET RÉSIDUS LAISSÉS PAR LES RÉCOLTES. 470

§ 1. — Engrais verts cultivés. 471

Végétaux usités comme engrais verts. 471
Engrais verts d'hiver 471

Pages.

Engrais verts d'été 472
Choix des terrains 472

Enfouissement et action des engrais verts. 472
Composition. 473
Théorie des engrais verts 474
Les engrais verts au point de vue économique 477
Sidération 481

II. — *Résidus des récoltes* 483

Racines; poids laissés par différentes récoltes. 484
Radicelles restées dans le sol. 486
Tiges, feuilles et fanes. 487
Débris tombés sur le sol 489
Feuilles se détachant peu à peu 490

CHAPITRE II

ENGRAIS VERTS ÉTRANGERS. 492

§ I. — *Plantes des forêts et des landes*. 492

Composition. 493

Fougère, bruyère. 493
Genêts, buis, joncs et roseaux. 494

Emploi 495
Tourbe 496
Observation générale. 498

§ II. — *Plantes marines. — Goémons*. 500

Composition. 501
Emploi 501
Compositions de goëmon desséché. 504
Remarque à propos des engrais végétaux. 505

CHAPITRE III

DÉCHETS INDUSTRIELS D'ORIGINE VÉGÉTALE 506

§ I. — *Résidus de la fabrication de l'huile*. 507

A. Tourteaux de graines oléagineuses. 508
Composition. 509
Valeur 511

Pages.

Tourteaux employés comme aliments ou comme engrais;
   tourteaux non comestibles   513
Emploi agricole   516
Application aux différentes terres   521
Quantité de tourteaux à appliquer au sol.   522

B. Marcs d'olives.   522
   Grignons   522
   Pulpes et boues de recense   523
   Résidus de raffinage des huiles   524

§ II. — *Résidus de brasserie, de distillerie, de sucrerie, de
féculerie*   524

A. Résidus de la brasserie.   524
   1° Drèche.   524
   2° Eaux de trempage.   525
   3° Touraillons.   525
   4° Marcs de houblon et levures usées.   526

B. Résidus de distillerie.   526
   1° Vinasses.   527
   2° Pulpes et drèches.   528

C. Résidus de sucrerie.   528
   1° Pulpes.   528
   2° Écumes de défécation.   528
   3° Eaux d'osmose.   529

D. — Résidus de féculerie et d'amidonnerie.   530
   1° Pulpes et drèches.   531
   2° Eaux.   531

§ III. — *Résidus divers d'industrie.*   533

Déchets de coton.   533
Poussières de moulins.   533
Résidus de papeterie.   534
Déchets de tannerie.   534
Observations générales.   536

§ IV. — *Résidus produits à la ferme.*   537

Marcs de raisins.   537
Marcs de pommes.   539
Marcs de café.   542
Résidus de la préparation des filasses.   542

CINQUIÈME PARTIE

Pages.

CURURES D'ÉTANGS. — COMPOSTS ET TOMBES. 545

CHAPITRE PREMIER

CURURES DE MARÉS. — VASES DE RIVIÈRES, ETC. 547

Mode d'emploi.. 548
Composition. 551
Boues des ports de mer. 552
Colmatage.. 552

CHAPITRE II

COMPOSTS.. 553

Préparation. 553
Phénomènes chimiques. 556

CHAPITRE III

TOMBES.. 561

Formation.. 561
Phénomènes chimiques. 562
Emploi et valeur des composts et des tombes. 563

BIBLIOTHÈQUE DE L'ENSEIGNEMENT AGRICOLE

OUVRAGES PUBLIÉS

Prairies et Herbages, un volume de 759 pages avec 120 figures dans le texte, par M. BOITEL, inspecteur général de l'Enseignement agricole.

Les Plantes vénéneuses considérées au point de vue de l'empoisonnement des animaux de la ferme. — Volume d'environ 500 pages, avec 60 figures dans le texte, par M. CORNEVIN, professeur à l'École vétérinaire de Lyon.

Les Engrais : Tome I, comprenant l'alimentation des plantes, les fumiers, les engrais de villes et les engrais végétaux. — Volume de 570 pages, avec figures dans le texte, par MM. MUNTZ et A.-CH. GIRARD.

Les Engrais : Tome II, comprenant les engrais azotés et les engrais phosphatés. — Volume de 600 pages, par MM. MUNTZ et A.-CH. GIRARD.

Les Méthodes de Reproduction : croisement, sélection, métissage, par M. BARON, professeur à l'École vétérinaire d'Alfort.

Le Cheval considéré dans ses rapports avec l'économie rurale et les industries de transport, par M. LAVALARD, administrateur de la Compagnie générale des Omnibus.

Les Irrigations : Tome I. Les eaux d'irrigation et les machines ; par M. RONNA, membre du Conseil supérieur de l'Agriculture.

Ouvrages sous presse

Législation rurale, par M. GAUVAIN, maître des Requêtes au conseil d'État.

Les Irrigations : Tome II, comprenant les canaux et les systèmes d'irrigations, par M. RONNA.

Pour paraître incessamment

Les Maladies virulentes des Animaux de la ferme, par M. le Dr ROUX, directeur du laboratoire de M. Pasteur, avec une préface de M. PASTEUR.

Agrologie française, par M. BOITEL, inspecteur général de l'Enseignement agricole.

Les Semences agricoles, par M. SCHRIBAUX, directeur de la station d'essai de semences à l'Institut Agronomique.

La Viticulture pratique, par M. PULLIAT, professeur à l'Institut Agronomique.

La Richesse agricole de la France, par M. TISSERAND, conseiller d'État, directeur au Ministère de l'Agriculture.

Les Maladies des Plantes, par M. PRILLIEUX, inspecteur général de l'Enseignement agricole.

Les Industries agricoles, par M. AIMÉ GIRARD, professeur au Conservatoire des Arts-et-Métiers et à l'Institut Agronomique.

Typographie Firmin-Didot. — Mesnil (Eure).

9 782013 610025